“十三五”普通高等教育系列教材

AutoCAD实用教程

主　编　柳春红　廖吉香
副主编　蒋必凤　杜慧慧　张　然
编　写　李　楠　宋志君　李玉琳
主　审　于春艳

中国电力出版社
CHINA ELECTRIC POWER PRESS

内 容 提 要

本书为“十三五”普通高等教育系列教材。

本书共分 14 章，讲述了 AutoCAD 软件的二维绘图功能、三维绘图功能及其典型应用，具体内容包括 AutoCAD 基础知识、绘图前的准备工作、图层应用和图形对象特性、二维图形的绘制、二维图形的编辑、图块、外部参照和设计中心、文字与表格、标注尺寸、打印输出、创建三维图形、编辑三维模型、动态观察与渲染、综合练习等知识。

全书在语言上浅显易懂，既重视基本知识的掌握，又穿插绘图技巧的运用，并把用户在使用过程中常见的问题融入教材各知识点的介绍中。本书可使初学者快速入门，使已入门者能进一步提高 AutoCAD 的应用水平和操作技巧。全书安排了大量的“操作示例”，帮助读者理解软件命令的具体操作。在最后一章，通过多个综合案例，介绍了复杂图形的绘制，进一步深化和巩固各章节内容，提高读者的理解程度和操作能力。

本书可作为各类院校或企业的教材，还可以作为从事 CAD 工作的技术人员的学习参考书。

本书第一至十章及十四章首页均附有二维码，扫码可获取相应教学视频。

扫码可获取
全书配套
PPT讲义

图书在版编目（CIP）数据

AutoCAD 实用教程/柳春红，廖吉香主编 .—北京：中国电力出版社，2018.1（2024.8 重印）
“十三五”普通高等教育规划教材
ISBN 978-7-5198-1088-7

Ⅰ.①A… Ⅱ.①柳… ②廖… Ⅲ.①AutoCAD 软件-高等学校-教材 Ⅳ.①TP391.72

中国版本图书馆 CIP 数据核字（2017）第 206628 号

出版发行：中国电力出版社
地　　址：北京市东城区北京站西街 19 号（邮政编码 100005）
网　　址：http：//www.cepp.sgcc.com.cn
责任编辑：孙　静（010-63412542）　孙　晨
责任校对：太兴华
装帧设计：赵姗姗
责任印制：吴　迪

印　　刷：北京雁林吉兆印刷有限公司
版　　次：2018 年 1 月第一版
印　　次：2024 年 8 月北京第八次印刷
开　　本：787 毫米×1092 毫米　16 开本
印　　张：18.5
字　　数：450 千字
定　　价：49.00 元

前　言

AutoCAD 是 Autodesk 公司开发的通用计算机辅助绘图和设计软件，被广泛应用于机械、建筑、电子、航天、造船、石油化工、土木工程、冶金、气象、纺织、轻工等领域。

AutoCAD 的学习是一个循序渐进的过程，为使读者更快的理解、应用各部分知识，各章节精选典型相关案例，注重绘图技巧的运用，并单独编写一章综合练习应用内容，为读者提供大量练习的素材，使学习者从零点起步、轻松入门到实战演练，逐步精通。

本书配有电子教学资源，读者可发邮件至 30443699@ qq. com 索取，内容包括：

(1) 视频学习资料。选用书中大部分例题及本书以外的其他相关内容，分知识点录制，方便读者根据自己的实际情况选择相关内容学习。

(2) PPT 资料。根据本书内容制作了 PPT 文件，方便教师在上课时使用。

本书由柳春红、廖吉香任主编，蒋必凤、杜慧慧、张然任副主编，李楠、宋志君、李玉琳参编。第 2 章、第 6 章和第 14 章由柳春红编写；第 8 章、第 9 章由廖吉香编写；第 1 章、第 10~第 13 章由蒋必凤、杜慧慧编写；第 3 章和第 4 章由张然编写，第 5 章由李楠编写，第 7 章由宋志君编写，李玉琳老师参加了部分章节的编写。全书由柳春红统稿，并制作视频教学文件。本书由于春艳主审，于老师对书稿提出了宝贵的修改意见，在此一并表示感谢。

编写过程中，难免疏漏，恳请广大读者给予批评指正。

编　者

2017 年 10 月

目　录

CAD2016基本操作(1)

第 1 章　AutoCAD 基础知识

学习内容

了解 AutoCAD 工作界面，掌握命令的启动方法、观察图形的方法和选择对象的方法。

1.1　工　作　界　面

AutoCAD 是由美国 Autodesk 公司开发的一个辅助绘图和设计软件，被广泛应用于机械设计、建筑、园林设计、服装设计等各个领域。

打开 AutoCAD 2016，直接进入“草图与注释”工作界面，如图 1-1 所示。

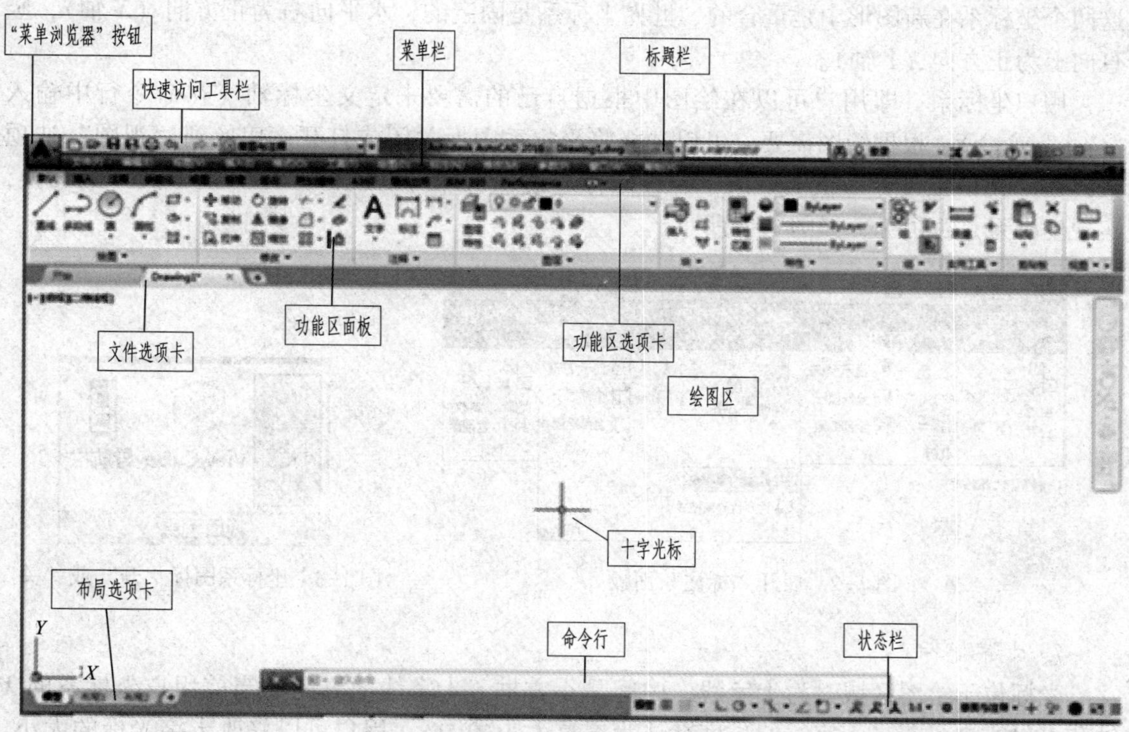

图 1-1　AutoCAD 2016“草图与注释”工作界面

1. 标题栏

标题栏位于程序窗口的顶端，显示当前正在执行的程序名称和文件名称。

2. 快速访问工具栏

位于应用程序窗口顶部左侧，用于储存经常访问的命令，包括新建、打开、保存、另存为、打印、放弃、重做和工作空间命令。

3. 菜单栏

菜单栏位于标题栏的下方，主要包括文件、编辑、视图、插入、格式等菜单命令。在默认情况下，菜单栏是隐藏的，单击快速访问工具栏右侧自定义按钮，在弹出的下拉菜单中选择“显示菜单栏”选项，即可以显示菜单栏。

4. 功能区

功能区位于菜单栏的下方，包括 12 个选项卡：默认、插入、注释、参数化、视图、管理、输出、附加模块等。每个选项卡包含若干个面板，每个面板包含许多命令按钮，如切换到“参数化”选项卡，将显示“几何”“标注”和“管理”面板。如果某个面板中没有足够的空间显示所有的工具按钮，单击下方的下拉箭头，可以展开折叠区域，如图 1-2 所示。

5. 绘图区

绘图区是用户绘制图形的区域。

6. 坐标系

AutoCAD 提供了世界坐标系（WCS）和用户坐标系（UCS）两种形式。默认情况下，这两个坐标系在新图形中是重合的，世界坐标系是固定的，水平向右为正方向（*X* 轴），竖直向上为正方向（*Y* 轴）。

用户坐标系，即用户可以在绘图中根据自己的需要来定义坐标轴（在命令行中输入“UCS”命令）。根据绘图需要，可以选择将坐标系图标关闭或打开。切换到“视图”选项卡，在“视口工具”面板上单击“UCS 图标”选项，即可以进行“开”或“关”的切换，实现坐标系是否可见，如图 1-3 所示。

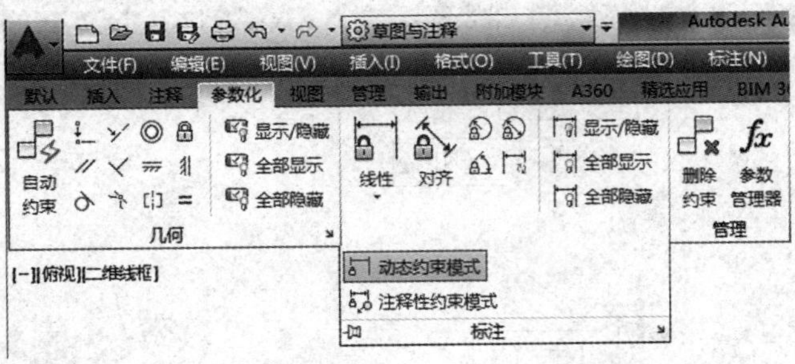

图 1-2 展开“标注”面板

图 1-3 坐标系图标“开”或“关”

7. 十字光标

光标位于绘图区域时为十字线，中间是小方框。十字线的方向与当前用户坐标系的 *X* 轴和 *Y* 轴方向平行，十字线的长度默认为屏幕大小的 5%，用户可以修改十字光标的大小，在绘图区移动鼠标，可以看到十字光标在移动。

8. 命令行

命令行布置在绘图区下方，是输入命令名和显示命令提示的区域。命令窗口的大小可以任意调节，将鼠标移动到命令窗口的边框线上，按住鼠标左键拖动直到窗口大小适合为止。其位置也是可以移动的，按住其左侧边框可以拖动到任意位置。

AutoCAD 软件会记录用户输入过的命令和执行过程，按 F2 功能键打开文本窗口，随时查看输入的信息记录，并可以用文本编辑的方法进行编辑，如图 1-4 所示，再次按 F2 关闭文本窗口。

当命令执行后，命令行总是给出下一步做什么的提示，初学者可以按命令提示进行操作。

图 1-4　文本窗口

9. 状态栏

状态栏位于窗口的底部，其左端显示绘图区中光标的坐标 X、Y 和 Z 值，右侧显示了绘图辅助工具按钮，单击按钮，可以实现这些功能的开关。单击右侧的“自定义”按钮☰，可以弹出用于设置状态栏工具按钮的菜单，其中勾选的选项已经出现在状态栏中，如图 1-5 所示。

10. 工具栏

单击菜单栏中的“工具”→“工具栏”→“AutoCAD”，在菜单中选择需要的工具栏，如选择“修改”工具栏，在屏幕上出现“修改”工具栏，单击工具栏的关闭按钮，可以关闭工具栏，如图 1-6 所示。

图 1-5　“自定义”菜单

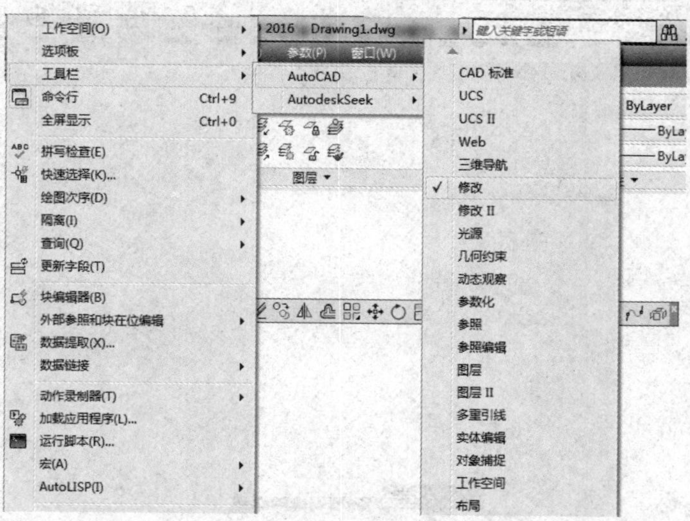

图 1-6　调用工具栏

1.2 工 作 空 间

AutoCAD 提供了“草图与注释”“三维基础”和“三维建模”3 种工作空间模式。初次启动 AutoCAD 后，进入“草图与注释”工作空间，用户可以使用如下两种方法切换工作空间。

● 在状态栏中单击“切换工作空间”按钮的黑色三角，在弹出的菜单中选择相应的命令切换工作空间，如图 1-7（a）所示。

● 在快速访问工具栏中，单击工作空间的下拉箭头，在列表中选择空间，如图 1-7（b）所示。

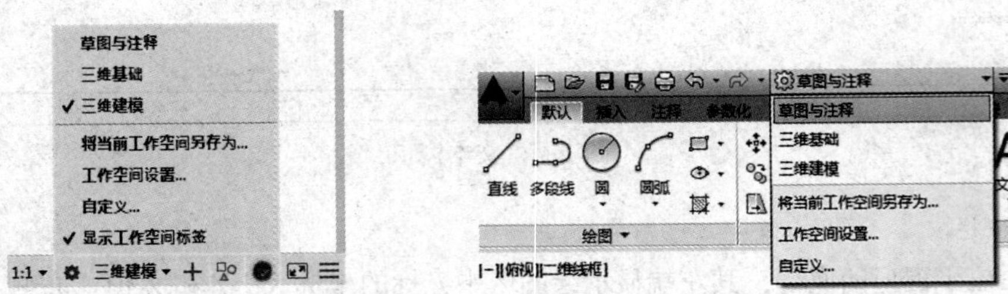

(a) (b)

图 1-7 空间模式的切换

1. 草图与注释空间

默认状态下，打开“草图与注释”空间，其界面主要由标题栏、快速访问工具栏、功能区、绘图区、命令行和状态栏等元素组成，如图 1-1 所示。

2. 三维基础空间

在“三维基础”空间，可以使用创建、编辑、绘图、修改和选择等面板方便地绘制基础的三维图形，在该工作空间中同样可以对三维图形进行编辑操作，如图 1-8 所示。

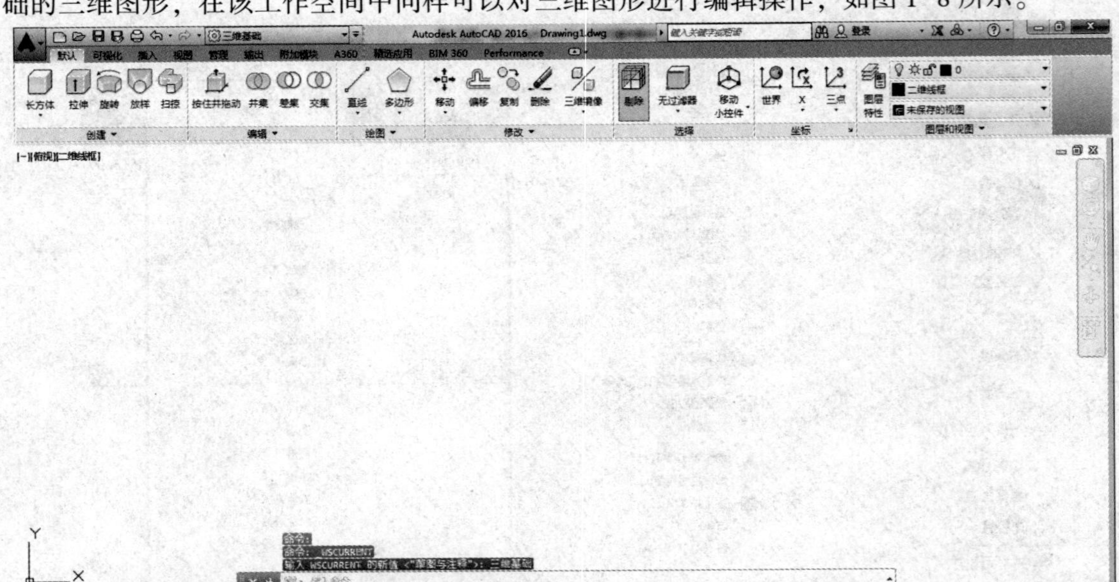

图 1-8 “三维基础”空间

3. 三维建模空间

使用“三维建模”空间，除可以绘制更复杂的三维图形外，还可以为绘制的图形执行创建动画、设置光源和添加材质等操作。“三维建模”空间界面如图 1-9 所示。

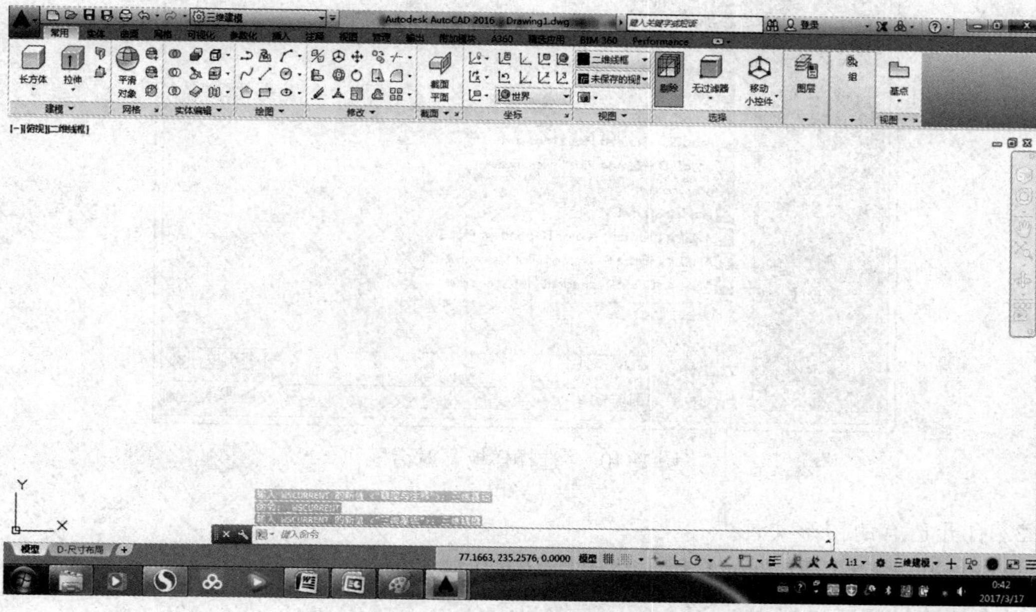

图 1-9　“三维建模”空间

1.3　图形文件管理

在 AutoCAD 中，图形文件的基本操作一般包括创建新图形文件，打开已有的图形文件，保存图形文件，加密图形文件，关闭图形文件和退出 AutoCAD 程序等。

1. 创建新图形文件

通常在绘制一张新图之前，首先应创建一个空白的图形文件，即开启一个新的绘图窗口，以便绘制新图形。

执行新建图形文件的常用方法包括以下几种。

- 在快速访问工具栏中单击“新建”按钮。
- 单击“菜单浏览器”按钮，在弹出的菜单中选择“文件”→“新建”命令。
- 单击菜单栏“文件”→“新建”命令。

执行上述命令后，将打开“选择样板”对话框，如图 1-10 所示。在“选择样板”对话框中，可以在样板列表框中选中某一个样板文件，这时在右侧的“预览”框中将显示出该样板的预览图像，单击 打开(O) 按钮，可以将选中的样板文件作为样板来创建新图形。样板文件中通常包含与绘图相关的一些通用设置，如图层、线型、文字样式等，使用样板创建新图形提高了绘图的效率。

单击“打开”按钮右侧的下拉箭头，在弹出的下拉菜单中选择无样板打开，通常选择“无样板-公制”打开，新建的图形文件将采用系统默认设置，没有样板信息。

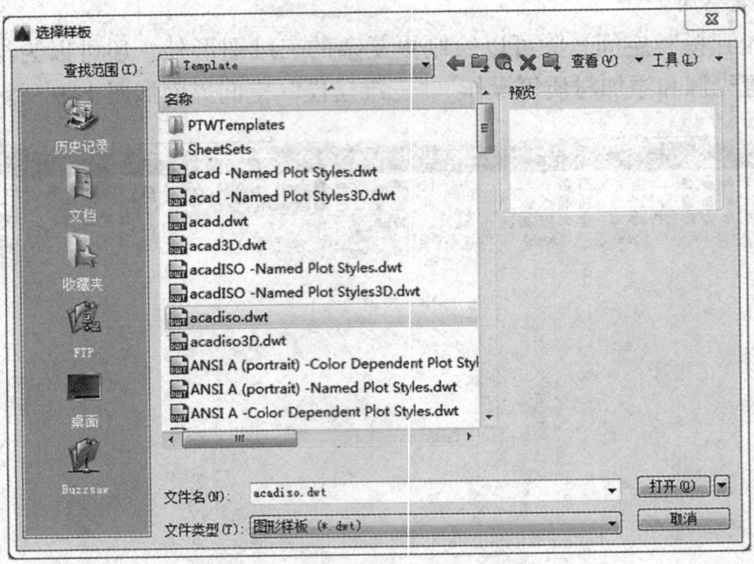

图 1-10 “选择样板”对话框

2. 打开已有的图形文件

执行打开已有图形文件的常用方法包括以下几种。

- 在快速访问工具栏中单击“打开”按钮。
- 单击“菜单浏览器”按钮，在弹出的菜单中选择“文件”→“打开”→“图形”。
- 单击菜单栏“文件”→“打开”命令。

执行上述命令后，将打开“选择文件”对话框，如图 1-11 所示。在“选择文件”对话框中的文件列表框中，查找并选择要打开的图形文件，在右侧的“预览”框中将显示出该图形的预览图像，单击“打开”按钮即可，或者双击要打开的文件同样可以打开已有的图形文件。在默认情况下，打开的图形文件的格式都为“.dwg”格式。图形文件可以以“打开”“以只读方式打开”“局部打开”和“以只读方式局部打开”4 种方式打开，如图 1-11 所示。

(1) 打开：直接打开所选的图形文件。

(2) 以只读方式打开：打开后的图形文件不能直接以源文件名存盘。

(3) 局部打开：选择该选项后，系统打开“局部打开”对话框，如图 1-12 所示。如果 AutoCAD 图形中含有不同的内容，并分别属于不同的图层，可以选择某些图层打开文件。在文件较大的情况下，只打开自己所需要的内容，可以加快文件的加载速度，提高工作效率。

(4) 以只读方式局部打开：选择该选项后，同样弹出如图 1-12 所示的“局部打开”对话框，执行上述 (3) 的操作，图形文件将以只读方式被打开，即无法对局部打开的图形文件进行编辑。

3. 保存图形文件

执行保存图形文件的常用方法包括以下几种。

- 在快速访问工具栏中单击“保存”按钮或“另存为”按钮。
- 单击“菜单浏览器”按钮，在弹出的菜单中选择“保存”或“另存为”命令。
- 单击菜单栏“文件”→“保存”或“另存为”命令。

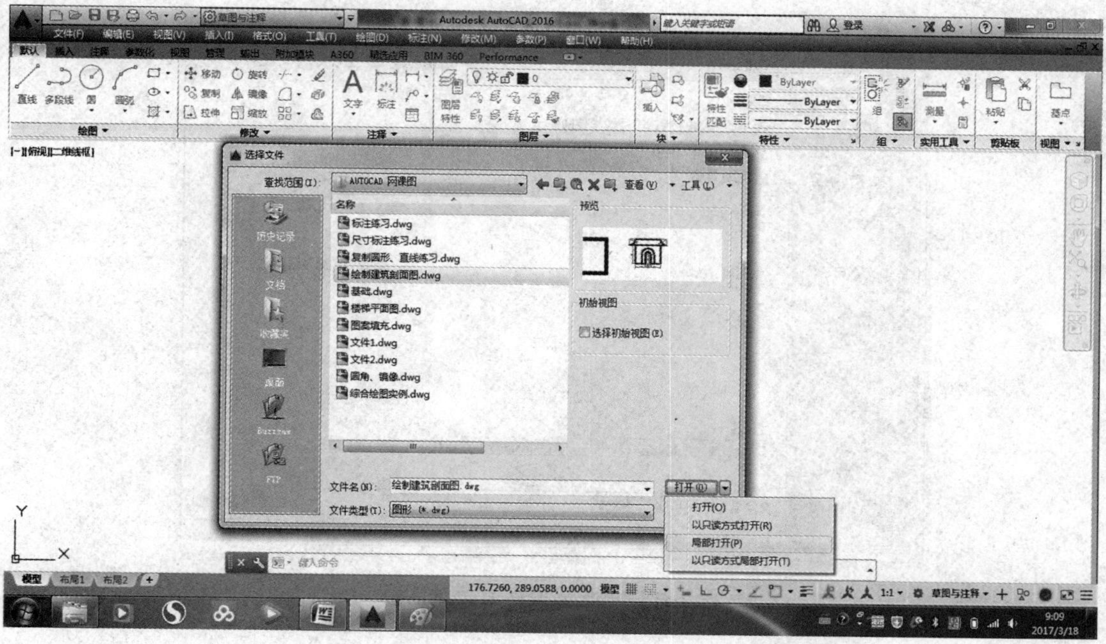

图 1-11　“选择文件”对话框

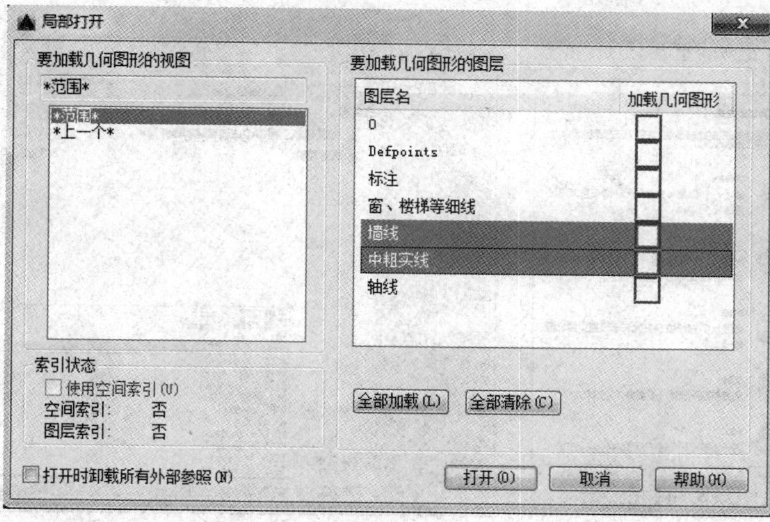

图 1-12　“局部打开”对话框

首次保存图形文件，执行上述命令后，将打开“另存为”对话框，如图 1-13 所示，在该对话框中设置文件的保存位置、文件名和保存类型，单击“保存”按钮即可。当使用“保存”命令保存已经保存过的文件时，将直接以原路径和原文件名进行保存。如果需要对修改后的文件进行重命名，或者修改文件的保存位置，选择“另存为”命令。

此外，在 AutoCAD 2016 中，可以将图形文件输出为矢量图，避免未经授权的人员更改图形文件，但是可以打开图形，也可以放大和缩小，只是无法进行修改。操作步骤如下。

单击“菜单浏览器”按钮，在弹出的菜单中依次单击“输出”→“其他格式”，弹出

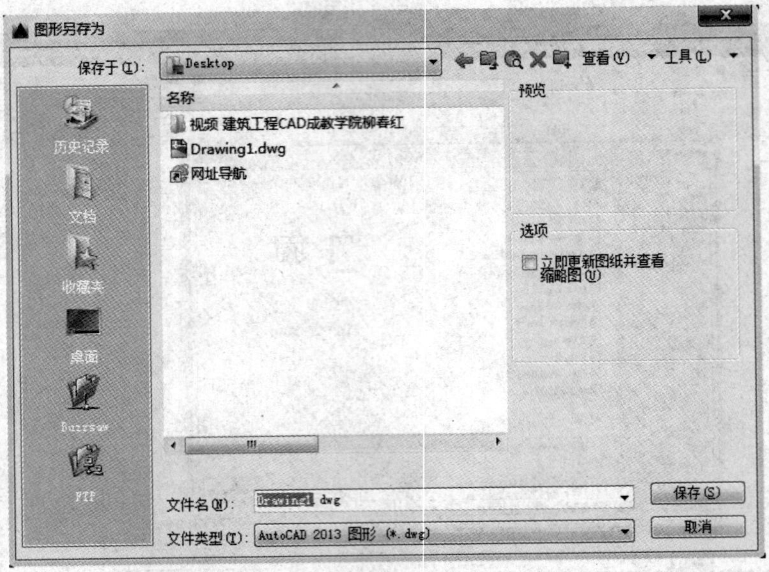

图 1-13 “图形另存为”对话框

“输出数据”对话框，如图 1-14 所示，设置图形输出路径，文件类型选择“.wmf”，如图 1-14 所示，单击“保存”按钮即可。

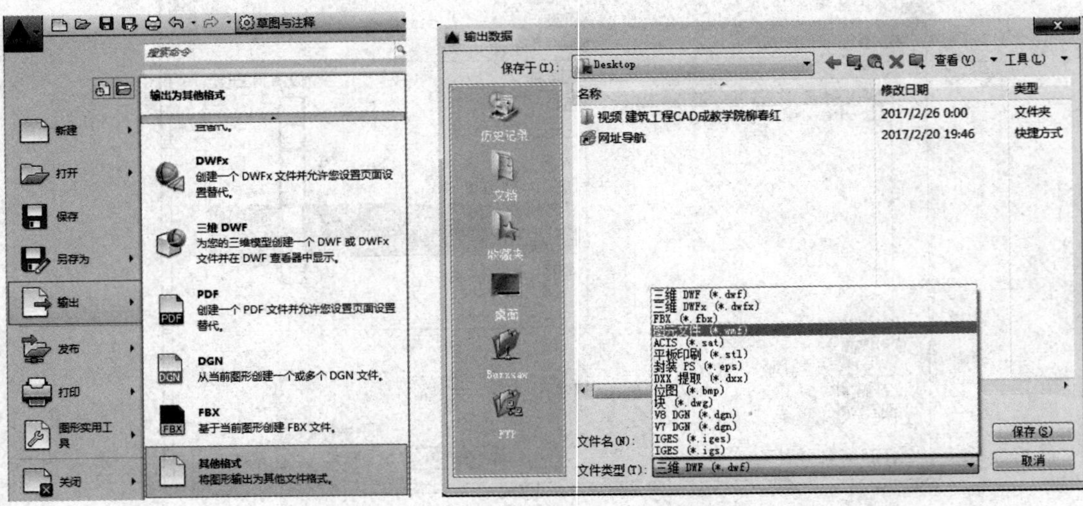

图 1-14 “输出数据”对话框

4. 加密图形文件

对图形文件进行加密，有助于在进行工程协作时确保图形数据的安全。常用的加密方法有以下两种。

(1) 单击“菜单浏览器”按钮，在弹出的菜单中选择“另存为”，弹出“图形另存为”对话框，在该对话框中单击“工具”按钮，在弹出的下拉菜单中选择“安全选项”命令，弹出“安全选项”对话框，在“密码”选项卡下的“用于打开此图形的密码或短语”文本框中输入密码，单击“确定”按钮，弹出“确认密码”对话框，再次“输入用于打开此图形的密码”文本框中输入确认密码后单击“确定”按钮。在“图形另存为”对话框中单击“保存”按钮即可。

(2) 单击菜单栏的“工具”→“选项”命令，弹出“选项”对话框，打开“打开和保存”选项卡，选择“安全选项”按钮，其他设置密码步骤同上。

5. 关闭图形文件和退出 AutoCAD 程序

关闭命令只关闭当前激活的绘图窗口，结束对当前编辑图形文件的操作，但可以继续运行 AutoCAD 软件，编辑其他打开的图形文件。退出命令是退出 AutoCAD 程序，结束所有 AutoCAD 操作。用户可通过如下几种方式来退出 AutoCAD。

- 直接单击 AutoCAD 主窗口右上角的“关闭”按钮 。
- 选择菜单“文件”→“退出”。
- 在命令行中输入：quit（或别名 exit)。

如果在退出 AutoCAD 时，当前的图形文件没有被保存，则系统将弹出提示对话框，提示用户在退出 AutoCAD 前保存或放弃对图形所做的修改，如图 1-15 所示。

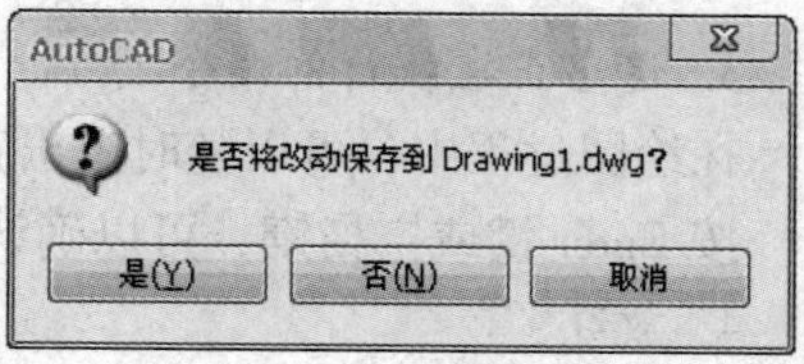

图 1-15　是否保存提示

1.4　基本的命令操作

1. 使用鼠标

鼠标在绘图区域以十字光标的形式显示，在选项板、功能区、对话框等区域中，则以箭头显示。可以通过鼠标左、右键及中键（滚轮）执行相应的命令。

鼠标左键：用于指定屏幕上的点，也可以用来选择 Window 对象、AutoCAD 对象、工具栏按钮和菜单命令等。

鼠标右键：鼠标右键相当于 Enter 键，用于结束当前使用的命令。在除菜单栏以外的任意区域单击鼠标右键，系统会根据不同功能区弹出相应的快捷菜单，选择相应选项可以执行相应命令。

鼠标中键（滚轮)：向上滚动滚轮可以放大视图；向下滚动滚轮可以缩小视图；按住鼠标滚轮，拖动鼠标可以平移视图。

2. 调用命令的方式

在 AutoCAD 中有多种调用命令的方式，其中最主要的包括菜单栏、工具按钮及在命令行中输入命令等。

- 菜单栏：例如，执行“矩形”命令，方法是选择菜单栏的“绘图”→“矩形”命令。
- 使用面板按钮执行命令：功能面板由各个命令的图标按钮组成，用户可以单击按钮调用相应的命令，或单击带有小三角标志的命令按钮，选择执行该按钮选项下的相应命令。例如，执行“矩形”命令，方法是打开“绘图”面板，单击“矩形”按钮。
- 使用命令行执行命令：在 AutoCAD 中，在命令行输入命令、系统变量、文本、参数等是最常用的操作，输入命令不区分大小写。例如，在命令行输入“Line”或快捷命令“L”，命令行对出现当前命令建议列表，如图 1-16 所示，按 Enter 键或空格键，激活该命令，根据命令行提示继续操作。在键盘上键入命令或数据，系统默认情况下，将动态显示在光标附近，和命令行提示一致，可根据提示进行下一步操作。

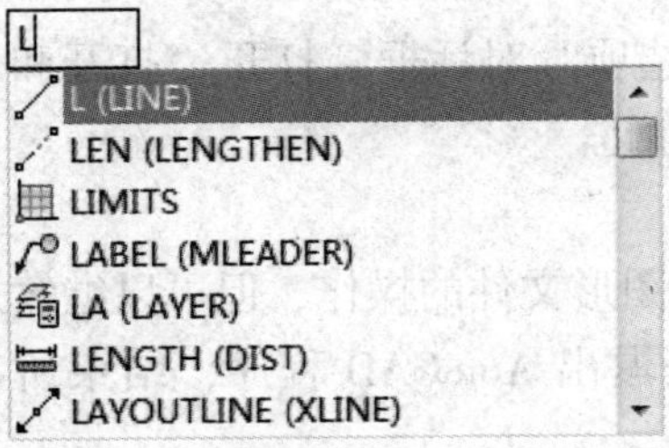

图 1-16　输入命令

快捷命令大致分为以下三类。

(1) 命令的缩写形式。例如，M（move）移动，L（line）直线，H（hatch）填充、CO（copy）复制，PL（Pline）多段线等。

(2) 组合键。例如，“Ctrl+1”修改属性，“Ctrl+Z”撤销上一步操作，“Ctrl+S”保存等。

(3) 功能键。例如，F3 对象捕捉开关，F8 正交开关，F1 打开帮助窗口，搜索“快捷键”，单击“功能键参考”可以看到功能键列表。

3. 退出正在执行的命令

在绘图过程中，可以随时退出正在执行的任何命令。按 Esc 键，可以中断命令，强制退出。按 Enter 键或空格键，可以确认命令的执行并结束命令。

4. 放弃

在绘图过程中出现错误时，可以取消错误的操作。取消已执行命令的方法有以下几种。

- 选择菜单栏“编辑”→“放弃”命令。
- 单击快速访问工具栏的“放弃”按钮，可以取消前一次执行的命令，连续单击可以取消多次执行的操作。
- 在命令行输入 Undo（或 U）命令，按 Enter 键。
- 按 Ctrl+Z 快捷键。

5. 重做

如果撤销了正确的操作，可以通过重做命令进行还原，在 AutoCAD 中常用下列方式执行“重做”命令。

- 选择菜单栏“编辑”→“重做”命令。
- 单击“快速工具栏”中“重做”按钮。
- 在命令行输入 Redo 命令，按 Enter 键。
- 按下 Ctrl+Y 快捷键。

6. 重复命令

- 在一个命令结束后，中间没有调用其他的命令，单击鼠标右键或按 Enter 键，在弹出菜单中的最上一项命令即为刚刚执行过的命令，选择后可以继续执行该命令。
- 按键盘上的方向键“↑”，可以翻阅前面在命令行中输入的命令，当出现要执行的命令后，按 Enter 键即可执行该命令。

1.5 选 择 对 象

在 AutoCAD 中，选择对象的方法很多，可以通过单击对象逐个拾取，也可利用矩形窗口或交叉窗口来选择；还可以选择最近创建的对象、前面的选择集或图形中的所有对象，也可以向选择集中添加对象或从中删除对象。

在绘图过程中，当执行到某些命令时（如删除、复制、移动等），将提示“选择对象：”，并出现矩形拾取光标，此时需要对单个图形对象或多个图形对象进行选择。

1. 点选

点选是最基本的一种选择方式，一次仅能选择一个对象，在命令行“选择对象：”的提示下，将选择框放在图形对象上，单击鼠标左键，即可选中该图形。

2. 窗口选择

窗口选择可以一次选择多个对象，在命令行中“选择对象：”的提示下，从左向右拉出一个矩形框，此选择框即为窗口选择框，以实线显示。全部位于框内的对象被选中。

例如，切换到“默认”选项卡，在“修改”面板上单击“删除”命令按钮，用窗口选择方式选择如图1-17（a）所示的三个几何图形，被选中的对象为圆形和矩形，因为直线只有一部分在窗口选择框内，所以没有被选中，如图1-17（b）所示。选择结束后，单击鼠标右键即完成删除操作，结果如图1-17（c）所示。

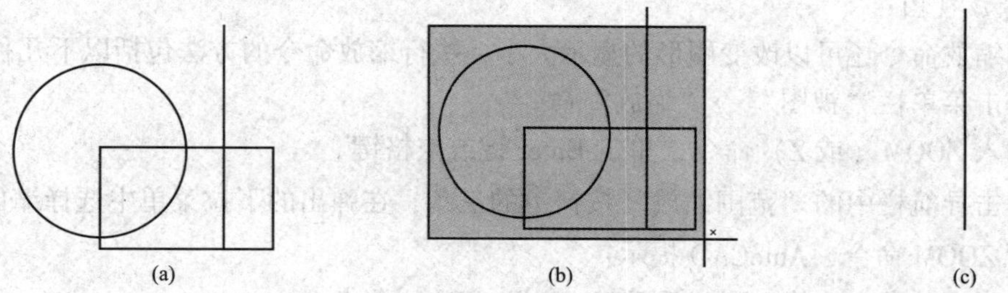

图1-17　窗口选择方式

3. 交叉窗口选择

交叉窗口选择可以一次选择多个对象，在命令行中“选择对象：”的提示下，从右向左拉出一个矩形框，此选择框即为交叉窗口选择框，以虚线显示。全部位于框内及与选择框相交的对象被选中。

4. 栏选

在“选择对象：”提示下输入F（fence）后即可进入此方式，开始在绘图区画出虚线，与虚线相交的对象被选中。

5. 全选

利用此功能可将当前图形中所有对象作为当前选择集。在“选择对象：”提示下键入ALL（注意：不可以只键入“A”）后回车，AutoCAD则自动选择所有的对象。

6. 快速选择对象

在AutoCAD中，当需要选择某些共有特性的对象时，可利用“快速选择”对话框，根据对象的图层、线型、颜色、图案填充等特性和类型来创建选择集。

在视图的空白位置单击鼠标右键，执行“快速选择”命令，从弹出的快捷菜单中选择“快速选择”命令，将弹出“快速选择”对话框，根据需要来选择相应的图形对象，如图1-18所示。

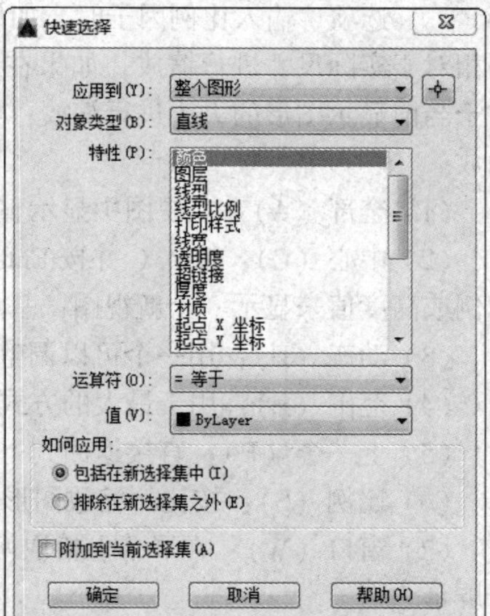

图1-18　“快速选择”选项卡

7. 使用编组操作

编组是保存的对象集，可以根据需要同时选择和编辑这些对象，也可以分别进行。编组提供了以组为单位操作图形元素的简单方法。可以将图形对象进行编组以创建一种选择集，它随图形一起保存，且一个对象可以作为多个编组的成员。

除可以选择编组的成员外，还可以为编组命名并添加说明。要对图形对象进行编组，可在命令行输入 Group，并按 Enter 键；或者执行“默认”→“组”面板中的命令。

1.6 视 图 控 制

在 AutoCAD 中，用户可以对视图进行缩放和平移操作，以便观看图形效果，也可以进行全屏显示图形、重画和重生成图形等操作。

1. 缩放视图

使用缩放命令还可以改变图形的显示大小，执行缩放命令的方法包括以下几种。

- 单击菜单栏“视图”→“缩放”命令。
- 输入 ZOOM（或 Z）命令，单击 Enter 键或空格键。
- 单击导航栏中的“范围缩放”按钮的三角，在弹出的下拉菜单中选择缩放选项。

执行 ZOOM 命令，AutoCAD 提示：

指定窗口的角点，输入比例因子（nX 或 nXP），或者

[全部（A）/中心（C）/动态（D）/范围（E）/上一个（P）/比例（S）/窗口（W）/对象（O）]<实时>:

第 1 行提示说明可以直接确定显示窗口的角点位置或输入比例因子。如果直接确定窗口的一角点位置，即在绘图区域确定一点，AutoCAD 提示：

指定对角点：

在该提示下再确定窗口的对角点位置，AutoCAD 将两角点确定的矩形窗口区域中的图形放大，充满显示屏幕。此时，也可以直接输入比例因子，即执行“输入比例因子（nX 或 nXP）”选项，输入比例因子时，如果输入的是具体数值，图形按该比例值实现绝对缩放，即相对于实际尺寸进行缩放；如果在比例因子后面加后缀“X”，图形实现相对缩放，即相对于当前显示图形的大小进行缩放；如果在比例因子后面加“XP”，图形则相对于图纸空间缩放。

（1）全部（A）：在视图中显示整个图形文件。

（2）中心（C）：输入 C 并按 Enter 键后，在图形中单击鼠标指定基点，再输入一个缩放比例或高度值来显示一个新视图，基点将作为缩放的中心点。

（3）动态（D）：用一个可以调整大小的矩形框去框选要放大的图形。

（4）范围（E）：用于最大的方式显示整个图形文件，同“全部（A）”的功能相同。

（5）上一个（P）：直接返回到上一次缩放的状态。

（6）比例（S）：按比例缩放图形。

（7）窗口（W）：在屏幕上拾取两个对角点确定一个矩形窗口，窗口内的图形放大到整个屏幕。

（8）对象（O）：执行该命令，选择相应的图形对象，被选中的图形对象将放大到整个

屏幕显示。

(9) 实时：光标变成一个放大镜，按住鼠标左键，向近拖动放大镜，图形缩小显示，向远拖动放大镜，图形放大显示。

2. 平移图形

图形显示移动是指移动整个图形，就像是移动整个图纸，改变图形在视图中的位置，以便于将图纸的特定部分显示在绘图窗口，而不会改变图形大小。

执行平移命令的方法包括以下几种。

- 单击菜单栏“视图”→“平移”命令。
- 输入 PAN（或 P）命令，单击 Enter 或空格键。
- 单击导航栏中的“平移”按钮。

执行该命令，屏幕上出现一个小手状光标，同时 AutoCAD 提示：

按 Esc 键或 Enter 键退出，或单击右键显示快捷菜单

按下拾取键并向某一方向拖动鼠标，图形就会向该方向移动，按 Esc 键或 Enter 键，可以结束平移命令的执行，如果单击鼠标右键，AutoCAD 将弹出快捷菜单，在其中选择退出即可。

1.7 测　　量

- 切换到“默认”选项卡，在“实用工具”面板中单击“测量”按钮的下拉箭头，从列表中选择相应的命令，如图 1-19 所示。
- 在命令行输入“MEASUREGEOM”，单击 Enter 键或空格键。

1. 查询面积与周长（AA）

该工具可以将一封闭区域的面积与周长查询出来。

命令：MEASUREGEOM

输入选项［距离（D）/半径（R）/角度（A）/面积（AR）/体积（V）］<距离>：_area（调用测量命令查询面积）

指定第一个角点或［对象（O）/增加面积（A）/减少面积（S）/退出（X）］<对象（O）>：↙

选择对象：（调用测量命令查询面积）

区域＝11614.3339，周长＝548.2075

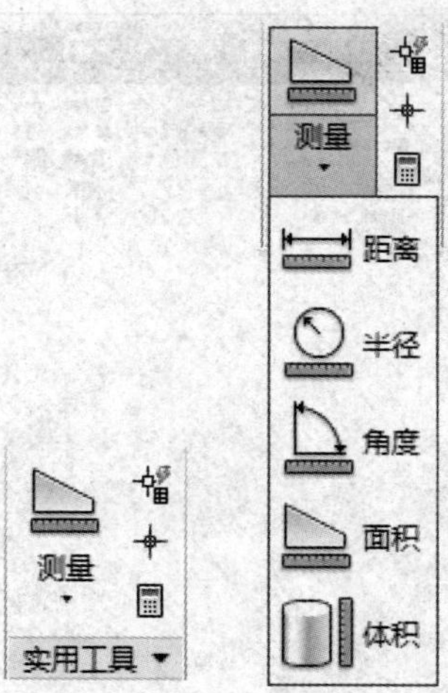

图 1-19 “测量”命令

以上各选项含义如下。

(1) 对象（O）：选择一封闭对象来查询面积与周长，该封闭对象必须是一个整体。

(2) 增加面积（A）：可以将多个区域的面积相加，但不能对周长相加。

(3) 减少面积（S）：可以对面积进行相减操作，但在进行面积相减的操作之前必须用加的操作求出总面积，再选择要减去的面积区域。该操作也不能对周长相减。

2. 查询点坐标（ID）

可以将所选择的任意一点的绝对坐标查询出来。

3. 查询两点之间的距离（DI）

可以将所选择的任意两点之间的距离查询出来。

4. 查询对象特性（LI）

可以将所选择对象的一些数据特性查询出来。根据所选择对象的不同，所查询的数据类型也不同。

1.8 上机练习

练习 1-1 练习图形文件管理。

从桌面上双击 AutoCAD 快捷键图标，启动 AutoCAD 程序，新建一个 AutoCAD 图形文件，其默认名是“Drawing1. dwg”，然后请将文件保存于桌面，文件名为“练习 1-1. dwg”。关闭“练习 1-1”图形文件，在 AutoCAD 中再次打开“练习 1-1”图形文件。

练习 1-2 认识 AutoCAD 工作界面。

工作界面如图 1-20 所示，请认识标题栏、菜单栏、功能区、绘图窗口、命令行、菜单浏览器、状态栏、快速访问工具。

图 1-20 认识 AutoCAD 工作界面

CAD2016基本操作(2)

第2章 绘图前的准备工作

学习内容

熟悉 AutoCAD 坐标输入、设置绘图环境、使用辅助工具绘图、AutoCAD 默认环境更改。

2.1 坐 标 输 入

1. 绝对坐标和相对坐标

坐标输入的方式有绝对坐标和相对坐标两种。绝对坐标是指画任何点或线，都要参照原点（0，0）来计算位置，相对坐标是相对于上一点的坐标值，而不是输入相对于原点的坐标值，使用起来更方便。

绝对直角坐标输入格式为“*X*，*Y*”；绝对极坐标输入格式为“*R*<*θ*”，*R* 表示点到原点的距离，*θ* 表示距离方向与 *X* 轴正向之间的夹角。

相对坐标的输入格式就是在绝对坐标前面加上“@”，即相对直角坐标输入“@ *X*，*Y*”；相对极坐标输入“@ *R*<*θ*”。例如，画一个 200×100 的矩形，先在屏幕上任意位置指定为第一个角点，在命令行提示另一个角点时，输入@200，100，回车即可。

命令：(切换到“默认”选项卡，在“绘图”面板上单击“矩形”按钮，调用矩形命令)

指定第一个角点或［倒角（C)/标高（E)/圆角（F)/厚度（T)/宽度（W)］：(在绘图区指定一点)

指定另一个角点或［面积（A)/尺寸（D)/旋转（R)］：@200，100↙（提示：在 AutoCAD 中，直接输入坐标值时，默认情况下系统会将其转换成相对坐标，因此在输入相对坐标时，可以省略@符号的输入，只输入200，100即可)

2. 动态输入

打开动态输入的方法有以下两种。

- 单击状态栏中的动态输入按钮，使其处于打开状态。
- 按 F12 功能键。

调用命令后，在十字光标旁边显示命令提示信息、光标点的坐标值、线段长度和角度等，用户可以直接在这些信息框中按提示输入参数，动态输入可以让我们将注意力集中到图面上，绘图时不必经常看命令行，可以提高绘图的效率。

在状态栏的动态输入 DYN 按钮上单击右键，选择“动态输入设置”，弹出“草图设置”对话框，选择“动态输入”，单击“指针输入”的“设置”按钮，弹出“指针设置”对话框，在这个对话框中默认为极轴格式、相对坐标。因此，当动态输入打开时，系统默认处于相对坐标输入状态，不必在 *X*，*Y* 前加@，直接输入 *X*，*Y* 或者“*R*<*θ*”即为相对坐标。

很多情况下，用户画图时都是直接通过相对坐标来绘制图形的，所以一般不建议进行动态输入设置的更改。

【例 2-1】 使用直线命令绘制图 2-1（a）所示图形。

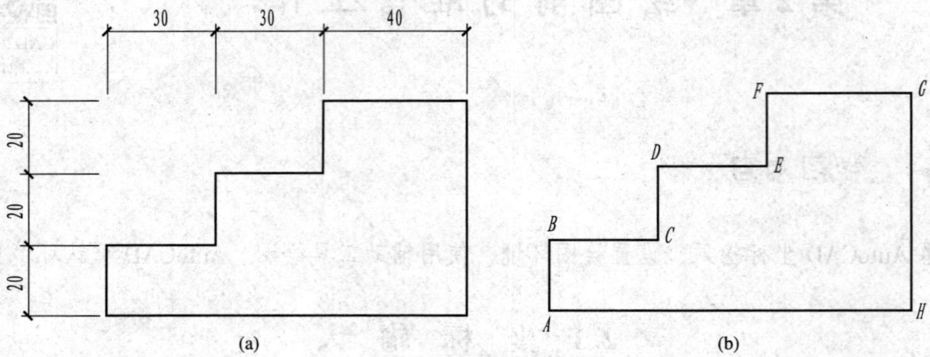

图 2-1 输入坐标完成图形

方法一：练习坐标输入，如图 2-1（b）所示。

命令：(切换到“默认”选项卡，在“绘图”面板上单击“直线”按钮，调用直线命令)

指定第一个点：(在绘图区单击鼠标左键，作为起点 A)

指定下一点或［放弃（U）］：@0，20↙（完成 AB 段）

指定下一点或［放弃（U）］：@30，0↙（完成 BC 段）

指定下一点或［闭合（C）/放弃（U）］：@0，20↙（完成 CD 段）

指定下一点或［闭合（C）/放弃（U）］：@30，0↙（完成 DE 段）

指定下一点或［闭合（C）/放弃（U）］：@0，20↙（完成 EF 段）

指定下一点或［闭合（C）/放弃（U）］：@40，0↙（完成 FG 段）

指定下一点或［闭合（C）/放弃（U）］：@0，−60↙（完成 GH 段）

指定下一点或［闭合（C）/放弃（U）］：c↙（回到起点 A，闭合图形）

方法二：用光标拉出直线方向，输入在这个方向的距离。同时，因为这个图的直线都是水平线和竖直线，所以打开正交开关（对应的功能键为 F8）绘制可以加快速度。

命令：(调用直线命令)

指定第一个点：(在绘图区指定点 A)

指定下一点或［放弃（U）］：20↙（给出向上方向，输入 20，得到 B 点）

指定下一点或［放弃（U）］：30↙（给出向右方向，输入 30，得到 C 点）

指定下一点或［闭合（C）/放弃（U）］：20↙（给出向上方向，输入 20，得到 D 点）

指定下一点或［闭合（C）/放弃（U）］：30↙（给出向右方向，输入 30，得到 E 点）

指定下一点或［闭合（C）/放弃（U）］：20↙（给出向上方向，输入 20，得到 F 点）

指定下一点或［闭合（C）/放弃（U）］：40↙（给出向右方向，输入 40，得到 G 点）

指定下一点或［闭合（C）/放弃（U）］：60↙（给出向下方向，输入 60，得到 H 点）

指定下一点或［闭合（C）/放弃（U）］：(捕捉起点 A)

对于本图，方法二比方法一绘图速度快，在绘图过程中，技巧、方法决定画图的速度。

2.2 设置绘图环境

2.2.1 设置图形界限

图形界限是一个假定的矩形绘图范围，用户可以根据所绘制图形的尺寸，设置恰当图形界限，方便绘图过程中显示、移动图形等操作，但在绘图过程中可以选择是否受所设置的矩形绘图范围边界的限制。设置图形界限的方法主要有以下两种。

- 单击菜单栏“格式”→“图形界限”命令。
- 输入 Limits 命令，单击 Enter 键或空格键。

执行上述命令后，根据命令行提示依次输入左下角点和右上角点坐标值。此时，绘图范围可能在屏幕范围外，所以在设置完矩形大小后，紧接着要双击鼠标中间滚动轮，相当于调用 zoom（窗口缩放）命令的“范围（E）”或“全部（A）”选项，使得图形界限全屏显示，即图形在窗口中显示为最大，用户可以通过打开栅格观察到所设的图形界限范围。

【例 2-2】 设置 200×400 的图形界限。

系统默认的图形界限是 420×297，可以根据实际情况随时进行调整。

命令：LIMITS ↙

重新设置模型空间界限：

指定左下角点或［开（ON)/关（OFF)］<0.0000，0.0000>：↙（左下角点坐标为 0，0)

由左下角点和右上角点所确定的矩形区域为图形界限，通常不改变左下角点的位置。

输入 ON，绘图时图形不能超过图形界限；输入 OFF 则不受图像界限限制，默认状态为 OFF，不建议更改。

指定右上角点<420.0000，297.0000>：200，400 ↙

双击鼠标滚动论，将所设置的图形界限全屏显示。与在命令行中输入 ZOOM 命令行相同。

命令：zoom ↙

指定窗口的角点，输入比例因子（nX 或 nXP)，或者

［全部（A)/中心（C)/动态（D)/范围（E)/上一个（P)/比例（S)/窗口（W)/对象（O)］<实时>：A（或 E）↙

2.2.2 设置绘图单位

AutoCAD 的计量单位默认为毫米，可以进行修改。设置绘图单位的方法主要有以下三种。

- 单击菜单栏“格式”→“单位”命令。
- 输入 Units 命令，单击 Enter 键或空格键。
- 单击菜单浏览器按钮，在下拉菜单中选择“图形实用工具”→“单位”选项。

执行以上命令，打开“图形单位对话框”，如图 2-2 所示，可以设置长度、角度、精度等参数选项。其中，“角度”选项中，如果勾选“顺时针”复选框，系统将以顺时针为角度测量正方向，角度默认正方向为逆时针，不建议更改。单击“方向”按钮，打开方向控制对话框，系统默认的东向（X 轴正向）为 0°方向，如图 2-3 所示。

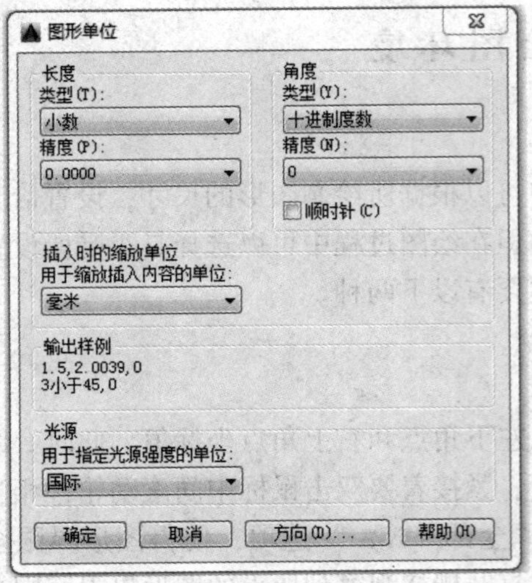

图 2-2 图形单位对话框

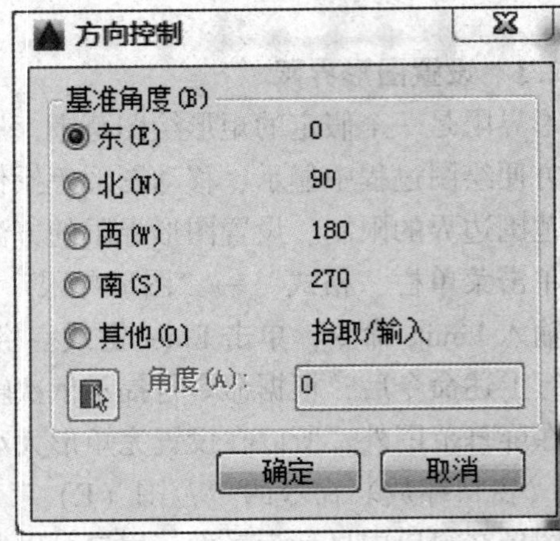

图 2-3 方向控制对话框

2.2.3 更改 AutoCAD 默认环境

用户通常在 AutoCAD 默认状态下绘制图形，但因为习惯等问题，可能需要在绘制图形前先对系统参数进行必要的设置，如绘图区的颜色、十字光标等，这些需要通过“选项”对话框完成。打开“选项”对话框的方法主要有以下两种。

- 单击菜单栏“工具”→“选项”命令。
- 在绘图区的空白处单击鼠标右键，在弹出的菜单中选择“选项”命令。

执行以上命令，打开“选项”对话框，如图 2-4 所示。在该对话框中有“文件”“显示”“打开和保存”“打印和发布”“系统”“用户系统配置”“绘图”“三维建模”“选择集”和“配置”10 个选项卡。

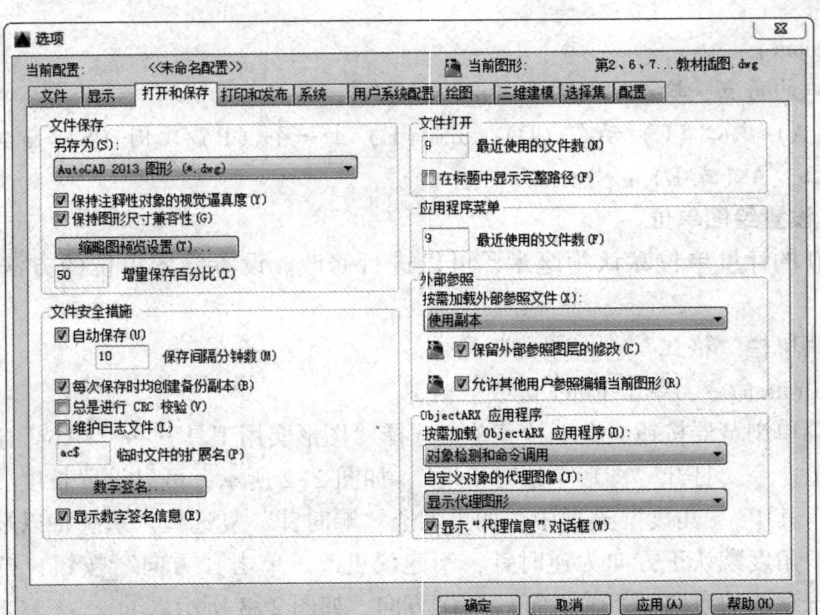

图 2-4 “选项”对话框

1.“文件”选项卡

该选项卡列出了 AutoCAD 各类支持文件、驱动程序文件、菜单文件及其他文件的文件夹的搜索路径，同时还可以通过其指定一些可选的用户定义设置。

2.“显示”选项卡

该选项卡可以设置窗口元素、布局元素、显示精度、显示性能、十字光标大小和淡入度控制等属性。其中设置频率比较高的为设置绘图区背景颜色和十字光标的大小。

3.“打开和保存”选项卡

在该选项卡中可以设置保存文件的版本、是否自动保存文件，以及指定自动保存文件的时间间隔及是否加载外不去参照等。

4.“打印和发布”选项卡

该选项卡可以设置输出设备；将图形打印到文件时指定其默认保存位置，用户可以直接输入位置或单击位于右侧的按钮，从弹出的对话框指定保存位置；指定打印区域的偏移是从可打印区域的左下角开始，还是从图纸的边缘开始等。

5.“系统”选项卡

该选项卡设置当前定点设备选项组，布局重生成选项选项组，数据库连接选项选项组，常规选项选项组等。

6.“用户系统配置”选项卡

该选项卡可以设置是否使用快捷菜单，坐标数据输入优先级的设置。

7.“绘图”选项卡

(1)“自动捕捉设置”选项组：控制使用对象捕捉功能时所显示的形象化辅助工具的相关设置。其中，“标记”复选框控制是否显示自动捕捉标记，该标记是当十字光标移到捕捉点附近时显示出的说明捕捉到对应点的几何符号。“磁吸”复选框用于打开或关闭自动捕捉磁吸。磁吸是指十字光标自动移动，并锁定到最近的捕捉点上。“显示自动捕捉工具提示”复选框控制当 AutoCAD 捕捉到对应的点时，是否通过浮出的小标签给出对应提示。“显示自动捕捉靶框”复选框用于控制是否显示自动捕捉靶框。靶框是捕捉对象时出现在十字光标内部的方框。“颜色”按钮用于设置自动捕捉标记的颜色。

(2)“自动捕捉标记大小”选项：通过水平滑块设置自动捕捉标记的大小。

(3)“对象捕捉选项”选项：确定对象捕捉时是否忽略填充的图案等设置。

(4)“AutoTrack 设置”选项组：控制极轴追踪和对象捕捉追踪时的相关设置。选中“显示极轴追踪矢量”，则当启用极轴追踪时，会沿指定的角度显示出追踪矢量。利用极轴追踪可以使用户方便地沿追踪方向绘出直线。选中“显示全屏追踪矢量”复选框，将以无限长直线显示追踪矢量。“显示自动追踪工具提示”复选框控制是否显示自动追踪工具提示。工具提示是一个提示标签，可用其显示沿追踪矢量方向的光标极坐标。

(5)“对齐点获取”选项组：控制在图形中显示对齐矢量的方法。其中，“自动”单选按钮表示当靶框移到对象捕捉点时，会自动显示出追踪矢量；“按 Shift 键获取”单选按钮表示当按 Shift 键并将靶框移到对象捕捉点上时，会显示出追踪矢量。

(6)“靶框大小”选项：通过水平滑块设置自动捕捉靶框的显示尺寸。

(7)“设计工具提示设置”按钮：用于设置当采用动态输入时，工具提示的颜色、大小及透明性。

8.“三维建模”选项卡

可以对三维十字光标、三维对象和三维导航等参数进行设置。

9.“选择集”选项卡

(1)“拾取框大小”选项：通过水平滑块控制拾取框的大小，此拾取框用于选择对象。

(2)“选择集模式”选项组：控制与对象选择方法相关的设置。其中，“先选择后执行”复选框允许在启动命令之前先选择对象，然后再执行对应的命令进行操作。“用 Shift 键添加到选择集”复选框表示当选择对象时，是否采用按下 Shift 键再选择对象时才可以向选择集添加对象或从选择集中删除对象。“对象编组”复选框表示如果设置了对象编组（用 GROUP 命令创建编组），当选择编组中的一个对象时是否要选择编组中的所有对象。“关联图案填充”复选框用于确定所填充的图案是否与其边界建立关联。“隐含选择窗口中的对象”复选框确定是否允许采用隐含窗口（即默认矩形窗口）选择对象。“允许按住并拖动对象”复选框确定是否允许通过指定选择窗口的一点后，仍按住。鼠标左键，并将鼠标拖至第二点的方式来确定选择窗口。如果未选中此复选框，表示应通过拾取点的方式单独确定选择窗口的两点。“窗口选择方法”下拉列表用于确定选择窗口的选择方法。

(3)“预览”选项组：确定当拾取框在对象上移动时是否亮显对象。其中，“命令处于活动状态时”复选框表示仅当对应的命令处于活动状态并显示“选择对象:”提示时，才会显示选择预览。“未激活任何命令时”复选框表示即使未激活任何命令，也可以显示选择预览。“视觉效果设置”按钮会弹出“视觉效果设置”对话框，用于进行相关的设置。

(4)“夹点尺寸”滑块：用来设置夹点操作时夹点方框的大小。

(5)“夹点”选项组：控制与夹点相关的设置。其中，“在块中显示夹点”复选框设置块的夹点显示方式，启用该功能，用户选择的块中的各对象均显示其本身的夹点，否则只将插入点作为夹点显示。“显示夹点提示”复选框设置当光标悬停在支持夹点提示的自定义对象的夹点上时，是否显示夹点的特定提示。“显示动态夹点菜单”复选框控制当光标在显示出的多功能夹点上悬停时，是否显示出动态菜单。样条曲线的夹点就属于多功能夹点。“允许按 Ctrl 键循环改变对象编辑方式行为”复选框，确定是否允许用 Ctrl 键来循环改变对多功能夹点的编辑行为。“对组显示单个夹点”“对组显示边界框”复选框分别用于确定是否显示对象组的单个夹点及围绕编组对象的范围显示边界框。“选择对象时限制显示的夹点数”文本框用于设置所选择对象显示的最大夹点数。

(6)“上下文选项卡状态”按钮：用于通过对话框设置功能区上下文选项卡的状态。

10.“配置”选项卡

该选项卡可以实现新建系统配置文件、重命名系统配置文件，以及删除系统配置文件等操作。

【例 2-3】 设置绘图区的颜色为白色，并改变夹点的大小。

(1) 单击菜单栏“工具”→“选项”命令，打开“选项”对话框，打开“显示”选项卡，单击“窗口元素”选项栏中的“颜色”按钮，如图 2-5 所示。

(2) 在“图形窗口颜色”对话框中，依次选择“二维模型空间”和“统一背景”选项，单击“颜色”下拉按钮，选择“白”选项，如图 2-6 所示。

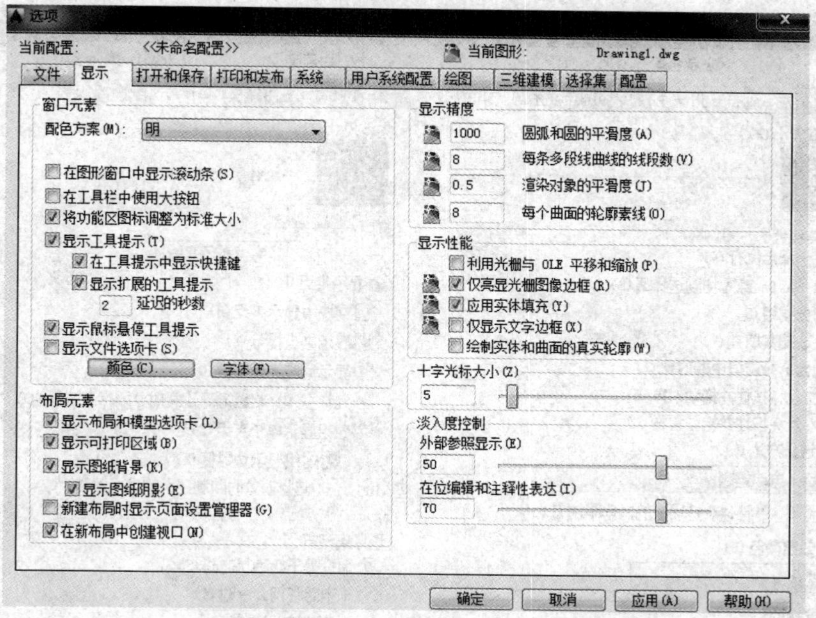

图 2-5　“选项”对话框

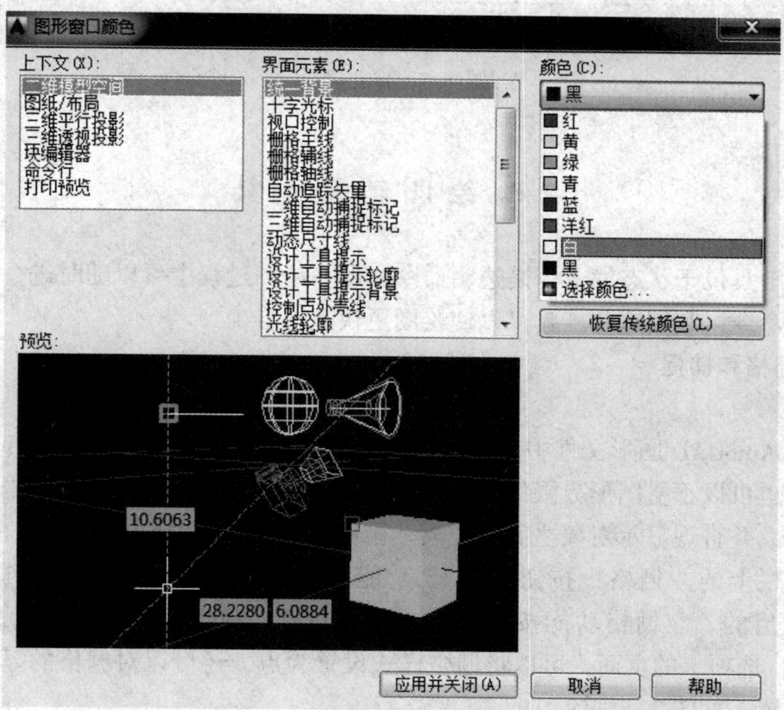

图 2-6　设置背景颜色

（3）打开“选择集”选项卡，单击“夹点尺寸”选项栏中拖动滑块，如图 2-7 所示，单击确定即可。

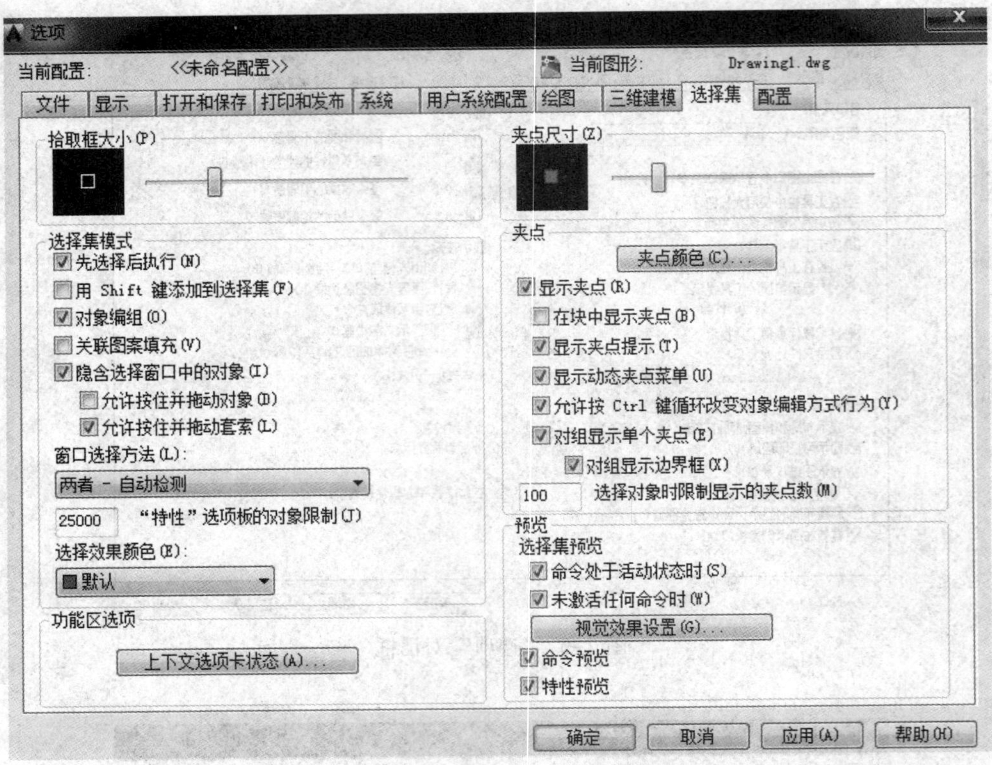

图 2-7　拖动滑块

2.3 绘图辅助工具

辅助绘图工具位于状态栏上，是透明命令，即在绘图过程中可以随时进行设置，不会中断正在进行的命令，利用这些工具可以使绘图更快速、准确。

2.3.1 栅格和捕捉

1. 栅格

在新建的 AutoCAD 图形文件中，默认的栅格为一些等距排列的线。栅格可以只在图形界限内显示，也可以不受图形界限的限制。栅格类似于在图形下放置的一张坐标纸，利用它可以对齐对象，并直观显示对象之间的距离。栅格不会被打印输出。

单击状态栏上的“栅格”按钮或按 F7 功能键，即可开启或关闭栅格功能，默认情况下，栅格是开启的。在栅格功能按钮上单击鼠标右键，弹出“草图设置”对话框，显示“捕捉和栅格”选项卡的页面，可以将栅格样式设置为点，还可以对栅格的显示范围、栅格间距等进行设置，如图 2-8 所示。

2. 捕捉

捕捉功能用于设定光标移动的间距，单击状态栏的捕捉按钮或按 F9 功能键可以开启或关闭捕捉功能，捕捉和栅格是一起使用的，开启栅格后，打开捕捉，移动鼠标时，十字光标将自动定位到栅格点上，通过捕捉栅格点来精确绘图，这样就可以不需要输入坐标值了。栅格和捕捉功能在当年计算机还没有普及的年代，使用比较多。现在直接利用栅格捕捉画图不

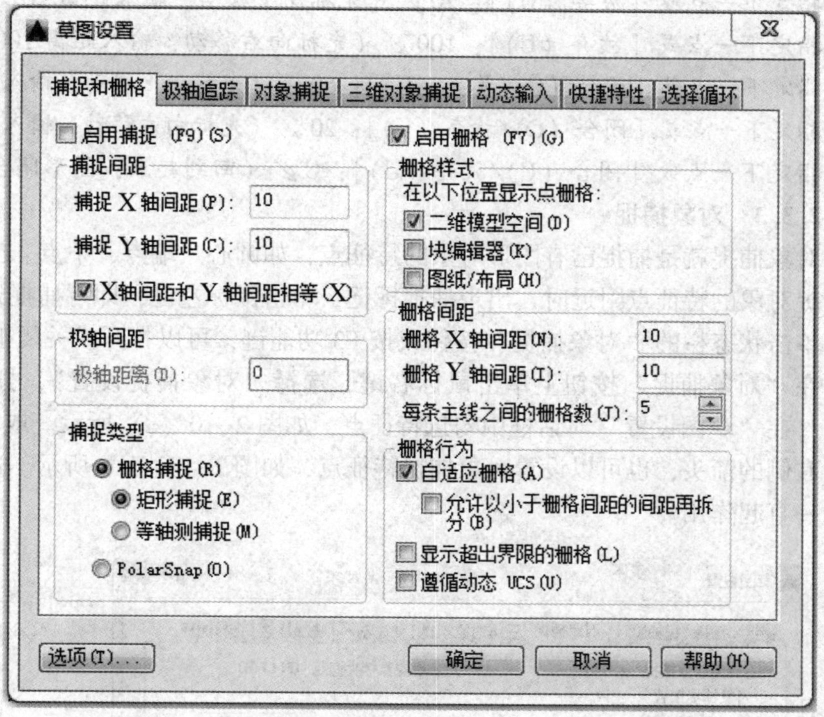

图 2-8　“草图设置”对话框

太多。但如果绘图过程出现光标不能连续移动，一跳一跳的，可能是将捕捉功能打开了。

2.3.2　正交功能

利用正交功能可以绘制水平线和垂直线。单击状态栏上的“正交”按钮或按 F8 功能键可以打开或关闭正交功能。

【例 2-4】　利用正交功能绘制图 2-9（a）。

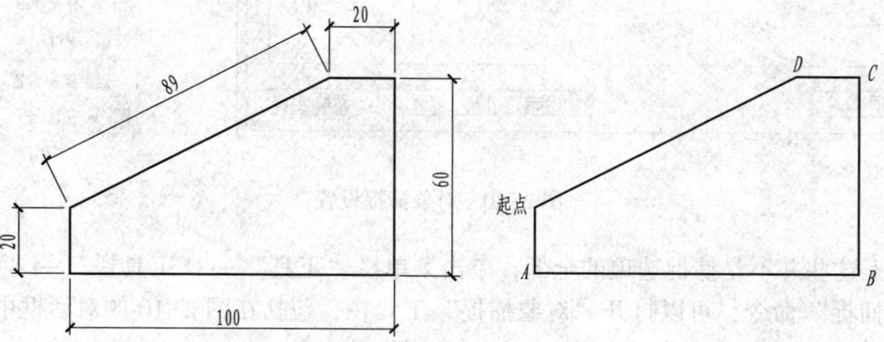

图 2-9　利用正交功能绘图

打开正交模式，利用方向和输入距离从起点依次画到 *A*、*B*、*C*、*D* 点，通过闭合命令或捕捉命令回到起点。

命令：(切换到“默认”选项卡，在“绘图”面板上单击“直线”按钮，调用直线命令)

指定第一个点：[在绘图区指定一点作为图形起点，如图 2-9（b）所示]

指定下一点或［放弃（U）］：20↙（光标向下移动，输入距离 20，得到 *A* 点）
指定下一点或［放弃（U）］：100↙（光标向右移动，输入距离 100，得到 *B* 点）
指定下一点或［闭合（C）/放弃（U）］：60↙（光标向上移动，输入距离 60，得到 *C* 点）
指定下一点或［闭合（C）/放弃（U）］：20↙（光标向左移动，输入距离 20，得到 *D* 点）
指定下一点或［闭合（C）/放弃（U）］：C↙（回到起点，图形闭合）

2.3.3　对象捕捉

对象捕捉就是捕捉已有图形对象的特征点，如圆心、端点、中点、交点等。当光标移动到捕捉对象的特征点附近时，出现捕捉标记，单击鼠标左键，即可捕捉到相应的点。

单击状态栏的“对象捕捉”按钮或按 F3 功能键，可以打开或关闭正交功能。

在“对象捕捉”按钮上单击鼠标右键，选择“对象捕捉设置”，打开“草图设置”对话框，在“草图设置”对话框中勾选特征点，如图 2-10（a）所示。或者单击“对象捕捉”按钮右侧的箭头，也可以设置对象捕捉特征点，如图 2-10（b）所示。这些设置在绘图过程中会一直起作用。

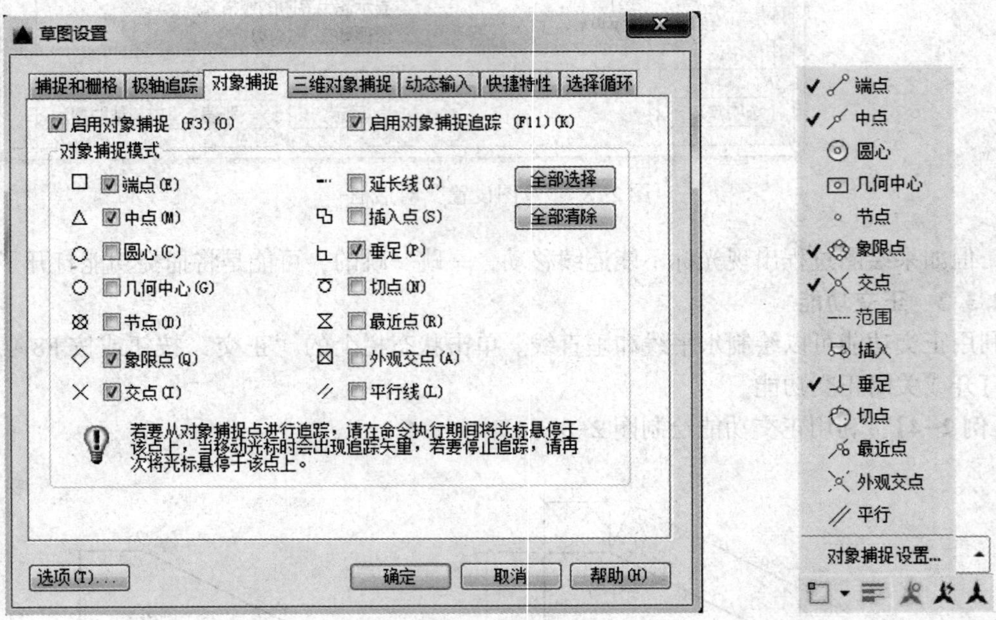

(a)　　　　(b)

图 2-10　对象捕捉设置

实际上这些并不是捕捉选项的全部，单击菜单栏“工具”→“工具栏”→“AutoCAD”→“对象捕捉”命令，可以打开“对象捕捉”工具栏，包括在图 2-10 的对话框中找不到的选项，如图 2-11 所示。

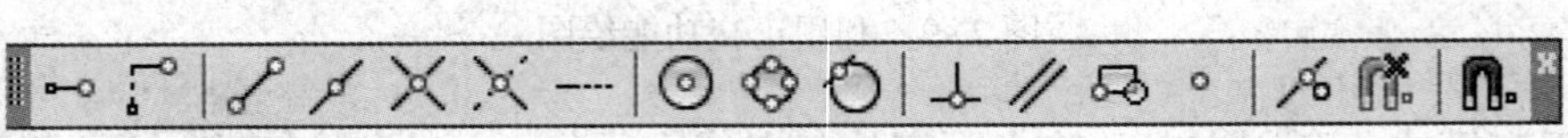

图 2-11　“对象捕捉”工具栏

如果只是偶尔使用某捕捉方式，还可以通过其他一些方式来设置临时的对象捕捉选项，所谓临时捕捉选项，就是点完按钮用一下，然后这个设置就失效了。执行 Shift+右键，可以弹出临时对象捕捉菜单。临时对象捕捉选项必须在定位点时单击才起作用，如果未调用任何绘图或编辑命令，单击对象捕捉按钮是不起作用的。

【例 2-5】 绘制图 2-12（a）所示图形，练习用对象捕捉精确绘图。

注意：在绘图过程中，如在特征点附近不出现捕捉标记，检查该特征点是否勾选，对象捕捉模式是否打开。

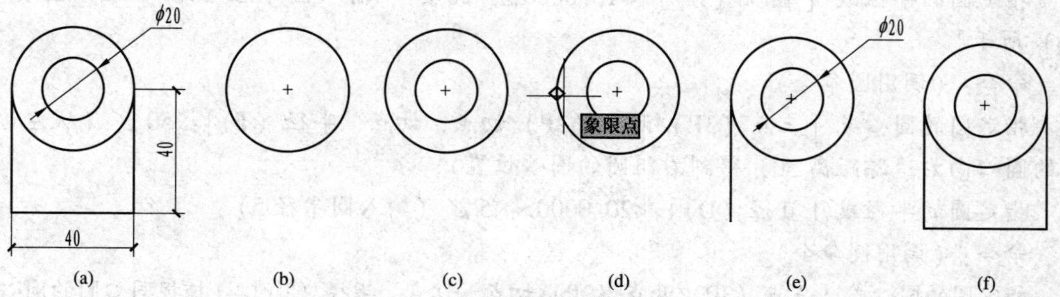

图 2-12　用对象捕捉绘图

命令：(切换到“默认”选项卡，在“绘图”面板上单击“圆”按钮，调用圆命令)

指定圆的圆心或［三点（3P)/两点（2P)/切点、切点、半径（T)］：(在屏幕上指定圆心)

指定圆的半径或［直径（D)］<10.0000>：20↙［输入半径，如图 2-12（b）所示］

命令：(调用圆命令)

指定圆的圆心或［三点（3P)/两点（2P)/切点、切点、半径（T)］：(捕捉第一个圆的圆心)

指定圆的半径或［直径（D)］<20.0000>：10↙［输入半径，图 2-12（c）所示］

命令：(调用直线命令)

指定第一个点：［捕捉大圆的左侧象限点，图 2-12（d）所示］

指定下一点或［放弃（U)］：40↙［光标控制方向，输入距离 40，图 2-12（e）所示］

指定下一点或［放弃（U)］：40↙（光标控制方向，输入距离)

指定下一点或［闭合（C)/放弃（U)］：［捕捉大圆的右侧象限点，结果如图 2-12（f）所示］

【例 2-6】 绘制图 2-13（a)，练习用对象捕捉精确绘图。

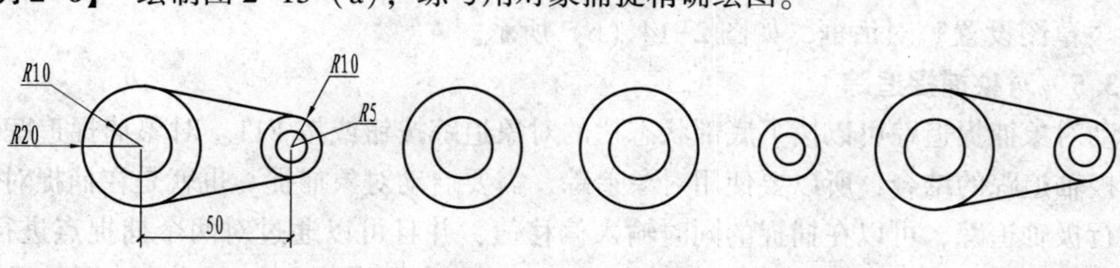

图 2-13　用对象捕捉绘图

命令：(切换到“默认”选项卡，在“绘图”面板上单击“圆”按钮，调用圆命令)

指定圆的圆心或［三点（3P)/两点（2P)/切点、切点、半径（T)］：(在绘图区任意

位置单击鼠标左键，确定左边半径10的圆的圆心)

指定圆的半径或［直径（D）］<10.0000>：10↙（输入圆半径10）

命令：(调用圆命令)

指定圆的圆心或［三点（3P）/两点（2P）/切点、切点、半径（T）］：（捕捉同心圆圆心，确定左边半径20的圆的圆心）

指定圆的半径或［直径（D）］<10.0000>：20↙［输入圆半径20，结果如图2-13（b）所示］

命令：(调用圆命令)

指定圆的圆心或［三点（3P）/两点（2P）/切点、切点、半径（T）］：50↙（从左边的圆的圆心向右追踪距离50，得到右组圆的圆心位置）

指定圆的半径或［直径（D）］<20.0000>：5↙（输入圆半径5）

命令：(调用圆命令)

指定圆的圆心或［三点（3P）/两点（2P）/切点、切点、半径（T）］：(捕捉同心圆的圆心)

指定圆的半径或［直径（D）］<5.0000>：10↙［输入圆半径10，结果如图2-13（c）所示］

命令：(调用直线命令)

指定第一个点：(捕捉左组圆上象限点作为直线起点)

指定下一点或［放弃（U）］：(捕捉右组圆上象限点作为直线终点)

指定下一点或［放弃（U）］：↙

命令：(调用直线命令)

指定第一个点：(捕捉左组圆下象限点作为直线起点)

指定下一点或［放弃（U）］：［捕捉右组圆下象限点作为直线终点，图2-13（d）所示］

指定下一点或［放弃（U）］：↙

2.3.4 极轴追踪

图形中一些倾斜线的角度都是一些比较固定或有规律的角度，如30、45、60等，为免去输入坐标值的麻烦，AutoCAD提供了一个极轴追踪的功能，根据需要设置一个极轴增量角，当光标移动到靠近满足条件角度时，AutoCAD就会显示一条虚线，也就是极轴，光标被锁定到极轴上。如增量角设置为45°，则每增加45°的角度的方向都能追踪，如图2-14（a）所示。通过功能键F10或在状态栏的“极轴追踪”按钮上右击，并选择“正在追踪设置”，即打开“草图设置”对话框，如图2-14（b）所示。

2.3.5 对象捕捉追踪

启动对象捕捉追踪可以按下底部状态栏的对象追踪按钮或按F11。对象捕捉追踪是对象捕捉和极轴追踪的结合，所以要使用对象追踪，需要启动对象捕捉。也就是在捕捉对象特征点处进行极轴追踪，可以在捕捉的同时输入偏移值，并且可以通过对两个捕捉点进行追踪，获取沿极轴方向的交点等。如果在“极轴追踪”选项卡中设为仅正交追踪，即使设置了极轴增量角，对象捕捉追踪时也只跟踪水平和竖直方向，也就是只出现水平或竖直的极轴；设为“用所有极轴角设置追踪”，就可以按极轴增量角来对对象捕捉点进行跟踪。

对象捕捉追踪常用于绘制距离捕捉点一定距离的点。在捕捉某一点并出现极轴时，光标沿极轴移离捕捉点，输入距离，即可获取距离捕捉点一定距离的点，如图2-15（a）所示。

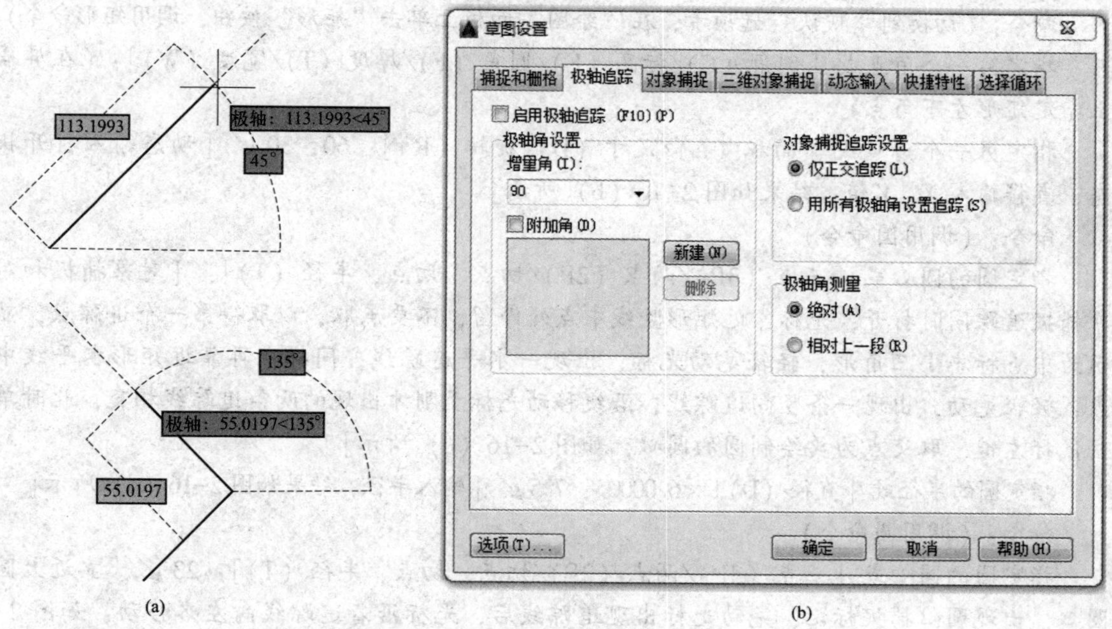

图 2-14　极轴追踪

通过追踪两个捕捉点的极轴交点，得到与两个捕捉点对齐的点，如图 2-15（b）所示。

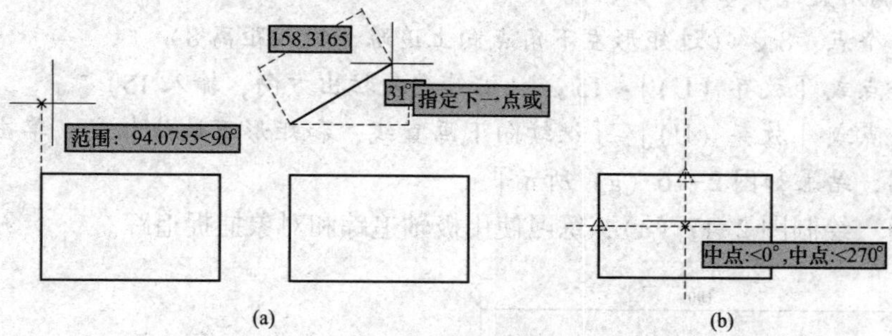

图 2-15　对象捕捉追踪应用

【例 2-7】　绘制图 2-16（a），练习使用对象捕捉追踪。

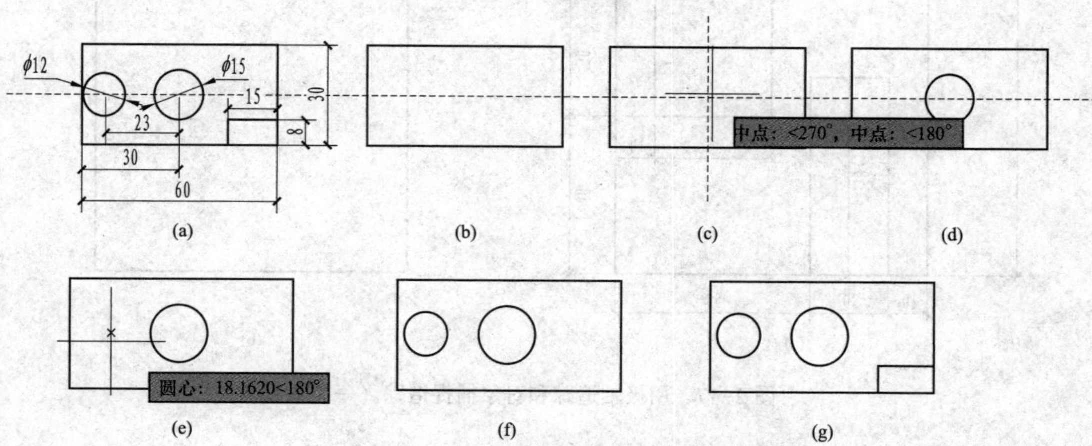

图 2-16　使用对象捕捉追踪

命令：(切换到“默认”选项卡，在“绘图”面板上单击“矩形”按钮，调用矩形命令)

指定第一个角点或［倒角（C)/标高（E)/圆角（F)/厚度（T)/宽度（W)］：(在屏幕上指定矩形左下角点)

指定另一个角点或［面积（A)/尺寸（D)/旋转（R)］：60，30↙［动态输入打开状态，直接输入 X，Y 值，结果如图 2-16（b）所示］

命令：(调用圆命令)

指定圆的圆心或［三点（3P)/两点（2P)/切点、切点、半径（T)］：［对象捕捉和对象捕捉追踪同时打开，光标靠近矩形竖线中点处停留，不要点取，以取得第一个追踪点，显示为中点标志小三角形，轻轻晃动光标，出现一水平追踪线；同样，再靠近矩形水平线中点，轻轻晃动，出现一条竖向追踪线，沿线移动光标至刚才出现的两条追踪线相交，此时单击鼠标左键，取交点为要绘制圆的圆心，如图 2-16（c）所示］

指定圆的半径或［直径（D)］<6.0000>：7.5↙［输入半径，结果如图 2-16（d）所示］

命令：(调用圆命令)

指定圆的圆心或［三点（3P)/两点（2P)/切点、切点、半径（T)］：23↙［靠近大圆圆心，出现圆心捕捉标记，晃动光标出现追踪线后，光标沿着追踪线向左略移动，如图 2-16（e）所示。输入距离 23，即得到小圆的圆心］

指定圆的半径或［直径（D)］<7.5000>：6↙［输入半径，结果如图 2-16（f）所示］

命令：(调用直线命令)

指定第一个点：8↙（过矩形左下角点向上追踪，输入距离 8）

指定下一点或［放弃（U)］：15↙（继续向左拉出方向，输入 15）

指定下一点或［放弃（U)］：［继续向下画直线，和矩形下边线相交，单击鼠标左键完成小矩形绘制，结果如图 2-16（g）所示］

【例 2-8】 绘制图 2-17（a)，练习使用极轴追踪和对象捕捉追踪。

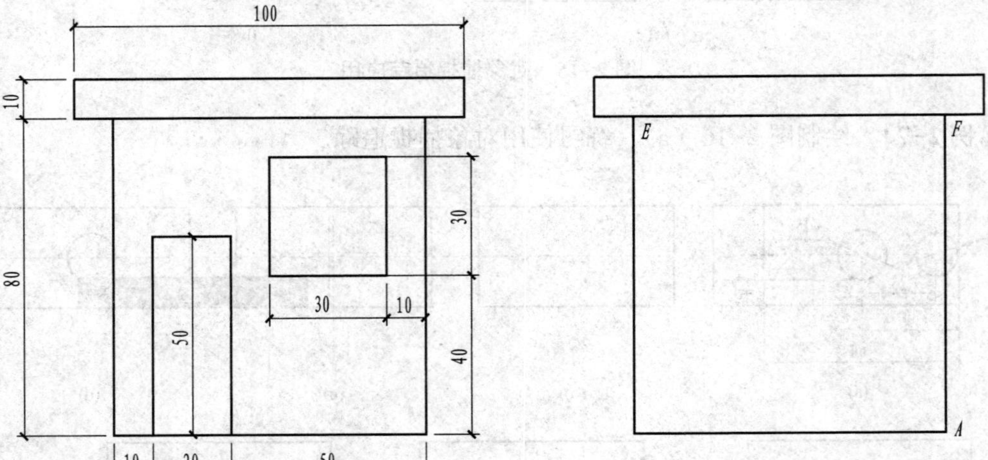

(a) (b)

图 2-17 用极轴追踪和对象捕捉追踪（一）

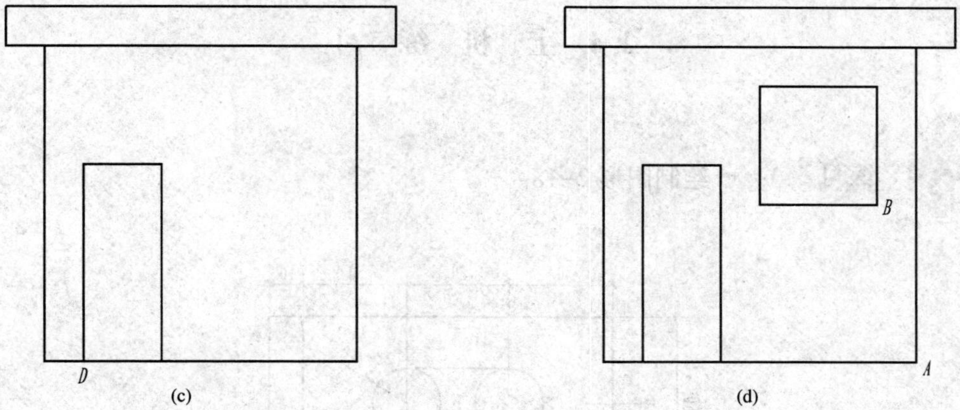

图2-17　用极轴追踪和对象捕捉追踪（二）

命令：(切换到“默认”选项卡，在“绘图”面板上单击“矩形”按钮，调用矩形命令)

指定第一个角点或［倒角（C)/标高（E)/圆角（F)/厚度（T)/宽度（W)］：(指定左下角点)

指定另一个角点或［面积（A)/尺寸（D)/旋转（R)］：@100，10↙（动态输入开的状态，直接输入100，10)

命令：(调用矩形命令)

指定第一个点：10↙（利用对象捕捉追踪得到 E 点)

指定下一点或［放弃（U)］：80↙（向下拉出方向，输入距离80)

指定下一点或［放弃（U)］：80↙（向右拉出方向，输入距离80，得到 A 点)

指定下一点或［闭合（C)/放弃（U)］：［追踪线与已有图形对象相交，得到 F 点，结果如图2-17（b）所示］

命令：(调用矩形命令)

指定第一个角点或［倒角（C)/标高（E)/圆角（F)/厚度（T)/宽度（W)］：10↙(利用对象捕捉追踪得到左下角 D 点)

指定另一个角点或［面积（A)/尺寸（D)/旋转（R)］：@20，50↙［动态输入开的状态，直接输入20，50，结果如图2-17（c）所示］

命令：(调用矩形命令)

指定第一个角点或［倒角（C)/标高（E)/圆角（F)/厚度（T)/宽度（W)］：from↙［在命令行输入from（即捕捉自）命令］

基点：<偏移>：@-10，40↙［基点捕捉图形右下角 A 点（选择基点时，要在基点处出现捕捉标记时单击鼠标左键)，输入@-10，40。注意，因为下一点相对于基点的在 X 负向，所以输入的是-10，得到 B 点］

指定另一个角点或［面积（A)/尺寸（D)/旋转（R)］：@-30，30↙［动态输入开的状态，直接输入-30，30，结果如图2-17（d）所示］

2.4 上 机 练 习

练习 2-1 绘制图形 2-18。

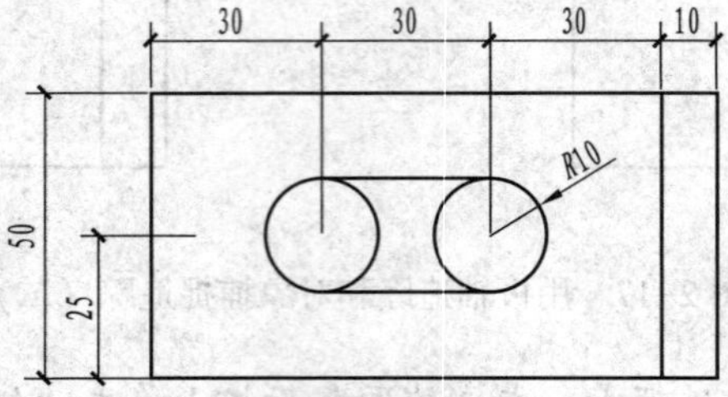

图 2-18 图形练习

命令：(切换到“默认”选项卡，在“绘图”面板上单击“矩形”按钮，调用矩形命令)

指定第一个角点或［倒角（C）/标高（E）/圆角（F）/厚度（T）/宽度（W）］：(指定左下角点)

指定另一个角点或［面积（A）/尺寸（D）/旋转（R）］：@100，50↙（动态输入打开，直接输入100，50）

命令：(切换到“默认”选项卡，在“绘图”面板上单击“圆”按钮，调用圆命令)

指定圆的圆心或［三点（3P）/两点（2P）/切点、切点、半径（T）］：30↙［光标靠近矩形竖线中点处停留，出现中点捕捉标记（不要点取），显示为中点标志小三角形，轻轻晃动光标，出现一水平追踪线，光标沿追踪线向右输入距离30，得到左侧圆的圆心］

指定圆的半径或［直径（D）］<10.0000>：10↙（输入圆半径）

命令：(切换到“默认”选项卡，在“绘图”面板上单击“圆”按钮，调用圆命令)

指定圆的圆心或［三点（3P）/两点（2P）/切点、切点、半径（T）］：30↙（取得左侧圆圆心为追踪点，沿着过追踪点的追踪线向右输入距离30，得到右侧圆的圆心）

指定圆的半径或［直径（D）］<10.0000>：10↙（输入半径）

命令：(切换到“默认”选项卡，在“绘图”面板上单击“直线”按钮，调用直线命令)

指定第一个点：10↙（取大矩形右上角点位追踪点，沿水平追踪线向左输入距离10，得到直线起点）

指定下一点或［放弃（U）］：(从直线起点垂直向下，输入距离50，或者单击竖向追踪线与矩形底边交点得到直线终点)

指定下一点或［放弃（U）］：(单击右键确认)

命令：(调用直线命令)

指定第一个点：(拾取左侧圆上象限点为起点)

指定下一点或［放弃（U）］：(右侧圆上象限点为终点)

指定下一点或［放弃（U）］：↙

命令：(调用直线命令)

指定第一个点：(左侧圆下象限点为起点)

指定下一点或［放弃（U）］：(右侧圆下象限点为起终点)

指定下一点或［放弃（U）］：↙

练习 2-2 绘制图形 2-19。

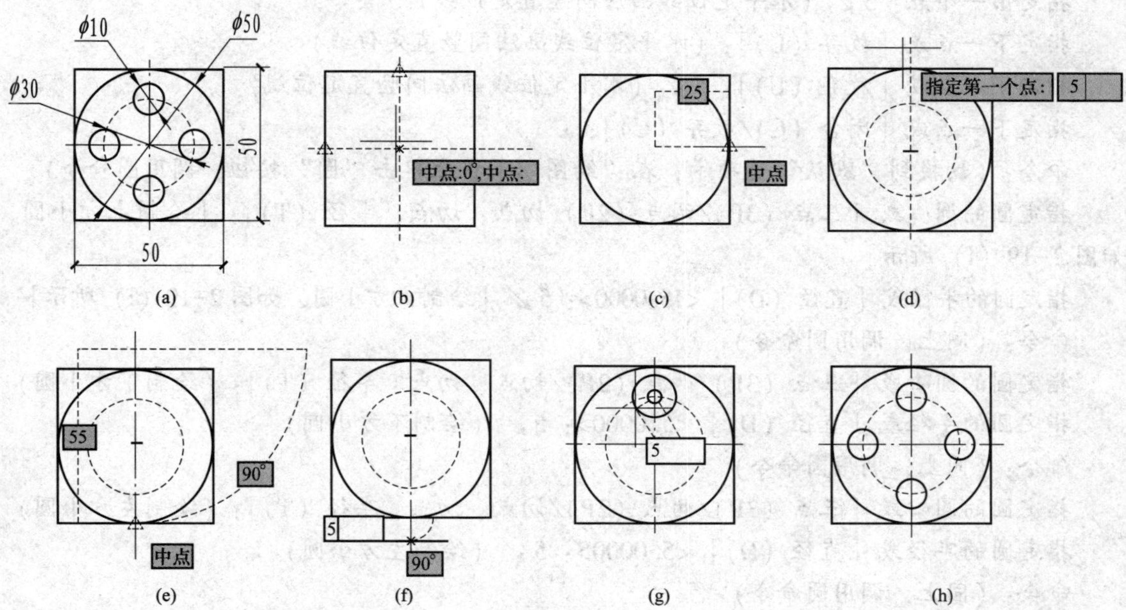

图 2-19 图形练习

命令：(切换到“默认”选项卡，在“绘图”面板上单击“矩形”按钮，调用矩形命令)

指定第一个角点或［倒角（C）/标高（E）/圆角（F）/厚度（T）/宽度（W）］：(指定左下角点)

指定另一个角点或［面积（A）/尺寸（D）/旋转（R）］：@ 50，50 ↙（动态输入打开状态省略@，即为相对直角坐标)

命令：(切换到“默认”选项卡，在“绘图”面板上单击“圆”按钮，调用圆命令)

指定圆的圆心或［三点（3P）/两点（2P）/切点、切点、半径（T）］：［经过正方形水平边的中点和竖直边的中点的两条追踪线相交，交点为圆心，如图 2-19（a）所示］

指定圆的半径或［直径（D）］<10. 0000>：［使圆的象限点和正方形边中点重合，如图 2-19（b）所示］

命令：(切换到“默认”选项卡，在“绘图”面板上单击“圆”按钮，调用圆命令)

指定圆的圆心或［三点（3P）/两点（2P）/切点、切点、半径（T）］：(捕捉已有圆的圆心为圆心)

指定圆的半径或［直径（D）］<25. 0000>：15 ↙（输入半径)

命令：(切换到“默认”选项卡，在“绘图”面板上单击“直线”按钮，调用直线命令)

指定第一个点：5 ↙［取正方形上边中点为追踪点，向上输入距离 5，得到圆心定位直

线起点，如图 2-19（c）所示］

指定下一点或［放弃（U）］：［向下画到正方形下边中点，如图 2-19（d）所示］

指定下一点或［放弃（U）］：5↙［再从中点继续向下输入距离 5，得到直线终点，如图 2-19（e）所示］

指定下一点或［闭合（C）/放弃（U）］：(确认退出，竖向定位线绘制完)

命令：(切换到“默认”选项卡，在“绘图”面板上单击“直线”按钮，调用直线命令)

指定第一个点：5↙（水平定位线画法同竖直定位线）

指定下一点或［放弃（U）］：(水平定位线画法同竖直定位线)

指定下一点或［放弃（U）］：5↙（水平定位线画法同竖直定位线）

指定下一点或［闭合（C）/放弃（U）］：↙

命令：(切换到“默认”选项卡，在“绘图”面板上单击“圆”按钮，调用圆命令)

指定圆的圆心或［三点（3P）/两点（2P）/切点、切点、半径（T）］：［绘制上方小圆，如图 2-19（f）所示］

指定圆的半径或［直径（D）］<15.0000>：5↙［绘制上方小圆，如图 2-19（f）所示］

命令：(同上，调用圆命令)

指定圆的圆心或［三点（3P）/两点（2P）/切点、切点、半径（T）］：(绘制下方小圆)

指定圆的半径或［直径（D）］<5.0000>：5↙（绘制下方小圆）

命令：(同上，调用圆命令)

指定圆的圆心或［三点（3P）/两点（2P）/切点、切点、半径（T）］：(绘制左方小圆)

指定圆的半径或［直径（D）］<5.0000>：5↙（绘制左方小圆）

命令：(同上，调用圆命令)

指定圆的圆心或［三点（3P）/两点（2P）/切点、切点、半径（T）］：(绘制右方小圆)

指定圆的半径或［直径（D）］<5.0000>：5↙（绘制右方小圆）

第3章　图层应用和图形对象特性

图层

学习内容

学习如何新建图层，设置图层的颜色、线型及线宽和控制图层的状态；使用对象特性管理器，快速、精确地修改对象特性，提高绘图效率。

3.1　新建和设置图层

AutoCAD 中的图层类似于用叠加的方法来存放一幅图形，把图层想象成透明的纸，在不同的透明纸上画出一幅图形的各个不同部分，重叠起来就是一幅完整的图形。因而，图形的各个部分可以分别修改而不影响其他部分。例如，我们可以把门、窗、墙体、尺寸标注分别放在不同的图层里，可以分别绘制和管理它们。

每个图层只能设置一种线型、线宽和颜色，每层上的图形都将以所确定的颜色和线型画出。当然，可以改变图形的线型、线宽和颜色，使之与图层设定的线型、线宽和颜色不一样，也就是说，在同一图层上可以绘制很多不同的线型、线宽和颜色，但赋予图层的线型、线宽和颜色只能有一种。

在绘图过程中，可以随时控制每个图层的开/关状态、冻结/解冻状态和锁定/解锁状态等。

3.1.1　新建图层

在默认情况下，AutoCAD 自动创建一个“0”图层，在没有进行图层设置之前绘制的所有图形对象都存放于 0 层上。在绘制较复杂的图形时，需要创建多个新图层。新建图层是在“图层特性管理器”对话框中进行的，打开“图层特性管理器”的方法有以下几种。

- 单击菜单栏“格式”→“图层”命令。
- 切换到“默认”选项卡，在“图层”面板上单击“图层特性”按钮。
- 输入 layer（快捷键 la）命令，单击 Enter 或空格键。

执行上述命令后，系统将弹出图 3-1 所示的“图层特性管理器”对话框，通过该对话框可以进行新建、设置、保存、输入、输出和删除图层等操作。

单击“新建图层”按钮，添加名为“图层 1”的新图层。默认情况下，新建图层与当前图层的状态、颜色、线性及线宽等设置相同，连续单击“新建图层”按钮，依次可以创建名为“图层 2”“图层 3”“图层 4”等的新图层，如图 3-2 所示。

如果要更改图层名称，可先选择该图层，使其成为高亮显示，再用鼠标单击该图层名，输入一个新的图层名并按 Enter 键即可修改图层名称，如图 3-3 所示。

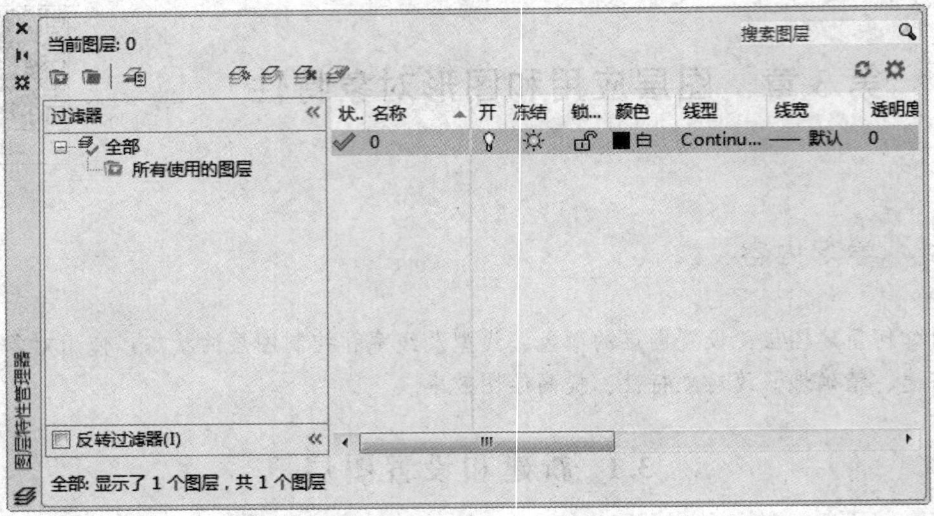

图 3-1 “图层特性管理器”对话框

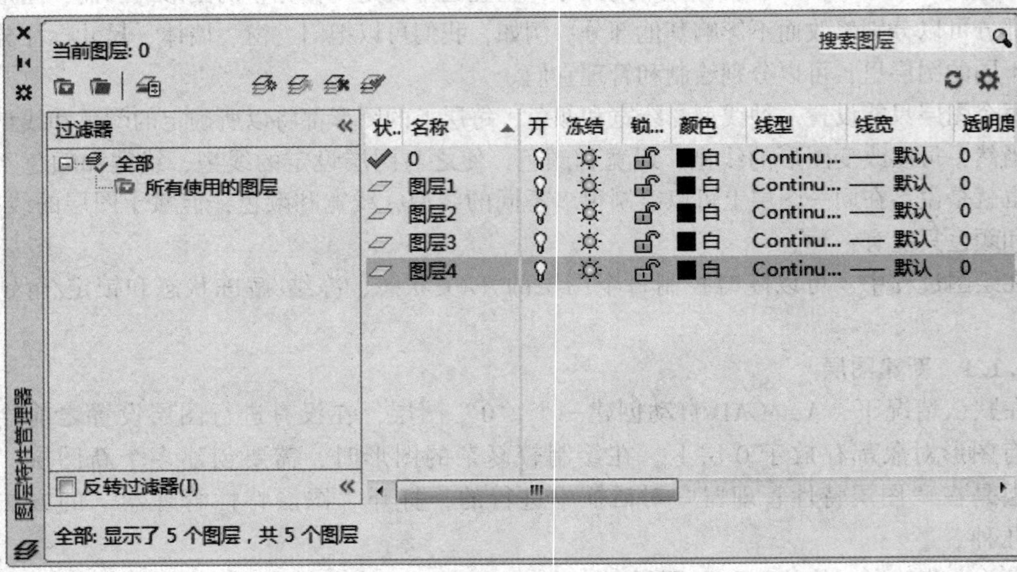

图 3-2 新建图层

3.1.2 设置图层的颜色、线型和线宽

1. 设置图层的颜色

图层的颜色实际上是图层中图形对象的颜色。每个图层都拥有自己的颜色，对不同的图层可以设置相同的颜色，也可以设置不同的颜色，绘制复杂图形时可以很容易区分图形的各部分。

新建图层后，要改变图层的颜色，可以在“图层特性管理器”对话框中单击图层的 颜色 列所对应的图标，打开“选择颜色”对话框，如图 3-4 所示。

选择红色后，单击 确定 按钮即可将该图层的颜色设置为红色。在“选择颜色”对话框中，可以使用“索引颜色”“真彩色”和“配色系统”3 个选项卡为图层设置颜色。

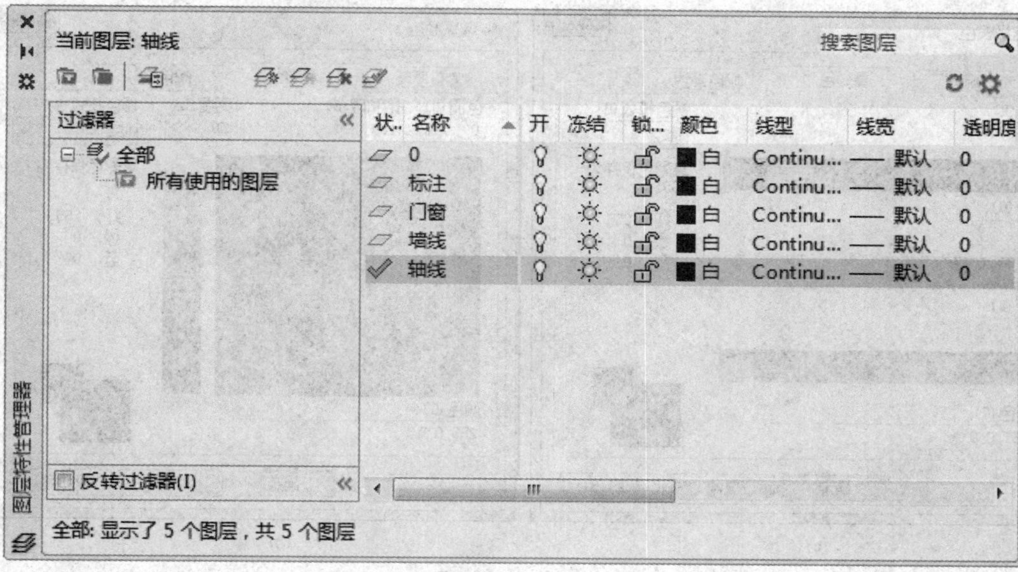

图 3-3　修改图层名称

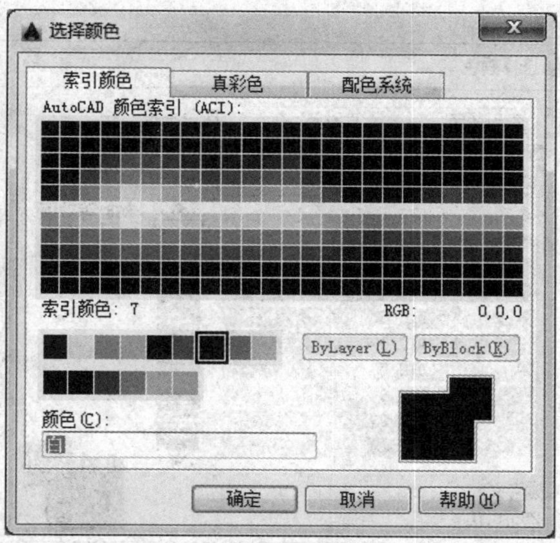

图 3-4　“选择颜色”对话框

（1）“索引颜色”选项卡：可以使用 AutoCAD 的标准颜色（ACI 颜色）。在 ACI 颜色表中，每一种颜色用一个 ACI 编号（1~255 之间的整数）标识。“索引颜色”选项卡实际上是一张包含 255 种颜色的颜色表，如图 3-4 所示。

（2）“真彩色”选项卡：使用 24 位颜色定义显示 16M 色。指定真彩色时，可以使用 RGB 或 HSL 颜色模式。如果使用 RGB 颜色模式，则可以指定颜色的红、绿、蓝组合；如果使用 HSL 颜色模式，则可以指定颜色的色调、饱和度和亮度框中设定值来指定颜色，如图 3-5 所示。

（3）“配色系统”选项卡：使用标准 Pantone 配色系统设置图层的颜色，如图 3-6 所示。

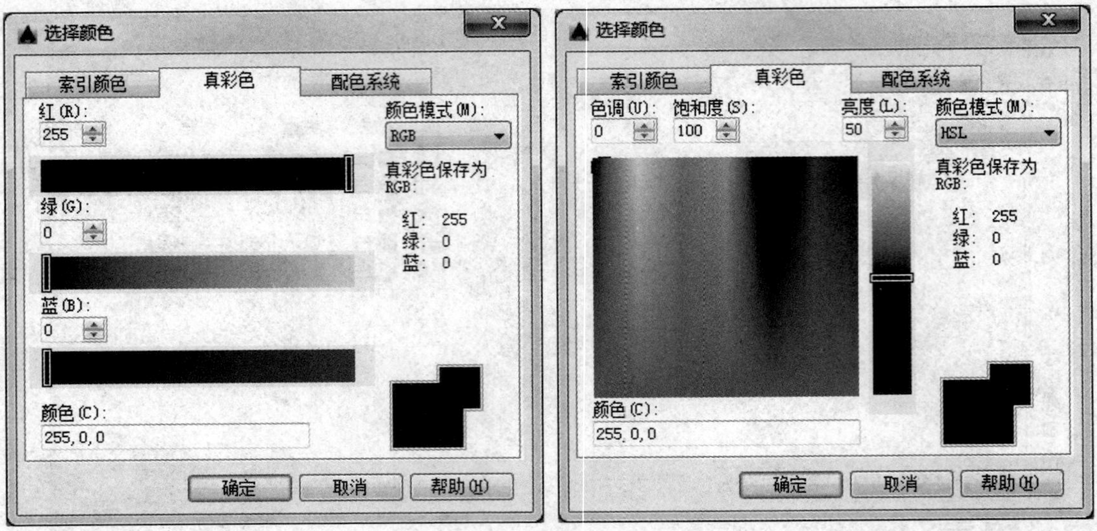

(a) (b)

图 3-5 RGB 和 HSL 颜色模式

(a) RGB 模式；(b) HSL 模式

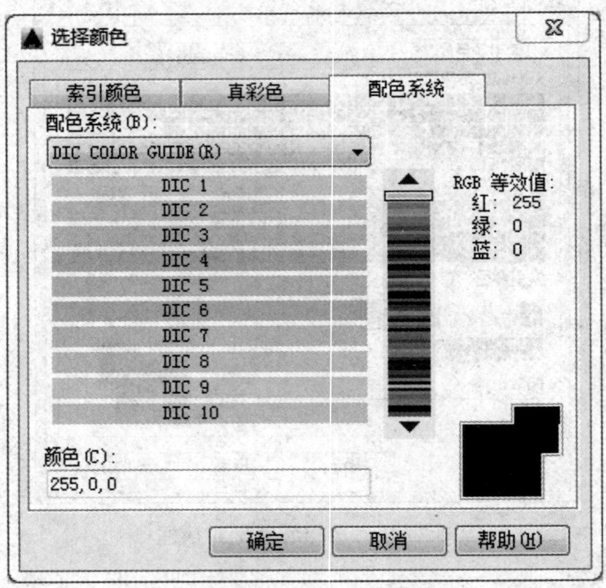

图 3-6 “配色系统”选项卡

2. 设置图层的线型

按照国家制图标准的规定，图线的形式主要有粗实线、细实线、细点画线（中心线）、粗点画线、双点画线、虚线、波浪线等，在绘制图形时要使用线型来区分图形元素，就需要在绘图前对线型进行设置。

在系统默认情况下，图层的线型为 Continuous。要改变线型，可以在图层列表中单击“线型”图标 Continuous，打开“选择线型”对话框，在“已加载的线型”列表框中选择一种线型即可应用图层中，如图 3-7 所示。

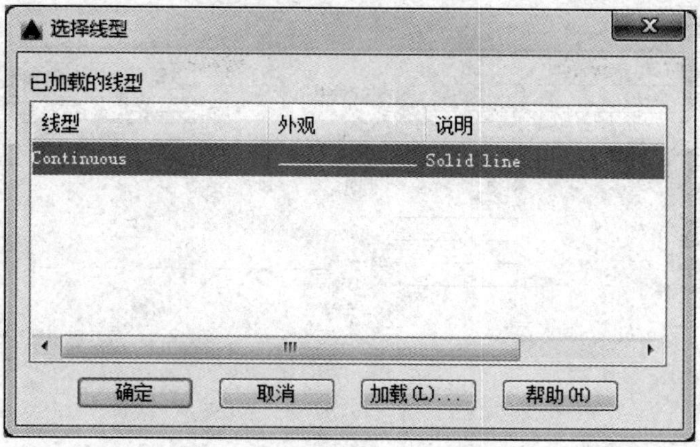

图 3-7 “选择线型”对话框

默认情况下，在“选择线型”对话框的“已加载的线型”列表框中只有 Continuous 一种线型，如果使用其他线型，必须添加需要的线型到“已加载的线型”列表框中。

单击 加载(L)... 按钮，打开“加载或重载线型”对话框，如图 3-8 所示，从当前线型库中选择需要加载的线型后，单击 确定 按钮。

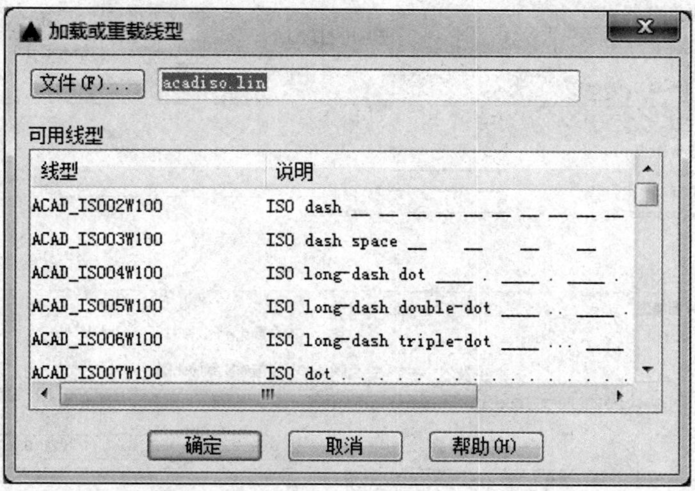

图 3-8 “加载或重载线型”对话框

在绘制某种线型时，可能会出现明明已经设置成了虚线等线型，但是在图形中显示的仍是实线，这是因为此时的线型比例不适合，单击“默认”→“线型”命令，打开“线型管理器”对话框，可设置图形中线型比例，从而改变非连续线型的显示效果，如图 3-9 所示。

在当前线型列表中选择了某一线型后，并且单击 显示细节(D) 按钮，可以在“详细信息”选项区域设置线型的“全局比例因子”和“当前对象缩放比例”。其中，“全局比例因子”用于设置图形中所有线型的比例，“当前对象缩放比例”用于设置当前选中线型的比例，如图 3-10 所示。

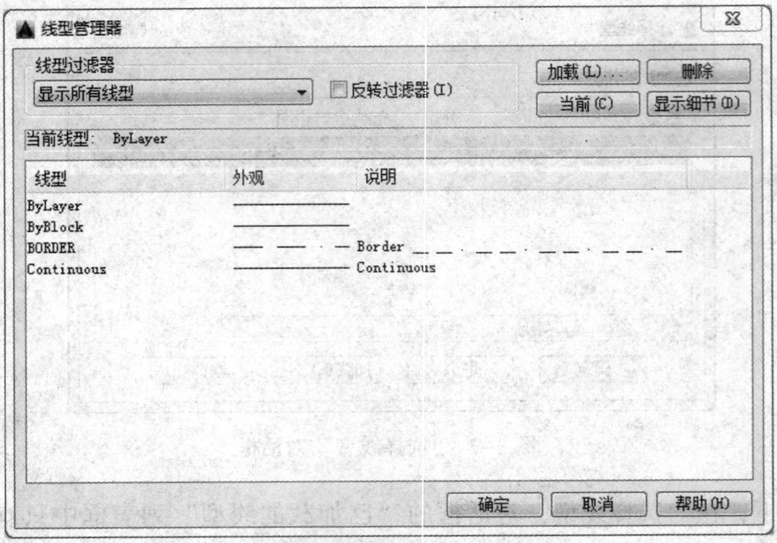

图 3-9 “线型管理器”对话框

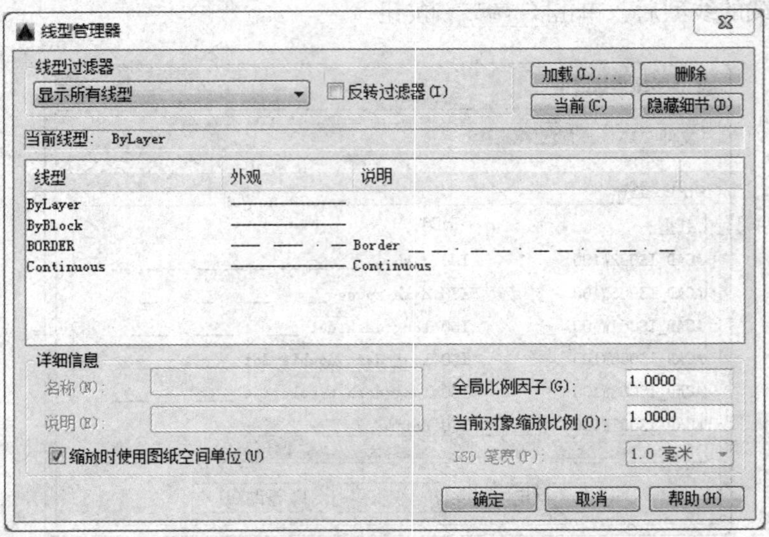

图 3-10 “线型管理器”对话框中的“显示细节”

3. 设置图层的线宽

在 AutoCAD 中，按照国家制图标准，使用不同宽度的线条来表现不同类型的图形对象，可以提高图形的表现力和可读性。

在“图层特性管理器”对话框中单击图层对应的线宽图标，打开“线宽”对话框，如图 3-11 所示。

单击菜单栏“格式”→“线宽”命令，打开“线宽设置”对话框，如图 3-12 所示。可以通过调整线宽显示比例，使图形中的线宽显示得更宽或更窄。

在“线宽设置”对话框中，各主要选项的含义如下。

(1)“线宽”列表框：用于选择线条的宽度。

（2）“列出单位”选项区域：用于设置线宽的单位，可以选择毫米或英寸。

（3）“显示线宽”复选框：用于设置是否按照实际线宽来显示图形。

（4）“默认”下拉列表框：用来设置默认线宽值，即关闭显示线宽。

（5）“调整显示比例”选项区域：移动其中的滑块，可以设置线宽的显示比例。

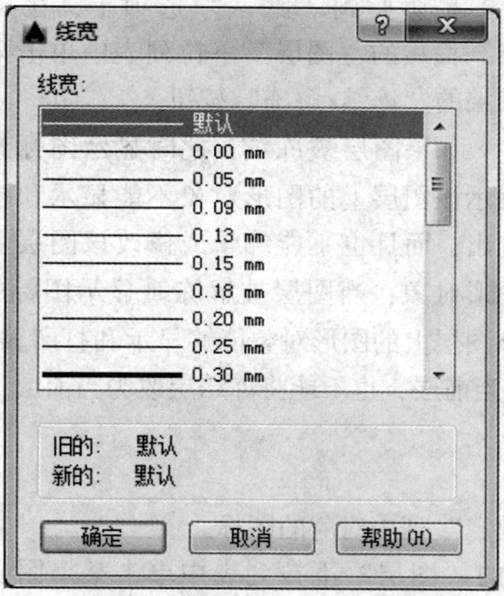

图 3-11　“线宽”对话框

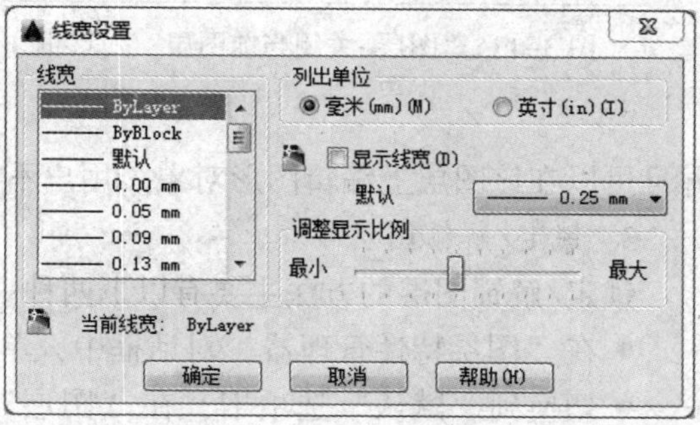

图 3-12　“线宽设置”对话框

3.2　管　理　图　层

3.2.1　设置为当前图层

正在作图的层称为当前层，当前层只能有一个。在绘制前，要将工作图层切换为当前图层，将某一图层设置为当前图层的方法主要有以下几种。

- 在“图层特性管理器”对话框中选中要置为当前的图层，然后单击对话框顶端的“置为当前”按钮。
- 在“图层特性管理器”对话框中双击要置为当前的图层。
- 切换到“默认”选项卡，在“图层”面板的“图层”下拉列表框中选择要置为当前的图层。

3.2.2　控制图层状态

1. 打开/关闭图层

根据需要可以打开/关闭图层，打开/关闭图层的方法有以下两种。

- 在“图层特性管理器”对话框中，单击“开”列中对应的小灯泡图标。
- 切换到“默认”选项卡，在“图层”面板的“图层”下拉列表中单击某个图层的“开/关图层”按钮。

图层打开状态下，灯泡的颜色为黄色，该图层上的图形可以在绘图区显示，也可以在输出设备上打印；关闭状态下，灯泡的颜色为灰色，该图层上的图形被隐藏起来，不能显示和打印。当关闭当前图层时，系统弹出询问是否关闭当前图层的对话框，如图 3-13 所示。

2. 冻结/解冻图层

冻结/解冻图层的方法主要有以下两种。

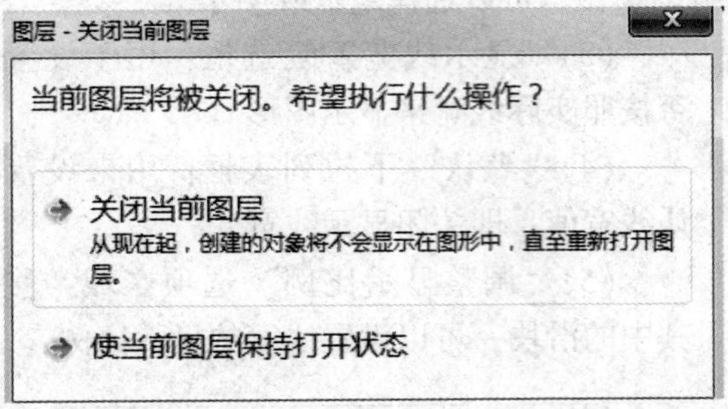

图 3-13 “图层-关闭当前图层”对话框

- 在“图层特性管理器”对话框中，单击“冻结”列中对应的图标。
- 切换到“默认”选项卡，在“图层”面板的“图层”下拉列表中单击某个图层的“冻结/解冻”按钮。

如果图层被冻结，此时显示图标，表示该图层上的图形对象不能显示和打印输出，而且也不能编辑或修改该图层上的图形对象；当图层被解冻时显示图标，该图层上的图形对象能够显示和打印输出，并且可以在该图层上编辑图形对象。用户不能冻结当前层，也不能将冻结层改为当前层。

3. 锁定/解锁图层

锁定/解锁图层的方法主要有以下两种。

- 在“图层特性管理器”对话框中，单击“锁定”列中对应的图标。
- 切换到“默认”选项卡，在“图层”面板的“图层”下拉列表中单击某个图层的“锁定/解锁”按钮。

锁定状态并不影响该图层上图形对象的显示，不过用户不能编辑锁定图层上的对象，但可在锁定的图层中绘制图形，同时用户还可以在锁定的图层上使用查询命令和对象捕捉功能。

3.2.3 转换图层

将一个图层中的图形对象转换到另一个图层中去，例如，将图层 1 中的图形转换到图层 2 中去，被转换后的图形颜色、线型、线宽与图层 2 一致。

在绘图区选择需要转换图层的图形，然后在“图层”面板中的“图层”下拉列表中选择需要转换到的图层即可。

3.2.4 对图层进行排序

按照图层特性（如名称、可见性、颜色和线宽等）为图层排序，单击列标题就可以按照该列特性对图层排序，依据“名称”排序图层时，可以按字母的升序或降序排列图层名。

3.2.5 保存和恢复图层设置

在“图层特性管理器”对话框中，单击“图层状态管理器”按钮，打开“图层状态管理器”对话框，如图 3-14 所示，

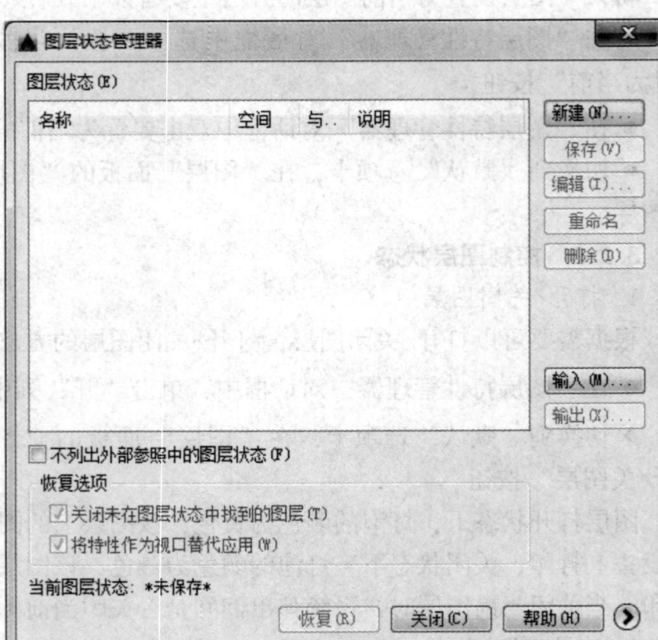

图 3-14 “图层状态管理器”对话框

然后单击 新建(N)... 按钮，打开“要保存的新图层状态”对话框，从中可以保存图层状态，如图3-15所示。

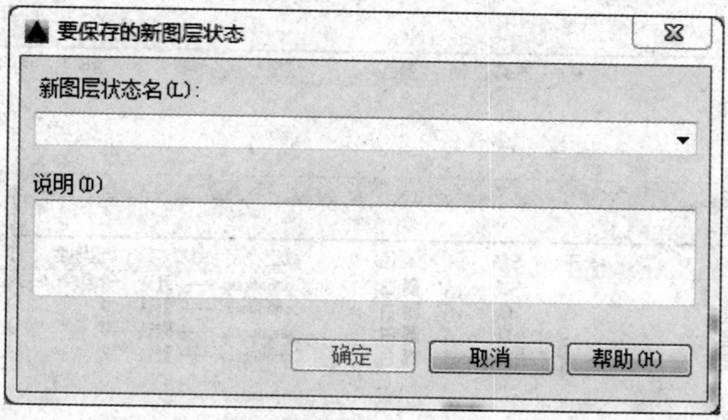

图3-15　“要保存的新图层状态”对话框

若要恢复已保存的图层状态，在“图层状态”列表框中选择某一个图层状态后单击 恢复(R) 按钮即可，如图3-16所示。

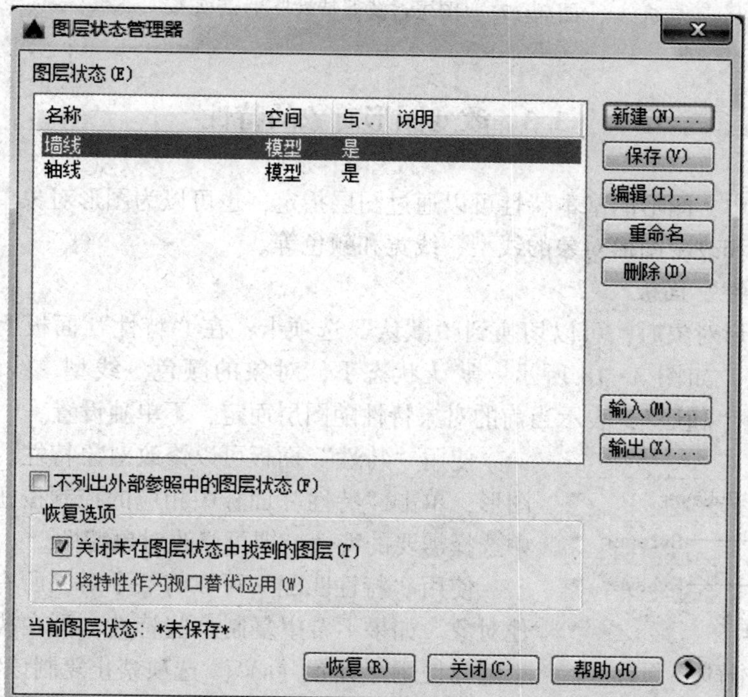

图3-16　“图层状态管理器”对话框

3.2.6　使用图层特性过滤器

在“图层特性管理器”对话框中，单击“新建特性过滤器”按钮，打开“图层过滤器特性”对话框，如图3-17所示，利用该对话框可命名图层过滤器。

在该对话框中，用户可以在“过滤器定义”列表框中设置图层名称、状态、颜色、线型及线宽等过滤条件。

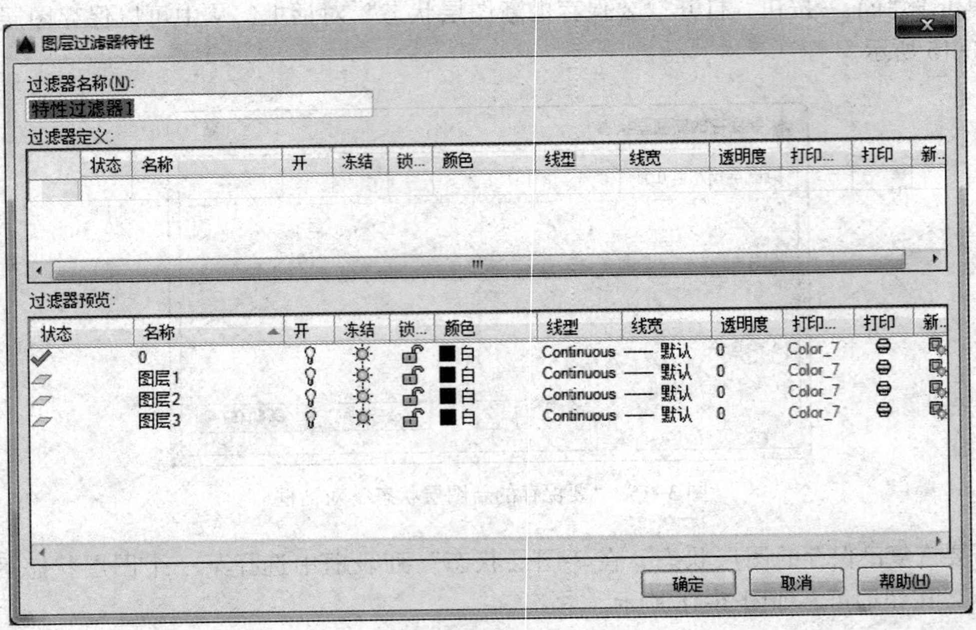

图 3-17 “图层过滤器特性”对话框

3.3 改变图形对象的特性

在制图过程中，图形的基本特性可以通过图层指定，也可以为图形对象单独赋予需要的特性，包括设置和改变图形对象的线型、线宽和颜色等。

3.3.1 “特性”面板

创建新的图形对象时，可以切换到“默认”选项卡，在“特性”面板上，设置当前颜色、线型和款宽，如图 3-18 所示。默认状态下，对象的颜色、线型、线宽的设置都是“Bylayer”，意为“随层”，表示当前的对象特性随图层而定，不单独设置。

图 3-18 “特性”面板

使用“特性”面板可以修改对象特性，选择要修改的图形，单击“特性”面板中相应的控制按钮，在下拉列表中选择需要的特性，即可修改对象特性。

使用“特性匹配”可以将一个对象所有特性复制给其他对象。如果不希望复制某些特性，可在执行该命令过程中随时使用“设置（s）”选项禁止复制该特性。

- 切换到“默认”选项卡，在“特性”面板中单击“特性匹配”按钮。
- 在命令行输入“matchprop（ma）”，单击 Enter 键或空格键。

命令：matchprop（调用特性匹配命令）

选择源对象：(选择对象)

当前活动设置：颜色　图层　线型　线型比例　线宽　透明度　厚度　打印样式　标注　文字　图案填充　多段线　视口　表格材质　阴影显示　多重引线

选择目标对象或［设置（S)］：s↙

执行上述命令后，弹出如图 3-19 所示的“特性设置”对话框，在该对话框中取消不需要复制的项目即可。

3.3.2 “特性”选项板

打开“特性”选项板的方法通常有以下五种。

- 单击菜单栏的“修改”→“特性”命令。
- 单击菜单栏的“工具”→“选项板”→“特性”命令。
- 切换到“默认”选项卡，在“特性”面板上，单击右下角的斜向箭头按钮。
- 按下 Ctrl+1 组合键。
- 在命令行中输入“properties”，单击 Enter 键或空格键。

执行上述命令后，打开“特性”选项板，如图 3-20 所示，在该选项板中可以显示和修改选定对象的所有特性，如果在绘图区选择了多个对象，选项板中将显示这些对象的共同特性。在特性选项板中的某项特性后面单击，即可在出现的文本框中输入新的数据或在出现的下拉列表中选择所需要的选项。

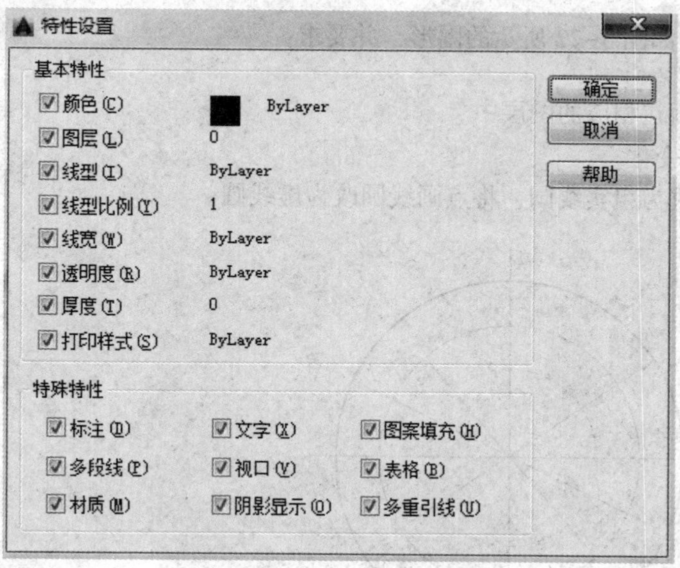

图 3-19　“特性设置”对话框

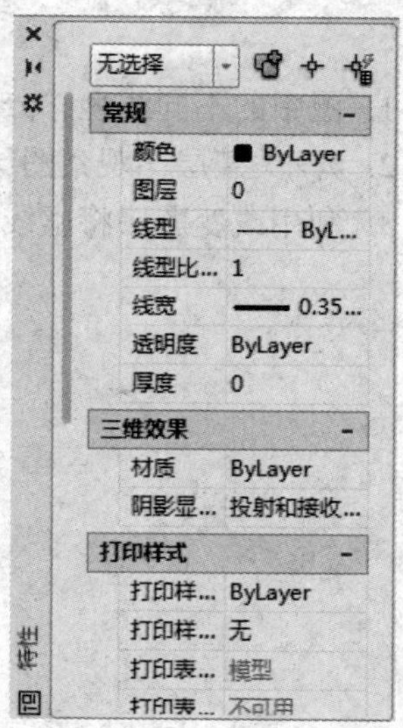

图 3-20　“特性”选项板

3.4　上　机　练　习

练习 3-1　按照图 3-21 所示创建图层。

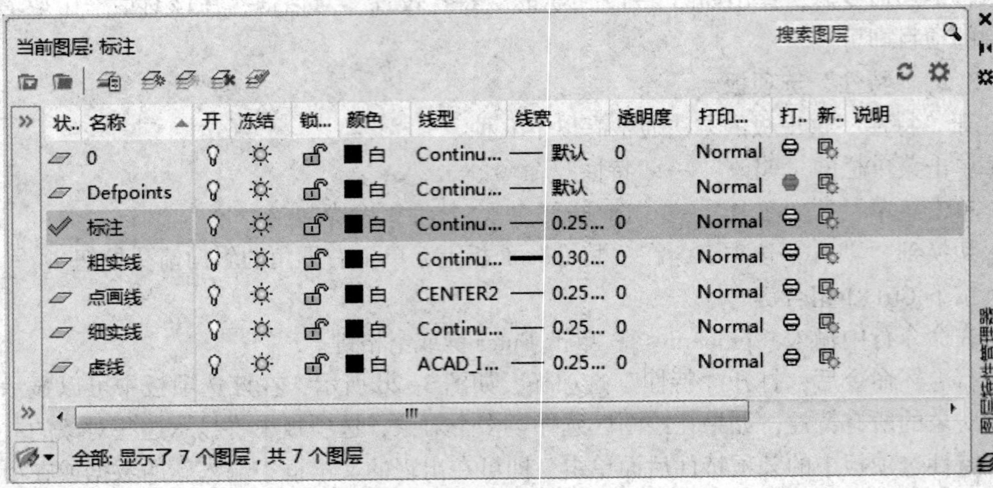

图 3-21　创建图层

练习 3-2　绘制如图 3-22 所示的图形，并要求：

1. 图中的不同线型，分别画在相应的图层中。
2. 开/关某层，观察图层的变化。
3. 利用改变图层将虚线圆改为粗实线圆，将点画线圆改为虚线圆。

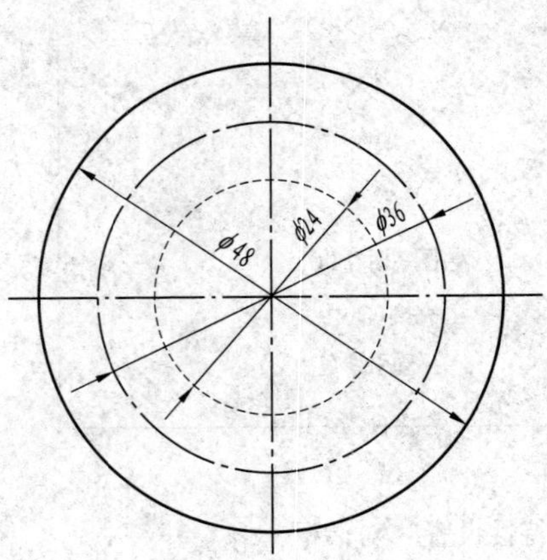

图 3-22　为图形创建图层

第4章　二维图形的绘制

二维绘图和编辑命令(1)

二维绘图和编辑命令(2)

学习内容

介绍二维图形的绘制。一个图形文件包含多种图形信息，但无论多么复杂的图形文件，都可以分解成简单的点、线和圆等基本图形。掌握了这些基本的二维图形的绘图命令，就可方便快捷地绘制出各种图形。

4.1　绘　制　点

在利用 AutoCAD 绘制图形时，经常需要绘制一些辅助点来准确定位，完成图形后再删除它们。AutoCAD 既可以绘制单独的点，也可以绘制等分点和等距点。在创建点之前要预先设置好点的样式和大小，然后再绘制点。

4.1.1　点样式的设置

为了便于捕捉和使用点，AutoCAD 系统提供了 20 种点的样式，包括不显示的点样式，在应用过程中，可以根据需要自行设置点。

启动“点样式”命令的方法有以下几种。

- 单击菜单栏的“格式”→“点样式”命令。
- 切换到“默认”选项卡，展开“实用工具”面板，单击“点样式”按钮。
- 在命令行中输入“ptype”，单击 Enter 键或空格键。

执行上述命令后，打开“点样式”对话框，如图 4-1 所示。

在“点样式”对话框中，各选项的含义如下。

(1) 相对于屏幕设置大小：按屏幕尺寸的百分比设置点的大小。这种方式设置的点的大小不会随着视图的缩放而显示其变化，即它的绝对尺寸随着视图的改变而改变。

(2) 按绝对单位设置大小：在文本框中输入值以指定的实际单位设置显示点的大小。这种方式设置的点的大小随视图的缩放而显示其变化，但点的绝对尺寸不变。

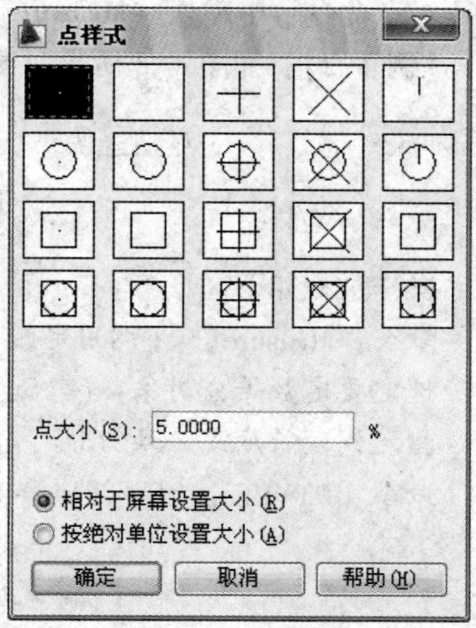

图 4-1　“点样式”对话框

4.1.2　绘制点

1. 单点和多点

启动单点命令在绘图窗口只能绘制一个点，该命令就自动结束。启动多点命令后，可以在绘图窗口连续绘制多个点，直到按下 Esc 键结束该命令。

启动“点”命令的方法有以下几种。

● 单击菜单栏的“绘图”→“点”→“单点”或“多点”命令。

● 切换到“默认”选项卡，展开“绘图”面板，单击“多点”按钮。

● 在“绘图”工具栏上单击“点”命令（多点）按钮。

● 在命令行中输入“Point”，单击 Enter 键或空格键。

执行上述命令后，按照命令提示，输入点的坐标或用光标在绘图窗口拾取一点确定点的位置。

2. 定数等分

定数等分是将对象按照指定的等分数目进行等分，在对象的等分位置绘制点或图块。该操作仅仅标明定数等分点的位置以作为参照点或辅助点，而不是实际的等分点，被定数等分的对象还是一个整体。

启动“定数等分”命令的方法有以下几种。

● 单击菜单栏的“绘图”→“点”→“定数等分”命令。

● 在命令行中输入“Divide”，单击 Enter 键或空格键。

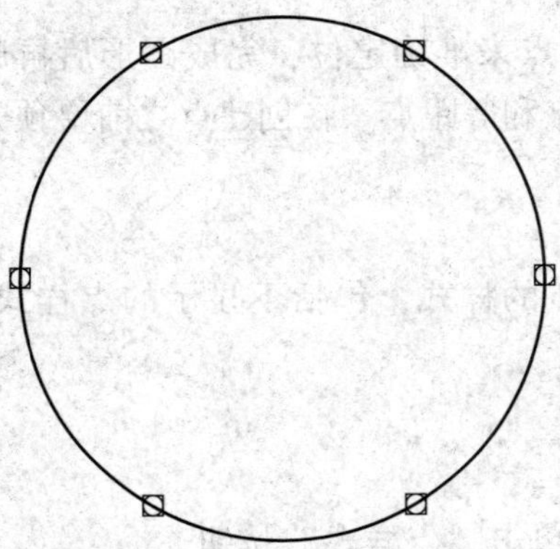

图 4-2　使用等分点将圆 6 等分

【例 4-1】 绘制如图 4-2 所示等分点。

操作过程如下。

命令：Divide ↙（调用定数等分命令）

选定要定数等分对象：(选择圆)

输入线段数目或［块（B）］：6 ↙

命令：ptype ↙（调用点样式命令，选择样式为☒的点样式）

3. 定距等分

定距等分是将对象按照指定的等分间距进行等分，在对象的等分位置绘制点或图块。

启动“定距等分”命令的方法有以下几种。

● 单击菜单栏的“绘图”→“点”→“定距等分”命令。

● 在命令行中输入“Measure”，单击 Enter 键或空格键。

【例 4-2】 如图 4-3 所示，使用定距等分将直线 *AB* 按直线 *CD* 长从左至右定距等分。

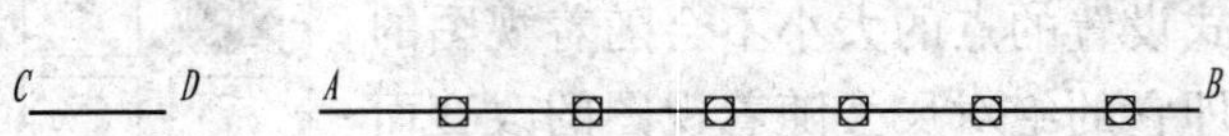

图 4-3　将直线 *AB* 定距等分

操作过程如下。

命令：Measure ↙（调用定距等分命令）

选定要定数等分对象：(靠近直线 *AB* 线段的 *A* 端选择该线段)

指定线段长度或［块（B）］：(分别选择 *CD* 直线的两端)

命令：PTYPE ↙（调用点样式命令，选择样式为☒的点样式）

4.2 绘 制 线

4.2.1 直线

直线是基本的图形对象之一，AutoCAD 中的直线其实为几何学中的线段。

启动“直线”命令的方法有以下几种。

- 单击菜单栏的“绘图”→“直线”命令。
- 切换到“默认”选项卡，在“绘图”面板上单击“直线”按钮。
- 单击“绘图”工具栏的“直线”命令按钮。
- 在命令行中输入“Line（L）”，单击 Enter 键或空格键。

【例 4-3】 用直线命令绘制一个长为 100mm，宽为 50mm 的矩形，如图 4-4 所示。

方法一：利用相对直角坐标，打开“动态输入”（系统默认为打开状态），输入格式为“*X*，*Y*”。

操作过程如下。

命令：line↙（调用直线命令）

指定第一个点：（在绘图区单击鼠标左键作为 *A* 点）

指定下一点或［放弃（U）］：@100，0（绘制 *B* 点）

指定下一点或［放弃（U）］：@0，50（绘制 *C* 点）

指定下一点或［闭合（C）/放弃（U）］：@-100，0（绘制 *D* 点）

指定下一点或［闭合（C）/放弃（U）］：@0，-50（回到 *A* 点，也可以输入“C↙”，图形闭合）

指定下一点或［闭合（C）/放弃（U）］：

方法二：打开“正交”功能，利用方向+距离。

操作过程如下。

命令：line↙（调用直线命令）

指定第一个点：（在绘图区单击鼠标左键作为 *A* 点）

指定下一点或［放弃（U）］： <正交开>100↙（向右移动光标，确定方向，输入 100）

指定下一点或［放弃（U）］：50↙（向上移动光标，确定方向，输入 50）

指定下一点或［闭合（C）/放弃（U）］：100↙（向左移动光标，确定方向，输入 100）

指定下一点或［闭合（C）/放弃（U）］：50↙（向下移动光标，确定方向，输入 50）

指定下一点或［闭合（C）/放弃（U）］：↙

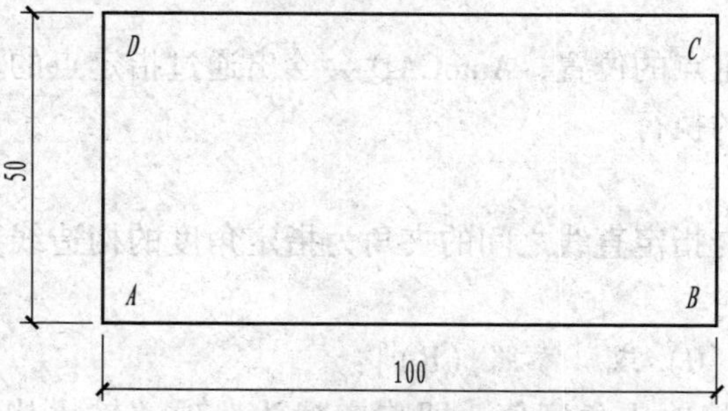

图 4-4 绘制直线

4.2.2 构造线

构造线是一条两端无限延伸的直线，构造线没有端点。构造线一般用来作绘图辅助线。

启动“构造线”命令的方法有以下几种。

- 单击菜单栏的“绘图”→“构造线”命令。
- 切换到“默认”选项卡，在“绘图”面板上单击“构造线”按钮。
- 在“绘图”工具栏上单击“构造线”命令按钮。
- 在命令行输入“Xline”，单击 Enter 键或空格键。

执行上述命令后，命令行提示：

指定点或［水平（H）/垂直（V）/角度（A）/二等分（B）/偏移（O）］：（确定构造线的位置）

指定通过点：

以上提示中各选项的含义如下。

1. 指定点

绘制通过指定两点的构造线，为默认选项。如果在上面的提示下确定点的位置，即执行默认选项，AutoCAD 提示：

指定通过点：

在此提示下再确定一点，AutoCAD 绘出通过这两点的构造线，同时提示：

指定通过点：

在此提示下如果继续确定点的位置，AutoCAD 会绘出过第一点与该点的构造线，按 Enter 键或空格键，结束命令的执行。

2. 水平（H）

绘制通过指定点的水平构造线。执行该选项，AutoCAD 提示：

指定通过点：

在此提示下再确定一点，AutoCAD 绘出通过该点的水平构造线，同时继续提示：

指定通过点：

在此提示下继续确定点的位置，AutoCAD 会绘出通过指定点的水平构造线，按 Enter 键或空格键，可结束命令的执行。

3. 垂直（V）

绘制通过指定点的垂直构造线。执行该选项，AutoCAD 提示：

指定通过点：

在此提示下再确定一点，AutoCAD 绘出通过该点的垂直构造线，同时继续提示：

指定通过点：

在此提示下继续确定点的位置，AutoCAD 会绘出通过指定点的垂直构造线，按 Enter 键或空格键，可结束命令的执行。

4. 角度（A）

绘制沿指定方向或与指定直线之间的夹角为指定角度的构造线。执行该选项，AutoCAD 提示：

输入构造线的角度（0）或［参照（R）］：

如果在该提示下直接输入角度值，即响应默认选项“输入构造线的角度”，AutoCAD

提示：

指定通过点：

在此提示下确定点的位置，AutoCAD 绘制出通过该点且与 X 轴正方向之间的夹角为给定角度的构造线，而后 AutoCAD 会继续提示“指定通过点：”，在该提示下，可以绘出多条与 X 轴正方向之间的夹角为指定角度的平行构造线。

如果在“输入构造线的角度（0）或［参照（R）］：”提示下执行“参照（R）”选项，表示将绘制与已知直线之间的夹角为指定角度的构造线，AutoCAD 会提示：

选择直线对象：

在此提示下选择已有直线，AutoCAD 会提示：

输入构造线的角度：

输入角度值后按 Enter 键或空格键，AutoCAD 会提示：

指定通过点：

在该提示下确定一点，AutoCAD 会绘制出过该点，且与指定直线之间的夹角为给定角度的构造线。同样，如果在后续的“指定通过点：”提示下继续指定新点，可以绘制出多条平行构造线；按 Enter 键或空格键，可结束命令的执行。

5. 二等分（B）

执行该选项，AutoCAD 提示：

指定角的顶点：（确定角的顶点位置）

指定角的起点：（确定角的起始点位置）

指定角的端点：（确定角的另一端点位置）

按照命令行提示，依次指定角的定点，起点和端点，AutoCAD 绘制一条过顶点且平分由指定 3 点所确定的角的构造线。

6. 偏移（O）

绘制与指定直线平行的构造线。执行该命令，AutoCAD 提示：

指定偏移距离或［通过（T）］：

此时，可以通过两种方法绘制构造线。如果执行“通过（T）”命令，表示绘制过指定点且与指定直线平行的构造线，此时，AutoCAD 提示：

选择直线对象：（选择被平行的直线）

指定通过点：（确定构造线所通过的点位置）

执行结果为 AutoCAD 绘出与指定直线平行，并通过指定点的构造线，而后继续提示：

选择直线对象：

此时，可以继续重复上述过程绘制构造线，或按 Enter 键或空格键，可结束命令的执行。

如果在“指定偏移距离或［通过（T）］：”提示下输入一数值，表示要绘制与指定直线平行，且与其距离为该值的构造线，此时，AutoCAD 提示：

选择直线对象：（选择被平行的直线）

指定向哪侧偏移：（相对于所选择直线，在构造线所在一侧的任意位置单击鼠标拾取键）

选择直线对象：（继续选择直线对象绘制与其平行的构造线，或按 Enter 键或空格键结束命令的执行）

AutoCAD 绘制出满足条件的构造线。

4.2.3 射线

射线是一条一端无限延伸的直线，射线具有一个端点。射线一般也是用来作绘图辅助线。

启动“射线”命令的方法有以下几种。

- 单击菜单栏的“绘图”→“射线”命令。
- 切换到“默认”选项卡，在“绘图”面板上单击“射线”按钮。
- 单击“绘图”工具栏的“射线”命令按钮。
- 在命令行中输入“RAY”，单击 Enter 键或空格键。

命令：RAY↙（调用射线命令）

指定起点：（在绘图区确定射线的起始点位置）

指定通过点：（确定射线通过的任一点，确定后 AutoCAD 绘出过起点与该点的射线）

指定通过点：（也可以继续指定通过点，绘制过同一点的一系列射线）

4.2.4 多段线

多段线中的“多段”指的是单个对象中包含多条直线或圆弧。因此它可以同时具有直线、圆弧等对象的特点，这主要表现在多段线可直、可曲、可宽、可窄，并且线宽可固定也可变化。

启动“多段线”命令的方法有以下几种。

- 单击菜单栏的“绘图”→“多段线”命令。
- 切换到“默认”选项卡，在“绘图”面板上单击“多段线”按钮。
- 单击“绘图”工具栏的“多段线”命令按钮。
- 在命令行输入“Pline”，单击 Enter 键或空格键。

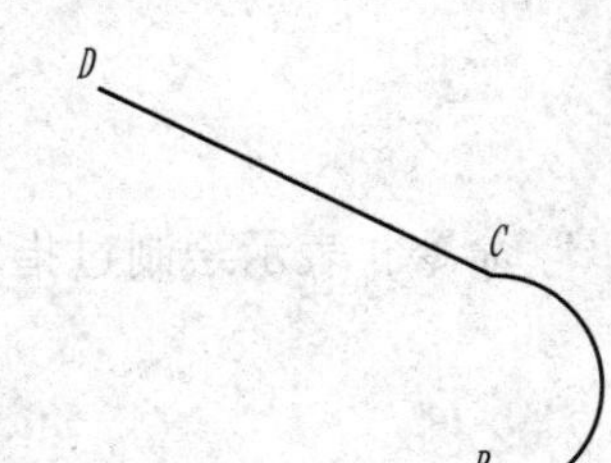

图 4-5 多段线的绘制

【例 4-4】 绘制如图 4-5 所示多段线。

操作过程如下。

命令：Pline↙（调用多段线命令）

指定起点：（在绘图区确定 A 点）

当前线宽为 0.0000

指定下一点或［圆弧（A）/半宽（H）/长度（L）/放弃（U）/宽度（W）］： <正交开>（确定 B 点）

指定下一点或［圆弧（A）/闭合（C）/半宽（H）/长度（L）/放弃（U）/宽度（W）］：a↙

指定圆弧的端点（按住 Ctrl 键以切换方向）或［角度（A）/圆心（CE）/闭合（CL）/方向（D）/半宽（H）/直线（L）/半径（R）/第二个点（S）/放弃（U）/宽度（W）］：（确定 C 点）

指定圆弧的端点（按住 Ctrl 键以切换方向）或［角度（A）/圆心（CE）/闭合（CL）/方向（D）/半宽（H）/直线（L）/半径（R）/第二个点（S）/放弃（U）/宽度（W）］：L↙

指定下一点或［圆弧（A）/闭合（C）/半宽（H）/长度（L）/放弃（U）/宽度（W）］：<正交关>（确定 D 点，结束命令）

以上提示中各选项含义如下。

（1）圆弧：可将多段线的绘制由直线切换到曲线。

（2）半宽：可指定多段线的半宽。

（3）长度：用于指定当前多段线的长度。如果前一段为直线，当前多段线将沿着直线延长方向；如果前一段为曲线，当前多段线将沿着曲线端点的切线方向。

（4）放弃：撤销上次所绘制的一段多段线，并可按顺序依次撤销。

（5）宽度：用于指定多段线线宽。其默认值为上一次所指定的线宽，如果用户一直没有指定过多段线线宽，其值为零。在指定线宽时，多段线的起点宽度与端点宽度要分别进行指定，也可分段指定，可互不相同。

（6）角度：指定圆弧所对应的圆心角（逆时针为正）。

（7）圆心：指定圆弧的圆心。

（8）方向：指定当前所绘制圆弧起点的切线方向（默认为上一段多段线端点的切线方向）。

（9）直线：用于将多段线的绘制由曲线切换为直线。

（10）半径：指定圆弧的半径。

（11）第二个点：用三点绘制圆弧，指定其中的第二点。

4.2.5　多线

多线是包含1~16条称为元素的平行线，它可以是开放的，也可以是封闭的，可以被填充为实心线，也可以是空心的轮廓线，常用来绘制建筑施工图中的墙体和窗线等。

1. 设置多线的样式

打开AutoCAD后，系统中有一种默认的多线样式，称为“STANDARD”，该多线样式包括两条线。在绘制新类型的多线之前需要设置多线样式。

启用“多线样式”命令的方法有以下几种。

- 单击菜单栏的“格式”→“多线样式”命令。
- 在命令行中输入“mlstyle”，单击Enter键或空格键。

执行上述命令后，打开“多线样式”对话框，如图4-6所示。

在“多线样式”对话框中，各按钮的含义如下。

（1）修改：选择已存在的样式进行重新修改。

（2）重命名：可对一个多线样式进行重命名。

（3）删除：可删除一个选中的多线样式。

（4）加载：打开“加载多线样式”对话框，在该对话框中可选择mln为后缀名的文件，从中读取多线样式。

（5）保存：可保存或复制一个多线样式。

（6）新建：单击该按钮将弹出“创建新的多线样式”对话框，如图4-7所示。

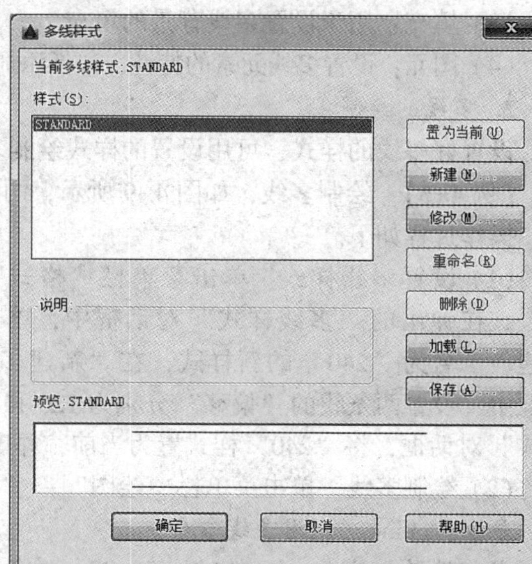

图4-6　“多线样式”对话框

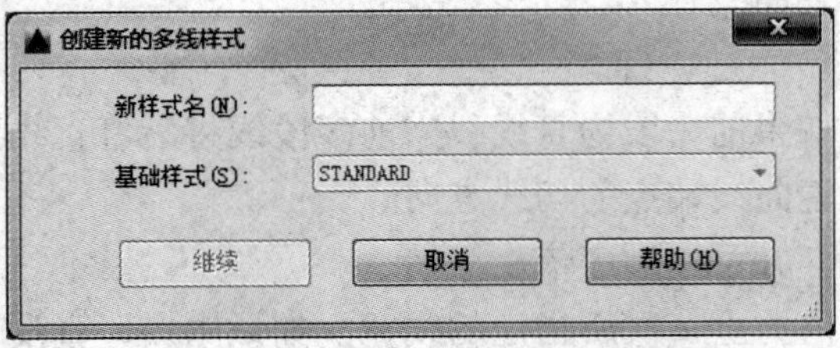

图 4-7 “创建新的多线样式”对话框

在“创建新的多线样式”对话框中，在“新样式名”框中输入名称，在“基础样式”下拉列表中选择参考样式，单击“继续”按钮，打开“新建多线样式”对话框，如图 4-8 所示。

在“新建多线样式”对话框中，各选项组含义如下。

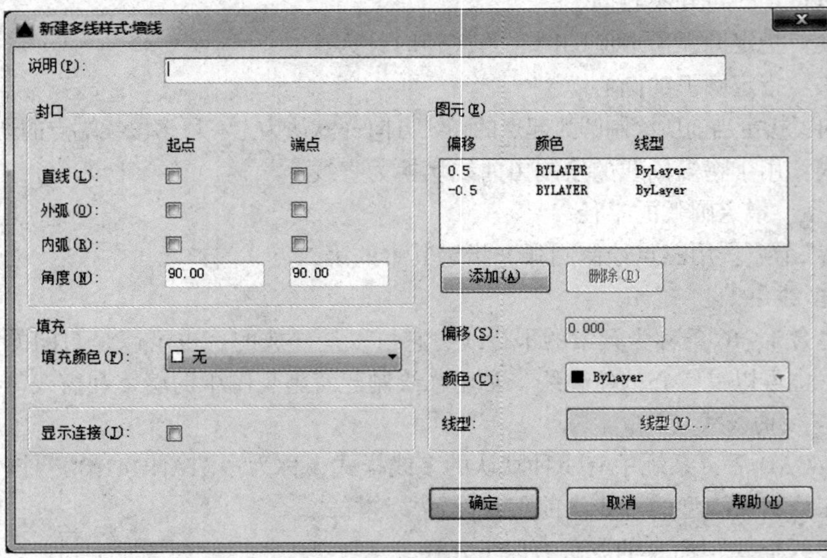

图 4-8 “新建多线样式”对话框

(1) 说明：可以为当前多线样式附加简单的说明和描述。

(2) 封口：用于设置多线起点和终点的封闭形式。

(3) 填充：用于设置多线背景的填充。

(4) 图元：设置多线元素的特性，包括添加多线和设置直线元素的偏移量、颜色和线型。

2. 多线的绘制

设置好多线的样式，可用设置的样式绘制多线。

【例 4-5】 绘制多线，如图 4-9 所示，两线间距离为 240mm。

操作过程如下。

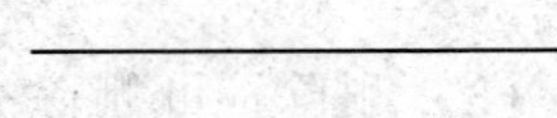

图 4-9 绘制多线

(1) 设置多线样式。单击菜单栏“格式”→“多线样式”命令，在弹出的“多线样式”对话框中，单击“新建”按钮，创建一个名为“240”的新样式，在“新建多线样式：240”对话框中，设置两条线的“偏移”分别为 120 和-120，单击“确定”按钮，即返回到“多线样式”对话框，将“240”样式置为当前，并单击“确定”按钮，完成多线样式的设置。

(2) 绘制多线。单击菜单栏“绘图”→“多线”命令，过程如下。

命令：mline（调用多线命令）

当前设置：对正=上，比例=20.00，样式=240

指定起点或［对正（J）/比例（S）/样式（ST）］： j↙

输入对正类型［上（T）/无（Z）/下（B）］<上>：z↙

指定起点或［对正（J）/比例（S）/样式（ST）］：s↙

输入多线比例<20.00>：1↙

当前设置：对正=无，比例=1.00，样式=240

指定起点或［对正（J）/比例（S）/样式（ST）］：(在屏幕上指定多线起点)

指定下一点：(继续指定多线另一端点)

指定下一点或［放弃］：↙

以上提示中各选项含义如下。

(1) 对正：可以改变对正方式。

(2) 上：上对正。该选项表示在光标下方绘制多线，因此在指定点处将出现具有最大负向偏移值的直线。

(3) 无：无对正。该选项表示将光标作为原点绘制多线。

(4) 下：下对正。该选项表示在光标上方绘制多线，因此在指定点处将出现有最大正向偏移值的直线。

三种对正方式绘制的多线如图 4-10 所示。

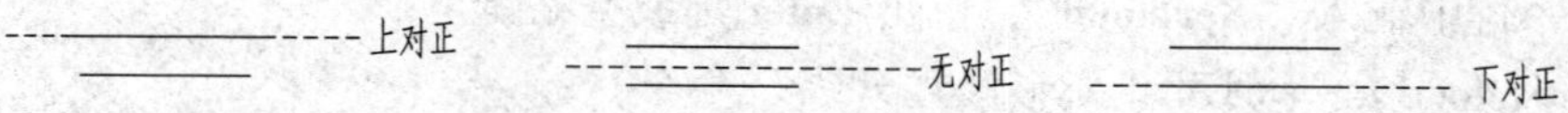

图 4-10　多线的对正方式

(5) 比例：比例控制多线的全局宽度，而不影响线型比例。

(6) 样式：确定绘制多线时采用的多线样式。

4.2.6　绘制样条曲线

样条曲线是趋近一系列给定控制点的合成分段多项式曲线，可用来创建不规则曲线，在 AutoCAD 中，一般通过指定样条曲线的控制点、起点及终点的切线方向来绘制样条曲线。

启动“样条曲线”命令的方法有以下几种。

- 单击菜单栏的“绘图”→“样条曲线”→“样条曲线拟合”或“样条曲线控制点”命令。
- 单击“绘图”工具栏“样条曲线”命令按钮。
- 切换到“默认”面板，在“绘图”面板上单击“样条曲线拟合”或“样条曲线控制点”按钮。
- 在命令行输入“Spline”，单击 Enter 键或空格键。

【例 4-6】　绘制如图 4-11 所示样条曲线。

操作过程如下。

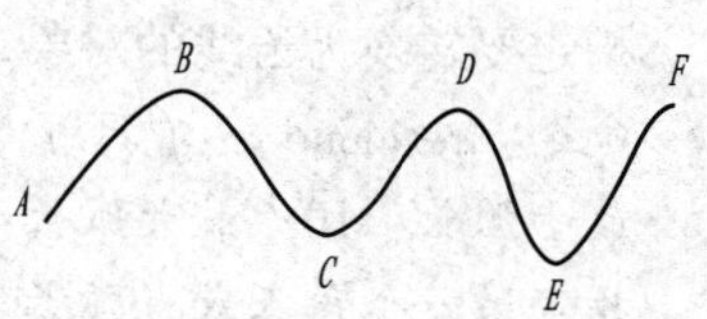

图 4-11　样条曲线

命令：(调用样条曲线命令)

当前设置：方式=拟合　节点=弦

指定第一个点或［方式（M）/节点（K）/对象（O）］：(确定 A 点)

输入下一个点或［起点切向（T）/公差（L）］：(确定 B 点)

输入下一个点或［端点相切（T）/公差（L）/放弃（U）］：(确定 C 点)

输入下一个点或［端点相切（T）/公差（L）/放弃（U）/闭合（C）］：(确定 D 点)

输入下一个点或［端点相切（T）/公差（L）/放弃（U）/闭合（C）］：（确定 E 点）

输入下一个点或［端点相切（T）/公差（L）/放弃（U）/闭合（C）］：（确定 F 点）

以上提示中各选项含义如下。

(1) 闭合：将最后一点定义为与第一点一致，并使它在连接处相切，这样可以闭合样条曲线。选择该选项后，在"指定切向："的提示下，光标指定一个方向即可。

(2) 公差：如果公差设置为 0，那么样条曲线通过拟合点；输入大于 0 的公差将使样条曲线在指定的公差范围内通过拟合点。

4.2.7 修订云线

修订云线是由连续圆弧组成的多段线而构成的云线形对象，其主要是作为对象标记使用。用于在检查阶段提醒用户注意图形的某个部分。用户可以从头开始创建修订云线，也可以将闭合对象（如圆、椭圆、闭合多段线或闭合样条曲线）转换为修订云线。将闭合对象转换为修订云线时，如果 DELOBJ 设置为 1（默认值），原始对象将被删除。

启动"修订云线"命令的方法有以下几种。

- 单击菜单栏的"绘图"→"修订云线"命令。
- 切换到"默认"选项卡，在"绘图"面板上单击"矩形修订云线"按钮的下拉箭头。
- 在命令行中输入"Revcloud"，单击 Enter 键或空格键。

命令：revcloud↙（调用"矩形修订云线"命令）

最小弧长：10　最大弧长：15　样式：普通　类型：矩形

指定第一个角点或［弧长（A）/对象（O）/矩形（R）/多边形（P）/徒手画（F）/样式（S）/修改（M）］<对象>：_R

指定第一个角点或［弧长（A）/对象（O）/矩形（R）/多边形（P）/徒手画（F）/样式（S）/修改（M）］<对象>：（指定矩形第一个角点）

指定对角点：（指定矩形对角点）

以上各选项含义如下。

1. 弧长

指定云线中弧线的长度。

指定最小弧长<0.5000>：（指定最小弧长的值）

指定最大弧长<0.5000>：（指定最大弧长的值）

沿云线路径引导十字光标，最大弧长不能大于最小弧长的三倍。

2. 对象

指定要转换为云线的对象。

命令：revcloud↙（调用"矩形修订云线"命令）

最小弧长：10　最大弧长：15　样式：普通　类型：矩形

指定第一个角点或［弧长（A）/对象（O）/矩形（R）/多边形（P）/徒手画（F）/样式（S）/修改（M）］<对象>：_R

指定第一个角点或［弧长（A）/对象（O）/矩形（R）/多边形（P）/徒手画（F）/样式（S）/修改（M）］<对象>：O↙

选择对象：（选择要转换为修订云线的闭合对象）

反转方向［是（Y）/否（N）］<否>：y（输入 y 以反转修订云线中圆弧的方向，或按

Enter 键保持圆弧的原样)

修订云线完成。

3. 样式

指定修订云线的样式。

选择圆弧样式［普通（N)/手绘（C)］<默认/上一个>：(选择修订云线的样式)

4.2.8　圆和圆弧

圆和圆弧是常用的曲线图形。通过几何学知道可以用很多方法来构造圆和圆弧，下面分别介绍它们的绘制方法。

1. 圆的绘制

AutoCAD 提供了 6 种绘制圆的方法，可以通过指定圆心、半径或直径绘制圆，也可以通过指定圆周上的点来绘制圆，还可以绘制公切圆，系统默认的方法是指定圆心和半径画圆方法。

启动“圆”命令的方法有以下几种。

- 单击菜单栏的“绘图”→“圆”的子菜单中的命令。
- 切换到“默认”选项卡，在“绘图”面板上单击“圆心、半径”按钮的下拉箭头，选择绘制圆的方式。
- 在“绘图”工具栏单击“圆”命令按钮。
- 在命令行中输入“Circle”，单击 Enter 键或空格键。

下面依次对 6 种绘制圆的方法进行介绍。

(1) 使用“圆心、半径”命令绘制一个半径为 400 的圆，操作过程如下。

命令：(调用圆命令)

指定圆的圆心或［三点（3P)/两点（2P)/切点、切点、半径（T)］：(确定圆的圆心位置)

指定圆的半径或［直径（D)］：400↙（输入半径）

(2) 使用“圆心、直径”命令绘制一个直径为 1000 的圆，操作过程如下。

命令：(调用圆命令)

指定圆的圆心或［三点（3P)/两点（2P)/切点、切点、半径（T)］：(确定圆的圆心位置)

指定圆的半径或［直径（D)］<400.0000>：d↙（调用直径选项）

指定圆的直径<800.0000>：1000↙

(3) 使用“三点”命令绘制圆，用此方法通过确定圆周上任意三点来绘制如图 4-12 所示的圆，操作过程如下。

命令：(调用圆命令)

指定圆的圆心或［三点（3P)/两点（2P)/切点、切点、半径（T)］：3p↙

指定圆上的第一个点：(确定圆周上的第一点位置)

指定圆上的第二个点：(确定圆周上的第二点位置)

指定圆上的第三个点：(确定圆周上的第三点位置)

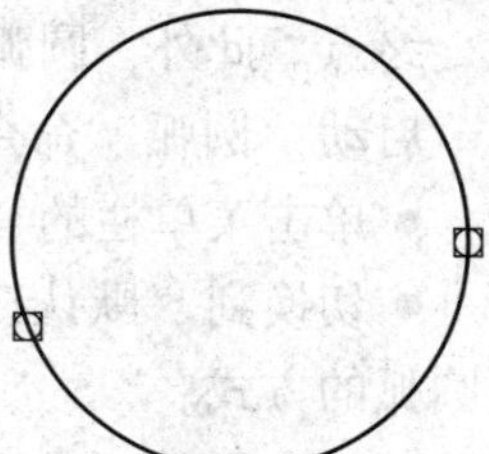

图 4-12　使用“三点”方法绘制圆

(4) 使用“相切、相切、半径”命令绘制一个与两个对象相切、半径为 400 的圆，如图 4-13 所示，操作过程如下。

命令：(调用圆命令)

指定圆的圆心或［三点（3P）/两点（2P）/切点、切点、半径（T）］：t↙

指定对象与圆的第一个切点：(确定第一条直线上的位置)

指定对象与圆的第二个切点：(确定第二条直线上的位置)

指定圆的半径：400↙

(5) 使用“两点”命令绘制圆，用此方法通过确定圆周上任意一直径绘制一个圆，绘制结果如图 4-14 所示，操作过程如下。

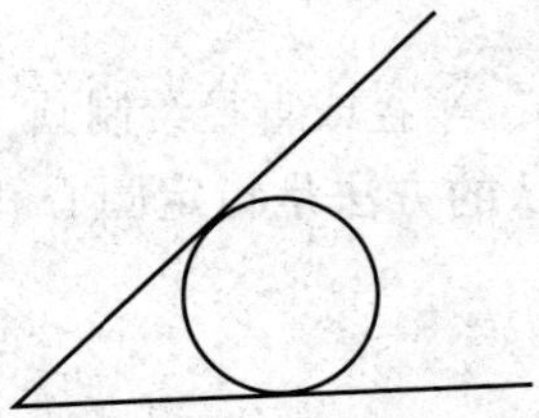

图 4-13 使用“相切、相切、半径”方法绘制圆

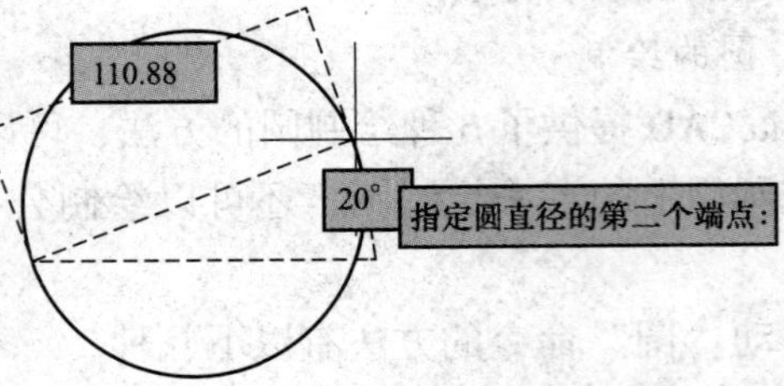

图 4-14 使用“两点”命令绘制圆

命令：(调用圆命令)

指定圆的圆心或［三点（3P）/两点（2P）/切点、切点、半径（T）］：2p↙

指定圆直径的第一个端点：(选择线段的一个端点)

指定圆直径的第二个端点：(选择线段的另一个端点)

(6) 使用“相切、相切、相切”命令绘制圆，用此方法绘制与已知的三个对象相切的圆，绘制结果如图 4-15 所示，操作过程如下。

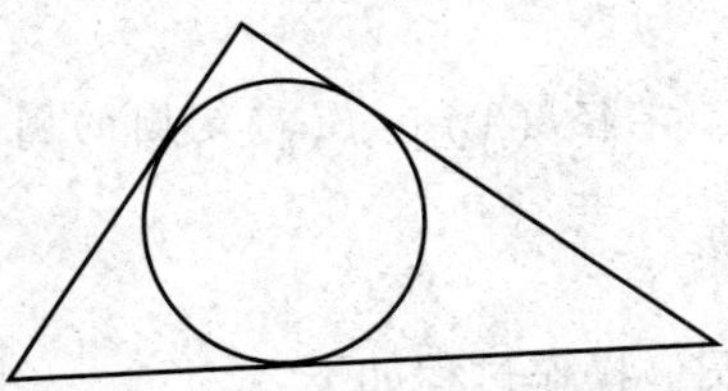

图 4-15 使用“相切、相切、相切”命令绘制圆

命令：_circle

指定圆的圆心或［三点（3P）/两点（2P）/切点、切点、半径（T）］：_3p

指定圆上的第一个点：_tan 到（调用“相切、相切、相切”绘圆命令，选择与圆相切的第一条直线）

指定圆上的第二个点：_tan 到（选择与圆相切的第二条直线）

指定圆上的第三个点：_tan 到（选择与圆相切的第三条直线）

2. 圆弧的绘制

圆弧是圆周的一部分，绘制圆弧时除了需要知道圆心、半径之外，还需要知道圆弧的起点、终点。此外，圆弧还有顺时针和逆时针的特性。AutoCAD 提供了 10 种绘制圆弧的方法。

启动“圆弧”命令的方法有以下几种。

- 单击菜单栏的“绘图”→“圆弧”的子菜单中的命令。
- 切换到“默认”选项卡，在“绘图”面板上单击“圆弧”按钮的下拉箭头，选择绘制圆弧的方式。
- “绘图”工具栏“圆弧”命令按钮。
- 在命令行中输入“Arc”，单击 Enter 键或空格键。

下面依次对 10 种绘制方法分别进行介绍。

（1）“三点”绘制圆弧可以通过输入圆弧上起点、圆弧上任意一点和端点来绘制圆弧，如图 4-16 所示，操作过程如下。

命令：（调用圆弧命令）

指定圆弧的起点或［圆心（C）］：（确定圆弧起点位置）

指定圆弧的第二个点或［圆心（C）/端点（E）］：（确定圆弧顶点位置）

指定圆弧的端点：（确定圆弧终点位置）

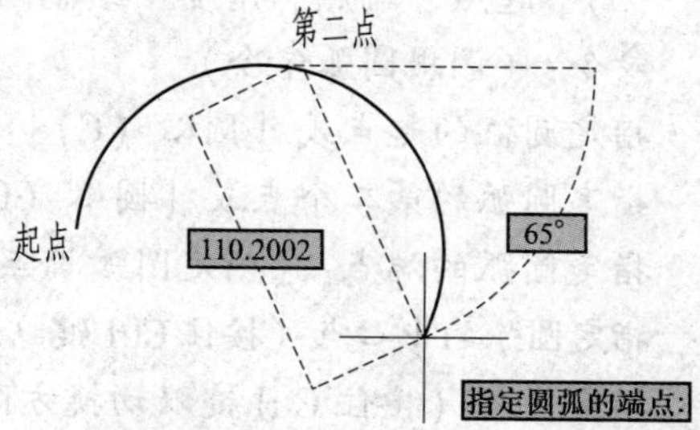

图 4-16 使用“三点”方法绘制圆弧

（2）“起点、圆心、端点”绘制圆弧，如图 4-17 所示，操作过程如下。

命令：（调用圆弧命令）

指定圆弧的起点或［圆心（C）］：（确定圆弧起点位置）

指定圆弧的第二个点或［圆心（C）/端点（E）］：c↙

指定圆弧的圆心：（起点圆弧圆心位置）

指定圆弧的端点（按住 Ctrl 键以切换方向）或［角度（A）/弦长（L）］：（确定圆弧终点位置）

（3）“起点、圆心、角度”绘制圆弧，如图 4-18 所示，操作过程如下。

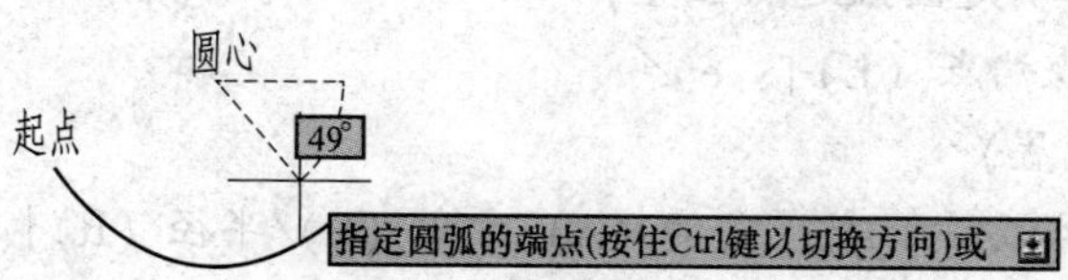

图 4-17 使用“起点、圆心、端点”方法绘制圆弧

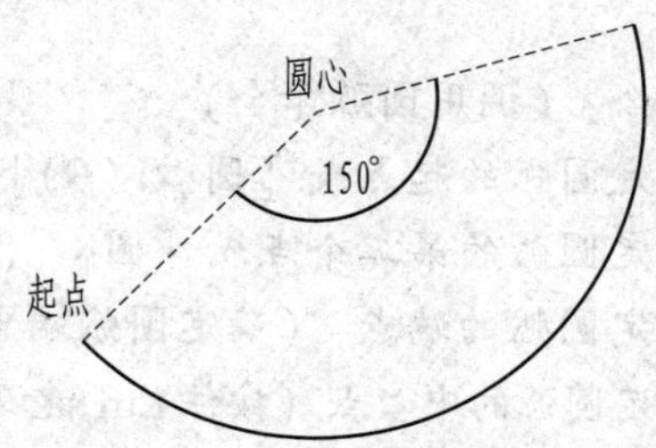

图 4-18 使用“起点、圆心、角度”方法绘制圆弧

命令：（调用圆弧命令）

指定圆弧的起点或［圆心（C）］：（确定圆弧起点位置）

指定圆弧的第二个点或［圆心（C）/端点（E）］：c↙

指定圆弧的圆心：（起点圆弧圆心位置）

指定圆弧的端点（按住 Ctrl 键以切换方向）或［角度（A）/弦长（L）］：a↙

指定夹角（按住 Ctrl 键以切换方向）：150↙

（4）“起点、圆心、长度”绘制圆弧，如图 4-19 所示，操作过程如下。

命令：（调用圆弧命令）

指定圆弧的起点或［圆心（C）］：（确定圆弧起点位置）

指定圆弧的第二个点或［圆心（C）/端点（E）］：c↙

指定圆弧的圆心：（起点圆弧圆心位置）

指定圆弧的端点（按住 Ctrl 键以切换方向）或［角度（A）/

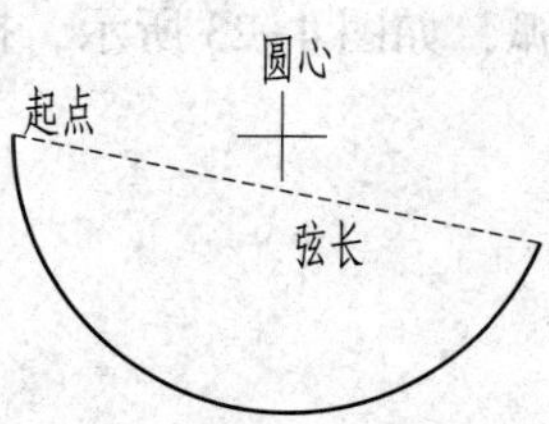

图 4-19 使用“起点、圆心、长度”方法绘制圆弧

弦长（L）]：L↙

指定弦长（按住 Ctrl 键以切换方向）：400↙

(5)“起点、端点、角度”绘制圆弧，如图 4-20 所示，操作过程如下。

命令：(调用圆弧命令)

指定圆弧的起点或［圆心（C）]：(确定圆弧起点位置)

指定圆弧的第二个点或［圆心（C)/端点（E)]：e↙

指定圆弧的端点：(确定圆弧端点位置)

指定圆弧的中心点（按住 Ctrl 键以切换方向）或［角度（A)/方向（D)/半径（R)]：a↙

指定夹角（按住 Ctrl 键以切换方向）：150↙

(6)“起点、端点、方向”绘制圆弧，如图 4-21 所示，操作过程如下。

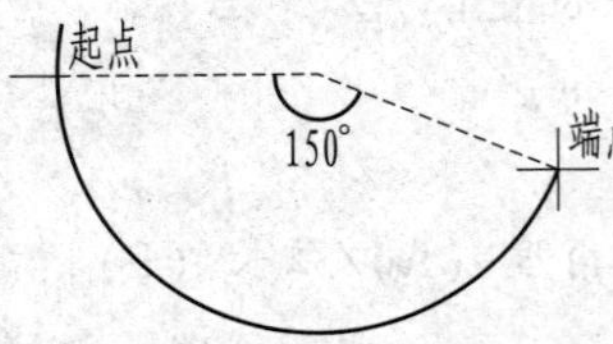

图 4-20 使用“起点、端点、角度”方法绘制圆弧

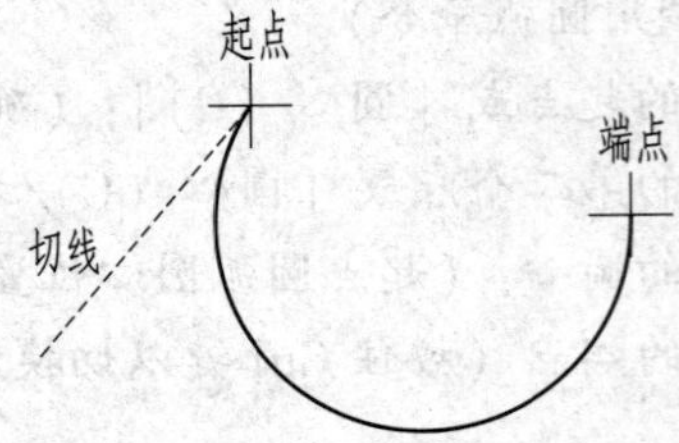

图 4-21 使用“起点、端点、方向”方法绘制圆弧

命令：(调用圆弧命令)

指定圆弧的起点或［圆心（C）]：(确定圆弧起点位置)

指定圆弧的第二个点或［圆心（C)/端点（E)]：e↙

指定圆弧的端点：(确定圆弧端点位置)

指定圆弧的中心点（按住 Ctrl 键以切换方向）或［角度（A)/方向（D)/半径（R)]：d↙

指定圆弧起点的相切方向（按住 Ctrl 键以切换方向）：230↙

(7)“起点、端点、半径”绘制圆弧，如图 4-22 所示，操作过程如下。

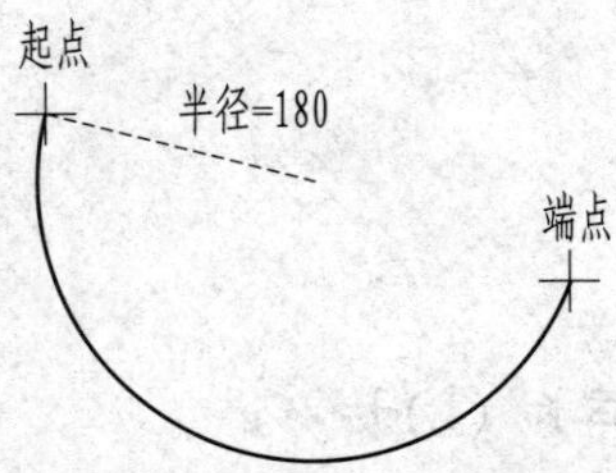

图 4-22 使用“起点、端点、半径”方法绘制圆弧

命令：(调用圆弧命令)

指定圆弧的起点或［圆心（C）]：(确定圆弧起点位置)

指定圆弧的第二个点或［圆心（C)/端点（E)]：e↙

指定圆弧的端点：(确定圆弧端点位置)

指定圆弧的中心点（按住 Ctrl 键以切换方向）或［角度（A)/方向（D)/半径（R)]：r↙

指定圆弧的半径（按住 Ctrl 键以切换方向）：180↙

(8)“圆心、起点、端点”绘制圆弧，如图 4-23 所示，操作过程如下。

命令：(调用圆弧命令)

指定圆弧的起点或［圆心（C）]：c↙

指定圆弧的圆心：(确定圆弧圆点位置)

指定圆弧的起点：(确定圆弧起点位置)

指定圆弧的端点（按住 Ctrl 键以切换方向）或［角度（A)/弦长（L)]：(确定圆弧端

点位置)

(9)“圆心、起点、角度”绘制圆弧，如图 4-24 所示，操作过程如下。

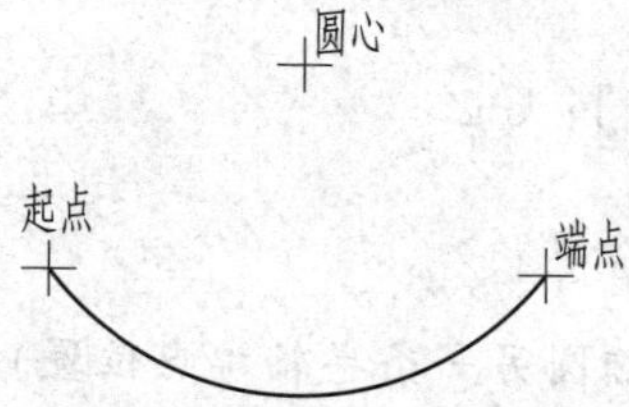

图 4-23　使用“圆心、起点、端点”方法绘制圆弧

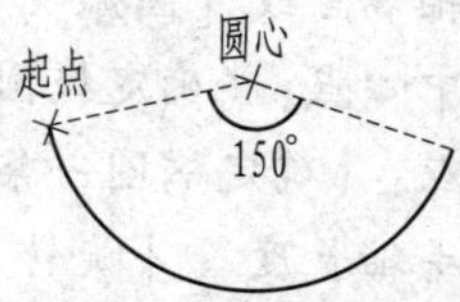

图 4-24　使用“圆心、起点、角度”方法绘制圆弧

命令:(调用圆弧命令)

指定圆弧的起点或 [圆心 (C)]: c↙

指定圆弧的圆心:(确定圆弧圆点位置)

指定圆弧的起点:(确定圆弧起点位置)

指定圆弧的端点 (按住 Ctrl 键以切换方向) 或 [角度 (A)/弦长 (L)]: a↙

指定夹角 (按住 Ctrl 键以切换方向): 150↙

(10) 使用“圆心、起点、长度”命令绘制圆弧，如图 4-25 所示，操作过程如下。

命令:(调用圆弧命令)

指定圆弧的起点或 [圆心 (C)]: c↙

指定圆弧的圆心:(确定圆弧圆点位置)

指定圆弧的起点:(确定圆弧起点位置)

指定圆弧的端点 (按住 Ctrl 键以切换方向) 或 [角度 (A)/弦长 (L)]: L↙

指定弦长 (按住 Ctrl 键以切换方向): 360↙

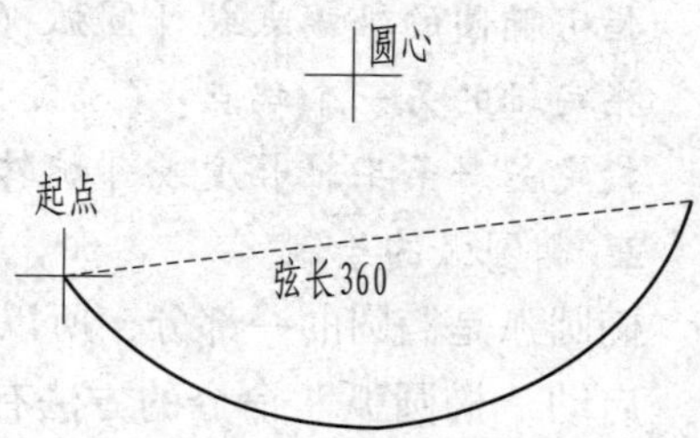

图 4-25　使用“圆心、起点、长度”方法绘制圆弧

在菜单栏“绘图”→“圆弧”命令的子菜单中的最后一项为“继续”命令，调用命令后，命令行提示“指定圆弧的端点 (按住 Ctrl 键以切换方向):”，系统以最后绘制的直线或曲线的最后一点为起点继续绘制圆弧。

4.2.9　椭圆和椭圆弧

椭圆、椭圆弧也是常见的基本曲线图形。可以用多种方法来绘造椭圆、椭圆弧。

1. 椭圆的绘制

椭圆可以根据其长轴和短轴上的任意三个端点来绘制，也可以根据椭圆的圆心和长短轴的两个端点来绘制。

启动“椭圆”命令的方法有以下几种。

- 单击菜单栏的“绘图”→“椭圆”子菜单中的“圆心”或“轴、端点”命令。
- 切换到“默认”选项卡，在“绘图”面板上单击“椭圆”按钮的下拉箭头，选择绘制椭圆的按钮。
- 单击“绘图”工具栏的“椭圆”命令按钮 。
- 在命令行中输入“Ellipse”，单击 Enter 键或空格键。

(1)“圆心”绘制椭圆。用此方法通过输入椭圆上中心点、端点和另一轴端点绘制椭圆，如图 4-26 所示，操作过程如下。

命令：(调用椭圆命令)

指定椭圆的轴端点或［圆弧（A）/中心点（C）］：c↙

指定椭圆的中心点：(确定椭圆的中心点位置)

指定轴的端点：(确定椭圆一条半轴端点位置)

指定另一条半轴长度或［旋转（R）］：(确定椭圆另一条半轴端点位置)

(2)“轴、端点”绘制椭圆。通过确定椭圆上第一条轴的两个端点及确定椭圆的圆心与第二条轴的端点之间的距离绘制椭圆，如图 4-27 所示，操作过程如下。

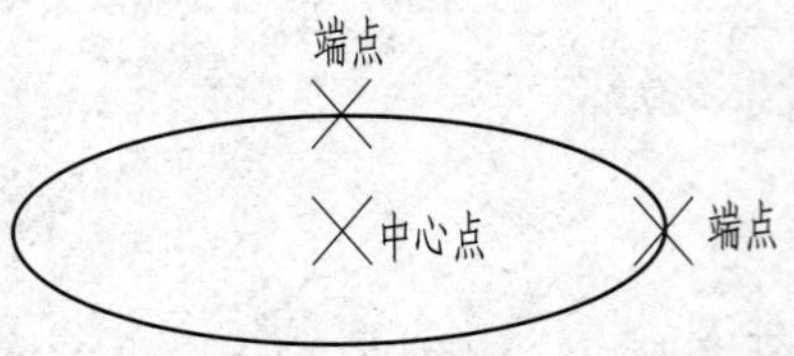

图 4-26 使用“中心点”方法绘制椭圆

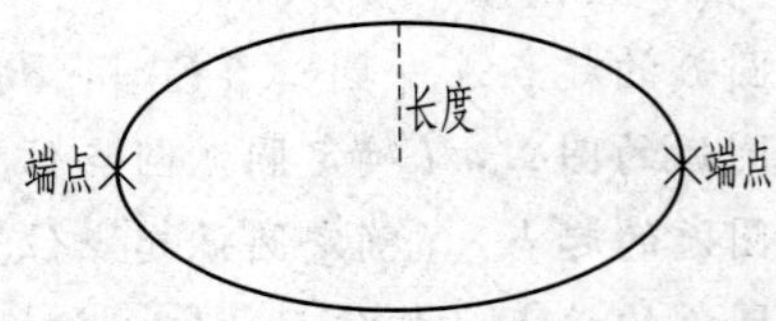

图 4-27 使用“轴、端点”方法绘制椭圆

命令：(调用椭圆命令)

指定椭圆的轴端点或［圆弧（A）/中心点（C）］：(确定椭圆一条轴端点位置)

指定轴的另一个端点：(确定椭圆一条轴的另一个端点位置)

指定另一条半轴长度或［旋转（R）］：(确定椭圆另一条轴端点长度)

2. 椭圆弧的绘制

椭圆弧是椭圆的一部分，所以绘制椭圆弧要先绘制椭圆，然后修剪椭圆得到椭圆弧。

启动“椭圆弧”命令的方法有以下几种。

- 单击菜单栏的“绘图”→“椭圆”→“圆弧”命令。
- 切换到“默认”选项卡，在“绘图”面板上单击“椭圆弧”按钮。
- 单击“绘图”工具栏“椭圆弧”命令按钮。

绘制如图 4-28 所示的椭圆弧，操作过程如下。

命令：(调用椭圆命令)

指定椭圆的轴端点或［圆弧（A）/中心点（C）］：a↙

指定椭圆弧的轴端点或［中心点（C）］：(确定椭圆一条轴端点位置)

指定轴的另一个端点：(确定椭圆另一条轴端点位置)

指定另一条半轴长度或［旋转（R）］：(确定椭圆另一条轴端点长度)

指定起点角度或［参数（P）］：(确定椭圆弧的起点位置)

指定端点角度或［参数（P）/夹角（I）］：(确定椭圆弧的终点位置)

图 4-28 椭圆弧的绘制

4.3 绘制多边形

4.3.1 矩形

AutoCAD 提供了绘制矩形的命令 Rectang，在此命令中还有不同的参数设置，从而可以绘制出带不同属性的矩形。

启动“矩形”命令的方法有以下几种。

- 单击菜单栏的“绘图”→“矩形”命令。
- 切换到“默认”选项卡，单击“绘图”面板上的“矩形”按钮。
- “绘图”工具栏“矩形”命令按钮。
- 在命令行中输入“Rectang”，单击 Enter 键或空格键。

绘制如图 4-29 所示矩形，操作过程如下。

命令：(调用椭圆命令)

指定第一个角点或［倒角（C)/标高（E)/圆角（F)/厚度（T)/宽度（W)]：c↙

指定矩形的第一个倒角距离<0.0000>：100↙

指定矩形的第二个倒角距离<100.0000>：100↙

图 4-29　绘制倒角都是 100 的矩形

指定第一个角点或［倒角（C)/标高（E)/圆角（F)/厚度（T)/宽度（W)]：(确定矩形的第一个角点位置)

指定另一个角点或［面积（A)/尺寸（D)/旋转（R)]：(确定矩形的另一个角点位置)

以上提示中各选项的含义如下。

(1) 倒角：绘制各个角带倒角的矩形。

(2) 标高：设置绘制矩形时所在的 Z 平面。此项设置在平面视图中看不出区别。

(3) 圆角：绘制带圆角的矩形。

(4) 厚度：设置矩形沿 Z 轴方向的厚度，在平面视图中无法看到效果。

(5) 宽度：设置矩形边的宽度。

(6) 面积：使用面积和长度或宽度二者之一创建矩形。

(7) 尺寸：设置矩形长宽。

(8) 旋转：按指定的旋转角度创建矩形。

4.3.2 正多边形

正多边形各边长度相等，利用 AutoCAD 的“正多边形”命令可以绘制边数 3~1024 的正多边形。

启动“正多边形”命令的方法有以下几种。

- 单击菜单栏的“绘图”→“多边形”命令。
- 切换到“默认”选项卡，在“绘图”面板上单击“矩形”按钮。
- 单击“绘图”工具栏“正多边形”命令按钮。
- 在命令行中输入“Polygon”，单击 Enter 键或空格键。

绘制如图 4-30 所示正多边形，操作过程如下。

命令：(调用多边形命令)

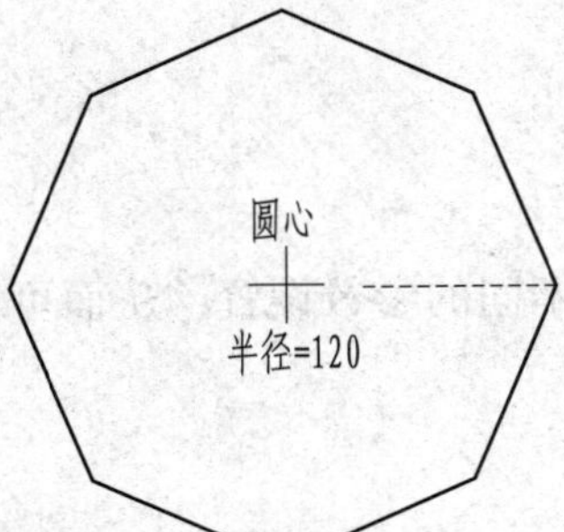

图 4-30 使用“圆心、半径”方法绘制正多边形

输入侧面数<4>：8↙

指定正多边形的中心点或［边（E）］：（确定多边形的中心位置）

输入选项［内接于圆（I）/外切于圆（C）］<I>：↙（绘制内接于圆的多边形）

指定圆的半径：120↙

以上提示中各选项含义如下。

(1) 边：以一条边的长度为基础绘制正多边形。

(2) 内接于圆：绘制圆的内接正多边形。

(3) 外切于圆：绘制圆的外切正多边形。

4.3.3 绘制区域覆盖

区域覆盖对象是一块多边形区域，它可以使用当前背景色屏蔽底层的对象。此区域以区域覆盖线框为边框，可以打开此区域进行编辑，也可以关闭此区域进行打印。通过使用一系列点来指定多边形的区域可以创建区域覆盖对象，也可以将闭合多段线转换成区域覆盖对象。

使用区域覆盖对象可以在现有对象上生成一个空白区域，用于添加注释或详细的屏蔽信息。

通过使用一系列点来指定多边形的区域可以创建区域覆盖对象，也可以将闭合多段线转换成区域覆盖对象。

先打开区域覆盖边框以便可以选择区域覆盖对象，之后可移动或删除该对象。

启动“区域覆盖”命令的方法有以下几种。

- 单击菜单栏的“绘图”→“区域覆盖”命令。
- 切换到“默认”选项卡，展开“绘图”面板，单击“区域覆盖”按钮。
- 在命令行中输入“Wipeout”，单击 Enter 键或空格键。

注意：(1) 如果使用多段线创建擦除对象，则多段线必须是闭合的，只包括直线段且宽度为零。

(2) 可以在图纸空间的布局上创建区域覆盖对象，以便在模型空间中屏蔽对象。但是，必须在打印之前取消对“页面设置”对话框“打印选项”选项组中的“最后打印图纸空间”复选框的选中，以确保区域覆盖对象可以正常打印。

(3) 由于区域覆盖对象与光栅图像相似，因而它与光栅图像的打印要求相同，需要一台带有 ADI4.3 光栅驱动程序或系统打印驱动程序的光栅打印机。

4.4 面　域

4.4.1 面域的创建

面域是由二维闭合图形形成的二维闭合区域。两者的区别在于二维闭合图形只包含边的信息，而面域是一个实体模型，不但含有边的信息，还含有边界内的信息，系统中可以对面域进行布尔运算。

在 AutoCAD 中，面域无法直接创建，只能将封闭的二维图形转化成面域。

启动“面域”命令的方法有以下几种。

- 单击菜单栏的“绘图”→“面域”命令。
- 单击“绘图”工具栏“面域”命令按钮。
- 在命令行中输入“Region”，单击 Enter 键或空格键。

例如，将圆和矩形分别创建成面域，如图 4-31 所示。

命令：region ↙（调用面域命令）

选择对象：找到 1 个（选择图中的椭圆）

选择对象：找到 1 个，总计 2 个（选择图中的矩形）

选择对象：↙

已提取 2 个环。

已创建 2 个面域。

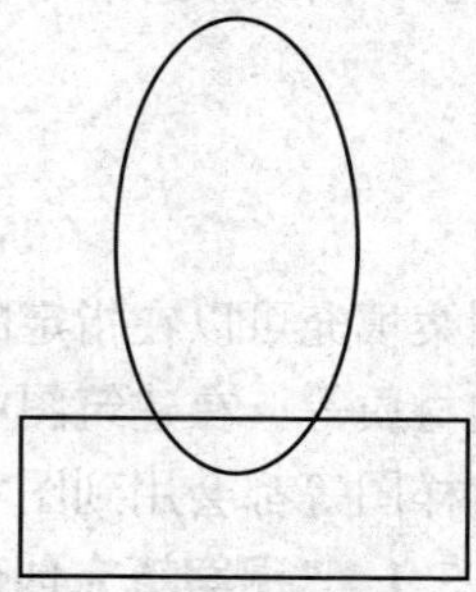

图 4-31 圆和矩形分别创建成面域

4.4.2 面域的布尔运算

面域的布尔运算包括并集、差集和交集三种。

启动“布尔运算”命令的方法有以下几种。

- 单击菜单栏的“修改”→“实体编辑”→“并集”（或“差集”“交集”）命令。
- 在命令行输入并集“union”（输入差集“subtract”或输入交集“intersect”），单击 Enter 键或空格键。

执行布尔运算的操作方法如下。

(1) 并集，将图 4-32 (a) 所示的图形，合并成图 4-32 (b) 所示的图形，操作过程如下。

命令：(调用并集命令)

选择对象：找到 1 个 [选择图 4-32 (a) 中的椭圆]

选择对象：找到 1 个，总计 2 个 [选择图 4-32 (a) 中的矩形]

选择对象：↙ [结果如图 4-32 (b) 所示]

(2) 差集，将图 4-33 (a) 用差集绘制成图 4-33 (b) 所示的图形，操作过程如下。

命令：(调用并集命令)

选择要从中减去的实体、曲面和面域...

选择对象：指定对角点：找到 1 个 [选择图 4-33 (a) 中的椭圆]

选择对象：选择要减去的实体、曲面和面域...

选择对象：找到 1 个 [选择图 4-33 (a) 中的矩形]

选择对象：↙ [结果如图 4-33 (b) 所示]

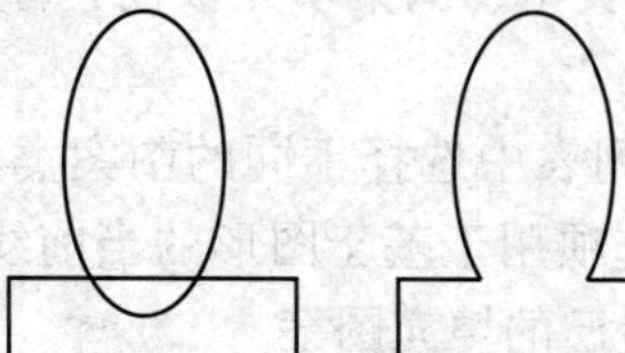

(a) (b)

图 4-32 “并集”运算

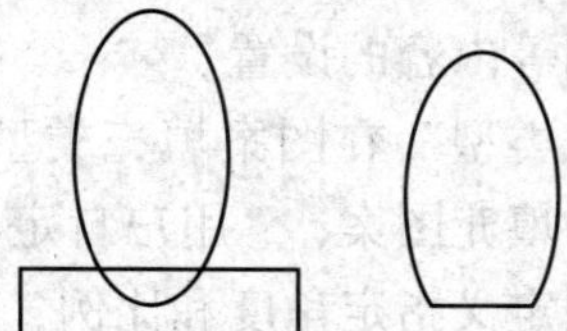

(a) (b)

图 4-33 “差集”运算

(3) 交集，将图 4-34 (a) 所示的图形，用交集绘制成图 4-34 (b) 所示的图形，操作

(a) (b)
图 4-34 “差集”运算

过程如下。

命令：(调用并集命令)

选择对象：找到 1 个 [选择图 4-34 (a) 中的椭圆]

选择对象：找到 1 个，总计 2 个 [选择图 4-34 (a) 中的矩形]

选择对象：↙ [结果如图 4-34 (b) 所示]

4.5 图 案 填 充

图案填充可以在指定的填充边界内填充一定样式的图案，常用于表达剖切面或表现组成对象的材质等，在建筑图中得到了大量使用，例如，建筑施工图中的地材图、立面图、剖面图、大样图等都会用到图案填充。

4.5.1 “图案填充创建”选项卡

启动“图案填充”命令的方法有以下几种。

- 单击菜单栏的“绘图”→“图案填充”命令。
- 切换到“默认”选项卡在“绘图”面板上单击“图案填充”按钮。
- 单击“绘图”工具栏“图案填充”命令按钮。
- 在命令行中输入“Buatch”，单击 Enter 键或空格键。

执行上述命令后，打开“图案填充创建”选项卡，如图 4-35 所示。

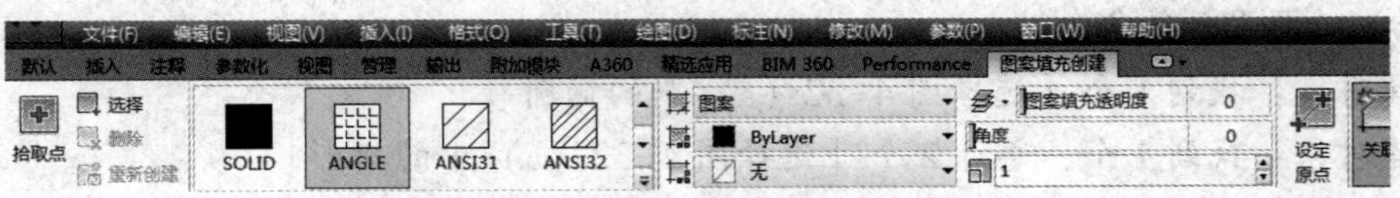

图 4-35 “图案填充创建”选项卡

在“图案填充创建”选项卡中，包括“边界”“图案”“特性”“原点”和“选项”面板。完成图案填充后，单击“关闭图案填充创建”按钮。

(1)“边界”面板：“选择”是根据形成封闭区域的选定对象确定图案填充边界；“拾取点”是根据围绕指定点形成封闭区域的现有对象确定图案填充边界。

(2)“图案”面板：显示所有预览图像，可以单击“图案”面板的按钮，展开图案面板，选择填充的图案。

(3)“特性”面板：该面板中包括图案填充类型、图案填充颜色、背景色、图案填充透明度、角度、比例等内容的设置。

1)“图案填充类型”在图案填充类型下拉列表中选择不同的图案类型，将在图案面板中显示相应类型的填充图案，“用户自定义”选项用于基于图形的当前线型创建直线图案，可以使用当前线型定义指定角度和比例，创建自己的填充图案。

2)“图案填充颜色”用于设置填充图案的颜色。

3)“背景色”用于设置图案填充区域的背景颜色。

4)“图案填充透明度”用于设置填充图案的透明度，拖动滑块或直接输入数值指定透明度值，透明度越大，填充的图案颜色越浅，若存在被其遮挡的对象，则该对象显示越清晰。

5）“角度”相对于当前UCS的X轴指定填充图案的角度，拖动滑块或直接输入角度值。

6）“比例”用于放大或缩小图案。

（4）“原点”面板：“设定原点”是移动填充图案以便与指定原点对齐。

（5）“选项”面板：“关联”即为关联边界，是控制当修改图案填充边界时是否自动更新图案填充；“注释性”即为注释性比例，是指定根据视口比例自动调整填充图案比例；“特性匹配”即为使用当前原点，是使用选定图案填充对象的特性设置图案填充特性，图案填充原点除外。

（6）“关闭”面板：“关闭图案填充创建”是退出图案填充创建，并关闭选项卡。

4.5.2 “图案填充和渐变色”对话框

单击“选项”面板右下角的斜向箭头，打开“图案填充和渐变色”对话框，如图4-36所示。利用该对话框，可以进行图案的设置、边界的选取等，对话框的选项与“图案填充创建”功能区各面板相同。

当以普通方式填充时，如果填充边界内有诸如文字、属性这样的特殊对象，且在选择填充边界时也选择了它们，填充时图案填充在这些对象处会自动断开，就像用一个比它们略大的看不见的框保护起来一样，以使这些对象更加清晰。

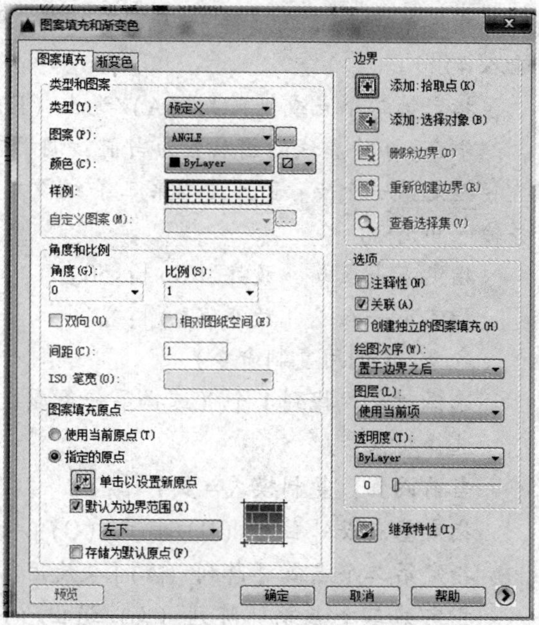

图4-36 “图案填充和渐变色”对话框

4.5.3 用图层控制

充分利用图层功能，将图案填充单独放在一个图层上。当不需要显示该图案填充时，将图案所在层关闭或冻结即可。使用图层控制图案填充的可见性时，不同的控制方式会使图案填充与其边界的关联关系发生变化，其特点如下。

（1）当图案填充所在的图层被关闭后，图案与其边界仍保持着关联关系，即修改边界后，填充图案会根据新的边界自动调整位置。

（2）当图案填充所在的图层被冻结后，图案与其边界脱离关联关系，即边界修改后，填充图案不会根据新的边界自动调整位置。

（3）当图案填充所在的图层被锁定后，图案与其边界脱离关联关系，即边界修改后，填充图案不会根据新的边界自动调整位置。

4.6 上机练习

练习4-1 绘制如图4-37所示图形，创建四个图层，分别为粗实线、细实线、虚线、点画线，以不同的颜色进行区分。

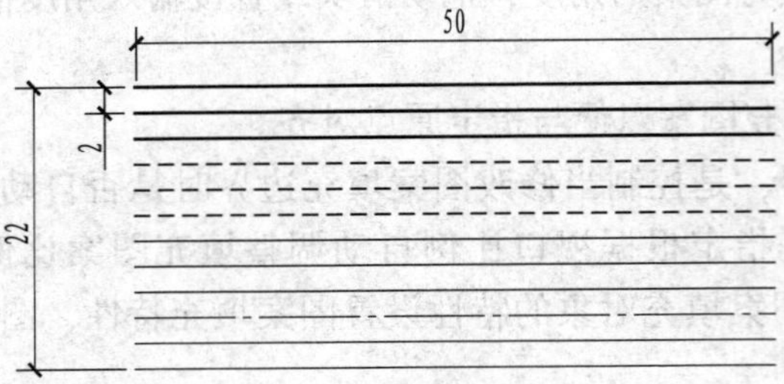

图 4-37 直线段练习

命令：<正交开>（打开正交模式，将粗实线图层置为当前，调用直线命令）

指定第一个点：（确定线段的起点）

指定下一点或［放弃（U）］：50↙（输入距离，确定线段的终点）

指定下一点或［放弃（U）］：↙

命令：（调用复制命令）

选择对象：找到 1 个（选择第一条线段）

选择对象：↙

当前设置：复制模式＝多个

指定基点或［位移（D）/模式（O）］<位移>：（选择第一条线段的起点）

指定第二个点或［阵列（A）］<使用第一个点作为位移>：2↙（光标下移，输入 2）

指定第二个点或［阵列（A）/退出（E）/放弃（U）］<退出>：4↙（光标继续下移，输入 4）

指定第二个点或［阵列（A）/退出（E）/放弃（U）］<退出>：↙

命令：（将虚线的图层置为当前，调用直线命令）

指定第一个点：2↙（以第三条线段左端点为捕捉点，使用对象捕捉追踪，光标下移，并输入距离 2）

指定下一点或［放弃（U）］：50↙

指定下一点或［放弃（U）］：↙

命令：（调用复制命令）

选择对象：找到 1 个（选择第一条虚线线段）

选择对象：↙

当前设置：复制模式＝多个

指定基点或［位移（D）/模式（O）］<位移>：（选择虚线线段的起点作为基点）

指定第二个点或［阵列（A）］<使用第一个点作为位移>：2↙（光标下移，输入 2）

指定第二个点或［阵列（A）/退出（E）/放弃（U）］<退出>：4↙（光标继续下移，输入 4）

指定第二个点或［阵列（A）/退出（E）/放弃（U）］<退出>：↙

命令：（将细实线的图层置为当前，调用直线命令）

指定第一个点：2↙（以第六条线段左端点为捕捉点，使用对象捕捉追踪，光标下移，并输入距离 2）

指定下一点或［放弃（U）］：50↙

指定下一点或［放弃（U）］：↙

命令：（调用复制命令）

选择对象：找到 1 个（选择第一条细实线）

选择对象：↙

当前设置：复制模式＝多个

指定基点或［位移（D）/模式（O）］<位移>：（选择细实线的起点作为基点）

指定第二个点或［阵列（A）］<使用第一个点作为位移>：2↙（光标下移，输入2）

指定第二个点或［阵列（A）/退出（E）/放弃（U）］<退出>：4↙（光标继续下移，输入4）

指定第二个点或［阵列（A）/退出（E）/放弃（U）］<退出>：↙

命令：(将点画线的图层置为当前，调用直线命令)

指定第一个点：2↙（以第九条线段左端点为捕捉点，使用对象捕捉追踪，光标下移，并输入距离2）

指定下一点或［放弃（U）］：50↙

指定下一点或［放弃（U）］：↙

命令：(调用复制命令)

选择对象：找到1个（选择第一条点画线）

选择对象：↙

当前设置：复制模式=多个

指定基点或［位移（D）/模式（O）］<位移>：(选择点画线的起点作为基点)

指定第二个点或［阵列（A）］<使用第一个点作为位移>：2↙（光标下移，输入2）

指定第二个点或［阵列（A）/退出（E）/放弃（U）］<退出>：4↙（光标继续下移，输入4）

指定第二个点或［阵列（A）/退出（E）/放弃（U）］<退出>：↙

本例还可以通过绘制长度50的直线，通过“复制”或“偏移”命令，设置相同的复制或偏移距离值2，得到一组同一图层的直线，再选中不应在本图层的直线，并选择所在图层完成图线的图层修改，按Esc键退出命令，从而快速完成作图。

练习4-2 绘制如图4-38所示的图形。

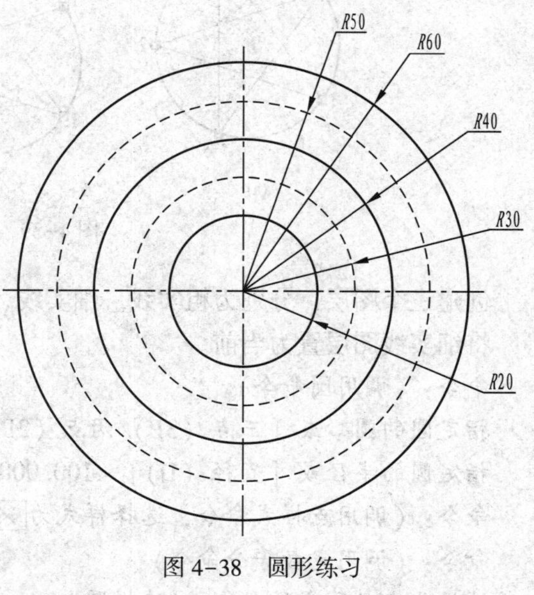

图4-38 圆形练习

将点画线图层置为当前

命令：(调用直线命令)

指定第一个点：(确定直线的起点)

指定下一点或［放弃（U）］：（确定直线的终点）

指定下一点或［放弃（U）］：↙

命令：(调用直线命令)

指定第一个点：（确定过该直线中点的另一条直线的起点）

指定下一点或［放弃（U）］：（确定过该直线中点的另一条直线的终点）

指定下一点或［放弃（U）］：↙

将粗实线图层置为当前

命令：(调用圆命令)

指定圆的圆心或［三点（3P）/两点

(2P)/切点、切点、半径 (T)]：(选择两条直线的交点)

指定圆的半径或 [直径 (D)]：20↙

命令：(调用圆命令)

指定圆的圆心或 [三点 (3P)/两点 (2P)/切点、切点、半径 (T)]：(选择两条直线的交点)

指定圆的半径或 [直径 (D)] <20.0000>：40↙

命令：(调用圆命令)

指定圆的圆心或 [三点 (3P)/两点 (2P)/切点、切点、半径 (T)]：(选择两条直线的交点)

指定圆的半径或 [直径 (D)] <40.0000>：60↙

将虚线图层置为当前

命令：(调用圆命令)

指定圆的圆心或 [三点 (3P)/两点 (2P)/切点、切点、半径 (T)]：(选择两条直线的交点)

指定圆的半径或 [直径 (D)] <60.0000>：30↙

命令：(调用圆命令)

指定圆的圆心或 [三点 (3P)/两点 (2P)/切点、切点、半径 (T)]：(选择两条直线的交点)

指定圆的半径或 [直径 (D)] <30.0000>：50↙

练习 4-3 绘制如图 4-39 所示的图形。

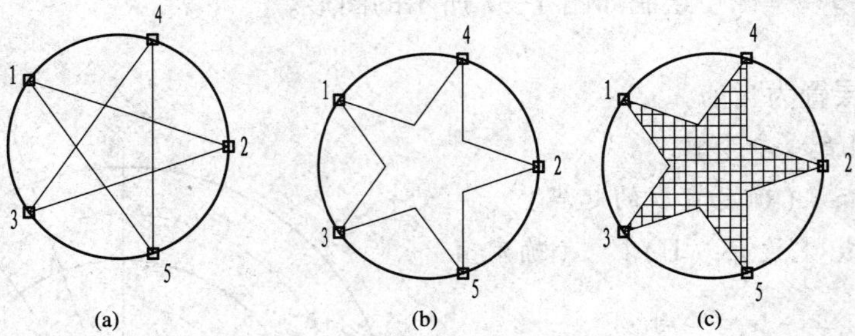

图 4-39 五角星练习

创建三个图层，分别为粗实线、细实线、点画线，以不同的颜色进行区分。

将细实线图层置为当前。

命令：(调用圆命令)

指定圆的圆心或 [三点 (3P)/两点 (2P)/切点、切点、半径 (T)]：(确定圆心位置)

指定圆的半径或 [直径 (D)] <100.0000>：100↙

命令：(调用点样式命令，选择样式为⊠的点样式)

命令：(调用定数等分命令)

选择要定数等分的对象：(选择圆)

输入线段数目或［块（B）］：5↙

命令：(调用直线命令)

指定第一个点：(选择1号点)

指定下一点或［放弃（U）］：(选择2号点)

指定下一点或［放弃（U）］：(选择3号点)

指定下一点或［闭合（C）/放弃（U）］：(选择4号点)

指定下一点或［闭合（C）/放弃（U）］：(选择5号点)

指定下一点或［闭合（C）/放弃（U）］：［选择2号点，结果如图4-39（a）所示］

指定下一点或［闭合（C）/放弃（U）］：↙

命令：(调用修剪命令)

当前设置：投影=UCS，边=无

选择剪切边...（框选五角星区域）

选择对象或<全部选择>：指定对角点：找到5个

选择对象：↙

选择要修剪的对象，或按住Shift键选择要延伸的对象，或［栏选（F）/窗交（C）/投影（P）/边（E）/删除（R）/放弃（U）］：［通过适当选择方式剪掉中间交叉的多余线段，结果如图4-39（b）所示］

命令：(调用图案填充命令，选择图案)

拾取内部点或［选择对象（S）/放弃（U）/设置（T）］：(在封闭区域内部单击鼠标左键)

正在选择所有可见对象...

正在分析所选数据...

正在分析内部孤岛...

拾取内部点或［选择对象（S）/放弃（U）/设置（T）］：［单击鼠标右键，确认完成作图，结果如图4-39（c）所示］

练习4-4　绘制如图4-40所示的图形。

创建三个图层，分别为粗实线、细实线、点画线，以不同的颜色进行区分。

命令：(将点画线图层置为当前，调用直线命令)

指定第一个点：(确定直线的起点)

指定下一点或［放弃（U）］：(确定直线的终点)

指定下一点或［放弃（U）］：↙

命令：(调用直线命令)

指定第一个点：（确定过该直线中点的另一条直线的起点)

指定下一点或［放弃（U）］：（确定过该直线中点的另一条直线的终点)

指定下一点或［放弃（U）］：↙

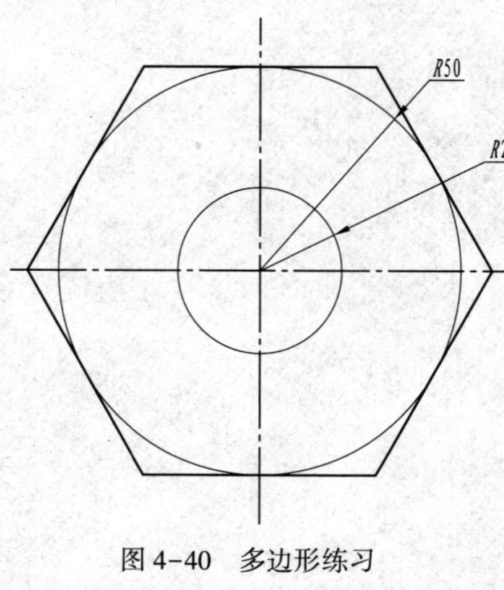

图4-40　多边形练习

命令：(将粗实线图层置为当前，调用圆命令)

指定圆的圆心或 [三点 (3P)/两点 (2P)/切点、切点、半径 (T)]：(选择两条直线的交点)

指定圆的半径或 [直径 (D)]：20↙

命令：(调用圆命令)

指定圆的圆心或 [三点 (3P)/两点 (2P)/切点、切点、半径 (T)]：(选择两条直线的交点)

指定圆的半径或 [直径 (D)] <20.0000>：50↙

命令：(调用多边形命令)

输入侧面数<4>：6↙

指定正多边形的中心点或 [边 (E)]：(选择圆心)

输入选项 [内接于圆 (I)/外切于圆 (C)] <C>：↙

指定圆的半径：(选择圆的顶点)

二维绘图和编辑命令(2)

第5章 二维图形的编辑

学习内容

在利用 AutoCAD 绘图时，单纯的绘图命令只能创建一些基本图形对象，要完成复杂图形的绘制，必须借助图形编辑命令，对图形进行加工修改。在 AutoCAD 2016 中，系统提供了丰富的图形编辑功能，利用它们可以提高绘图效率及质量。

5.1 基本编辑命令

5.1.1 移动

移动对象是将选中的对象从原来的位置移动到用户指定的其他位置上。原对象移动后，原位置的对象将被删除，在新的位置上出现该对象。

启动“移动”命令的方法有以下几种。

- 单击菜单栏的“修改”→“移动”命令。
- 切换到“默认”选项卡，在“修改”面板上单击“移动”按钮。
- 单击“修改”工具栏“移动”按钮。
- 在命令行输入“move（m）”，单击 Enter 键或空格键。

【例 5-1】 完成如图 5-1 所示图形对象的移动。

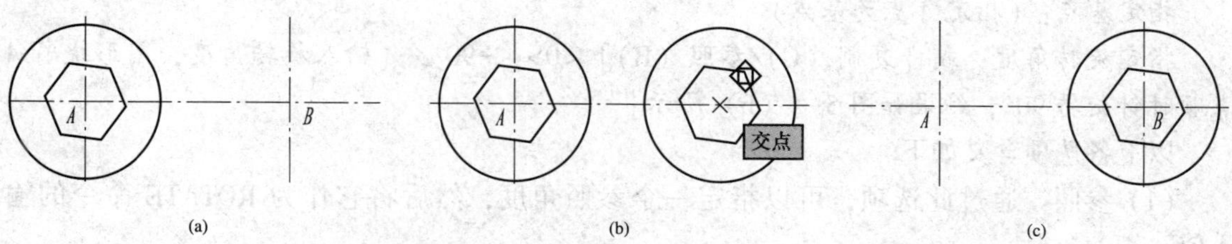

图 5-1 “移动”图形对象

（a）原对象；（b）捕捉新位置；（c）移动后的对象

命令：move↙（调用移动命令）

选择对象：指定对角点：找到 22 个［选择图形对象 5-1（a）］

选择对象：↙

指定基点或［位移（D）］<位移>：（拾取图中的 *A* 点）

指定第二个点或<使用第一个点作为位移>：（拾取图中的 *B* 点）

执行上述命令后，将所选的对象从 *A* 点按给定的位移矢量移到 *B* 点，结果如图 5-1（c）所示。

5.1.2 旋转

该命令用于将对象绕着指定的基点旋转指定的角度。基点位于对象的几何中心时，旋转后该对象的位置不变，只是放置的方向旋转了一定的角度。当基点不位于对象的几何中心时，对象的位置将有较大的改变。

启动“旋转”命令的方法有以下几种。

- 单击菜单栏的“修改”→“旋转”命令。
- 切换到“默认”选项卡，在“修改”面板上单击“旋转”按钮。
- 单击“修改”工具栏的“旋转”按钮。
- 在命令行中输入“rotate”（ro），单击 Enter 键或空格键。

【例 5-2】 图 5-2 为运用“旋转”命令编辑图形的一个实例。

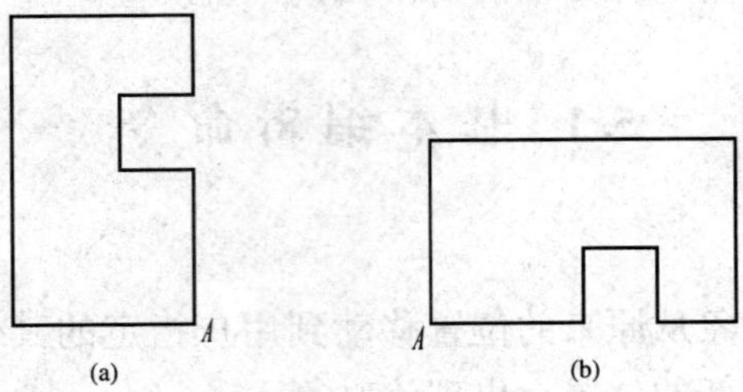

图 5-2 “旋转”对象

（a）原对象；（b）旋转后的对象

命令：rotate↙（调用旋转命令）

UCS 当前的正角方向：ANGDIR=逆时针 ANGBASE=0

选择对象：指定对角点：［选择图形对象 5-2（a）］

选择对象：↙

指定基点：（指定 A 点为基点）

指定旋转角度，或［复制（C）/参照（R）］<0>：-90↙［输入旋转角度，图形绕着 A 点顺时针旋转 90°，结果如图 5-2（b）所示］

以上各选项含义如下。

（1）参照：通过此选项，可以指定一个参照角度，然后将它作为 ROTATE 命令的输入值。

（2）复制：旋转时保留源对象。

旋转角度有正、负之分，如果角度为正值，对象将逆时针方向旋转；如果角度为负值，对象将顺时针方向旋转。

【例 5-3】 旋转图 5-3（a）下面的长方形，以便使其与上面长方形的转角相同。

操作过程如下。

命令：（调用旋转命令）

UCS 当前的正角方向：ANGDIR=逆时针 ANGBASE=0

选择对象：找到 1 个［选取图 5-3（a）下面的长方形］

选择对象：↙（捕捉上面长方形的左下角 A 点作为基点）

指定基点：↙

指定旋转角度，或［复制（C）/参照（R）］<24>：R↙

指定参照角<336>：［先选取图 5-3（a）点 B，然后选取点 C］

指定新角度或［点（P）］<0>：［捕捉点 D，将旋转下面的长方形到由基点 A 和点 D 定义的角度，结果如图 5-3（b）所示］

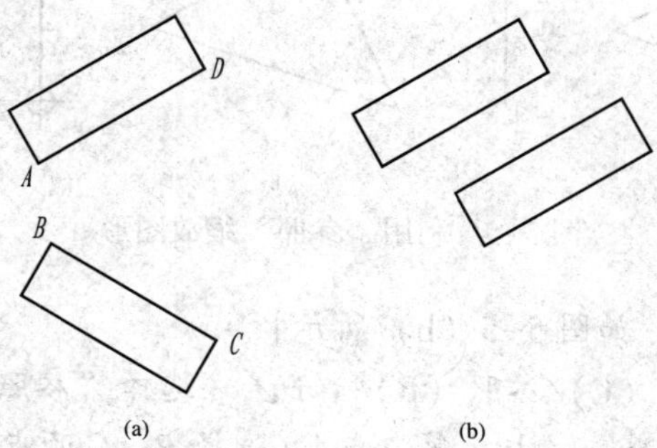

图 5-3　利用“参照”旋转图形

5.1.3　缩放、拉伸和拉长

1. 缩放

AutoCAD 为用户提供了图形缩放命令，用户可以用此命令，将所选择的对象按指定的比例因子放大或缩小。

启动“缩放”命令的方法有以下几种。

- 单击菜单栏的“修改”→“缩放”命令。
- 切换到“默认”选项卡，在“修改”面板上单击“缩放”按钮。
- 单击“修改”工具栏的“缩放”按钮。
- 在命令行输入“scale（sc）”，单击 Enter 键或空格键。

【例 5-4】 图 5-4 为使用“缩放”命令编辑图形的一个实例。

命令：scale↙

选择对象：指定对角点：找到 1 个［选择图 5-4（a）］

选择对象：↙

指定基点：（指定 A 点为基点）

指定比例因子或［复制（C）/参照（R）］<0.60>：0.6↙［输入缩放比例，结果如图 5-4（b）所示］

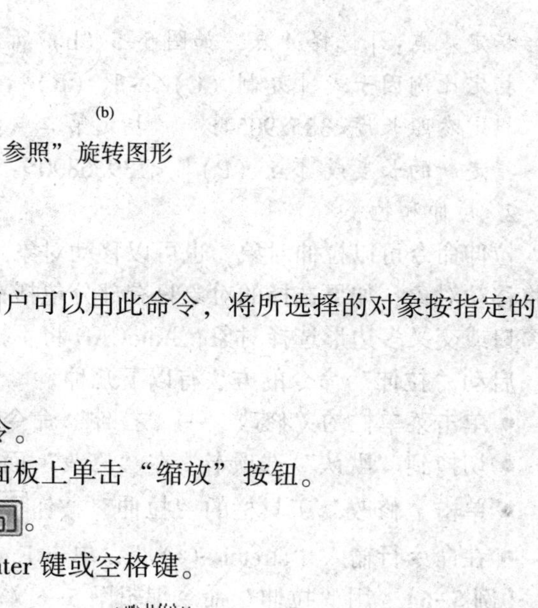

图 5-4　“缩放”对象

（a）原对象；（b）缩放 0.6 倍后的对象

【例 5-5】 利用“参照”缩放图形，如图 5-5（a）所示，左边是将要修改的图形，右边是参照的直线，要求修改左侧图形的 B、C 两点之间的高度（未知），修改以后的高度必须与右侧未知高度的线段 AD 相同。

命令：scale↙（调用缩放命令）

选择对象：指定对角点：找到 5 个［窗口选择图 5-5（a）的左侧多边形］

选择对象：

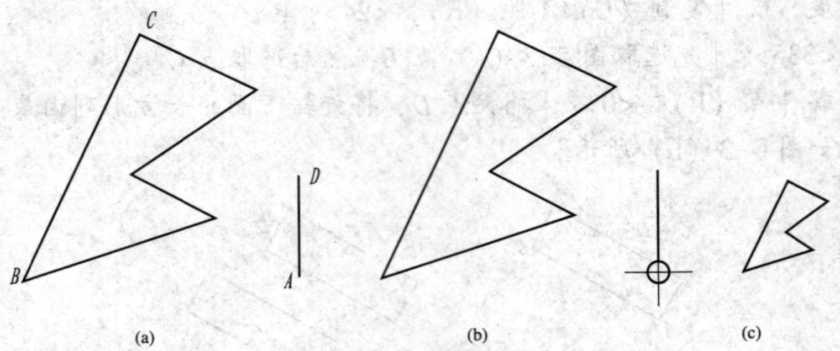

图 5-5　利用“参照”缩放图形

指定基点：[选择 *A* 点，如图 5-5（b）所示]

指定比例因子或 [复制（C）/参照（R）]：r↙（选择“参照”选项）

指定参照长度<385.9054>：　指定第二点：(选择 *B*、*C* 两点)

指定新的长度或 [点（P）] <139.6890>：[选择 *D* 点，结果如图 5-5（c）所示]

2. 拉伸和拉长

拉伸命令可以拉伸对象，也可以移动对象。如果选择的对象全部包括在选择窗口中，系统将移动对象；如果选择的对象只有部分包括在选择窗口中，系统将拉伸对象。如果不以交叉窗口或交叉多边形选择对象，AutoCAD 将不拉伸任何对象。

启动“拉伸”命令的方法有以下几种。

- 单击菜单栏的“修改”→“拉伸”命令。
- 切换到“默认”选项卡，在“修改”面板上单击“拉伸”按钮。
- 单击“修改”工具栏的“拉伸”按钮。
- 在命令行输入“stretch（s）”，单击 Enter 键或空格键。

【例 5-6】 用“拉伸”命令编辑图 5-6（a）。

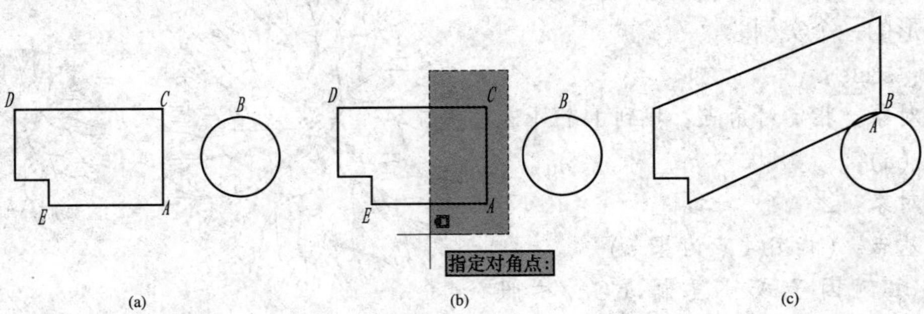

图 5-6 “拉伸”对象

（a）原对象；（b）选择拉伸对象；（c）拉伸后的对象

命令：stretch↙（调用拉伸命令）

以交叉窗口或交叉多边形选择要拉伸的对象...

选择对象：指定对角点：找到 5 个（以交叉窗口选择图形对象）

选择对象：↙

指定基点或 [位移（D）] <位移>：(指定 *A* 点为基点)

指定第二个点或<使用第一个点作为位移>：[捕捉 *B* 点为第二点，结果如图 5-6（c）

所示，线段AC发生移动，长度不变，线段CD和AE被拉伸]

5.1.4　修剪

可以将选中的对象沿选中的剪切边界断开，去掉修剪边界之外的部分。方便快速地对图形对象进行修剪编辑。

启动“修剪”命令的方法有以下几种。

- 单击菜单栏的“修改”→“修剪”命令。
- 切换到“默认”选项卡，在“修改”面板上单击“修剪”按钮。
- 单击“修改”工具栏“修剪”按钮。
- 在命令行输入“trim（tr）”，单击Enter键或空格键。

【例5-7】　用“修剪”命令编辑图5-7（a）。

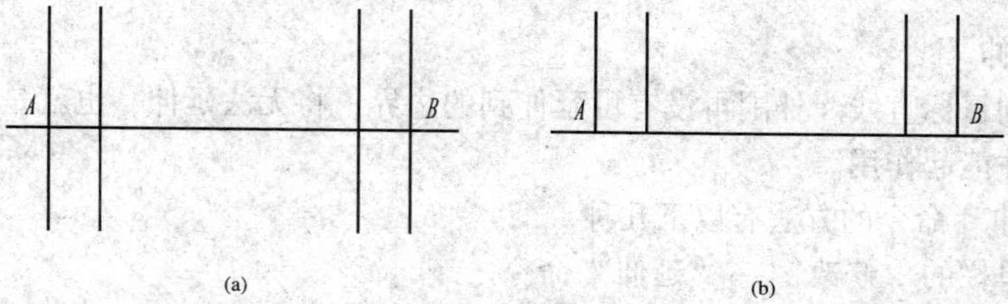

图5-7　修剪对象

（a）原对象；（b）修剪后的对象

命令：trim↙（调用修剪命令）

当前设置：投影=UCS，边=无

选择剪切边...

选择对象或<全部选择>：找到1个（选择AB线为剪切边）

这里可以只选择作为剪切边的对象，或者选择包括剪切边和被修剪对象在内的一定的图形范围，也可以按Enter键或空格键选择全部对象作为剪切边。

选择对象：↙

选择要修剪的对象，或按住Shift键选择要延伸的对象，或

[栏选（F）/窗交（C）/投影（P）/边（E）/删除（R）/放弃（U）]：[选择位于线段AB下方的线段，结果如图5-7（b）所示]

选择要修剪的对象，或按住Shift键选择要延伸的对象，或

[栏选（F）/窗交（C）/投影（P）/边（E）/删除（R）/放弃（U）]：↙

如果直接选择被修剪对象，AutoCAD将以选定的剪切边为边界，修剪掉被修剪对象。如果被修剪对象没有与剪切边相交，在上述提示下，按住Shift键并选择对象，AutoCAD会将选中的对象延伸到剪切边。

以上提示中各选项含义如下。

（1）栏选（F）：以栏选方式确定被修剪对象并进行修剪。执行该选项，提示“指定第一个栏选点：”“指定下一个栏选点或［放弃（U）］：”依次在此提示下确定各栏选点后按空格键，由这些点确定的围线（虚线）相交的对象均会被删除。

（2）窗交（C）：使与矩形选择窗口边界相交的对象作为被修剪对象并进行修剪。执行

该选项，提示“指定第一个角点：”，确定窗口的第一角点。直接在绘图窗口中按住鼠标左键，框选出要修剪的对象，就可以修剪掉窗口边界相交的对象。

(3) 投影（P）：确定修剪时的操作空间。执行该选项，提示“输入投影选项［无(N)/UCS（U)/视图（V)］<UCS>：”。

1) 无（N)。按实际三维空间的相互关系修剪，即只有在三维空间实际能够相交的对象才能进行修剪或延伸，而不是按它们在平面上的投影关系进行修剪（二维图形一般不存在此问题)。

2) UCS（U)。在当前 UCS（用户坐标系）的 *XY* 面上修剪。选择该选项后，可以在当前 *XY* 面上按图形的投影关系修剪在三维空间中并不相交的对象（一般用于三维绘图)。

3) 视图（V)。在当前视图平面（计算机绘图屏幕）上按相交关系修剪（一般用于三维绘图)。

5.1.5　延伸

延长直线到目标直线。外围再没有可延伸到的边界，将无法延伸，也就是说，延伸命令必须要有边界才能起作用。

启动“延伸”命令的方法有以下几种。

- 单击菜单栏的“修改”→“延伸”命令。
- 切换到“默认”选项卡，在“修改”面板上单击“延伸”按钮。
- 单击“修改”工具栏“延伸”按钮。
- 在命令行输入“extend（ex）”，单击 Enter 键或空格键。

【例 5-8】 利用延伸命令编辑图 5-8（a)。

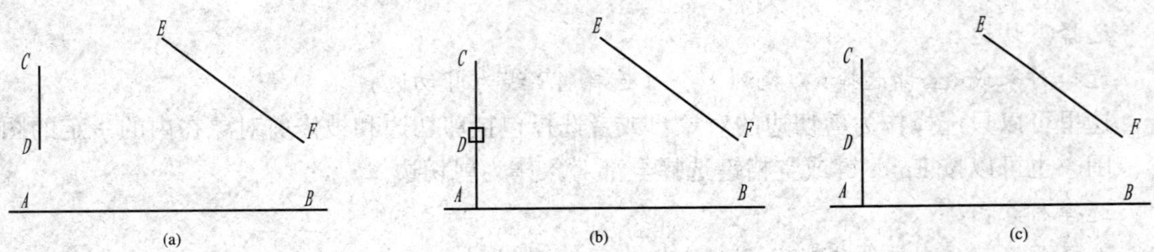

图 5-8　延伸

（a）原对象；（b）选择要延伸的对象；（c）延伸后的对象

命令：extend↙（调用延伸命令）

当前设置：投影=UCS，边=无

选择边界的边...

选择对象或<全部选择>：　找到 1 个（选择 *AB* 线为延伸边界)

选择对象：↙

选择要延伸的对象，或按住 Shift 键选择要修剪的对象，或

［栏选（F)/窗交（C)/投影（P)/边（E)/放弃（U)］：［靠近线段 *CD* 的 *D* 端选择，如图 5-8（b）所示］

选择要延伸的对象，或按住 Shift 键选择要修剪的对象，或

［栏选（F)/窗交（C)/投影（P)/边（E)/放弃（U)］：（靠近线段 *EF* 的 *F* 端选择)

路径不与边界边相交（线段 *EF* 延伸后与边界 *AB* 不相交，因此不能延伸）

选择要延伸的对象，或按住 Shift 键选择要修剪的对象，或

[栏选（F）/窗交（C）/投影（P）/边（E）/放弃（U）]：↙ [结果如图 5-8（c）所示]

如果在“选择要延伸的对象，或按住 Shift 键选择要修剪的对象，或 [栏选（F）/窗交（C）/投影（P）/边（E）/放弃（U）]：”提示下直接选择被延伸对象，AutoCAD 将把选择对象延伸到边界边。如果边界边与直线相交，在此提示下按下 Shift 键并选择对象，AutoCAD 将会对该图形对象进行修剪。

5.1.6 倒角和圆角

1. 倒角

使用该命令可在两线相接处创建平角或倒角。

启动“倒角”命令的方法有以下几种。

- 单击菜单栏的“修改”→“倒角”命令。
- 切换到“默认”选项卡，在“修改”面板上单击“倒角”按钮。
- 单击“修改”工具栏“倒角”按钮。
- 在命令行输入“chamfer（cha）”，单击 Enter 键或空格键。

【例 5-9】 完成 80×50 的矩形倒角，倒角距离分别为 40，20。

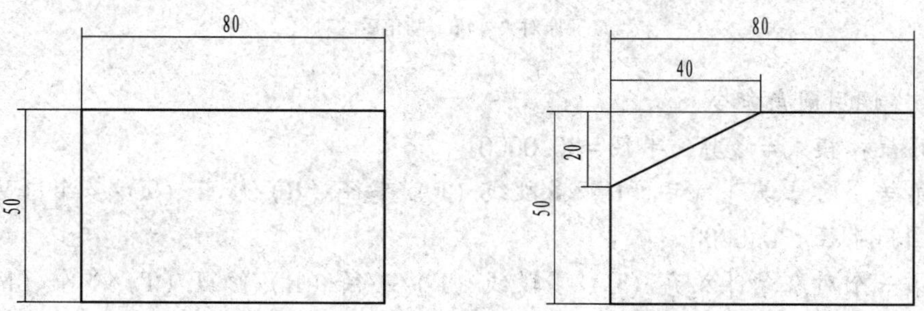

图 5-9 倒角

操作过程如下。

命令：（调用倒角命令）

（“修剪”模式）当前倒角距离 1=0.0000，距离 2=0.0000

选择第一条直线或 [放弃（U）/多段线（P）/距离（D）/角度（A）/修剪（T）/方式（E）/多个（M）]：D↙

指定第一个倒角距离<0.0000>：20↙（输入倒角距离）

指定第二个倒角距离<20.0000>：40↙（输入倒角距离）

选择第一条直线或 [放弃（U）/多段线（P）/距离（D）/角度（A）/修剪（T）/方式（E）/多个（M）]：（选择的直线将执行第一个倒角距离，即 20）

选择第二条直线，或按住 Shift 键选择直线以应用角点或 [距离（D）/角度（A）/方法（M）]：（选择的直线将执行第二个倒角距离，即 40，如图 5-9 所示）

提示：如果将两个倒角距离都设置为零，AutoCAD 将延伸并使两条线相交。

2. 圆角

圆角就是用与对象相切且具有指定半径的圆弧连接两个对象。

启动“圆角”命令的方法有以下几种。

- 单击菜单栏的“修改”→“圆角”命令。
- 切换到“默认”选项卡，在“修改”面板上单击“圆角”按钮。
- 单击“修改”工具栏“圆角”按钮。
- 在命令行输入“fillet（f）”，单击 Enter 键或空格键。

【例 5-10】 对图 5-10（a）所示矩形进行圆角，圆角半径 6mm。

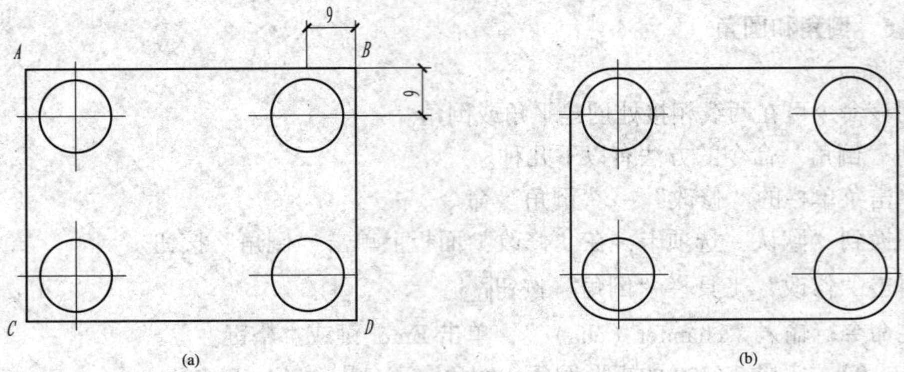

图 5-10 圆角

（a）原对象；（b）圆角后的对象

命令：（调用圆角命令）

当前设置：模式=修剪，半径=30.0000

选择第一个对象或［放弃（U）/多段线（P）/半径（R）/修剪（T）/多个（M）］：R↙

指定圆角半径<30.0000>：9↙

选择第一个对象或［放弃（U）/多段线（P）/半径（R）/修剪（T）/多个（M）］：（靠近 *A* 端选择 *AB* 线段）

选择第二个对象，或按住 Shift 键选择对象以应用角点或［半径（R）］：（靠近 *A* 端选择 *AC* 线段，完成以 *A* 为顶点的角的圆角）

命令：（重复调用圆角命令）

当前设置：模式=修剪，半径=9.0000

选择第一个对象或［放弃（U）/多段线（P）/半径（R）/修剪（T）/多个（M）］：（靠近 *B* 端选择 *AB* 线段）

选择第二个对象，或按住 Shift 键选择对象以应用角点或［半径（R）］：（靠近 *B* 端选择 *BD* 线段，完成以 *B* 为顶点的角的圆角）

图 5-11 平行线间倒圆角

按照同样的过程分别完成以 *C*、*D* 为顶点的角的圆角，结果如图 5-10（b）所示。

【例 5-11】 完成两平行线的圆角，如图 5-11（a）所示。

命令：fillet↙

当前设置：模式=修剪，半径=0.0000

选择第一个对象或［放弃（U)/多段线（P)/半径（R)/修剪（T)/多个（M)]：(选择 *A* 点)

选择第二个对象，或按住 Shift 键选择对象以应用角点或［半径（R)]：[选择 *B* 点，结果如图 5-11（b）所示]

5.1.7 打断

运用“打断”命令，可以删除对象上的某一个部分，或者将对象分成两个部分。

启动“打断”命令的方法有以下几种。

- 单击菜单栏的“修改”→“打断”命令。
- 切换到“默认”选项卡，在“修改”面板上单击“打断”按钮。
- 单击“修改”工具栏“打断”按钮。
- 在命令行输入“break（br）”，单击 Enter 键或空格键。

【例 5-12】 对图 5-12（a）所示直线进行“打断”编辑。

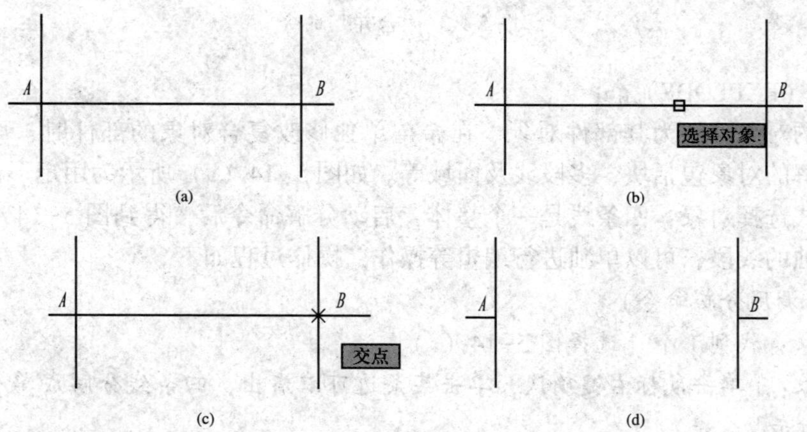

图 5-12 打断

（a）原对象；（b）选择对象；（c）选择打断点；（d）作图结果

命令：break（调用打断命令）

选择对象：(选择对象)

指定第二个打断点或［第一点（F)]：f↙［选择“第一点（F）”选项，重新选择打断的第一点；或者以上步选择对象时单击的位置作为第一个打断点，在这步直接指定第二个打断点，但在选择对象时无法精确控制打断位置，所以常利用“第一点（F）”选项重新指定打断点]

指定第一个打断点：<打开对象捕捉>（捕捉第一个打断点 *A*)

指定第二个打断点：(捕捉第一个打断点 *B*)

5.1.8 合并和分解

1. 合并

合并相似的对象以形成完整的对象，在其公共端点处合并一系列有限的线性和开放的弯曲对象，以创建单个二维或三维对象，如图 5-13（a）和（b）所示，*A* 段线和 *B* 段线为打断的两条线，利用合并命令可以将其合并成一条线。

启动“合并”命令的方法有以下几种。

- 单击菜单栏的“修改”→“合并”命令。
- 切换到“默认”选项卡，展开“修改”面板，单击“合并”按钮。
- 在命令行中输入“join”，单击 Enter 键或空格键。

使用“合并”命令时需要注意：

(1) 直线必须是顺延的，如果两条直线不在同一水平上，是不能合并的。

(2) 同一水平线上的，分开的两条直线，是可以合并的。

(3) 如果是多段线，即使在同一水平线上，是不可合并的。

(4) 如果是圆弧，本来可以合成一个圆的，是可以合并的。

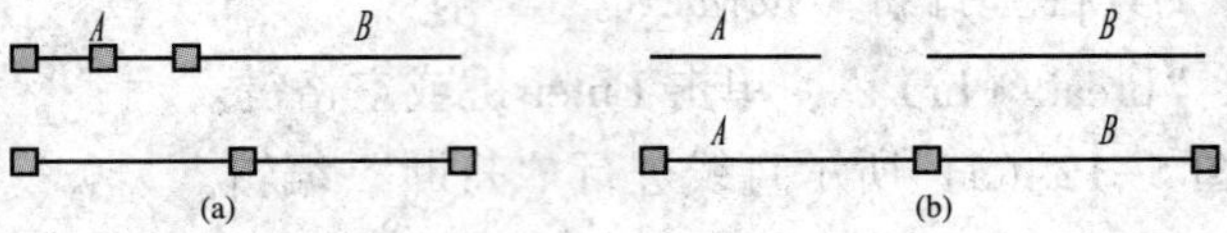

图 5-13 “合并”命令

2. 分解（EXPLODE）

将复合的对象分解为其部件对象。在希望单独修改复合对象的部件时，可分解复合对象。可以分解的对象包括块、多段线及面域等。如图 5-14（a）所示为用矩形命令绘制的矩形，点选方式选择对象，四条线是一个整体，启动分解命令后，得到图 5-14（b），已经分解成四个单独的线段，可以单独进行编辑等操作，操作过程如下。

命令：(调用分解命令)

选择对象：找到 1 个 [选择图 5-14（a）]

选择对象：[单击鼠标右键确认，单击某条边可以看出，四条线分解成单个线条，如图 5-14（b）所示]

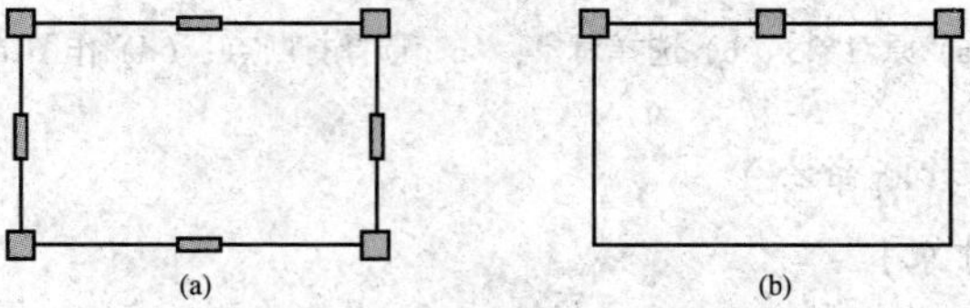

图 5-14 “分解”命令

5.1.9 复制

复制对象就是将所选对象复制一个出来。复制对象与移动对象的不同在于复制对象后，原先位置的对象仍然存在。

启动“复制”命令的方法有以下几种。

- 单击菜单栏的“修改”→“复制”命令。
- 切换到“默认”选项卡，在“修改”面板上单击“复制”按钮。
- 单击“修改”工具栏“复制”按钮。
- 在命令行输入“copy（cp/co）”，单击 Enter 键或空格键。

【例 5-13】 完成图 5-15 使用“复制”命令编辑图形的一个实例。

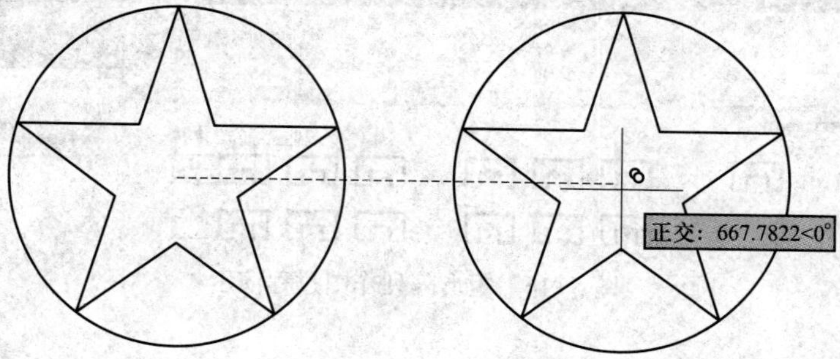

(a)　　(b)

图5-15　复制对象

(a) 原对象；(b) 复制后的对象

命令：(调用复制命令)

选择对象：指定对角点：找到16个（选择图形对象）

选择对象：↙

当前设置：　复制模式=多个

指定基点或［位移（D)/模式（O)］<位移>：(拾取圆心点)

指定第二个点或［阵列（A)］<使用第一个点作为位移>：<正交开>［可以拾取图中任意一点，将在该点复制所选对象，结果如图5-15（b）所示］

指定第二个点或［阵列（A)/退出（E)/放弃（U)］<退出>：↙

在指定第二点时，可以精确确定复制图形所在位置，如通过对象捕捉方式指定第二个点，或者输入与指定的“基点”的相对坐标指定第二个点，或者利用方向加距离，即用光标给出方向，输入距离，图形将沿着这个方向按指定距离复制对象。

5.1.10　阵列

使用该命令可以创建按指定方式排列的多个对象副本。使用“矩形阵列”选项，创建由选定对象副本的行和列数所定义的阵列。使用“环形阵列”选项，通过围绕阵列中心复制选定对象来创建阵列。在创建多个指定间距的对象时，阵列的方法比复制要快得多。

启动“阵列”命令的方法有以下几种。

● 单击菜单栏的“修改”→“阵列”→“矩形阵列”（或“环形阵列”“路径阵列”）命令。

● 切换到“默认”选项卡，在“修改”面板上单击“阵列”按钮的下拉箭头，在下拉列表中单击“矩形阵列”（或“环形阵列”“路径阵列”）按钮。

● 在“修改”工具栏上的“矩形阵列”按钮上按住鼠标左键，弹出下拉列表，滑动到“矩形阵列”（或“环形阵列”“路径阵列”）按钮上松手，即调用了相应的阵列命令。

● 在命令行输入“array（ar）”，单击Enter键或空格键。

1. 矩形阵列

矩形阵列是系统默认的阵列方式，可以实现按多行、多列的阵列。

【例5-14】 图5-16为用矩形阵列编辑图形的实例。

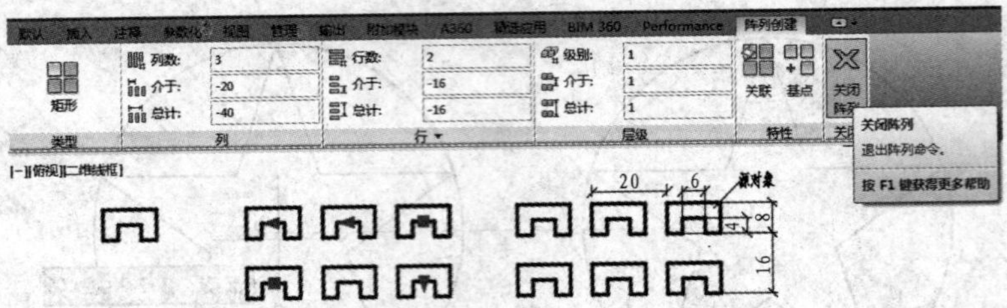

图 5-16　矩形阵列作图过程演示

命令：(调用矩形阵列命令)

选择对象：指定对角点：找到 8 个［选择源对象并单击 Enter 键，系统将打开“阵列创建”选项卡，如图 5-16 所示］

选择对象：↙

类型＝矩形　关联＝否

选择夹点以编辑阵列或［关联（AS)/基点（B)/计数（COU)/间距（S)/列数(COL)/行数（R)/层数（L)/退出（X)］<退出>：(在“列”面板中，列数输入 3，介于输入-20；在“行”面板中，行数输入 2，介于输入-16，过程如图 5-16 所示，单击“关闭矩阵”按钮，完成操作)

2. 环形阵列

环形阵列是指复制多个图形，并按照指定中心进行环形排列。

【例 5-15】 图 5-17 为环形阵列编辑图形的实例。

命令：(调用环形阵列)

选择对象：指定对角点：找到 8 个［选择阵列对象，如图 5-17（a）所示］

选择对象：↙

类型＝极轴　关联＝否

指定阵列的中心点或［基点（B)/旋转轴（A)］：<打开对象捕捉>［捕捉圆形圆心为阵列中心，此时，系统会同时打开“阵列创建”选项卡，如图 5-17（c）所示］

选择夹点以编辑阵列或［关联（AS)/基点（B)/项目（I)/项目间角度（A)/填充角度(F)/行（ROW)/层（L)/旋转项目（ROT)/退出（X)］<退出>：［在“项目”面板上，输入项目数为 4，填充角为 180，结果如图 5-17（d）所示。如果输入-180，图形对象将绕着阵列中心点顺时针旋转］

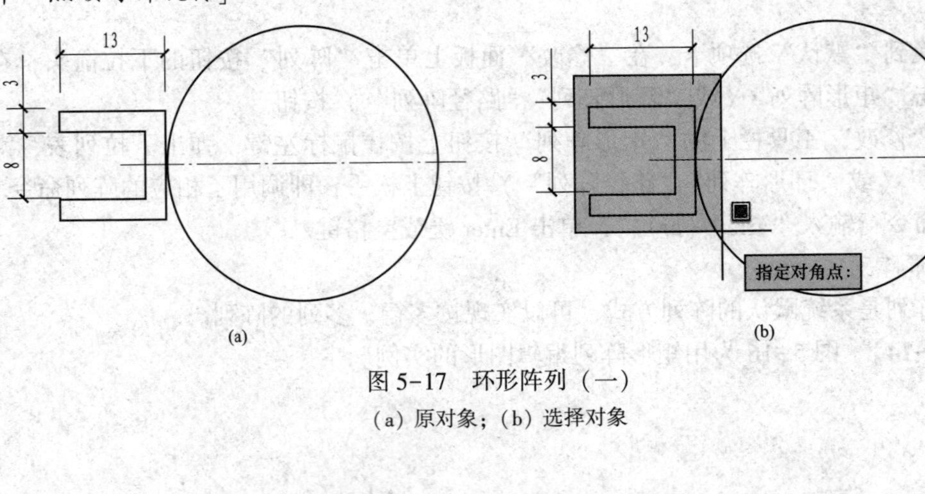

图 5-17　环形阵列（一）

(a) 原对象；(b) 选择对象

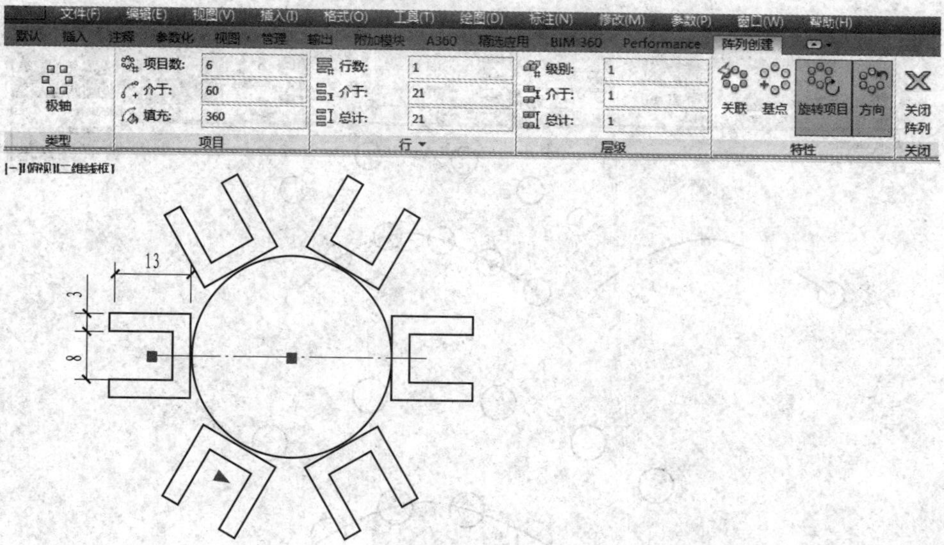

(c)

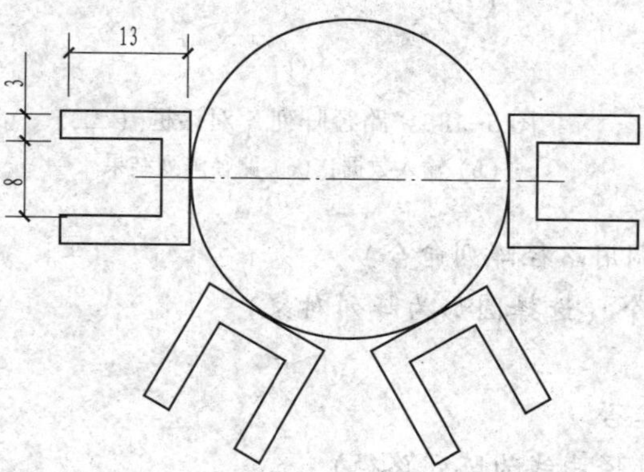

(d)

图 5-17 环形阵列（二）

（c）选择阵列中心点；（d）阵列结果

3. 路径阵列

路径阵列是沿整个路径或部分路径平均分布对象副本。路径可以是直线、多段线、三维多段线、样条曲线、螺旋、圆弧、圆或椭圆等。

【例 5-16】 图 5-18 为路径阵列编辑图形的实例。

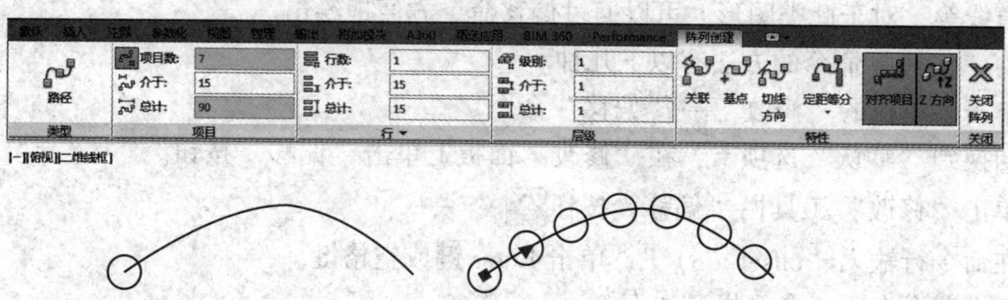

(a)

图 5-18 “路径阵列”对话框（一）

（a）选择源对象和路径

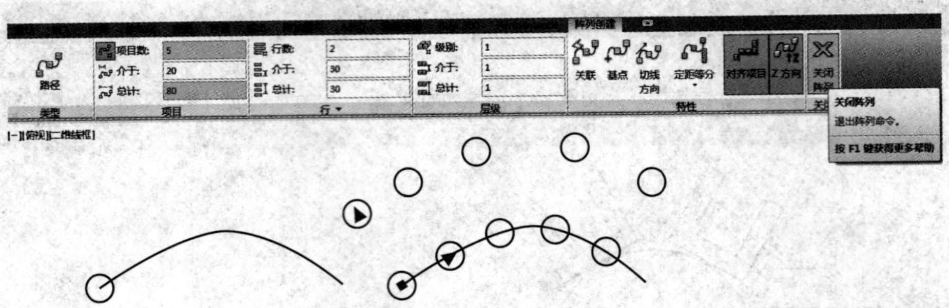

(b)

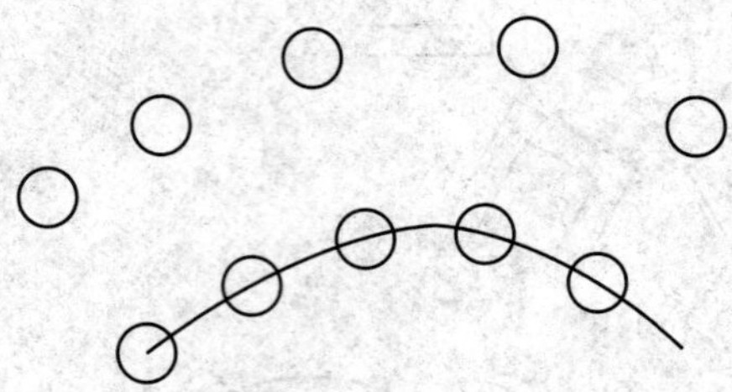

(c)

图 5-18 “路径阵列”对话框（二）

（b）输入数据；（c）路径阵列结果

命令：arraypath（调用路径阵列命令）

选择对象：找到 1 个（选择圆形为阵列对象）

选择对象：↙

类型＝路径　关联＝否

选择路径曲线：(选择曲线为阵列路径)

选择夹点以编辑阵列或［关联（AS)/方法（M)/基点（B)/切向（T)/项目（I)/行(R)/层（L)/对齐项目（A)/z 方向（Z)/退出（X)］<退出>：［在“阵列创建”选项卡的“项目”面板和“行”面板中分别输入如图 5-18（b）所示的数据，单击“关闭阵列”按钮，结果如图 5-18（c）所示］

5.1.11 偏移

偏移命令可以绘制平行线、同心圆或圆弧等。

在建筑工程制图中，经常需要绘制间距相等、形状相似的图形，如操场跑道、人行横道、坡道线等，对于此类图形，可以通过偏移命令方便地绘出。

启动“偏移”命令的方法有以下几种。

- 单击菜单栏的“修改”→“偏移”命令。
- 切换到“默认”选项卡，在“修改”面板上单击“偏移”按钮。
- 单击“修改”工具栏“偏移”按钮。
- 在命令行输入“offset（o）”，单击 Enter 键或空格键。

执行上述命令后，命令提示如下。

命令：offset（调用偏移命令）

当前设置：删除源＝否　图层＝源　OFFSETGAPTYPE＝0

指定偏移距离或［通过（T)/删除（E)/图层（L)］<通过>： 20↙（输入偏移距离）

选择要偏移的对象，或［退出（E)/放弃（U)］<退出>：(选择偏移对象)

指定要偏移的那一侧上的点，或［退出（E)/多个（M)/放弃（U)］<退出>：(指定对象的偏移方向)

选择要偏移的对象，或［退出（E)/放弃（U)］<退出>：(单击 Enter 键或空格键结束命令。或者继续选择偏移对象，并按命令行提示指定偏移方向，系统将按照 20 的距离继续进行图形的偏移。如果想改变偏移距离，需要退出本次命令，再次调用偏移命令，即可重新输入偏移距离，按照新的距离值进行偏移)

5.1.12 镜像

图形绘制过程中经常会需要对称图形。AutoCAD 2016 为用户提供了精确、方便绘制对称图形的方法。在默认情况下，镜像文字、属性及属性定义时，它们在镜像对象中不会反转或倒置，文字的对齐和对正方式在镜像对象中不会发生变化。

启动“镜像”命令的方法有以下几种。

- 单击菜单栏的“修改”→“镜像”命令。
- 切换到“默认”选项卡，在“修改”面板上单击“镜像”按钮。
- 单击“修改”工具栏“镜像”按钮。
- 在命令行输入“mirror（mi）”，单击 Enter 键或空格键。

【例 5-17】 使用“镜像”命令编辑图 5-19（a)。

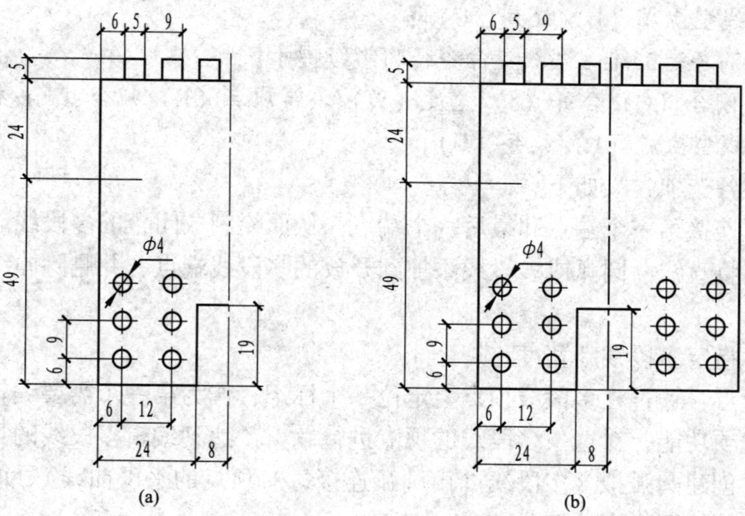

图 5-19 镜像对象

(a) 原对象；(b) 镜像后的对象

命令：(调用镜像命令)

选择对象：指定对角点：找到 34 个（选择源对象)

选择对象：找到 1 个，删除 1 个，总计 33 个（可以继续选择源对象，直到选择完毕)

选择对象：↙

指定镜像线的第一点：(指定镜像前后图形的对称线上的第一点，这里选择整个图形对称线，即图中点画线的一端即可)

指定镜像线的第二点：(指定镜像前后图形的对称线上的第二点，这里选择整个图形对称线，即图中点画线的另一端即可)

要删除源对象吗？［是（Y)/否（N)］<否>：↙（不删除源对象）

5.2　多段线的编辑

在 AutoCAD 中，可以通过“编辑多段线”命令来编辑二维多段线。

启动“编辑多段线”命令的方法有以下几种。

- 单击菜单栏的“修改”→“编辑多段线”命令。
- 切换到“默认”选项卡，在“修改”面板上单击“编辑多段线”按钮。
- 单击“修改”工具栏“编辑多段线”按钮。
- 在命令行输入“Pedit”，单击 Enter 键或空格键。

执行上述命令后，命令行提示如下。

命令：(调用编辑多段线命令)

选择多段线或［多条（M)］：(选择对象)

如果选择的对象是直线或圆弧，命令行将提示：

是否将其转换为多段线？<Y>：↙

输入选项［闭合（C)/合并（J)/宽度（W)/编辑顶点（E)/拟合（F)/样条曲线（S)/非曲线化（D)/线型生成（L)/放弃（U)］：

如果选择的对象是二维多段线，命令行将继续提示：

输入选项［闭合（C)/合并（J)/宽度（W)/编辑顶点（E)/拟合（F)/样条曲线（S)/非曲线化（D)/线型生成（L)/放弃（U)］：

以上提示中各选项含义如下。

(1) 闭合：连接第一个端点和最后一个端点，从而绘制成闭合的多段线。

(2) 合并：将直线、圆弧或多段线添加到开放的多段线端点，并删除曲线拟合多段线的曲线拟合。

(3) 宽度：指定多段线新宽度。

(4) 编辑顶点：通过在多段线顶点上定位一个标记，作为第一个需要编辑的顶点，然后根据命令行的选项功能，对这条多段线的顶点进行编辑，达到编辑多段线的目的。

(5) 拟合：创建圆弧拟合多段线（由圆弧连接每对顶点的平滑曲线)。该曲线通过多段线的所有顶点，并使用指定的切线方向。

(6) 样条曲线：使用选定多段线的顶点作为曲线控制点或控制框架。该曲线（称为样条曲线拟合多段线）将通过第一个和最后一个控制点，除非原多段线是闭合的。曲线将会被拉向其他控制点但并不一定通过它们。

(7) 非曲线化：删除拟合曲线或样条曲线插入的多余顶点，并拉直多段线的所有线段，如图 5-20 所示。

(8) 线型生成：该选项用于生成连续线型通过多段线的顶点。关闭此选项，将在每个顶点处以点画线开始和结束生成线型。该选项不能用于带变宽线段的多段线。

(9) 放弃：撤销操作，连续执行可一直返回到初始状态。

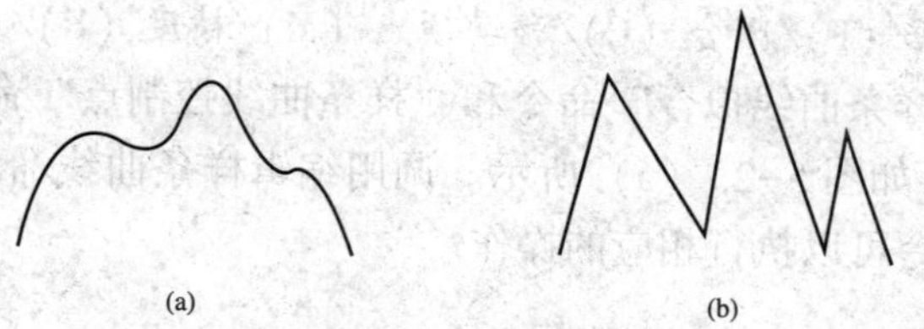

图 5-20　选项示例

（a）编辑前的多段线；（b）编辑后的多段线

5.3　多线的编辑

编辑多线命令主要是通过删除或添加顶点，以及控制角点接头显示来编辑多线样式。

启动“编辑多线”命令的方法有以下几种。

- 单击菜单栏的“修改”→“对象”→“多线”命令。
- 在命令行输入“Mledit”，单击 Enter 键或空格键。

执行上述命令后，打开“多线编辑工具”对话框，如图 5-21 所示。

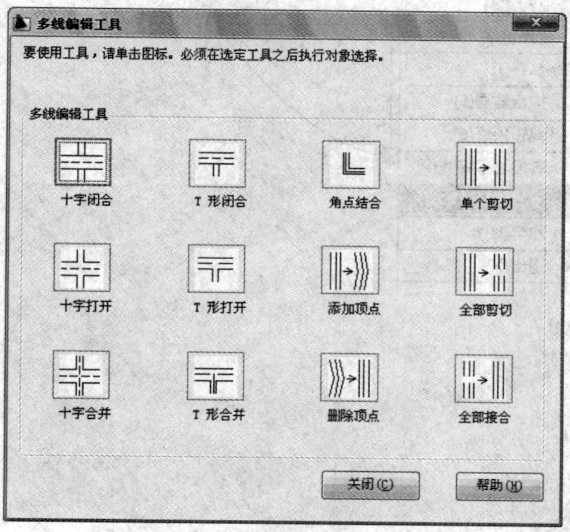

图 5-21　“多线编辑工具”对话框

在“多线编辑工具”对话框中，第一列处理十字交叉的多线；第二列处理 T 形相交的直线；第三列处理交点结合和顶点；第四列处理多线的剪切或接合，如图 5-22 所示。

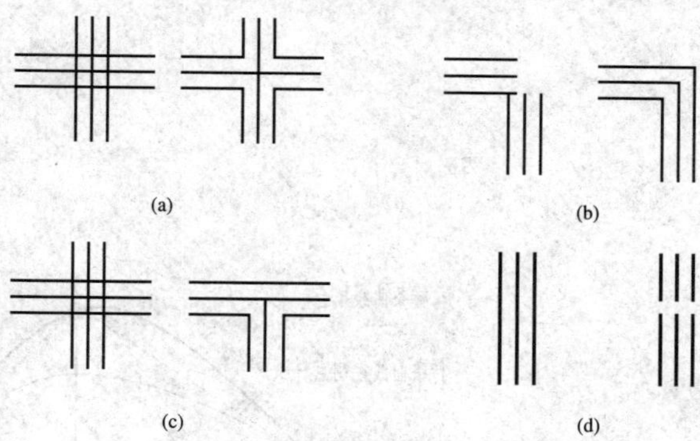

图 5-22　编辑多线示例

（a）十字合并；（b）角点结合；（c）T 形合并；（d）全部剪切

5.4　样条曲线的编辑

启动“样条曲线编辑”命令的方法有以下几种。

- 单击菜单栏的“修改”→“对象”→“样条曲线”命令。
- 切换到“默认”选项卡，展开“修改”面板，单击“编辑样条曲线”按钮。
- 在命令行输入“SPLINEDIT”，单击 Enter 键或空格键。

样条曲线编辑命令是一个单对象编辑命令，一次只能编辑一条样条曲线对象。执行该命令并选择需要编辑的样条曲线后，在曲线周围将显示控制点，同时命令行显示如下提示信息。

输入选项［拟合数据（F）/闭合（C）/移动顶点（M）/精度（R）/反转（E）/放弃（U）］:

例如，分别调用“样条曲线拟合”命令和“样条曲线控制点”命令通过捕捉 A、B、C、D、E 点绘制样条曲线，如图 5-23（a）所示。调用编辑样条曲线命令后，选择样条曲线对象，单击下拉菜单中命令可以执行相应的操作。

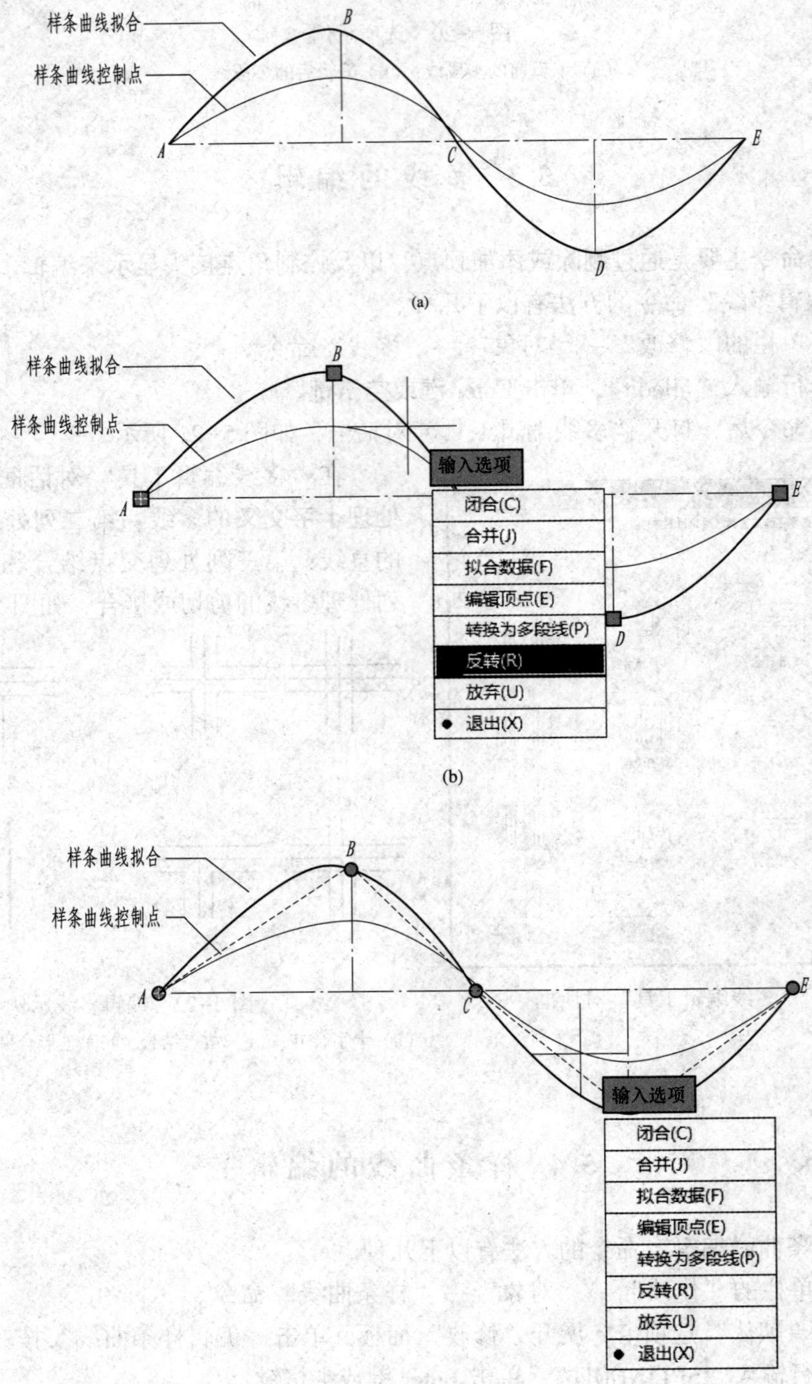

图 5-23 编辑样条曲线

（a）原图；（b）编辑样条曲线 C 点；（c）编辑样条曲线 D 点

5.5 使用夹点编辑功能

如果在未启动任何命令的情况下，选择要编辑的实体目标，那么被选择的图形实体上将出现若干个带颜色的小方框。这些小方框是图形的特征点，称为夹点。夹点有两种状态：热态和冷态。热态是指被激活的呈高亮度颜色显示的夹点，在这种情况下，用户可以执行复制、移动、旋转、拉伸和缩放5种夹点的编辑功能。冷态是指未被激活的夹点。冷夹点与热夹点通过单击实体对应的点来转换。冷、热夹点的区别在于颜色的不同，冷夹点默认颜色是蓝色，而热夹点默认颜色是红色。

当所选择的实体目标处于热夹点状态时，AutoCAD允许用户通过以下方法来执行拉伸、移动、旋转、缩放和镜像等操作。

夹点编辑执行上列五个操作的方法，可在热夹点情况下用以下三种方法执行：直接回车、直接按空格键或输入各种命令的前两个字母，如ST、MO、RO、SC和MI。

注意：直接↙或空格键，将依次显示五种操作，直至用户选择某一编辑命令为止。

(1) 当用户选择拉伸操作时，AutoCAD在命令行给出如下操作提示。

指定拉伸点或［基点（B）/复制（C）/放弃（U）/退出（X）］：

以上各选项的含义说明如下。

1）拉伸点：确定基点拉伸后的新位置。用户可以直接用鼠标拖动或通过输入新点的坐标来确定其拉伸位置。

2）基点（B）：确定新基点。该选项允许用户确定新的基点，而不是以原来所指定的热夹点作为基点。选择该选项后，AutoCAD给出如下提示。

指定基点：

指定拉伸点或［基点（B）/复制（C）/放弃（U）/退出（X）］：

3）复制（C）：允许进行多次复制操作。如果该带热夹点的实体不能被拉伸，AutoCAD将进行原样平移复制，即实体大小不变，但位置已改变。如果该实体可被拉伸，AutoCAD将进行拉伸复制。

4）放弃（U）：取消上次的基点操作或复制操作。

5）退出（X）：退出拉伸操作。

(2) 当用户选择移动操作时，AutoCAD在命令行给出如下操作提示。

指定移动点或［基点（B）/复制（C）/放弃（U）/退出（X）］：

以上各选项的含义说明如下。

1）移动点：确定移动终点。用户可直接拖动十字光标或通过输入终点的坐标确定移动夹点的目的位置。

2）基点（B）：确定新基点。选择该选项，AutoCAD允许用户指定任意点或别的冷夹点作为新的移动基点。

3）复制（C）：多次拷贝实体。

4）放弃（U）：取消上次的基点操作或复制操作。

5）退出（X）：退出移动操作。

(3) 当用户选择旋转操作时，AutoCAD 在命令行给出如下操作提示。

指定旋转角度或 [基点 (B)/复制 (C)/放弃 (U)/参照 (R)/退出 (X)]:

以上各选项的含义如下。

1) 旋转角度：确定旋转角度。在此提示下，用户直接输入要旋转的角度值，也可采用拖动方式确定相对旋转角，然后将所选择的实体目标以热夹点为基点旋转相应的角度。

2) 基点 (B)：确定新基点。选择该选项，AutoCAD 允许用户指定任意点或别的冷夹点作为新的旋转基点。

3) 复制 (C)：允许用户进行多次旋转拷贝实体。

4) 放弃 (U)：取消上次的基点操作或复制操作。

5) 参照 (R)：确定相对参考角度。该选项允许用户输入一个具体的角度作为参考，也可选择某一实体上的两点，旋转所选择的实体，使其与参考实体相平齐。

6) 退出 (X)：退出旋转操作。

(4) 当用户选择缩放操作时，AutoCAD 在命令行给出如下操作提示。

指定比例因子或 [基点 (B)/复制 (C)/放弃 (U)/参照 (R)/退出 (X)]:

以上各选项的含义如下。

1) 比例因子：输入比例缩放系数。在此提示下，用户可直接输入一个具体的比例系数值，也可通过拖动方式给出相应的比例系数。

2) 基点 (B)：确定新的比例缩放基点。用户指定任意点或别的冷夹点作为新的缩放基点。

3) 复制 (C)：允许用户进行多次缩放拷贝实体。

4) 放弃 (U)：取消上次的基点操作或复制操作。

5) 退出 (X)：退出缩放操作。

(5) 当用户选择镜像操作时，AutoCAD 在命令行给出如下操作提示。

指定第二点或 [基点 (B)/复制 (C)/放弃 (U)/退出 (X)]:

以上各选项的含义如下。

1) 第二点：确定镜像线另一端点。AutoCAD 将热夹点作为镜像第一端点。用户可直接输入点的坐标或以十字光标来确定镜像线第二端点。AutoCAD 将以这两端点所确定的直线为镜像线，镜像所选择的实体目标。

2) 基点 (B)：确定新的第一端点。用户可用其他任意冷夹点或别的点作为新镜像线上的第一端点。

3) 复制 (C)：允许用户进行镜像复制实体目标。

4) 放弃 (U)：取消上次的基点操作或复制操作。

5) 退出 (X)：退出镜像操作。

5.6 上机练习

练习 5-1 如图 5-24 所示，旋转复制图形。

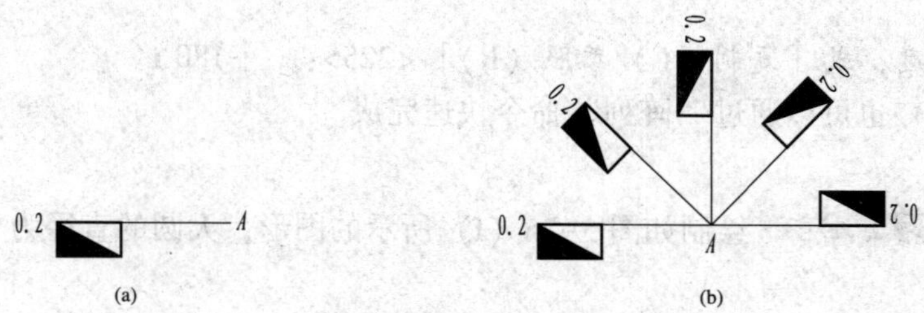

图 5-24 旋转复制图形

命令：(调用旋转命令)

UCS 当前的正角方向： ANGDIR＝逆时针 ANGBASE＝0

选择对象：找到 7 个［框选图 5-24 (a) 作为被旋转对象］

选择对象：

指定基点：(选择线段的端点 A)

指定旋转角度，或［复制 (C)/参照 (R)］<180>： c↙ (旋转的同时需要复制选定对象)

指定旋转角度，或［复制 (C)/参照 (R)］<180>： −45↙ (输入旋转角度，顺时针旋转为负)

命令：(调用旋转命令)

UCS 当前的正角方向： ANGDIR＝逆时针 ANGBASE＝0

选择对象：指定对角点：找到 7 个［框选图 5-24 (a) 作为被旋转对象］

选择对象：

指定基点：(选择线段的端点 A)

指定旋转角度，或［复制 (C)/参照 (R)］<315>： c↙ (旋转的同时需要复制选定对象)

指定旋转角度，或［复制 (C)/参照 (R)］<315>： −90↙

命令：(调用旋转命令)

UCS 当前的正角方向： ANGDIR＝逆时针 ANGBASE＝0

选择对象：指定对角点：找到 7 个［框选图 5-24 (a) 作为被旋转对象］

选择对象：

指定基点：(选择线段的端点 A)

指定旋转角度，或［复制 (C)/参照 (R)］<270>： c↙ (旋转的同时需要复制选定对象)

指定旋转角度，或［复制 (C)/参照 (R)］<270>： −135↙

命令：(调用旋转命令)

UCS 当前的正角方向： ANGDIR＝逆时针 ANGBASE＝0

选择对象：指定对角点：找到 7 个［框选图 5-24 (a) 作为被旋转对象］

选择对象：

指定基点：(选择线段的端点 A)

指定旋转角度，或［复制 (C)/参照 (R)］<225>： c↙ (旋转的同时需要复制选定

对象）

指定旋转角度，或［复制（C）/参照（R）］<225>： -180↙

图 5-24（b）也可以通过“阵列”命令快速完成。

练习 5-2 绘制如图 5-25（f）所示的图形，大圆的直径为 70mm。

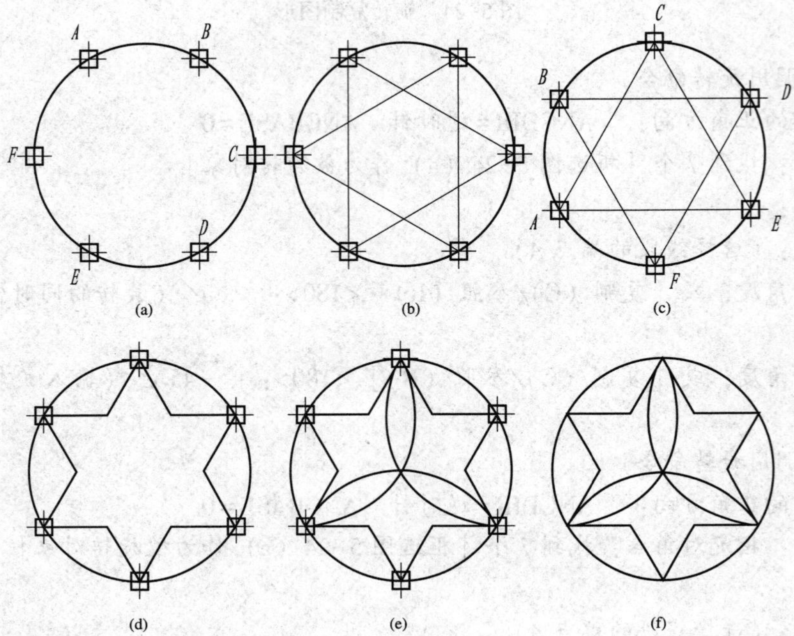

图 5-25 图形练习

命令：（调用圆命令）

指定圆的圆心或［三点（3P）/两点（2P）/切点、切点、半径（T）］：（在绘图区指定圆心）

指定圆的半径或［直径（D）］：d↙（调用直径选项）

指定圆的直径：70↙（输入直径 70，完成圆的绘制）

命令：（设置点样式，并调用定数等分命令）

选择要定数等分的对象：（选择已有圆）

输入线段数目或［块（B）］：6↙（等分数目为 6）

命令：（调用绘制直线命令）

指定第一个点：（选择圆上的 *A* 点）

指定下一点或［放弃（U）］：（选择 *C* 点）

指定下一点或［放弃（U）］：（选择 *E* 点）

指定下一点或［闭合（C）/放弃（U）］：（选择 *A* 点）

命令：（调用绘制直线命令）

指定第一个点：（选择圆上的 *F* 点）

指定下一点或［放弃（U）］：（选择 *B* 点）

指定下一点或［放弃（U）］：（选择 *D* 点）

指定下一点或［闭合（C）/放弃（U）］：［选择 *F* 点，作图结果如图 5-25（b）所示］

命令：（调用旋转命令）

UCS 当前的正角方向：　ANGDIR＝逆时针　ANGBASE＝0

选择对象：指定对角点：找到 13 个［框选图 5-25（b）］

指定基点：（选择圆心作为基点）

指定旋转角度，或［复制（C）/参照（R）］<270>：　-90［逆时针旋转为负，结果如图 5-25（c）所示］

命令：（调用修剪命令）

当前设置：投影＝UCS，边＝无

选择剪切边...

选择对象或<全部选择>：　指定对角点：找到 13 个（框选全部图形）

选择对象：↙

选择要修剪的对象，或按住 Shift 键选择要延伸的对象，或

［栏选（F）/窗交（C）/投影（P）/边（E）/删除（R）/放弃（U）］：［选择减掉的图形部分，结果如图 5-25（d）所示］

命令：（调用三点绘制圆弧命令）

指定圆弧的起点或［圆心（C）］：（指定起点 *E*）

指定圆弧的第二个点或［圆心（C）/端点（E）］：（指定圆心为第二点）

指定圆弧的端点：（指定点 *C*，注意系统会逆时针绘制圆弧）

用此方法依次绘制其他三条圆弧，结果如图 5-25（e）所示。

命令：_erase

选择对象：［删除所有的等分点，或者设置点的样式为“。”，结果如图 5-25（f）所示］

练习 5-3　绘制如图 5-26 所示的图形，大圆的直径为 60，线段 *BC* 长度为 70，线段 *DE* 长度为 13。

命令：（调用圆命令）

指定圆的圆心或［三点（3P）/两点（2P）/切点、切点、半径（T）］：（在绘图区指定圆心点 *A*）

指定圆的半径或［直径（D）］：d↙

指定圆的直径：60↙

命令：（调用直线命令）

指定第一个点：（选择 *A* 点）

指定下一点或［放弃（U）］：　<正交开>35↙（方向为 *A* 点上方）

指定下一点或［放弃（U）］：（确定 *B* 点）

命令：↙

＊＊拉伸＊＊（选择 *A* 点）

指定拉伸点或［基点（B）/复制（C）/放弃（U）/退出（X）］：35↙［确定 *C* 点，作图

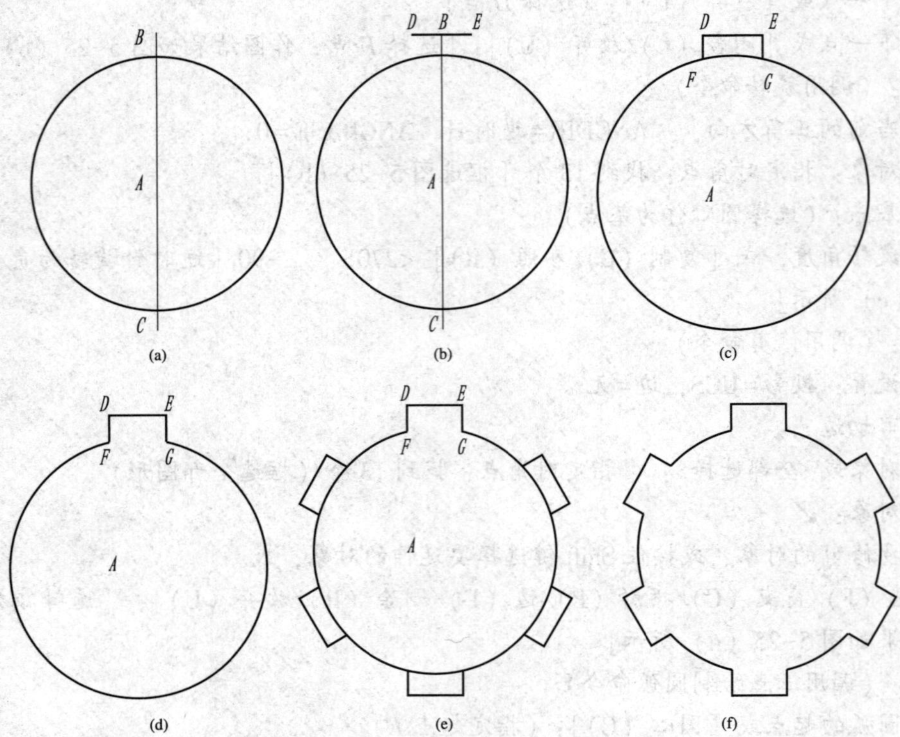

图 5-26 图形练习

结果如图 5-26（a）所示]

命令：(调用直线命令)

指定第一个点：(选择 *B* 点)

指定下一点或［放弃（U）］：6.5↙（选择 *B* 点的左方向）

指定下一点或［放弃（U）］：(确定 *D* 点)

命令：↙

＊＊拉伸＊＊（选择 *B* 点）

指定拉伸点或［基点（B）/复制（C）/放弃（U）/退出（X）］：6.5↙［确定 *E* 点，作图结果如图 5-26（b）所示］

命令：(调用直线命令)

指定第一个点：(选择 *D* 点)

指定下一点或［放弃（U）］：(*D* 点与圆相交的垂点 *F*)

指定下一点或［放弃（U）］：↙

命令：(调用直线命令)

指定第一个点：(选择 *E* 点)

指定下一点或［放弃（U）］：(*E* 点与圆相交的垂点 *G*)

指定下一点或［放弃（U）］：↙

命令：(调用删除命令)

选择对象：找到 1 个（选择长为 70 的线段删除）

命令：(调用修建命令)

当前设置：投影=UCS，边=无

选择剪切边...

选择对象或<全部选择>： 指定对角点：找到5个［框选图5-26（c)］

选择对象：↙

选择要修剪的对象，或按住Shift键选择要延伸的对象，或［栏选（F)/窗交（C)/投影(P)/边（E)/删除（R)/放弃（U)］：［选择减掉的图形部分，结果如图5-26（d）所示］

选择要修剪的对象，或按住Shift键选择要延伸的对象，或［栏选（F)/窗交（C)/投影(P)/边（E)/删除（R)/放弃（U)］：↙

命令：arraypolar（环形阵列）

选择对象：指定对角点：找到4个（框选修剪完的图形）

选择对象：↙

类型=极轴 关联=是

指定阵列的中心点或［基点（B)/旋转轴（A)］：(选择圆心 A)

选择夹点以编辑阵列或［关联（AS)/基点（B)/项目（I)/项目间角度（A)/填充角度(F)/行（ROW)/层（L)/旋转项目（ROT)/退出（X)］<退出>：↙［作图结果如图5-26(e）所示］

命令：trim↙

当前设置：投影=UCS，边=无

选择剪切边...

选择对象或<全部选择>： 指定对角点：找到25个（框选所有图形）

选择对象：↙

选择要修剪的对象，或按住Shift键选择要延伸的对象，或［栏选（F)/窗交（C)/投影(P)/边（E)/删除（R)/放弃（U)］：(选择减掉的图形部分)

选择要修剪的对象，或按住Shift键选择要延伸的对象，或［栏选（F)/窗交（C)/投影(P)/边（E)/删除（R)/放弃（U)］：↙

图块

第6章 图　　块

学习内容

掌握如何创建块、创建带属性的块、插入块和编辑图块的方法，熟悉动态块的制作、调用和编辑。

6.1 创　建　块

块是由多个图形、文字等对象构成的一个整体，使用图块可以增加绘图准确性、提高绘图速度。在使用块之前，必须要先创建块。

AutoCAD 中的块分为内部块和外部块两种，内部块在当前图形中创建、使用；外部块是在当前文件中通过“写块”命令创建一个独立的图形文件，可以将它插入到其他图形文件中。所有“. dwg”图形文件都可以视为外部块插入到其他图形文件中，不同的是，使用“写块”创建的外部块文件的插入基点是用户设置好的，而其他图形文件的插入基点是坐标原点。

6.1.1　创建内部块

内部块保存在当前文件中，只能在当前图形中使用。新建内部块的方法有以下几种。

- 单击菜单栏的“绘图”→“块”→“创建”命令。
- 切换到“默认”选项卡，在“块”面板上单击“创建”按钮。
- 切换到“插入”选项卡，在“块定义”面板上单击“创建块”按钮。
- 在命令行中输入 Block（b）命令，按回车键或空格键。

执行上述命令后，弹出“块定义”对话框，如图 6-1 所示。

在“块定义”对话框中，各选项的含义如下。

（1）名称：输入要创建的内部块的名称。

（2）基点：设置块的插入基点。单击“拾取点”按钮或勾选“在屏幕上指定”，在绘图区选取一点作为图块基点。一般不在 X、Y、Z 的输入框中直接输入 X、Y、Z 的坐标值。

（3）对象：单击“选择对象”按钮或勾选“在屏幕上指定”可以在绘图区中选取组成块的对象，选择完毕，在对话框中显示选中对象的总和。“保留”创建块后，保留图形中构成块的对象；“转换为块”创建后，同时将图形中被选择的对象转化为块；“删除”删除所选取的实体图形。

（4）方式：勾选“按统一比例缩放”组成块的对象可以按比例统一进行缩放。勾选“允许分解”允许组成块的对象被分解。

（5）设置：当使用设计中心将块拖放到图形中时，可以指定块的缩放单位。

（6）说明：输入图块的说明文字。

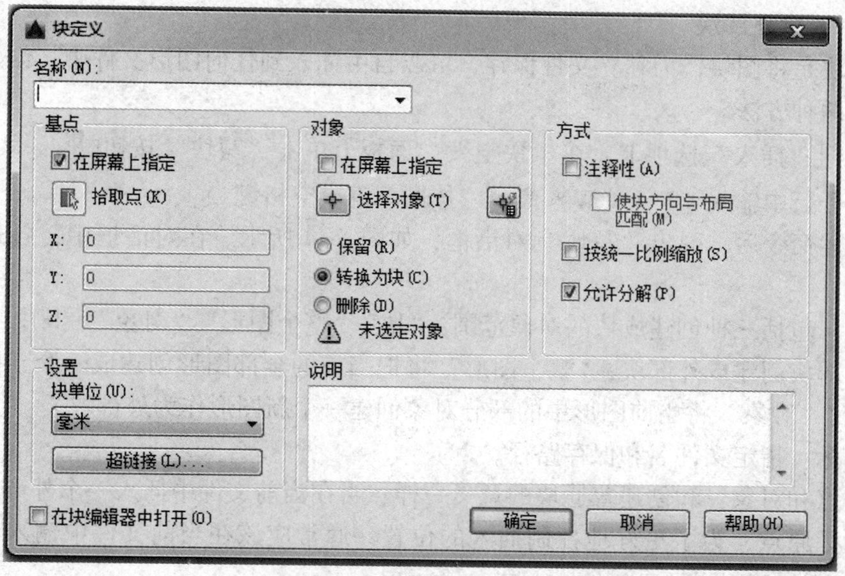

图 6-1　“块定义”对话框

【例 6-1】 将图 6-2（a）创建成图块。

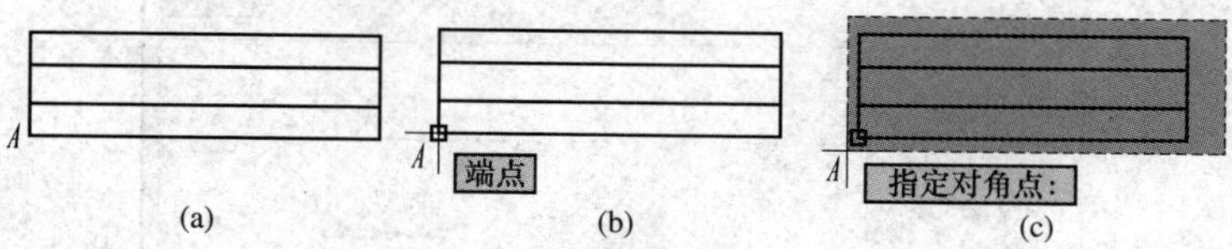

图 6-2　创建图块

命令：(调用创建块命令)

在弹出的“块定义”对话框中，输入块名称“C-1、2”；勾选基点“在屏幕上指定”、对象“在屏幕上指定”、选择“保留”，勾选“按统一比例缩放”和“允许分解”，如图 6-3 所示，单击确定。

指定插入基点：(在绘图区对象捕捉 *A* 点为块插入基准点)

选择对象：指定对角点：找到 3 个（选择整个图形，回车确认，块创建完毕）

选择对象：↙

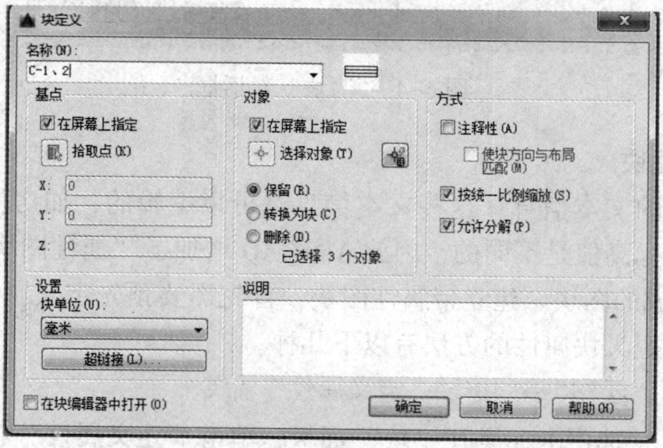

图 6-3　“块定义”对话框

6.1.2 创建外部块

外部图块是将图块作为独立文件保存，可以自由插入到任何图形文件中。创建外部块的方法有以下两种方法。

- 切换到“插入”选项卡，在“块定义”面板上单击“写块”按钮。
- 在命令行中输入 Wlock（W）命令，按回车键或空格键。

执行上述命令后，弹出“写块”对话框，如图 6-4 所示。在对话框中，各选项的含义如下。

（1）源：包括三种创建成块的对象范围：“块”“整个图形”“对象”。其中“块”表示选择已有内部块创建成外部块；“整个图形”将把当前的全部图形创建成一个新的图形文件作为外部块；“对象”将当前图形中的部分对象创建一个新图形作为外部块。

（2）目标：指定文件名和保存路径。

（3）基点和对象：和创建普通块的意义一样。当在当前文件中插入一个外部块时，插入点默认为坐标原点，为了更好地控制插入的位置，通常应该在当前文件中输入“Base”命令或块面板上的按钮设置新的插入基点。

输入基点：(在该提示下确定新基点即可)。

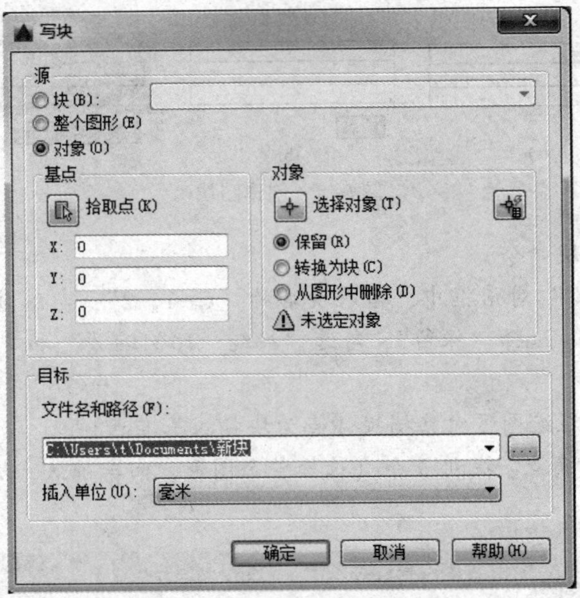

图 6-4 “写块”对话框

6.1.3 创建属性块

属性是从属于块的文本信息，这些文本信息是可以编辑的，如房屋施工图中的标高注写，注写过程中只有标高值是不同的，因此 AutoCAD 增加了“属性图块”，即“不变的图形+可变的文字”所组成的图块。建立带属性图块，首先需要预先定义属性，再将其与图形对象一起创建成图块。定义块属性的方法有以下几种。

- 单击菜单栏的“绘图”→“块”→“定义属性”命令。
- 切换到“默认”选项卡，展开“块”面板，单击“定义属性”按钮。

● 切换到“插入”选项卡，在“块定义”面板上单击“定义属性”按钮。
● 在命令行中输入 Attdef（Att）命令，按回车键或空格键。

执行上述命令后，弹出“属性定义”对话框，如图 6-5 所示。

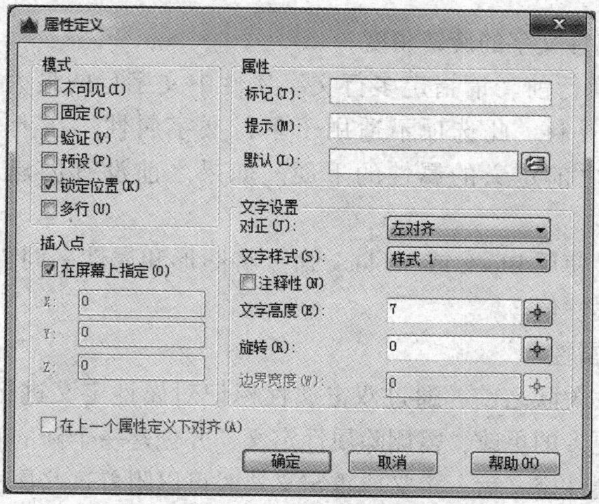

图 6-5 “属性定义”对话框

在“属性定义”对话框中，各选项含义如下。

1. 属性

(1) 标记：标识图形中每次出现的属性。使用任何字符组合（空格除外）输入属性标记。小写字母会自动转换为大写字母。例如，这个属性用来表示高度，可输入“height”。

(2) 提示：是插入此图块时出现的提示，如“请输入高度”。

(3) 默认：就是此属性的默认值。

2. 模式

(1) 不可见：指定插入块时不显示属性值。

(2) 固定：在插入块时赋予属性固定值。

(3) 验证：插入块时提示验证属性值是否正确。

(4) 预设：插入包含预设属性值的块时，将属性设置为默认值。

(5) 锁定位置：锁定块参照中属性的位置，解锁后，属性可以相对于使用夹点编辑的块的其他部分移动，并且可以调整多行文字属性的大小。在动态块中，由于属性的位置包括在动作的选择集中，因此必须将其锁定 。

(6) 多行：指定属性值可以包含多行文字。选定此选项后，可以指定属性的边界宽度。

3. 插入点

指定属性位置。输入坐标值或选择“在屏幕上指定”。关闭对话框后将显示“起点”提示。使用定点设备相对于要与属性关联的对象指定属性的位置。

4. 文字设置

(1) 对正：指定属性文字的对正。

(2) 文字样式：指定属性文字的预定义样式。

(3) 注释性：指定属性为注释性。如果块是注释性的，则属性将与块的方向相匹配。

(4) 文字高度：指定属性文字的高度。此高度为从原点到指定位置的测量值。如果选择有固定高度（任何非 0.0 值）的文字样式，或者在“对正”列表中选择了“对齐”，“高度”选项不可用。

(5) 旋转：指定属性文字的旋转角度。

(6) 边界宽度：换行前，请指定多行文字属性中文字行的最大长度。值 0.000 表示对文字行的长度没有限制。此选项不适用于单行文字属性。在上一个属性定义下对齐将属性标记直接置于之前定义的属性的下面。如果之前没有创建属性定义，则此选项不可用。

创建属性定义后，使用 Block 或 Wblock 命令将图形和属性一同创建成块，插入块时便可以为其指定相应的属性值。

6.1.4 编辑块的属性

在将属性定义与块关联之前，通过双击属性标记对属性定义进行有限更改，如图 6-6 所示。如果需要进行更多的更改，需删除属性定义，并创建一个新的属性定义。

创建一个或多个属性定义后，定义或重定义块时可以附着这些属性。当出现选择要包含到块定义中对象的提示时，请将要附着到块的所有属性包含到选择集中。

若属性已被创建成块，编辑块中属性定义的方法包括以下几种。

- 单击菜单栏“修改”→“对象”→“属性”→“单个”命令。
- 切换到“插入”选项卡，在“块”面板上，单击“编辑属性”→“单个”按钮。
- 双击属性块。
- 在命令行中输入“Eattedit”命令，单击 Enter 键或空格键。

执行上述命令后，弹出“增强属性编辑器”对话框，如图 6-7 所示。在“增强属性编辑器”对话框中，包含“属性”“文字选项”“特性”三个选项卡。“属性”选项卡列出了块中各个属性的标记、提示和值，可以修改属性的值；“文字选项”选项卡用于修改文字样式、对正、高度等。“特性”选项卡可以修改文字的图层、线型、颜色等。

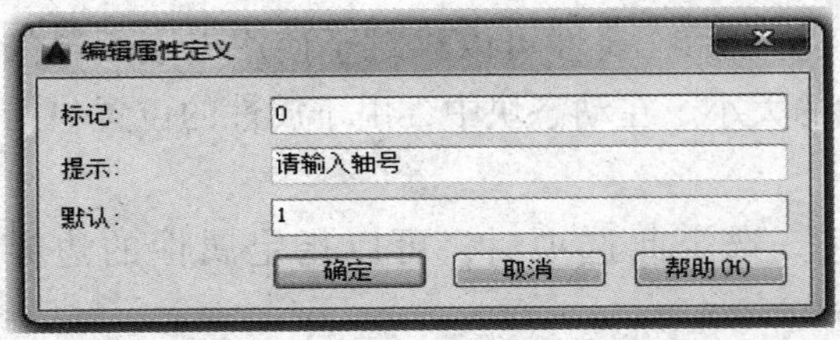

图 6-6 更改属性定义

图 6-7 “增强属性编辑器”对话框

6.2 插 入 块

在绘图过程中，可以插入外部块和在当前图形中定义的内部块，并可以指定图块的缩放和旋转角度等参数。属性块的插入方法与普通块的插入方法基本一致，只是需要根据设定的提示信息输入各属性值。插入图块的方法有以下几种。

- 单击菜单栏“插入”→“块”命令。
- 切换到“默认”选项卡，在“块”面板上单击“插入”按钮。
- 切换到“插入”选项卡，在“块”面板上单击“插入”按钮。
- 在命令行中输入“Insert（I）”命令，单击 Enter 键或空格键。

执行上述命令后，弹出“插入”对话框，如图 6-8 所示。块插入后就成为当前图形一个永久不变的部分，不会随源文件的改动而改动。

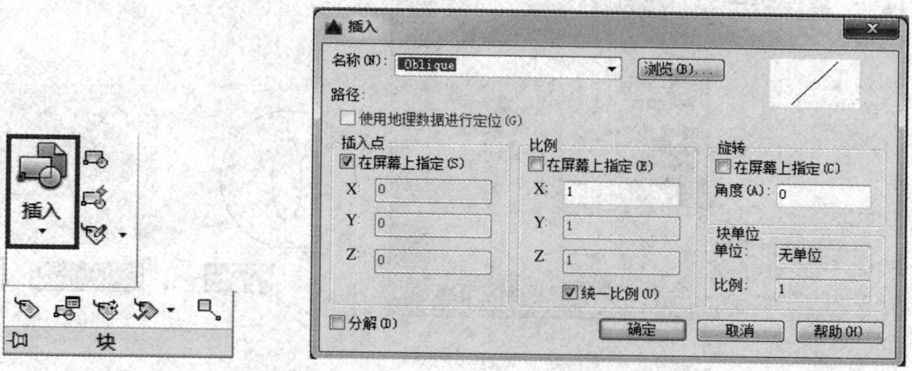

图 6-8 “插入”对话框

在“名称”下拉列表中选择要插入的内部块，或者单击“浏览”按钮，可以选择本地电脑中的“.dwg”文件或外部块插入到当前图形中。将外部块插入到当前图形中后，以后可以通过“名称”下拉列表中选择该块。插入点、比例和旋转一般通过勾选“在屏幕上指定”，在绘图区指定。“统一比例”表示块沿着 X、Y、Z 方向的缩放比例相同。“分解”表示在插入块的同时分解块对象。

【例 6-2】 创建属性块和插入块的过程，以房屋施工图轴号为例，如图 6-9 所示。

操作过程如下。

（1）绘制一个半径为 40 的圆。

（2）单机定义属性按钮，标记输入“0”，提示输入“请输入轴号”，默认值为“1”；文字为“样式 1”，对正“中间”，文字高度输入“50”，单击确定，如图 6-9（a）所示。

（3）单击“块”面板上的“创建”按钮，打开“块定义”对话框，在名称中输入“上侧轴号”；基点和对象勾选“在屏幕上指定”，单击确定，返回绘图区，分别选择基点和选择要创建成块的对象，将属性与图形一起创建成块，如图 6-9（b）所示。

（4）单击“插入”按钮，在名称列表中找到“上侧轴号”，插入点勾选“在屏幕上指定”，单击“确定”，回到绘图区，捕捉插入点，使块的基点和插入点重合，在弹出的“编辑属性”对话框中，显示默认值“1”，可以进行修改，单击“确定”即得到第一个轴号，如图 6-9（c）和（d）所示，依次得到轴号 2、3。

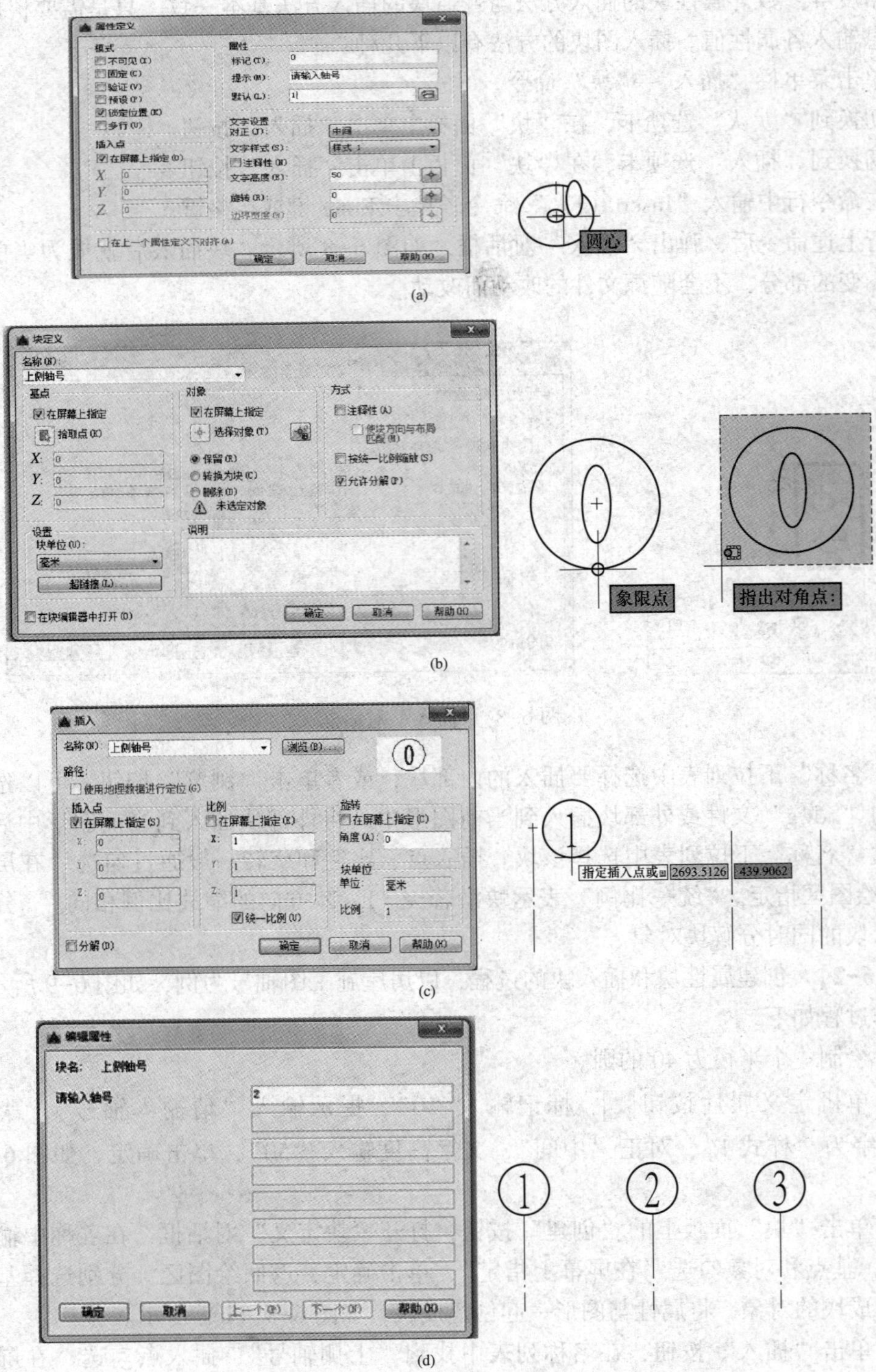

图 6-9　图块的创建和插入

(a) 定义属性；(b) 将属性与图形一起创建成块；(c) 插入属性块；(d) 编辑属性值

6.3 编　辑　块

6.3.1 删除块

在绘图过程中，如果定义了某些图块，但是没有插入到当前图形中，可以将这些图块清除。清理未使用的块的方法有以下几种。

● 单击菜单栏"文件"→"图形实用工具"→"清理"命令。

● 在命令行中输入 purge 命令，单击 Enter 或空格键。

执行上述命令后，弹出"清理"对话框，如图6-10所示。在树状图中找到图块名称，清理掉。

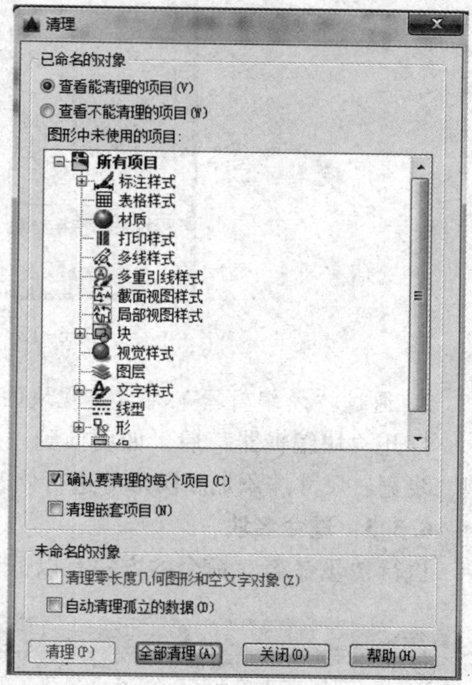

图6-10 "清理"对话框

6.3.2 块编辑器

1. 通过"块编辑器"可以实现块的"另存为"

● 切换到"默认"选项卡，在"块"面板上单击"块编辑器"按钮。

● 切换到"插入"选项卡，在"块定义"面板上单击"块编辑器"按钮。

● 双击图块。

执行上述命令后，弹出"编辑块定义"对话框，如图6-11所示。选择需要修改的块名，单击"确定"，进入"块编辑器"选项卡，在"打开/保存"面板上，单击下拉箭头，单击"将块另存为"按钮，弹出"将块另存为"对话框，如图6-12所示，输入新块的名字，可以对这个新块进行修改。单击"关闭块编辑器"。在插入图块列表

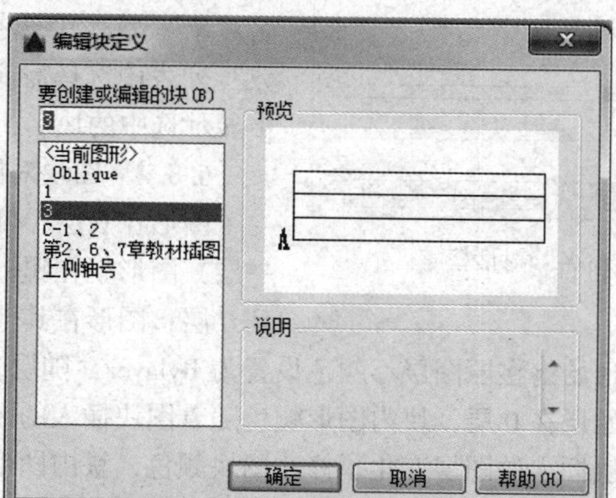

图6-11 "编辑块定义"对话框

中可以找到新保存的图块。通过“块编辑器”可以把一个图块另存为另一个图块（当然动态块可以解决上述问题，但动态块不可能解决所有类似问题）。

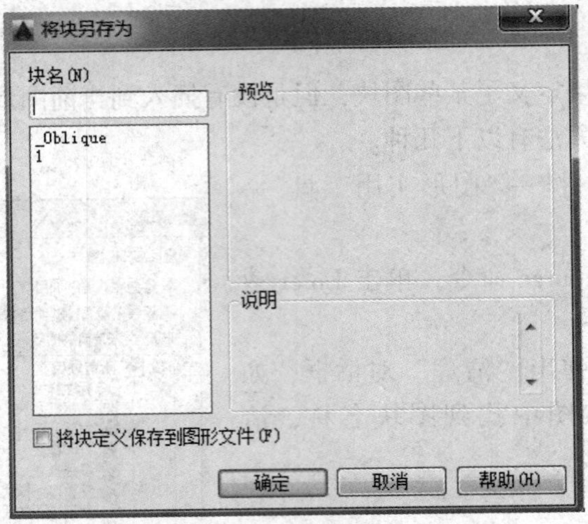

图 6-12 “将块另存为”对话框

2. 通过“块编辑器”可以实现块的其他修改

打开“块编辑器”后，如切换到“默认”选项卡，可以对图块的文字样式、颜色、线型、线宽、尺寸、添加新图形等进行修改。

6.3.3 重命名块

执行“重命名”命令的方法有以下几种。

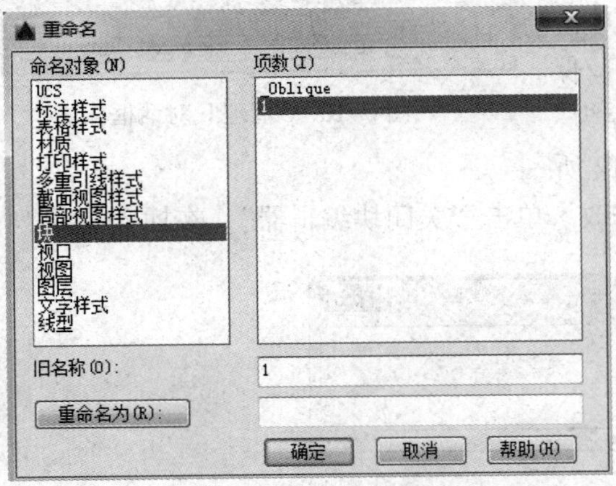

图 6-13 “重命名”对话框

- 单击菜单栏“格式”→“重命名”命令。
- 在命令行输入“Rename”命令，单击 Enter 键或空格键。

执行上述命令后，弹出“重命名”对话框，如图 6-13 所示。在该对话框的“命名对象”列表中选择“块”选项，在“项数”列表中选择需要更改的块名，在旧名称中显示选中的块名，输入新的块名即可。

6.3.4 图块对图层的继承

图形在 0 层，做成图块后，图块插到哪一层，图形就在哪一层，如果分解，图形回到 0 层；图形在其他层，做成图块后，无论图块插入到哪一层，图形始终在原图层。颜色设置为 Bylayer（随层），颜色与图形所在图层保持一致。如果图形原始层在 0 层，块内图形颜色随着图块插入的图层变化；如果原始图形不在 0 层，则不跟随图块插入的图层变化。修改图块颜色，块内图形不跟随变化。

颜色设置为 Byblock（随块），颜色与图块一致，修改图块颜色，块内图形跟随变化。颜色设置为红、绿、蓝等特定颜色，图形始终保持原色，无论如何修改图层和图块颜色，块内图形都不跟随变化。

可以将图块的属性设置为随层，也就是让图块直接使用图层的属性，但与直线不同，图块要实现这种效果的前提条件是图块必须在0层上定义，而且定义图块时，所有对象的属性均被设为“Bylayer”。

6.4　创建动态块

动态块是指可以根据需要对块的整体或局部进行动态调整。例如，打开“工具选项板”，如图6-14（a）所示，将“建筑”选项卡中的“树”图块拖到绘图区。在绘图区选择“树”图块，出现蓝色夹点，单击三角形蓝色夹点，在弹出的列表中选择“棕榈树（立面图）”选项，如图6-14（b）所示，图块就会变成该选项的状态，如图6-14（c）所示，这就是动态块。

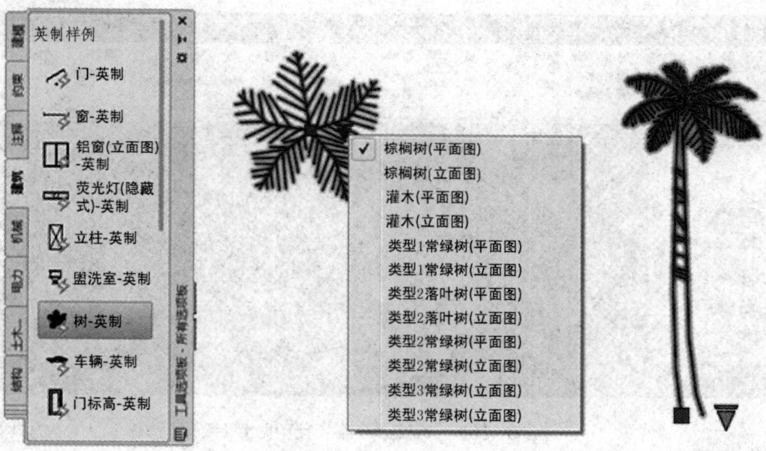

(a)　　(b)　　(c)

图6-14　动态块示例

要使块成为动态块，需要包含至少一个参数，每个参数有关联的动作，可以使用“块编辑器”命令创建动态块。打开“块编辑器”的方法有以下几种。

- 单击菜单栏“工具”→“块编辑器”命令。
- 切换到“默认”选项卡，在“块”面板上单击“块编辑器”按钮。
- 在命令行中输入“Bedit”，按Enter键或空格键。

执行上述命令后，打开“编辑块定义”对话框，如图6-15所示。在“编辑块定义”对话框中，输入要创建的块名或在列表中选择已有的块，单击确定，打开“块编辑器”选项卡，如图6-16所示。包括“打开/保存”“几何”“标注”“管理”“操作参数”“可见性”面板。“块编辑器”是一个专门的编写区域，其左侧自动打开“块编写选项板”，“参数”和“动作”是实现动态功能的两个内部因素。动态块的关键在于有参数，有动作，动作要与参数关联。

【例6-3】　创建一个长度可变的动态块“窗”。

操作过程如下。

(1) 绘制建筑平明图中的窗：长1000、宽240。

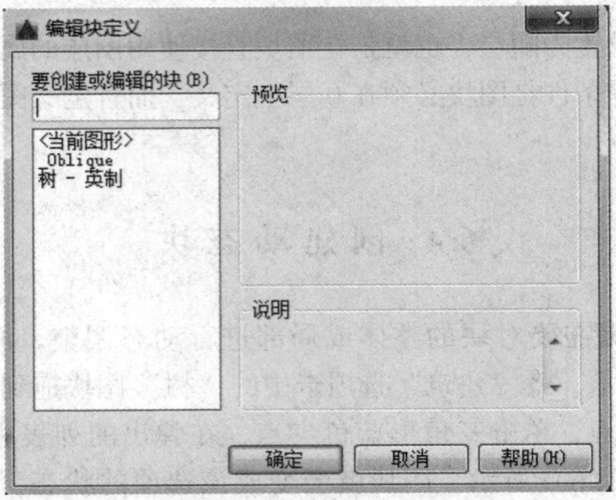

图 6-15 “编辑块定义”对话框

图 6-16 “块编辑器”选项卡

(2) 调用“创建块”命令，将绘制的图形窗创建成块，命名为“窗”，如图 6-17 (a) 所示。

(3) 打开块编辑器，选择刚才做的块“窗”，单击确定。

(4) 选择“参数”中的“线性”，在块上像标注水平尺寸那样做一下，显示两个箭头，一个“距离 1”和一个“感叹号”。如图 6-17 (b) 所示。

(5) 在“动作”中选择“拉伸”，选择右边的节点，如图 6-17 (c) 所示。

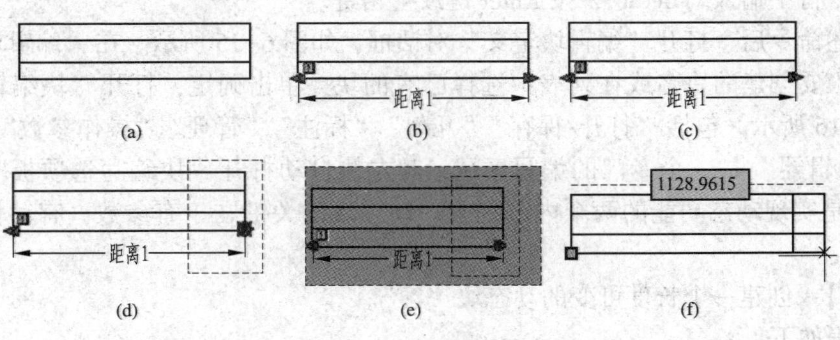

图 6-17 创建动态块“窗”

（6）框选拉伸范围，与二维绘图中的拉伸操作相同，如图 6-17（d）所示。

（7）框选拉伸对象，如图 6-17（e）所示。

（8）关闭块编辑器，把这些操作保存到“窗”这个块。一个长度可变的动态块就创建成了。

在绘图区选择动态块“窗”，出现蓝色夹点，单击方夹点可以移动窗块，单击三角夹点可以拉伸窗块，设定任何新的长度，如图 6-17（f）所示。假如建筑图中仅需要 1000、1200、1500 三个尺寸的窗，可以继续进行块编辑。

操作过程如下。

（1）在块编辑器中，选择“窗”块的距离，在“距离 1”夹点上单击右键，选择“特性”，如图 6-18（a）所示。

（2）找到“值集”（在下部），“距离类型”改为“列表”，“距离”中添加 1200 和 1500（1000 是原有的），如图 6-18（b）和（c）所示。

（3）保存后，只能拉伸 1000、1200 和 1500 三个尺寸。

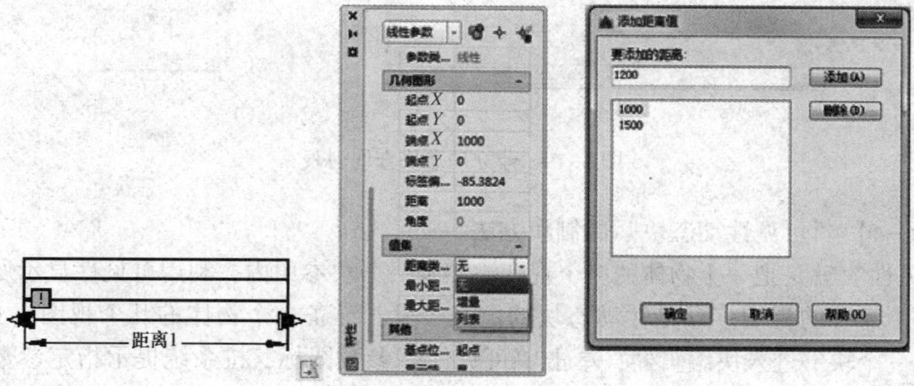

(a)　　(b)　　(c)

图 6-18　创建固定拉伸值的动态块“窗”

可以做一个列表，即在绘图区进行动态块拉伸时，出现设定的尺寸选择列表。

操作过程如下。

（1）进入“块编辑器”，在“参数”中选择“查寻”，在适当位置单击，出现“查寻 1”标记，如图 6-19（a）所示。

（2）选择“动作”中的“查寻”，在“查寻 1”上单击，出现“特性查询表”对话框，如图 6-19（b）所示。

（3）单击“添加特性”按钮，在“输入特性”中出现“距离 1”，填写 1000、1200、1500，在“查询特性”中填写 1000×240 窗、1200×240 窗、1500×240 窗，单击确定，如图 6-19（c）所示。

（4）关闭块编辑器并保存后，在绘图区选择“窗”块，出现一个尺寸下拉箭头，单击它，可以选择尺寸，如图 6-19（d）所示。

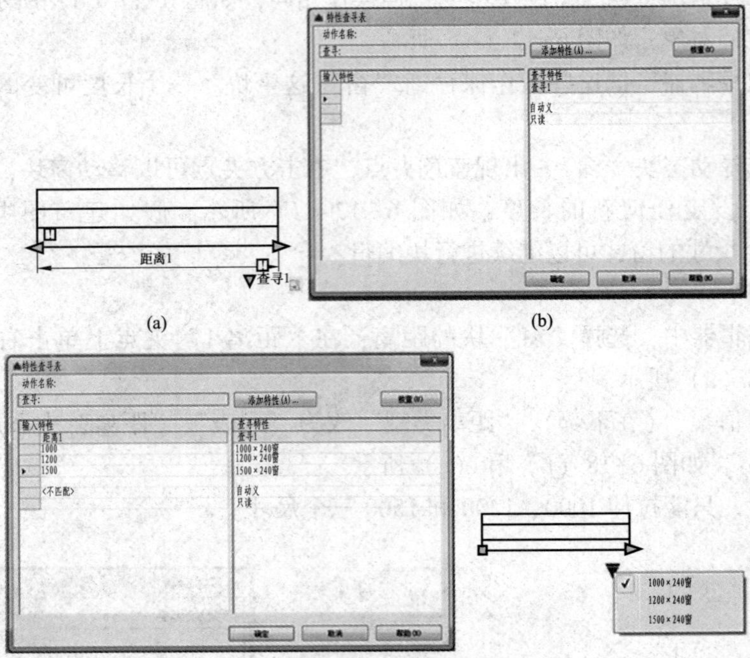

(a)　(b)　(c)　(d)

图 6-19　建立动态块查询列表

【例 6-4】“可见性动态块”的制作方法。

“可见性”就是把一个物体的多个视图添加到一个块参照内，利用可见性显示所需的视图，隐藏不需要的视图。可见性动态块的定义步骤：准备一个物体的几个视图（如三个）→定义成一个块→进入块编辑器，单击“可见性”参数图标，按系统提示指定参数的位置→双击可见性参数图标，启动“可见性状态”对话框→重命名和新建可见性状态名称（如 1、2、3）→可见性面板下拉菜单中切换到状态名“1”。然后单击“使不可见”图标，并选中“2”“3”视图，使其在“1”状态中不可见→对“2”和“3”状态，按同样方法设置，编辑完可见性状态后，移动三个视图，使之重叠。

操作过程如下。

(1) 绘制台阶的正视图、俯视图、侧视图，如图 6-20（a）所示。

(2) 将台阶的正视图、俯视图、侧视图创建成一个块，块名“台阶”。

(3) 单击块编辑器按钮，选择台阶确定，进入块编辑器。

(4) 单击“块编写选项板”的“参数”，选择“可见性”。

(5) 指定“可见性”参数的放置点，如图 6-20（b）所示。

(6) 在“可见性 1”三个字上双击鼠标左键，弹出“可见性状态”对话框，如图 6-20（c）所示。“可见性状态 0”即为当前视图的状态，可以将其重命名为“台阶正视图”。

(7) 单击“新建（N）...”，弹出“新建可见性状态”对话框，“新状态的可见性选项”默认第三个“在新状态中保持现有对象的可见性不变”，如图 6-20（d）所示。将新的状态命名为“台阶俯视图”“台阶侧视图”，如图 6-20（e）所示。返回“块编辑器”。

(8) 此时，块编辑器中显示的是台阶的三个视图状态。

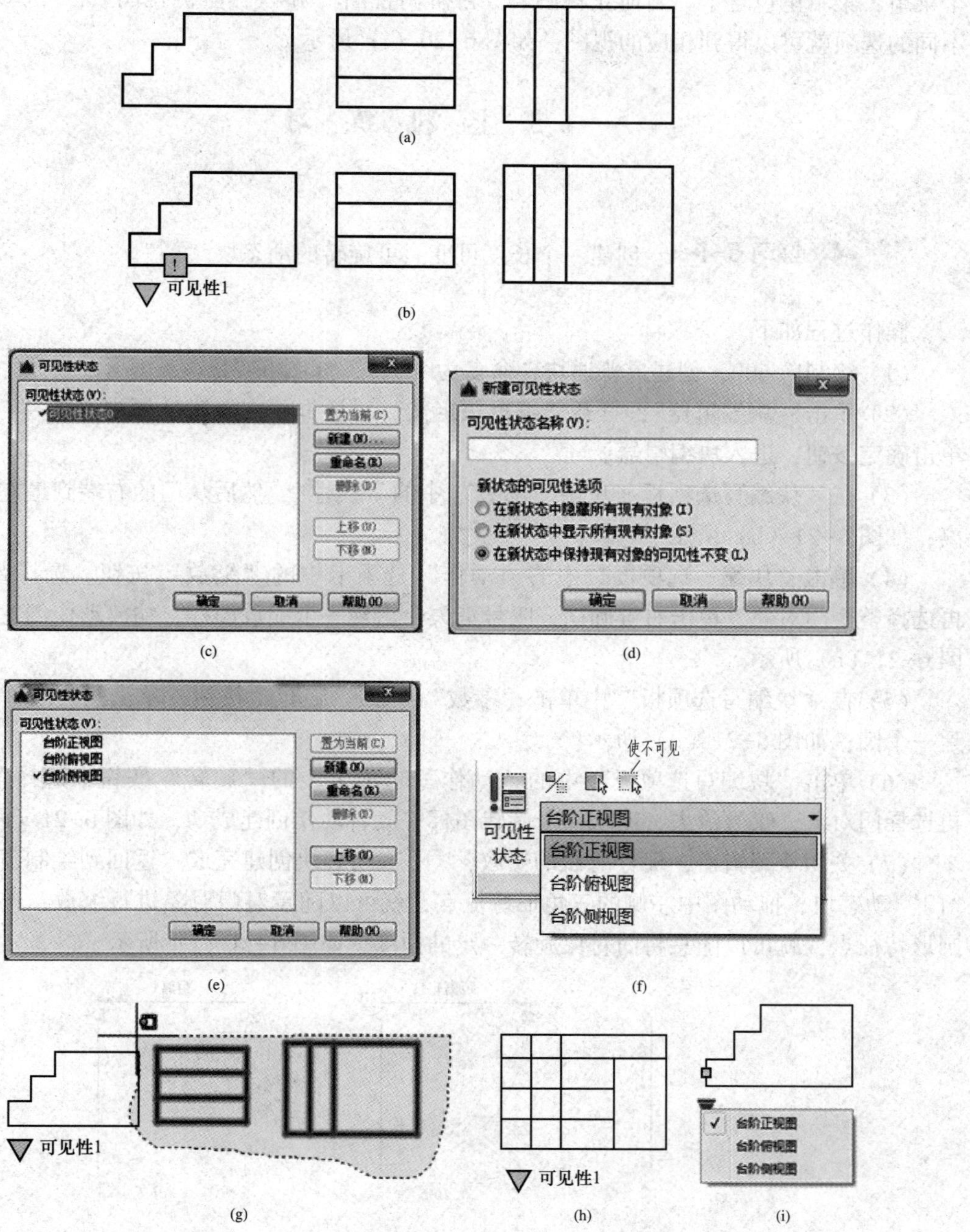

图 6-20　“可见性动态块”的制作

(9) 可见性面板下拉菜单中切换到状态名“台阶正视图”。然后单击“使不可见”图标，并选中“台阶侧视图”和“台阶俯视图”，使其在“台阶正视图”状态中不可见，如图 6-20（f）和（g）所示。

(10) 对“台阶侧视图”和“台阶俯视图”状态，按同样方法编辑可见性状态。

(11) 移动三个视图，使之重叠，如图 6-20（h）所示。

(12) 关闭块编辑器，选择“台阶”图块，出现一个三角形按钮，单击该按钮会出现一个菜单，菜单里包含了“台阶正视图”“台阶俯视图”和“台阶侧视图”三个选项。选择不同的选项就可以得到相应的视图，如图6-20（i）所示。

6.5 上 机 练 习

练习6-1 创建一个长度可变、可旋转的动态块“门”。

操作过程如下。

（1）绘制门600，创建成普通块，命名为“门”，如图6-21（a）所示。

（2）单击“块编辑器”，打开“编辑块定义”对话框，在该对话框中选择“门”图块，单击确定按钮，进入块编辑器。

（3）在“块编写选项板”单击“参数”中的“线性”，然后从门的右端到最左端拉出距离，如图6-21（b）所示。

（4）单击“块编写选项板”中的“动作”选项卡中的“缩放”按钮。选择距离参数，再选择整个门对象，单击右键确认，叹号消失，出现一个缩放图标，缩放动作创建成功，如图6-21（c）所示。

（5）在“块编写选项板”中单击“参数”中的“旋转”按钮。单击门右端，拖动并创建一个圆，如图6-21（d）所示。

（6）单击“块编写选项板”中的“动作”选项卡中的“旋转”按钮，选择角度参数，再选择门对象，叹号消失，出现一个旋转图标，旋转动作创建成功，如图6-21（e）所示。

（7）关闭块编辑器，保存所做的修改，“门”动态块创建完成。返回到绘制窗口，框选“门”动态块，拖动图中左侧的三角形特征点，就可以随意对门对象进行缩放；选择图中的圆形特征点，就可以随意将门对象旋转一定的角度，如图6-21（f）所示。

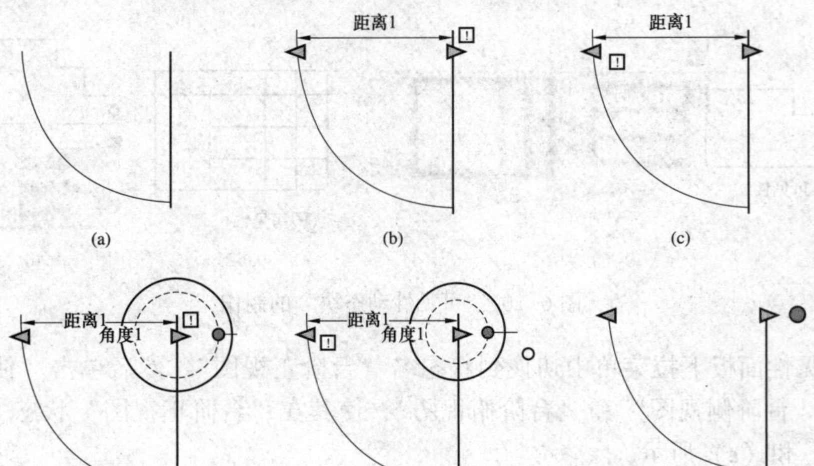

图6-21 “门”动态块的制作

（a）绘图、创建块；（b）“参数”中“线性”；（c）“动作”中“缩放”；（d）“参数”中“旋转”；（e）“动作”中“旋转”；（f）使用动态块

第 7 章　外部参照和设计中心

外部参照和
设计中心

学习内容

掌握附着外部参照、外部参照的拆离与卸载、绑定，外部参照的修剪和编辑。掌握设计中心的使用。

7.1　外　部　参　照

7.1.1　外部参照的概念

外部参照是指在一个图形文件中对另一个外部图形的引用。在协同工作中，有些专业会用到其他专业的图，可以使用外部参照，例如，暖通管路具体走哪个位置，需要用土建底图做参照；图纸的图框都是一样的，可以用模板、块，但应用外部参照，当对参照文件图框进行修改后，在当前图形中的图框会自动更新。

当一个图形文件被作为外部参照插入到当前图形中时，外部参照中每个图形的数据仍然分别保存在各自的源图形文件中，当前图形中所保存的只是外部参照的名称和路径。用户可对外部参照进行比例缩放、移动、复制、镜像或旋转等操作，还可以控制外部参照的显示状态，但这些操作都不会影响到原图文件。

含有外部参照的文件只是记录了一个路径，该文件的存储容量增大不多，可以提高图形的生成速度。例如，在地形图上画房子，如果把地形图复制过来，文件量非常大；如果用外部参照插入地形图，文件量就很小。一个外部参照文件可以被多个文件引用，而且一个文件可以重复引用同一个外部参照文件。

外部参照定义中除了包含图像对象以外，还包括图形的命名对象，如块、标注样式、图层、线型和文字样式等。为了区别外部参照与当前图形中的命令对象，AutoCAD 将外部参照的名称作为其命名对象的前缀，例如，外部参照文件 2. dwg 中名为“粗线”的图层在引用它的图形中名为“文件 2| 粗线”。

在 AutoCAD 中，将其他图形调入到当前图形中的另一种方法是插入块的方式。如果把图形作为块插入时，块定义和所有相关联的几何图形都将存储在当前图形数据库中，并且修改原图形后，块不会随之更新；外部参照文件被修改后，用户在当前图形中重新加载就可以更新，从而在设计过程中随时获得最新修改的参照文件。

7.1.2　附着外部参照

附着外部参照是将外部参照链接到当前图形中。附着外部参照需要在“外部参照”选项板中进行，调用“外部参照”选项板的方法有以下几种。

- 单击菜单栏的“插入”→“外部参照”命令。
- 切换到“插入”选项卡，在“参照”面板上单击右下角的“外部参照”按钮。

● 在命令行中输入“XREF”命令，单击 Enter 键或空格键。

执行上述命令后，打开“外部参照”选项板，如图 7-1 所示。单击选项板上左上角按钮的下拉箭头，如图 7-2 所示，选择“附着 DWG”，打开“选择参照文件”对话框，如图 7-3 所示。也可以在“插入”界面，单击“参照”面板的“附着”按钮，直接打开“选择参照文件”对话框。在该对话框中，“文件类型”选择“图形”或“所有文件”，选择要参照的 DWG 文件，单击“打开”按钮，弹出“附着外部参照”对话框，如图 7-4 所示，指定参照类型、路径类型等，单击“确定”按钮，该外部参照文件将显示在当前图形中。

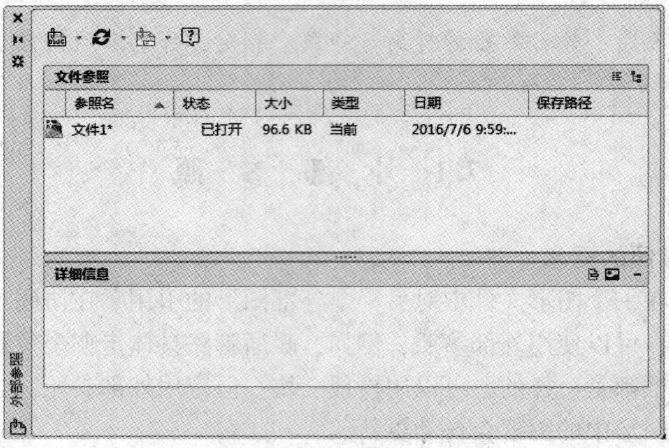

图 7-1 “外部参照”选项板

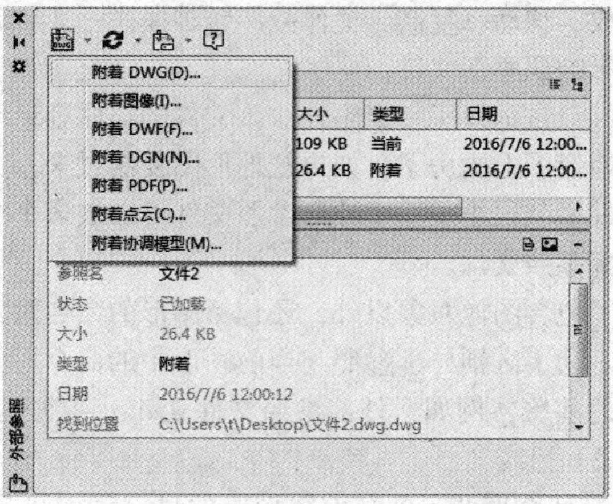

图 7-2 选择“附着 DWG”

“附着外部参照”对话框中各选项含义如下。

1. 参照类型

指定外部参照是附加型还是覆盖型。一般情况下，二者可不加区别，只有当发生嵌套引用（作为外部参照图形中还插入了其他外部参照）时，二者的差别才会显示出来。前者，嵌套的外部参照也会链接到当前图形文件中。而后者，嵌套的外部参照则不会链接到当前图形文件中，这种方式也可避免出现循环引用（当前文件通过另一文件引用它自己）的情况。

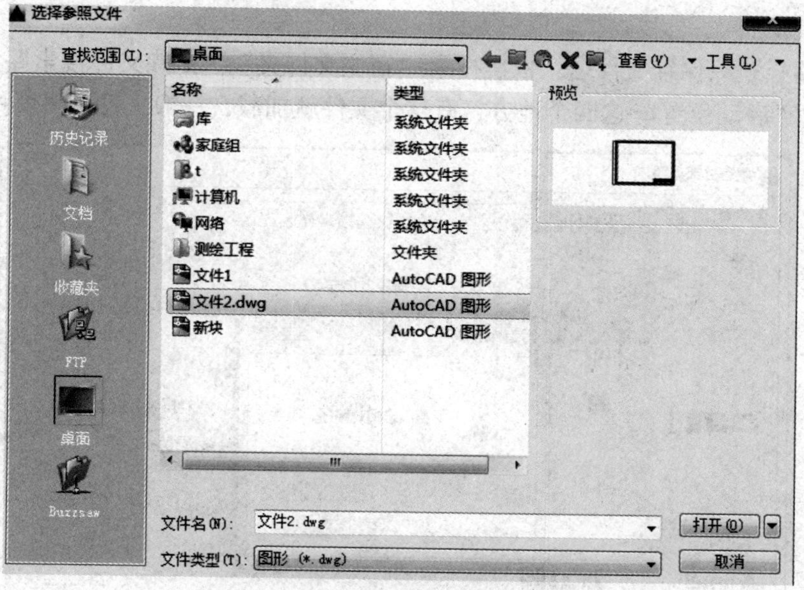

图 7-3 “选择参照文件”对话框

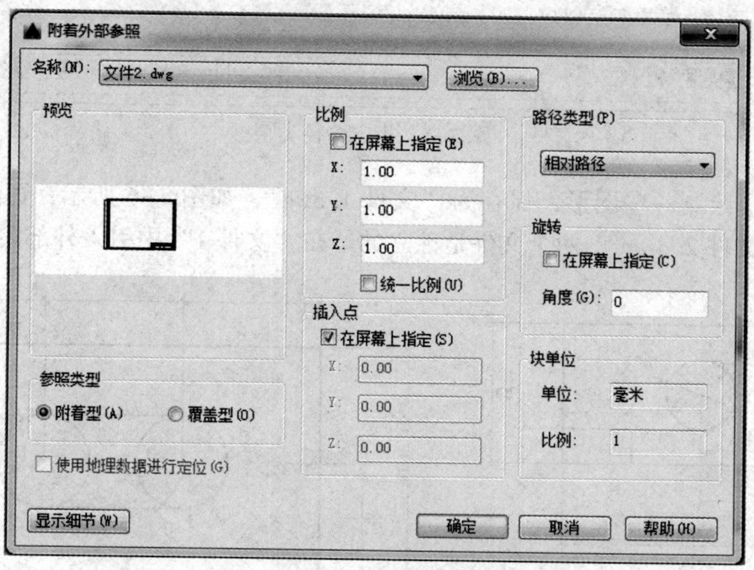

图 7-4 “附着外部参照”对话框

2. 路径类型

路径类型下拉列表中包括三种路径类型：完整路径、相对路径和无路径。

（1）完整路径。外部参照的精确位置将保存到当前图形，如果改变外部参照的位置，参照文件就不能在当前图形，必须把参照文件放回原来的文件夹才能正常显示参照。

（2）相对路径。相对路径是指外部参照文件相对于当前图形的路径，要使用“相对路径”，当前文件和参照文件必须在同一个盘符内，否则不能指定相对路径，如图 7-5 所示。当前图形和参照文件都在同一个文件夹里面，这个文件夹无论移动到任何地方，都能显示外部参照，用户可在相同文件夹层次的多个驱动器间移动外部参照的源文件，而不影响外部参照的更新。一般我们保存为相对路径，那样就可以任意复制改变整个文件夹的位置，数据显示正常。

（3）无路径。只保存文件名，依次搜索“宿主文件夹”“支持文件搜索路径”“工程文件搜索路径”“启动位置”这四个地方，有这个文件就加载，一般文件不多就用无路径。

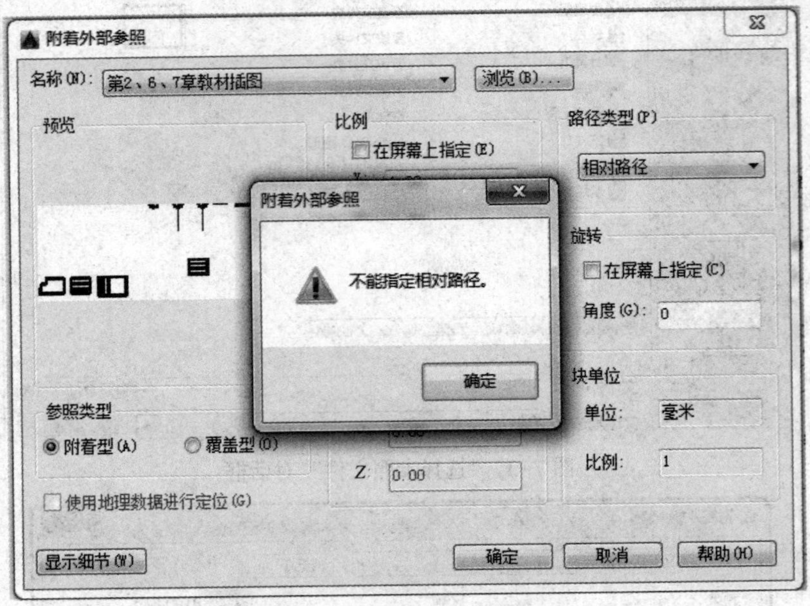

图 7-5　指定路径类型

【例 7-1】 绘制一些图形，保存为“文件 1. dwg”，如图 7-6 所示；再绘制一个 A3 图框，保存为“文件 2. dwg”。两个文件是独立的。在“文件 1”中引入外部参照“文件 2”。

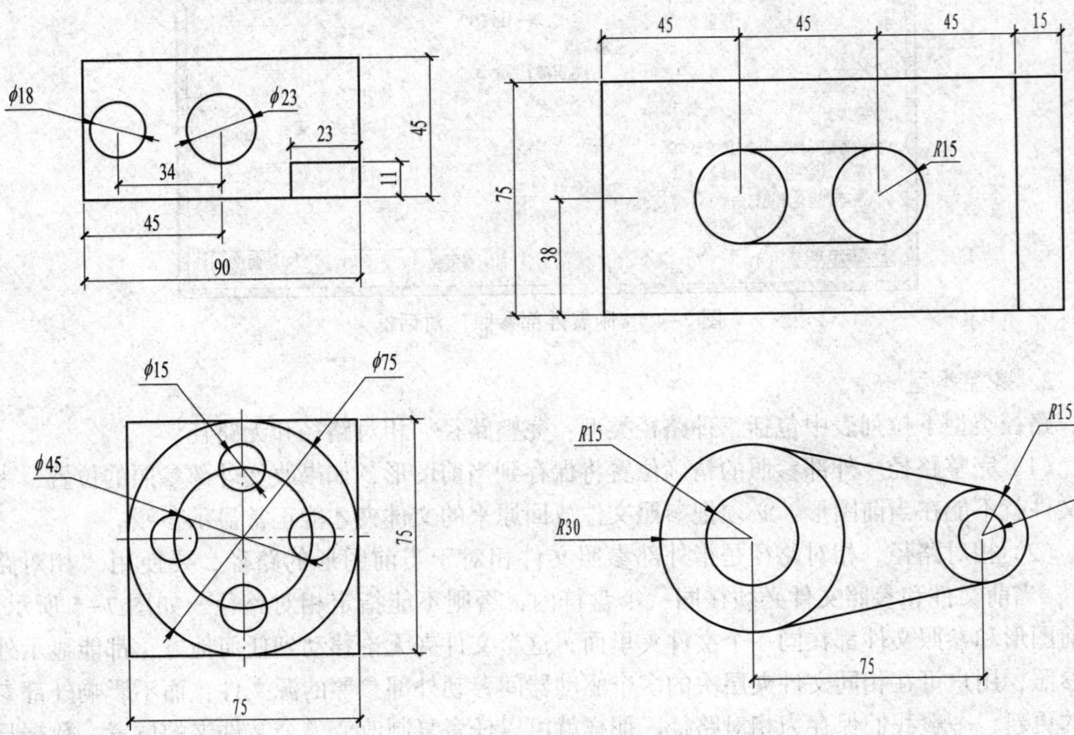

图 7-6　打开“文件 1. dwg”

操作过程如下。

（1）打开“文件 1”。

（2）单击“插入”选项卡“参数”上右下角的斜向箭头，打开“外部参照”对话框。在“附着”下拉菜单中选择“附着 DWG”，弹出“选择参照文件”对话框。选择“文件 2”，单击“打开”。弹出“附着外部参照”对话框，“参照类型”为“附着型”，路径类型为“相对路径”，选择“插入点”为“在屏幕上指定”，在绘图区的需要位置单击鼠标左键，“文件 2”中的图形就附着在了“文件 1”中，可以对“文件 2”进行移动，结果如图 7-7 所示。打开“外部参照”对话框，如图 7-8 所示，显示“文件 2. dwg”已加载及其详细信息。

（3）打开“文件 2. dwg”，对图框进行修改，查看“文件 1. dwg”中参照是否自动更新，把“文件 2. dwg”删除掉，在“文件 1. dwg”中参照图形消失，留下了原来它的保存路径。

（4）进行“文件 2. dwg”的拆离、绑定等操作，观察“文件 1. dwg”的变化。

图 7-7　在“文件 1. dwg”中调入外部参照“文件 2. dwg”

7.1.3　拆离与卸载外部参照

对于当前图形不需要的外部参照文件，用外部参照管理器对话框中的拆离按钮将其删除，此时删除的文件与当前文件不存在任何关联。只能拆离直接附加或覆盖到当前图形中的外部参照，而不能拆离嵌套的外部参照。如果想隐去某个外部参照文件，不想切断它与当前文件图件的关联时，用外部参照管理器对话框中的卸载按钮将其暂时隐去。但当重载外部参照时，所有信息都将恢复，这种操作和图层的冻结与解冻极为相似，可以明显提高系统的运行速度。

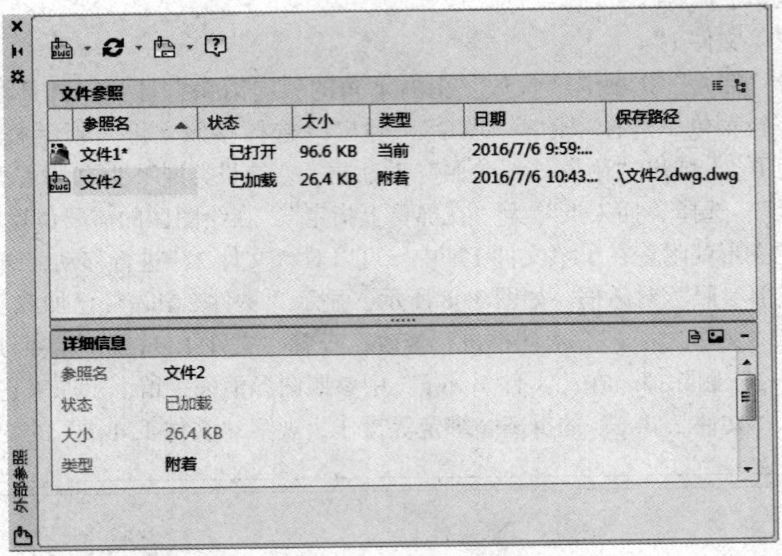

图 7-8 显示外部参照“文件 2. dwg”的信息

打开“外部参照”对话框，选择要拆离的外部参照，单击鼠标右键，在下拉菜单中选择“拆离”，如图 7-9 所示。

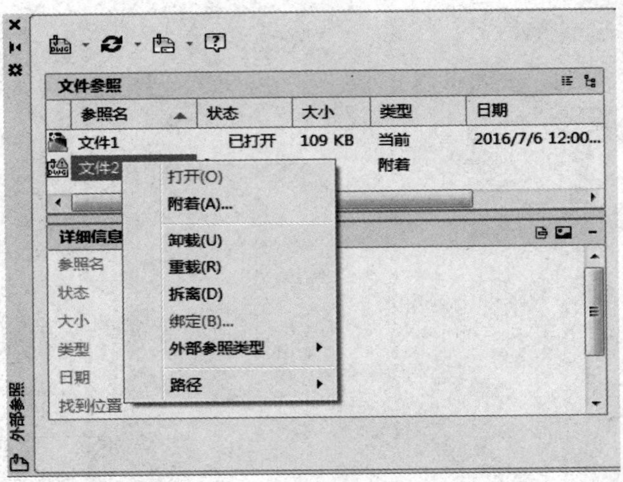

图 7-9 “文件参照”对话框

7.1.4 绑定外部参照

绑定外部参照是指将外部参照定义转换为内部块，成为当前图形的一部分。使用外部参照能够方便设计人员之间的图形共享、节省空间，但是也有不足之处。例如，外部参照文件被删除或被移动到其他路径，或者将文件传给其他人时忘了附上外部参照文件，则主图形文件中外部参照无法正常显示，只能显示外部参照的路径和文件名，对于正在归档的文件，并且希望确保外部参照图形不被修改，那么把外部参照绑定到图形中是非常有用的。

将外部参照绑定到当前图形的方法主要有以下几种。

- 单击菜单栏的“修改”→“对象”→“外部参照”→“绑定”命令。

- 在命令行中输入“Xbing（XB）”命令，单击 Enter 键或空格键。

执行上述命令后，弹出“外部参照绑定”选项板，如图 7-10 所示。

- 在“外部参照”对话框中，在参照文件上单击鼠标右键，在快捷菜单中选择“绑定”命令，如图 7-11 所示。

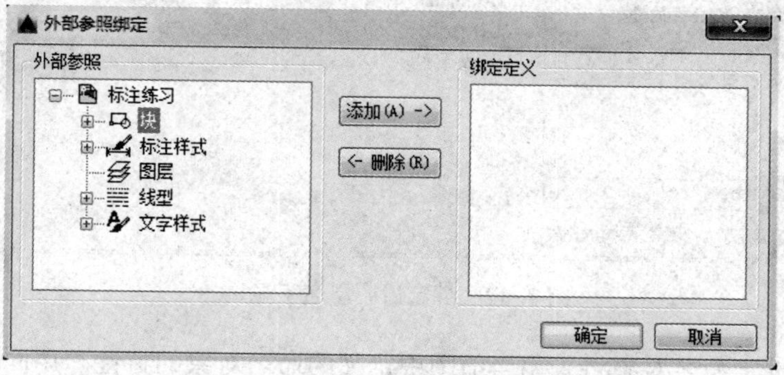

图 7-10　“外部参照绑定”选项板

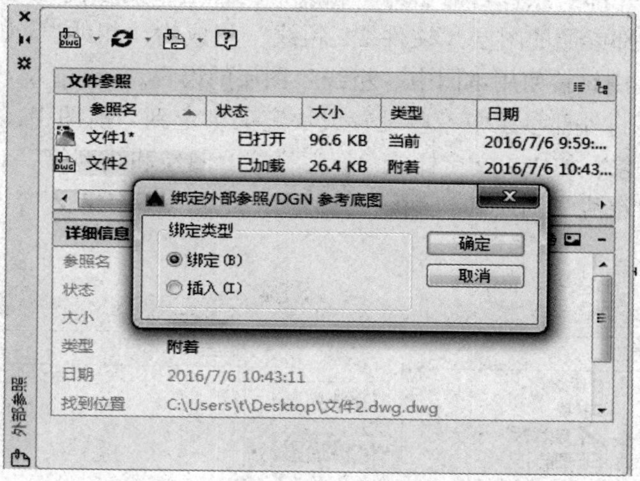

图 7-11　绑定外部参照

绑定有两种类型，一种是单纯的路径绑定，另一种“插入”即将外部参照转化为块。外部参照文件可以全部绑定之后再进行编辑。

绑定方式改变外部参照的定义表名称。将选定的外部参照绑定到当前图形中，依赖外部参照的命名特性或对象的名称将从“参照名 | 定义名”变为“参照名n定义名”，这些特性和对象包括图层、文字样式、标注样式、图块、线型。例如，命名为“文件 2”的外部参照包含命名为“粗线”的图层，在绑定前，图层管理器中显示的图层名为“文件 2| 粗线”，则绑定外部参照之后，图层名将变成“文件 2$0$粗线”的内部定义图层，如图 7-12 所示。如果已存在同名的内部命名对象，n中的数字将自动增加。例如，在绑定此外部参照前，图形中已存在“文件 2$0$粗线”，依赖外部参照的图层“文件 2| 粗线”将被重命名为“文件 2$1$粗线”。

插入方式则不改变定义表名称。依赖外部参照的命名特性或对象的名称不使用“块名n符号名”方式，而是从名称中直接去掉外部参照名称。对于插入的图形，如果当前图的命名对象与绑定的依赖外部参照的命名对象具有相同的名称，符号表中不会增加新的名称，

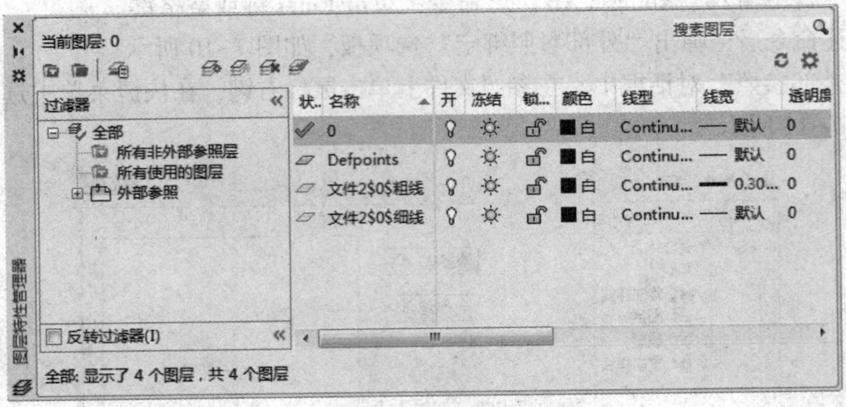

图 7-12　绑定后图层名字显示

依赖外部参照的绑定命名对象将采用当前图中定义的命名对象的特性。用同样的例子，如果命名为“文件 2”的外部参照包含命名为“粗线”的图层，则在使用“插入”选项绑定外部参照之后，依赖外部参照的图层“文件 2| 粗线”将成为“粗线”，如果图 7-12 中本来就有“粗线”图层，则直接使用本图中“粗线”图层的设置。

XBIND 命令可以将外部参照中一些设置或块定义绑定到当前图中，在当前图中添加依赖外部参照的命名对象，如块、文字样式、标注样式、图层和线型等。对话框如图 7-13 所示，将文件 2 中的“粗线”图层和“细线”图层添加到“绑定定义”，也可以删除“绑定定义”中的内容。

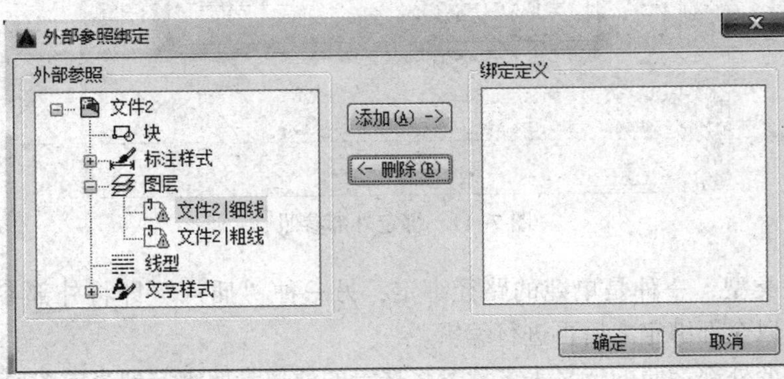

图 7-13　调用“XBIND”命令

7.1.5　剪裁外部参照

由于附着的外部参照图形是一个整体，如果只需要其中某一部分图形对象时，可以利用剪裁命令。剪裁外部参照的方法有以下几种。

- 单击菜单栏的“修改”→“剪裁”→“外部参照”命令。
- 切换到“插入”选项卡，在“参照”面板上单击“剪裁”按钮。
- 在命令行中输入“XCLIP（XC）”命令，单击 Enter 键或空格键。

执行上述命令后，命令提示如下。

命令：XCLIP↙（调用剪裁命令）

选择对象：找到 1 个（选择剪裁对象）

输入剪裁选项

［开（ON）/关（OFF）/剪裁深度（C）/删除（D）/生成多段线（P）/新建边界（N）］<新建边界>：N↙（新建边界）

外部模式-边界外的对象将被隐藏。

指定剪裁边界或选择反向选项：

［选择多段线（S）/多边形（P）/矩形（R）/反向剪裁（I）］<矩形>：R↙（矩形选择边界方式）

指定第一个角点：指定对角点：

7.1.6　在位编辑外部参照

外部参照文件可以全部绑定之后再进行编辑，也可在位编辑，即不打开参照图形直接在本图中修改，可以输入“refedit”命令或在参照文件上单击鼠标右键，选择“在位编辑外部参照”（或直接双击外部参照），弹出如图7-14所示的“参照编辑”对话框，单击“确定”按钮，就可以对外部参照进行编辑了，但如果要进行大量修改还是在原图修改方便。

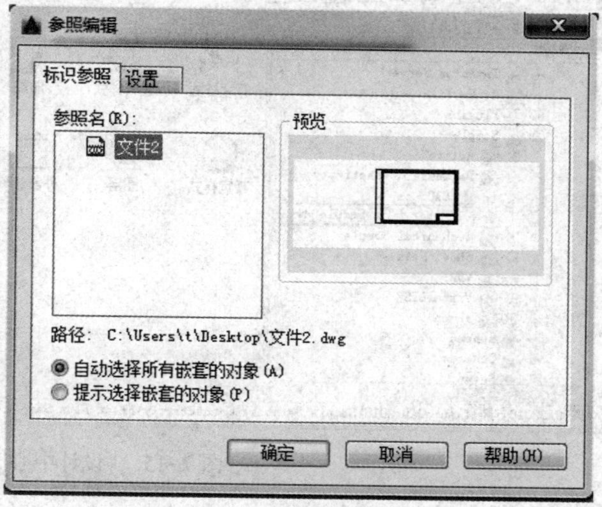

图7-14　“参照编辑”对话框

当双击外部参照弹出“参照编辑”对话框后单击“确定”按钮，AutoCAD如果提示“选定的外部参照不可编辑”，需要对被插入的参照原文件的设置进行修改，允许对此文件进行参照编辑。打开参照原文件，在命令行输入“XEDIT”变量，回车，看看值是否为0，如果为0，表示此文件作为外部参照插入到其他图后是无法参照编辑的。

也可以在“选项”对话框中进行设置。输入“OP”，回车，打开“选项”对话框，在“打开和保存”选项的外部参照相关参数中勾选“允许其他用户参照编辑当前图形”，这个设置的也是“XEDIT”变量。例如，建筑设计院中设备专业用建筑图纸作为底图，有时就会以外部参照的方式插入，而建筑专业并不希望其他专业直接通过参照编辑修改原图，就可以设置此参数，从而防止其他专业不小心修改了建筑底图。

7.2　设　计　中　心

AutoCAD设计中心（DesignCenter）与Windows的资源管理器类似。使用设计中心不仅可以浏览、查找、打开、预览和管理图形、块、外部参照和光栅图像等文件，还可以通过拖动操作，将用户计算机上、网站上的块、图层和外部参照插入到当前图形中。如果打开了多个图形文件，可以通过设计中心在图形之间复制和粘贴其他内容，如图层的定义、文字样式等，这样资源可以得到共享，提高了图形设计的效率。

7.2.1 打开设计中心

启动“设计中心”命令的方法有以下几种。

- 单击菜单栏的“工具”→“选项板”→“设计中心”命令。
- 切换到“插入”选项卡，在“内容”面板上，单击“设计中心”按钮。
- Ctrl+2 快捷键。
- 在命令行中输入“Adcenter（ACD）”命令，单击 Enter 键或空格键。

执行上述命令后，弹出“设计中心”选项板，如图 7-15 所示，在选项板左侧是树形的文件夹列表，和资源管理器一样，可以很方便地找到需要的图纸文件。右侧内容区中显示在树状图区所选定的文件的相关信息，如图层、标注样式、文字样式等。

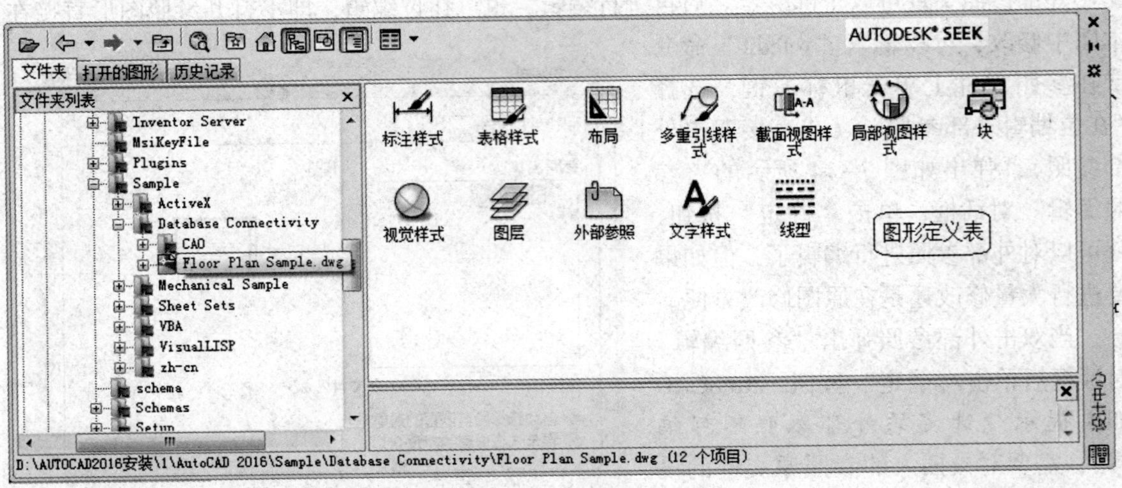

图 7-15 “设计中心”选项板

该选项板各项含义如下。

(1)“文件夹”选项卡：显示设计中心的内容。

(2)“打开的图形”选项卡：显示打开的所有图形。

(3)“历史记录”选项卡：显示最近在设计中心打开的文件列表，包括文件的完整路径。

(4)“加载”按钮：可以打开“加载”对话框，然后选择要加载的文件，在树状图区将显示该文件的名称并选中该文件，同时在内容区显示文件包含的全部信息。

(5)“上一页”按钮：单击该按钮进入上一次浏览的页面。

(6)“下一页”按钮：在选择浏览“上一页”操作后，单击该按钮返回到后来浏览的页面。

(7)“上一级”按钮：回到上级目录。

(8)“搜索”按钮：可以打开“搜索”对话框，指定搜索条件，搜索需要的图形文件。

(9)“收藏夹”按钮：单击该按钮，在内容区显示“收藏夹”文件夹的内容。

(10)“主页”按钮：单击该按钮，设计中心返回默认文件夹，默认文件夹为“…\Sample\Design Center”。

(11)“树状图切换”按钮：单击该按钮，可以显示或隐藏树状图。

(12)“预览”按钮：单击该按钮，可以打开或关闭预览窗口，以确定是否显示预览图像，用户可通过拖动鼠标改变预览窗口的大小。

（13）“说明”按钮：单击该按钮，可以显示或隐藏窗口中选定文件的文字说明。

（14）“视图”按钮：单击该按钮，在弹出的下拉列表中选择一种适合的视图，控制内容的显示方式。

7.2.2　使用设计中心

使用设计中心可以在当前图形中插入块、引用光栅图形、外部参照，在图形之间复制图层、块、线型、文字样式、标注样式等。

1. 插入块

在“设计中心”选项板中，定位到需要的图形文件后，在内容区双击“块”图标，或者在“块”图标上单击鼠标右键，单击“浏览”命令，就会显示该图形里包含的“块”图形。将“块”图形插入到当前图形中的方法有以下几种。

（1）在需要的“块”图形上单击鼠标右键，选择“复制”命令，返回到绘图区，按“Ctrl+V”即可粘贴到当前图形中，如图 7-16 所示。

（2）双击需要的“块”图形，或这在需要的“块”图形上单击鼠标右键，选择“插入块”命令，如图 7-16 所示。弹出“插入”对话框，如图 7-17 所示，在该对话框中键入要缩放的比例和旋转的角度后单击“确定”即可。

（3）如果“块”图形缩放的比例是 1，旋转的角度是 0，可以直接将该“块”图形用鼠标拖入当前的图形里。

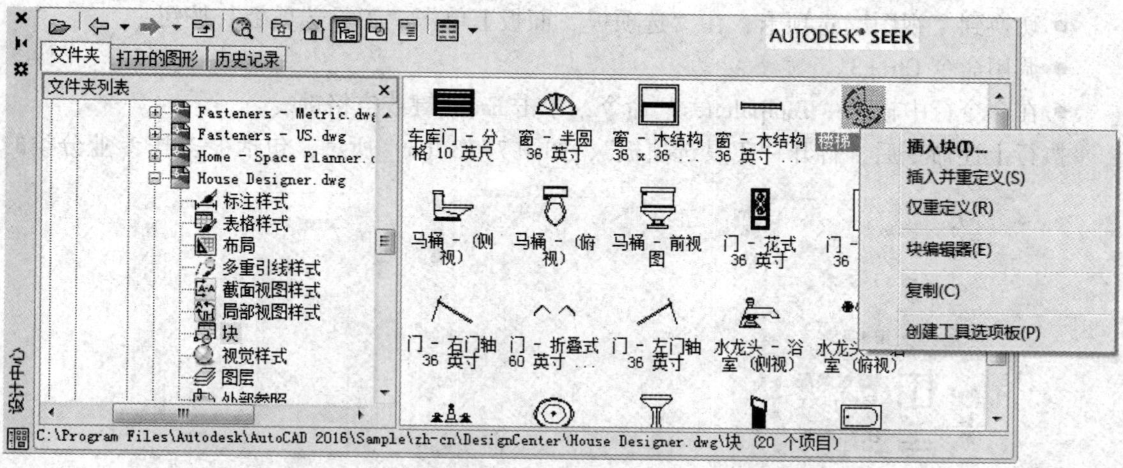

图 7-16　利用设计中心插入块

2. 引用外部参照

在设计中心的内容区，在需要引用的外部参照上单击鼠标右键，在打开的快捷菜单中选择“附着为外部参照”选项，弹出“附着外部参照”对话框。

3. 快速定位常用的文件

如果经常要用到某个文件夹或图形文件，可以在这个文件夹或图形文件上单击鼠标右键，选择“设置为主页”命令，以后只要单击设计中心上方的“主页”按钮，就会立刻定位到设置成主页的文件夹或图形文件。

也可以将经常要用到的某个文件夹或图形文件添加到收藏夹，在这个文件夹或图形文件上单击鼠标右键，选择“添加到收藏夹”命令，以后单击“收藏夹”按钮，就可以定位到

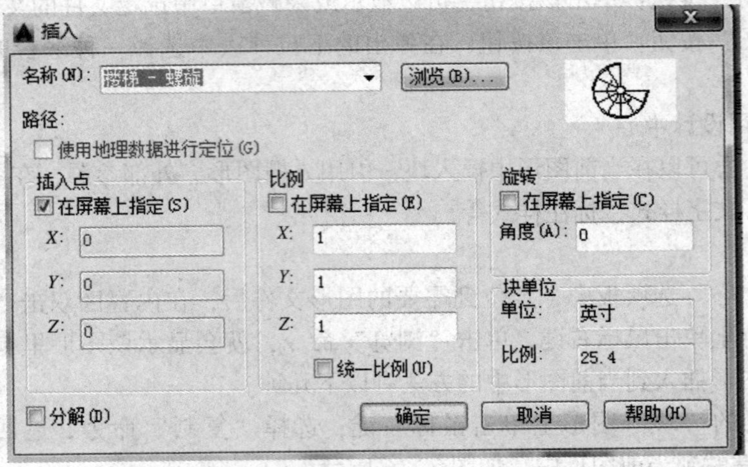

图 7-17 “插入”对话框

添加到收藏夹里的文件夹或图形文件。

4. 结合工具选项板使用

打开“工具选项板”的方法有以下几种。

- 单击菜单栏“工具”→“选项板”→“工具选项板”。
- 切换到“视图”选项卡，在“选项板”面板上单击“工具选项板”按钮。
- 调用命令 Ctrl+3。
- 在命令行中输入“Toolpalettes”命令，单击 Enter 键或空格键。

执行上述命令后，打开“工具选项板”，如图 7-18（a）所示，包括很多按专业分类的

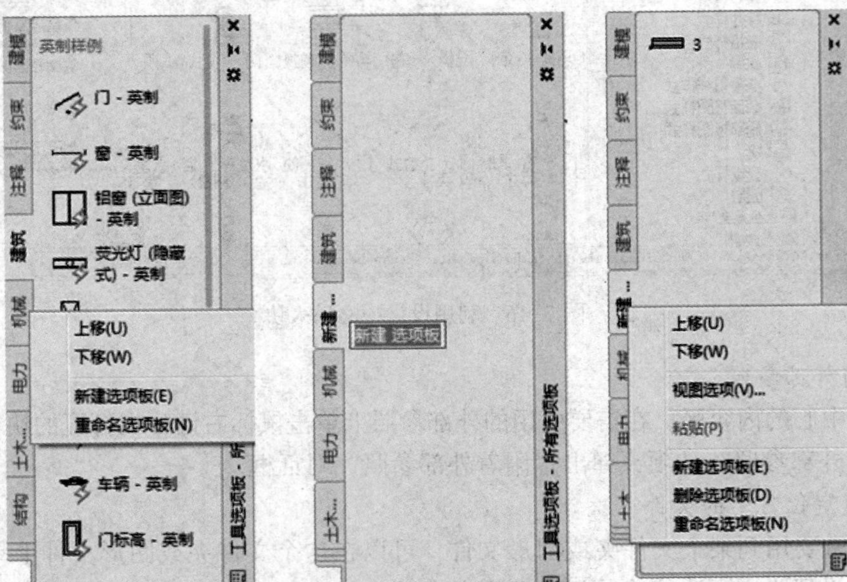

图 7-18 工具选项板

块，直接拖动就可以将块插入到当前图形中。

在“工具选项板”上单击鼠标右键，在弹出的快捷菜单中选择“新建选项板”命令，如图 7-18（a）和（b）所示，创建一个新的选项板。可以将当前图形中的块或在设计中心选定的图块通过拖动，放到新建选项板中，以后就可以从“工具选项板”中直接拖动到绘图区，更加方便，如图 7-18（c）所示，新建选项板及原有选项板也可以通过单击鼠标右键，在弹出的快捷菜单中单击“删除选项板”命令进行删除。

第 8 章　文 字 与 表 格

标注文字及表格的使用

学习内容

学习 AutoCAD 文字和表格，以及文字样式和表格样式的概念，掌握在图形中创建文字和表格的方法，对已创建的文字、表格及文字样式和表格样式进行修改和编辑的方法与技巧。

8.1　设置文字样式

所有 AutoCAD 图形中的文字都有其相对应的文本样式。文本样式是用来控制文字基本形状的一组设置。当输入文字对象时，AutoCAD 使用当前设置的文本样式。

启动“文字样式”命令的方法有以下几种。

- 单击菜单栏的“格式”→“文字样式”命令。
- 切换到“默认”选项卡，展开“注释”面板，单击“文字样式”按钮。
- 切换到“注释”选项卡，单击“文字”面板右下角的斜向箭头按钮。
- 在命令行中输入“style”，单击 Enter 键或空格键。

执行上述命令后，打开“文字样式”对话框，如图 8-1 所示。

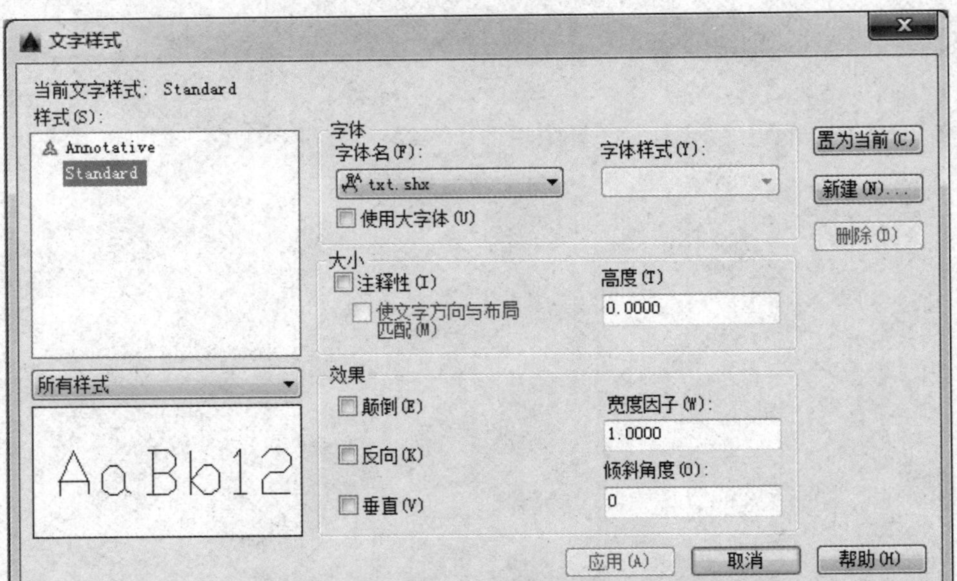

图 8-1　“文字样式”对话框

在“文字样式”对话框中，各选项含义如下。

1.“样式（S）”

AutoCAD 默认的当前文字样式是“standard”，可以直接修改当前的“standard”文字样式的设置，也可以创建一个新的文字样式。一个文字样式只能设置一种文字特征。在样式名上单击鼠标右键，在弹出的菜单中可以执行“置为当前”“重命名”或“删除”命令，如图 8-2 所示，当前样式不能被删除。

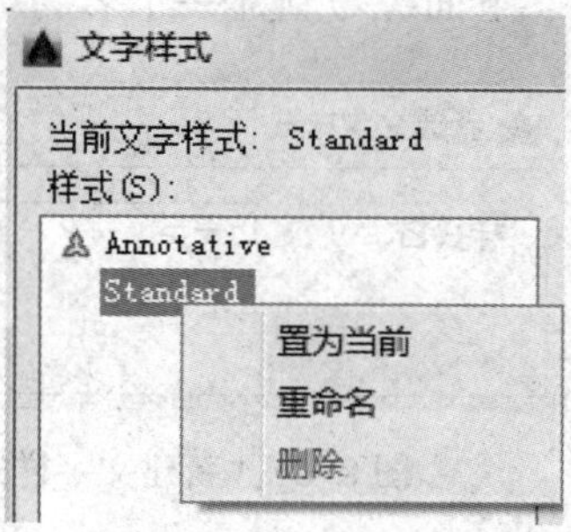

图 8-2　右键菜单命令

2.“置为当前”按钮

单击需要置为当前的文字样式名称后，单击“置为当前”按钮。也可以在标注文字过程中切换当前文字样式，方法如下。

（1）切换到“默认”选项卡，展开“注释”面板，单击“文字样式”下拉箭头，在要置为当前的样式名称上单击鼠标左键。

（2）切换到“注释”选项卡，在“文字”面板上单击“文字样式”下拉箭头，在要置为当前的样式名称上单击鼠标左键。

3.“新建”按钮

单击该按钮，在打开的“新建文字样式”对话框中输入新建文字样式名称，单击“确定”按钮，即返回到“文字样式”对话框，可以对该样式进行字体等特征的设置。

4.“字体”选项区

用来确定文本样式使用的字体名和字体样式。在 AutoCAD 中，除了它固有的 SHX 形字体文件外，还可以使用 True Type 字体。勾选“使用大字体”复选框后，可以使用 SHX 形字体，大字体是亚洲国家使用的非拼音文字的大字符集体字。

5.“大小”选项区

“注释性”复选框用于设置文字样式为注释性文字，勾选后，在文字样式名称前面出现一个符号 ⚠，标志文字样式具有注释特性。

“使文字方向与布局匹配”复选框用于指定图纸空间视口中的文字方向与布局方向匹配。如果清除“注释性”选项，则该选项不可用。

“高度”用于设置文字的高度，默认设置为“0”。如果改为其他数值，则在使用单行文字命令标注文字时，将不再提示文字高度，标注的字高被固定了。一般情况下，不需要改变默认值“0”，AutoCAD 则会在每次创建单行文字时提示输入字高，即可在标注过程中随时改变字高。

6.“效果”选项区

选中“颠倒”复选框，表示将文本文字倒置标注；选中“反向”复选框，将反向标注文字；“垂直”复选框用于确定文本是水平标注还是垂直标注。

“宽度因子”用于确定文本字符的宽、高比。当比例系数为 1 时，表示将按字体文件中定义的宽、高比标注文字；当此系数小于 1 时，文字会变窄，大于 1 时会变宽。

“倾斜角度”用于确定文字的倾斜角度。角度为 0 时不倾斜，为正时向右倾斜，为负时向左倾斜。

7. “应用” 按钮

确认对文本样式的设置。当建立新的样式或对现有样式的某些特征进行修改后都需要单击此按钮，AutoCAD 确认所做的改动。

下面练习新建一个名为“仿宋字”的文字样式，过程如下。

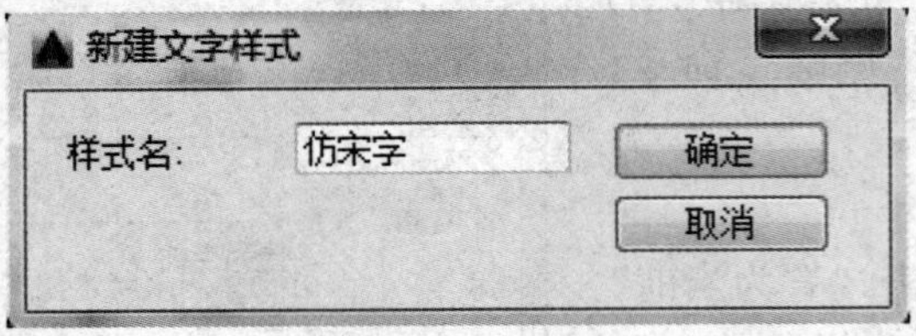

图 8-3 “新建文字样式”对话框

(1) 在“文字样式”对话框中，单击“新建”按钮，弹出“新建文字样式”对话框，输入文字样式名称“仿宋字”，如图 8-3 所示。

(2) 单击“确定”按钮，返回到“文字样式”对话框，在“样式 (S)”列表中出现新建的文字样式“仿宋字”，选中该样式，在“字体名”下拉列表中选择“仿宋”，在“宽度因子”文本框中输入 0.7，单击“应用”按钮，再单击“关闭”按钮。

8.2 创建单行文字

在绘图过程中，如果输入的文字较短，如一些图名，可以使用单行文字命令来标注文字，在命令行输入文字的同时显示在屏幕上，而且在创建过程中可以随时改变文本的位置，只要将光标移到新的位置，然后单击鼠标左键，则当前行结束，随后输入的文本在新的位置出现，用这种方法可以把多行文本标注到绘图区的任何地方。双击鼠标左键退出命令。

在执行一次单行文字命令过程中创建了几行单行文字，每行文字分别是一个整体，可以单独进行编辑。

启用“单行文字”命令的方法有以下几种。

- 单击菜单栏的“绘图”→“文字”→“单行文字”命令。
- 切换到“默认”选项卡，在“注释”面板上单击“文字”按钮的下拉箭头，在下拉菜单中单击“单行文字”按钮A。
- 切换到“注释”选项卡，在“文字”面板上单击“多行文字”按钮的下拉箭头，在下拉菜单中单击“单行文字”按钮A。
- 在命令行中输入“text”，单击 Enter 键或空格键。

执行上述命令后，命令行提示如下。

当前文字样式：“Standard” 文字高度：2.5000 注释性：否对正：左

指定文字的起点 或 [对正 (J)/样式 (S)]：(在绘图区单击鼠标左键确定起点)

指定高度 <2.5000>：5↙ (输入文字高度 5)

指定文字的旋转角度 <0>：↙ (默认文字倾斜角度为 0)

输入文字：(输入文本)

在“指定文字的起点 或 [对正 (J)/样式 (S)]：”提示下键入“J↙”，用来确定文本的对齐方式，对齐方式决定文本的哪一部分与所选的插入点对齐。执行此选项，AutoCAD 提示如下。

指定文字的起点 或 [对正 (J)/样式 (S)]：j↙

输入选项 [左 (L)/居中 (C)/右 (R)/对齐 (A)/中间 (M)/布满 (F)/左上 (TL)/中上 (TC)/右上 (TR)/左中 (ML)/正中 (MC)/右中 (MR)/左下 (BL)/中下 (BC)/右下 (BR)]:

在此提示下选择一个选项作为文本的对齐方式。当文本串水平排列时，AutoCAD 为标注文本定义了如图 8-4 所示的底线、基线、中线和顶线，各种对齐方式如图 8-5 所示，图中大写字母对应上述提示中各命令。

图 8-4　文本行的底线、基线、中线和顶线

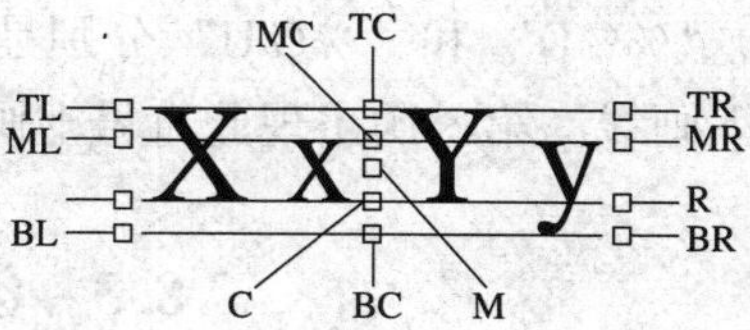

图 8-5　文本的对齐方式

下面以“对齐”为例进行简要说明。

选择“对齐 (A)”选项，要求用户指定文本行基线的起始点与终止点的位置，AutoCAD 提示如下。

指定文字基线的第一个端点：(指定文本行基线的起点位置)

指定文字基线的第二个端点：(指定文本行基线的终点位置)

输入文字：(输入一行文本后回车)

输入文字：(继续输入文本或直接回车结束命令)

结果所输入的文本字符均匀地分布于指定的两点之间，如果两点间的连线不水平，则文本行倾斜放置，倾斜角度由两点间的连线与 X 轴的夹角确定；字高、字宽根据两点间的距离、字符的多少及文本样式中设置的宽度系数自动确定。指定了两点之后，每行输入的字符越多，字宽和字高越小。

其他选项与“对齐”选项类似，不再赘述。

实际绘图时，有时需要标注一些特殊字符，如直径符号、上画线或下画线、温度符号等，由于这些符号不能直接从键盘上输入，AutoCAD 提供了一些控制码，用来实现这些要求。控制码用两个百分号 (%%) 加一个字符构成，常用的控制码见表 8-1。

表 8-1　AutoCAD 常用控制码

符号	功能	符号	功能
%%O	上画线	\u+0278	电相位
%%U	下画线	\u+E101	流线
%%D	“度”符号 (°)	\u+2261	标识
%%P	正负符号 (±)	\u+E102	界碑线
%%C	直径符号 (ϕ)	\u+2260	不相等
%%%	百分号 (%)	\u+2126	欧姆
\u+2248	几乎相等	\u+03A9	欧米加

续表

符号	功能	符号	功能
\ u+2220	角度	\ u+214A	地界线
\ u+E100	边界线	\ u+2082	下角标
\ u+2104	中心线	\ u+00B2	平方
\ u+0394	差值		

其中，“%%O”和“%%U”分别是上画线和下画线的开关，第一次出现此符号开始画上画线和下画线，第二次出现此符号上画线和下画线终止。

8.3 创建多行文字

对于文字内容较长、格式较复杂的文字段，可以用多行文字输入。与单行文字相比，多行文字包含的多个段落是一个整体，可以整体编辑。

启动“多行文字”命令的方法有以下几种。

- 单击菜单栏的“绘图”→“文字”→“多行文字”命令。
- 切换到“默认”选项卡，在“注释”面板上单击“文字”按钮的下拉箭头，在下拉菜单中单击“多行文字”按钮**A**。
- 切换到“注释”选项卡，在“文字”面板上单击“多行文字”按钮的下拉箭头，在下拉菜单中单击“多行文字”按钮**A**。
- 在命令行中输入“mtext”，单击 Enter 键或空格键。

执行上述命令后，命令行提示如下。

当前文字样式：“Standard” 文字高度：2.5 注释性：否

指定第一角点：(在绘图区拾取一点，作为矩形输入框的第一个角点)

指定对角点或［高度（H)/对正（J)/行距（L)/旋转（R)/样式（S)/宽度（W)/栏(C)］：(再拾取一点作为矩形输入框的对角点)

以上提示中各选项含义如下。

1. 指定对角点

直接在屏幕上选取一个点作为矩形框的第二个角点，AutoCAD 以拾取的两个点为对角点形成一个矩形区域，其宽度作为将来要标注的多行文本的宽度，而且第一个点作为第一行文本顶线的起点，矩形输入框的大小可以进行调整。

2. 高度（H)

用户可以在屏幕上拾取一点，该点与第一角点的距离是文字的高度，或者在命令行中输入文字高度值。

3. 对正（J)

确定所标注文本的对齐方式。执行此选项后，AutoCAD 提示如下。

输入对正方式［左上（TL)/中上（TC)/右上（TR)/左中（ML)/正中（MC)/右中(MR)/左下（BL)/中下（BC)/右下（BR)］<左上（TL）>:

这些对齐方式与 Text 命令中的各对齐方式相同。选取一种对齐方式后回车，AutoCAD

回到上一级提示“指定对角点或［高度（H）/对正（J）/行距（L）/旋转（R）/样式（S）/宽度（W）/栏（C）］：”。

4. 行距（L）

确定多行文本的行间距，这里所说的行间距是指相邻两文本行的基线之间的垂直距离。执行此选项后，AutoCAD 提示如下。

输入行距类型［至少（A）/精确（E）］<至少（A）>：

在此提示下有两种方式确定行间距：“至少”方式和“精确”方式。在“至少”方式下，AutoCAD 根据每行文本中最大的字符自动调整行间距；在“精确”方式下，AutoCAD 给多行文本赋予一个固定的行间距。可以直接输入一个确切的间距值，也可以输入“nx”的形式，其中，*n* 是一个具体数，表示行间距设置为单行文本高度的 *n* 倍，而单行文本高度是本行文本字符高度的 1.66 倍。

5. 旋转（R）

确定文本行的倾斜角度。执行此选项后，AutoCAD 提示如下。

命令：_mtext（调用多行文字命令）

当前文字样式：“Standard” 文字高度：2.5 注释性：否

指定第一角点：

指定对角点或［高度（H）/对正（J）/行距（L）/旋转（R）/样式（S）/宽度（W）/栏（C）］：r↙

指定旋转角度 <0>：（输入倾斜角度，输入角度值后按 Enter 键）

指定对角点或［高度（H）/对正（J）/行距（L）/旋转（R）/样式（S）/宽度（W）/栏（C）］：

6. 样式（S）

确定当前的文本样式。

7. 宽度（W）

指定多行文本的宽度。可在屏幕上选取一点与前面确定的第一个角点组成的矩形框的宽作为多行文本的宽度。也可以输入一个数值，精确设置多行文本的宽度。

8. 栏（C）

根据栏宽、栏间距宽度和栏高组成矩形框。

执行多行文字命令并指定输入框后，系统将打开“文字编辑器”选项卡，包括“样式”面板、“格式”面板、“段落”面板、“插入”面板、“拼写检查”面板、“工具”面板、“选项”面板和“关闭”面板，如图 8-6 所示。

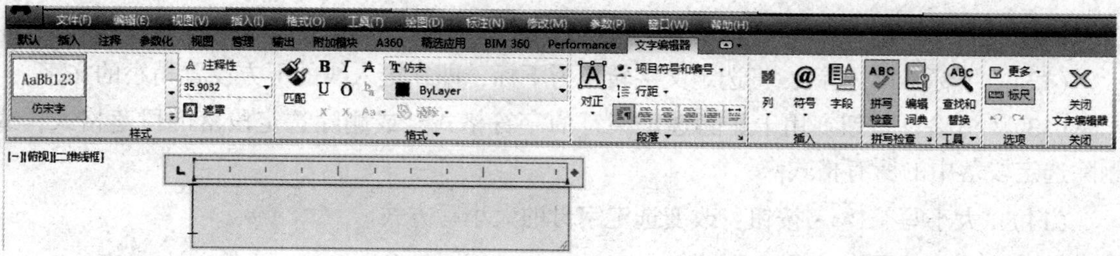

图 8-6 “文字编辑器”选项卡

“文字编辑器”用来控制文字的显示特性。可以在输入文本文字前设置文本的特性，也可以改变已输入的文本文字特性，如设置字体、字形、大小、文字颜色等。设置完毕后，单击“关闭文字编辑器”按钮。

该选项卡中各主要选项的含义如下。

(1)“文字高度”：用于确定文本的字符高度，可在文本编辑框中直接输入新的字符高度，也可从下拉列表中选择已设定过的高度。

(2)“**B**”和“*I*”按钮：用于设置黑体和斜体效果，只对 TrueType 字体有效。

(3)“删除线”按钮 A ：用于在文字上添加水平删除线。

(4)“下画线” U 与“上画线” O 按钮：用于设置或取消上（下）画线。

(5)“堆叠”按钮 b/a：用于层叠所选的文本，也就是创建分数形式。当文本中某处出现“/”“^”或“#”这 3 种层叠符号之一时可层叠文本，方法是选中需层叠的文字，然后单击此按钮，则符号左边的文字作为分子，右边的文字作为分母。

AutoCAD 提供了三种分数形式，例如，选中“abcd/efgh”后单击此按钮，得到如图 8-7（a）所示的分数形式；如果选中“abcd^efgh”后单击此按钮，则得到如图 8-7（b）所示的形式，此形式多用于标注极限偏差；如果选中“abcd#efgh”后单击此按钮，则创建斜排的分数形式，如图 8-7（c）所示。如果选中已经层叠的文本对象后单击此按钮，则恢复到非层叠形式。

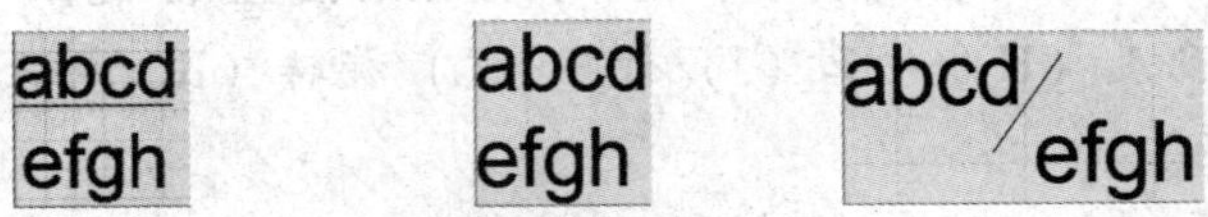

(a)　(b)　(c)

图 8-7　文本层叠

(6)“符号”按钮：用于输入各种符号。单击该按钮，系统打开符号列表，可以从中选择符号输入到文本中。

(7)“字段”按钮：插入一些常用或预设字段。单击该按钮，系统打开“字段”对话框，如图 8-8 所示，用户可以从中选择字段插入到标注文本中。

(8)“追踪”按钮 a-b：增大或减小选定字符之间的空隙。

(9)“多行文字对正”按钮：显示“多行文字对正”菜单，并且有 9 个对齐选项可用。

(10)“宽度因子”按钮 O：扩展或收缩选定字符。

(11)“上标” x 按钮：将选定文字转换为上标，即在键入线的上方设置稍小的文字。

(12)“下标” x 按钮：将选定文字转换为下标，即在键入线的下方设置稍小的文字。

(13)“清除”按钮：用于删除选定字符的字符格式，或删除选定段落的段落格式，或删除选定段落中的所有格式。

(14)“大小写” Aa 按钮：改变选定字母的大小写方式。

(15)“项目符号和编号”按钮：

1）关闭：如果选择此选项，将从应用了列表格式的选定文字中删除字母、数字和项目

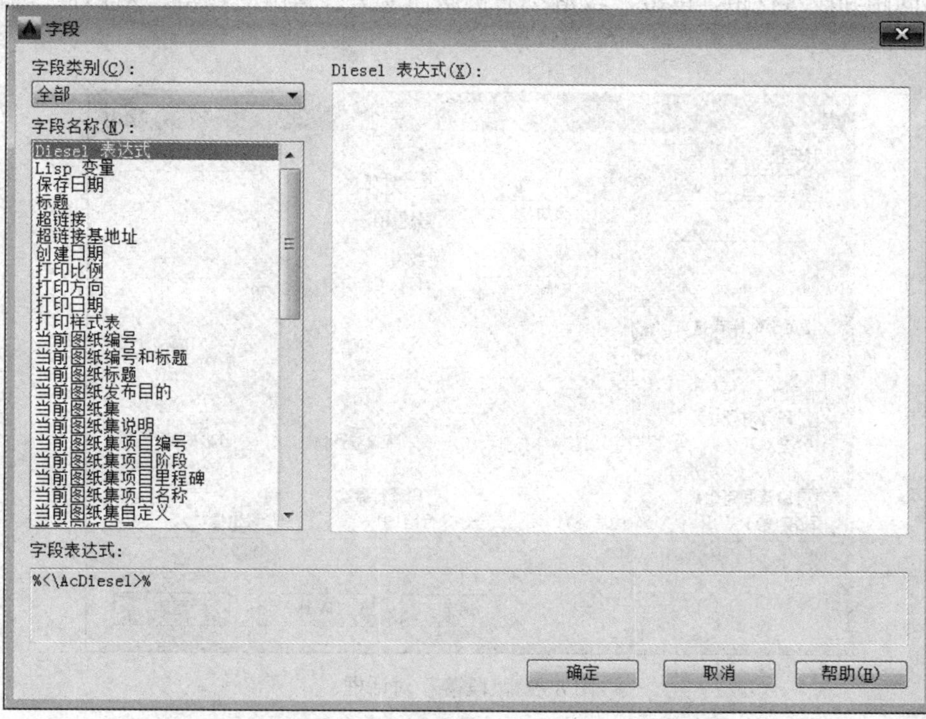

图 8-8 “字段”对话框

符号，不更改缩进状态。

2）以数字标记：应用将带有句点的数字用于列表中的项的列表格式。

3）以字母标记：应用将带有句点的字母用于列表中的项的列表格式。如果列表含有的项多于字母中含有的字母，可以使用双字母继续序列。

4）以项目符号标记：应用将项目符号用于列表中的项的列表格式。

5）启动：在列表格式中启动新的字母或数字序列。如果选定的项位于列表中间，则选定项下面的未选中的项也将成为新列表的一部分。

6）继续：将选定的段落添加到上面最后一个列表然后继续序列。如果选择了列表项而非段落，选定项下面的未选中的项将继续序列。

7）允许自动项目符号和编号：在键入时应用列表格式。以下字符可以用作字母和数字舌的标点，并不能用作项目符号：句点（.）、逗号（,）、右括号（））、右尖括号（>）、右方括号（]）和右花括号（}）。

8）允许项目符号和列表：如果选择此选项，列表格式将应用到外观类似列表的多行文字对象中的所有纯文本。

（16）“拼写检查”：确定键入时拼写检查处于打开还是关闭状态。

（17）“编辑词典”：显示“词典”对话框，从中可添加或删除在拼写检查过程中使用的自定义词典。

（18）“标尺”：在编辑器顶部显示标尺。拖动标尺末尾的箭头可更改文字对象的宽度。

（19）“段落”：为段落和段落的第一行设置缩进。指定制表位和缩进，控制段落对齐方式、段落间距和段落行距，单击“段落”右侧斜向箭头，弹出“段落”对话框，如图 8-9 所示。

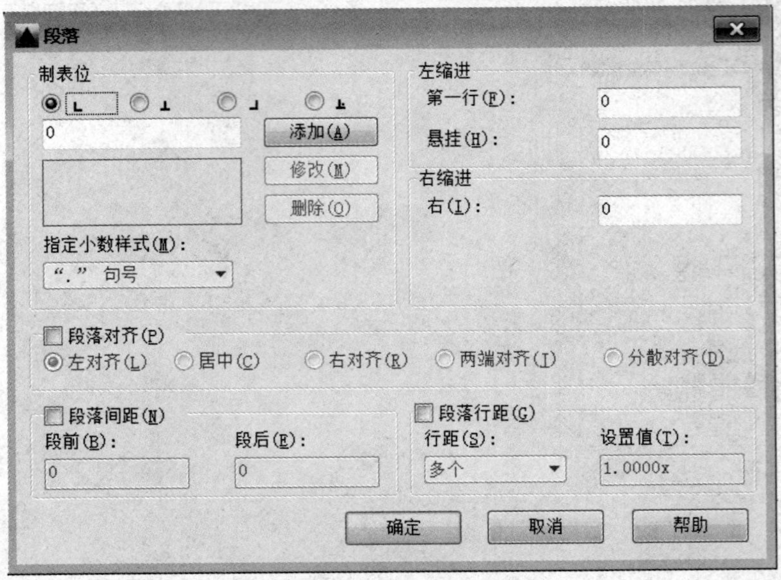

图 8-9 “段落”对话框

8.4 编 辑 文 字

8.4.1 编辑文字内容

文字标注完成后，有时需要对已标注文字或其属性进行修改。

启动文本编辑命令的方法有以下几种。

- 单击菜单栏的“修改”→“对象”→“文字”→“编辑”命令。
- 在文字段双击鼠标左键，即进入编辑状态。
- 在命令行中输入“ddedit”，单击 Enter 键或空格键。

在“文字”面板中，还可以通过“文字对齐”和“文字对正”两个按钮对文字进行修改。

1. 编辑单行文字

在需要编辑的单行文字上双击鼠标左键，进入编辑状态，修改完成后单击绘图区空白处或单击 Enter 键结束命令。这种方式只能改变单行文字的内容，如果想修改其他文字特性，可以利用“特性”选项卡，修改文字的内容、样式、高度、旋转、宽度因子、倾斜等，如图 8-10 所示。

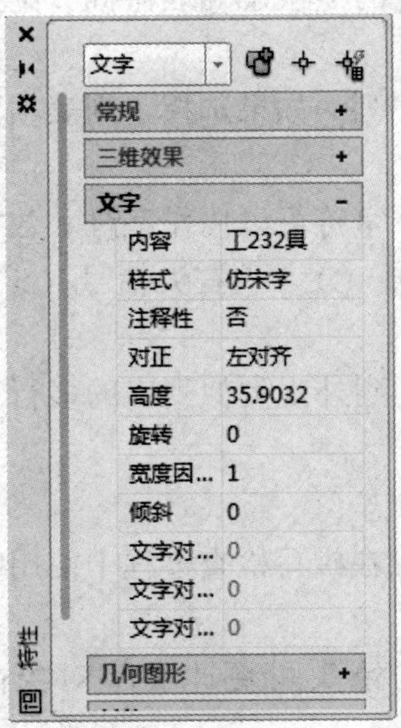

图 8-10 “特性”选项卡

2. 编辑多行文字

在需要编辑的多行文字上双击鼠标左键，切换到“文字编辑器”选项卡界面，与 Word 等文字处理软件类似，这里可修改文字的字体、字高、加粗、倾斜、下划线、颜色、文字样式等特性进行编辑，完成后单击“关闭文字编辑器”按钮。

8.4.2　查找和替换文字

在对文字编辑时，通常需要对整个图形或部分图形的一批文字进行内容或属性上的更改，如何才能在大量的文字中选择出需要更改的文字并进行修改，AutoCAD 提供了查找和替换命令。

启动“查找和替换”命令的方法有以下几种。

- 单击菜单栏的“注释”→“文字”，在查找中输入文字，单击“查找和替换”按钮。
- 切换到“注释”选项卡，在“文字”面板上单击“查找和替换”按钮。
- 在命令行中输入“find”，单击 Enter 键或空格键。

执行上述命令后，打开“查找和替换”对话框，如图 8-11 所示。

“查找位置”用于确定查找范围，在“查找内容”和“替换为”中分别输入查找内容和替换内容，可直接单击“全部替换”按钮，进行一次性替换。关闭完成操作，回到绘图界面观察结果。

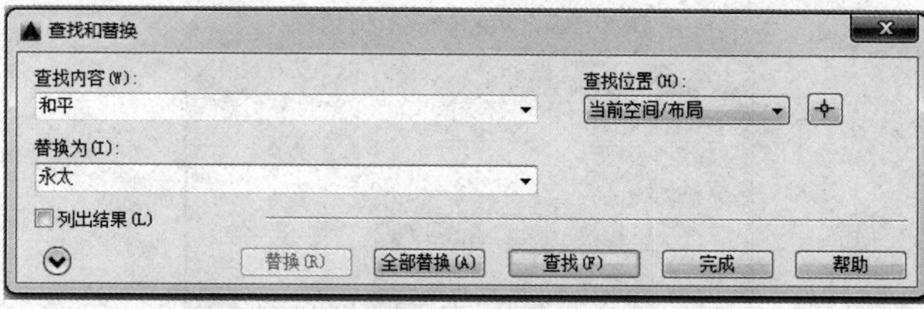

图 8-11　“查找和替换”对话框

8.5　设置表格样式

AutoCAD 图形中的表格都有和其相对应的表格样式。当插入表格对象时，AutoCAD 使用当前设置的表格样式。

启动“表格样式”命令的方法有以下几种。

- 单击菜单栏的“格式”→“表格样式”命令。
- 切换到“注释”选项卡，单击“表格”面板右下角的斜向箭头按钮。
- 切换到“默认”选项卡，展开“注释”面板，单击“表格样式”按钮。
- 在命令行中输入“tablestyle”，单击 Enter 键或空格键。

执行上述命令后，打开“表格样式”对话框，如图 8-12 所示。

在该对话框中，只有默认的“Standard”演示，单击“新建”按钮，打开“创建新的表格样式”对话框，如图 8-13 所示。输入新的表格样式名后，单击“继续”按钮，打开“新建表格样式”对话框，如图 8-14 所示，从中可以定义新的表格样式。

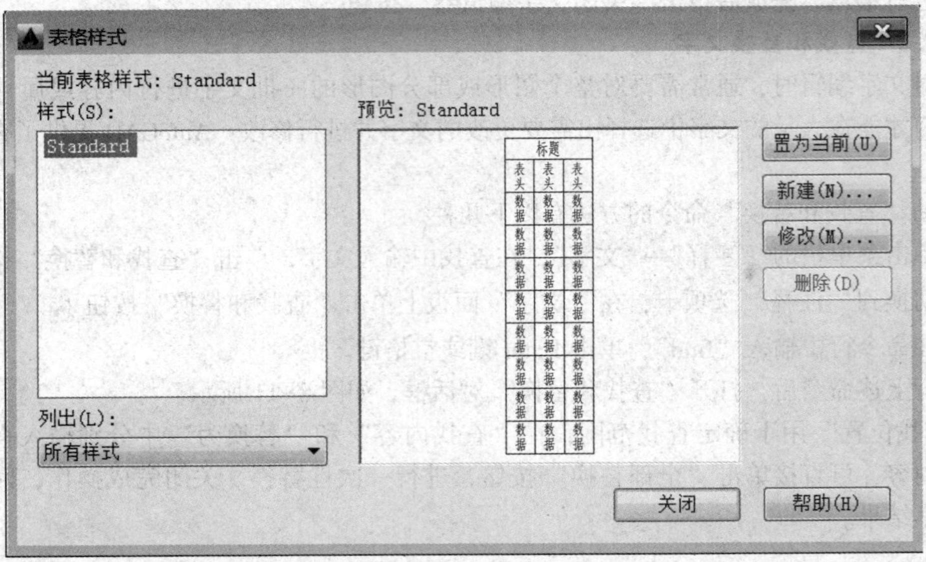

图 8-12 “表格样式”对话框

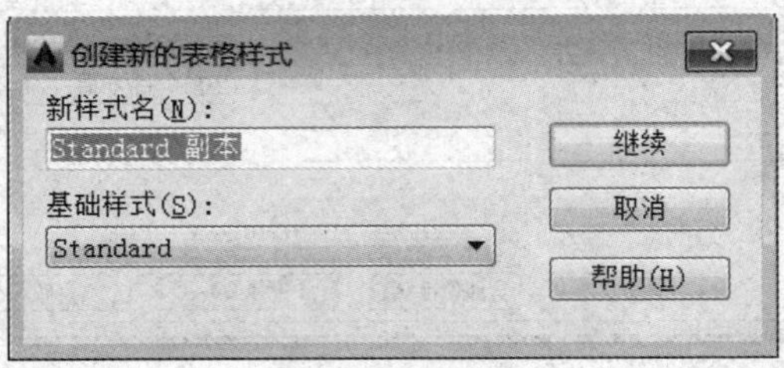

图 8-13 “创建新的表格样式”对话框

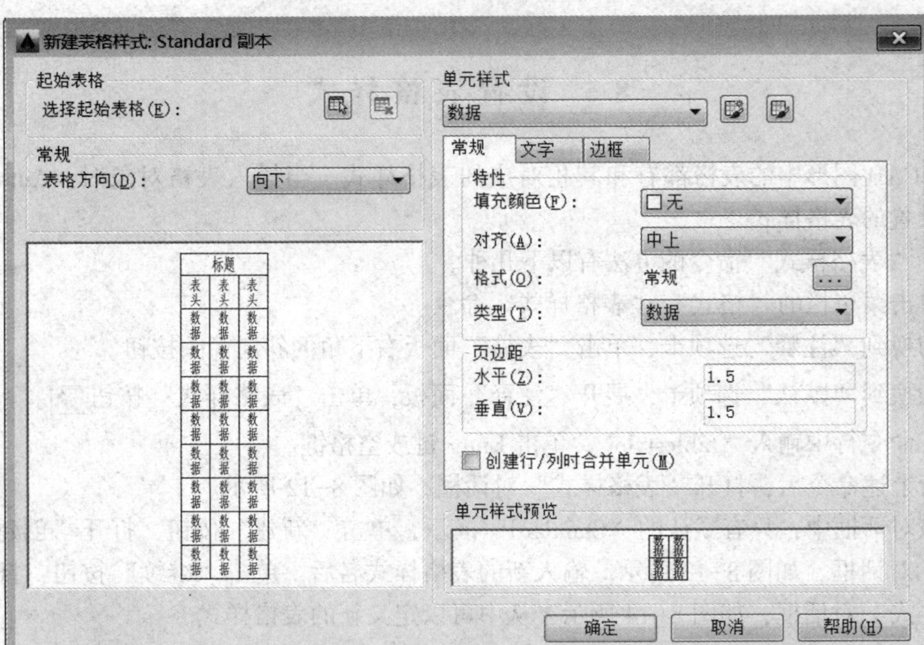

图 8-14 “新建表格样式”对话框

在"新建表格样式"对话框中，各选项含义如下。

1."起始表格"选项组

选择起始表格，可以在图形中选择一个要应用新表格样式设置的表格。

2."常规"选项组

表格方向：包括"向下"和"向上"选项。选择"向上"选项是指创建由下而上读取的表格，标题行和列标题行都在表格的底部；选择"向下"选项是指创建由上而下读取的表格，标题行和列标题行都在表格的顶部。

3."单元样式"选项组

选择要应用到表格的单元样式，或通过单击该下拉列表右侧的按钮，创建一个新单元样式。

4."常规"选项卡

(1) 填充颜色：指定填充颜色。选择"无"或选择一种背景色，或者单击"选择颜色"按钮，在弹出的"选择颜色"对话框中选择适当的颜色。

(2) 对齐：为单元内容指定一种对齐方式。"中心"指水平对齐；"中间"指垂直对齐。

(3) 格式：设置表格中各行的数据类型和格式。单击右边的省略号按钮弹出"表格单元格式"对话框，从中可以进一步定义格式选项。

(4) 类型：将单元样式指定为标签或数据，在包含起始表格的表格样式中插入默认文字时用，也用于在工具选项板上创建表格工具的情况。

(5) 页边距-水平：设置单元中的文字或块与左右单元边界之间的距离。

(6) 页边距-垂直：设置单元中的文字或块与上下单元边界之间的距离。

(7) 创建行/列时合并单元：将使用当前单元样式创建的所有新行或列合并到一个单元中。

5."文字"选项卡

(1) 文字样式：指定文字样式。选择文字样式，或单击右边的省略号按钮弹出"文字样式"对话框，可创建新的文字样式。

(2) 文字高度：指定文字高度。此选项仅在选定文字样式的文字高度为0时适用。如果选定的文字样式指定了固定的文字高度，则此选项不可用。

(3) 文字颜色：指定文字颜色。选择一种颜色或单击"选择颜色"按钮，在弹出的"选择颜色"对话框中选择适当的颜色。

(4) 文字角度：设置文字角度，默认文字角度为0°。可输入-359°~359°之间任何角度。

6."边框"选项卡

(1) 线宽：设置要用于显示边界的线宽。如果使用加粗的线宽，必须修改单元边距才能看到文字。

(2) 线型：通过单击边框按钮，设置线型以应用于指定边框。

(3) 颜色：指定颜色以应用于显示的边界。单击"选择颜色"按钮，在弹出的"选择颜色"对话框中选择适当的颜色。

(4) 双线：指定选定的边框为双线型。可通过在“间距”文本框中输入值来更改行距。

(5) 边框显示按钮：应用选定的边框选项。单击此按钮可将选定的边框选项应用到所有单元边框，包括外部边框、内部边框、底部边框、左边框、顶部边框、右边框或无边框。在“表格样式”对话框中单击“修改”按钮可对当前表格样式进行修改，方式与新建表格样式相同。

下面练习新建一个名为“标题栏”的表格样式，过程如下。

(1) 打开“表格样式”对话框，单击新建按钮，弹出“创建新的表格样式”对话框，在“新样式名”文本框中输入“标题栏”，单击“继续”按钮，打开“新建表格样式：标题栏”对话框。

(2) 在“新建表格样式：标题栏”对话框中，“单元样式”选择“数据”选项，在“常规”选项卡中设置数据的特性和页边距，如图 8-15 所示。

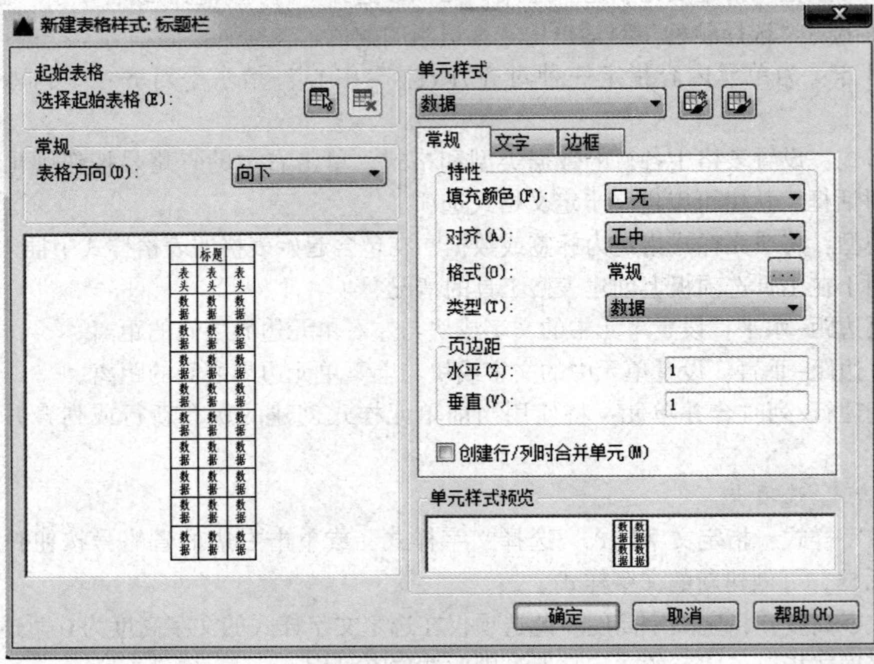

图 8-15 “新建表格样式：标题栏”对话框“常规”选项卡

(3) 在“文字”选项卡中，设置数据的“文字样式”为“样式 1”，在“文字高度”文本框中输入 5，“文字颜色”选择“Bylayer”，如图 8-16 所示。

(4) 在“边框”选项卡中，“单元样式”选择“数据”，设置边框特性“Bylayer”，并将边框特性设置应用于所有边框，如图 8-17 所示。

(5) 单击“确定”按钮，返回到“表格样式”对话框，单击“关闭”按钮完成样式的创建。

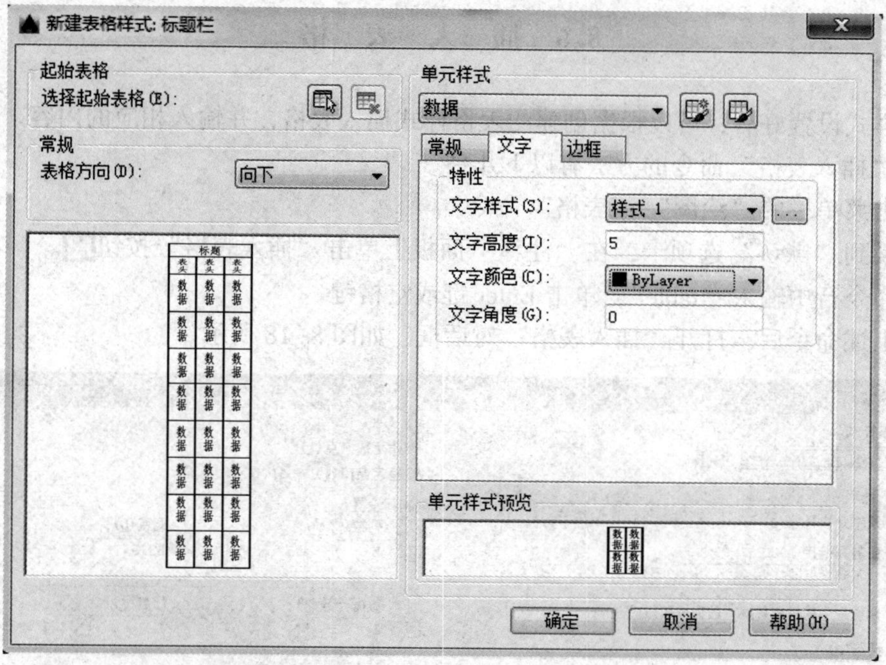

图 8-16 “新建表格样式：标题栏”对话框“文字”选项卡

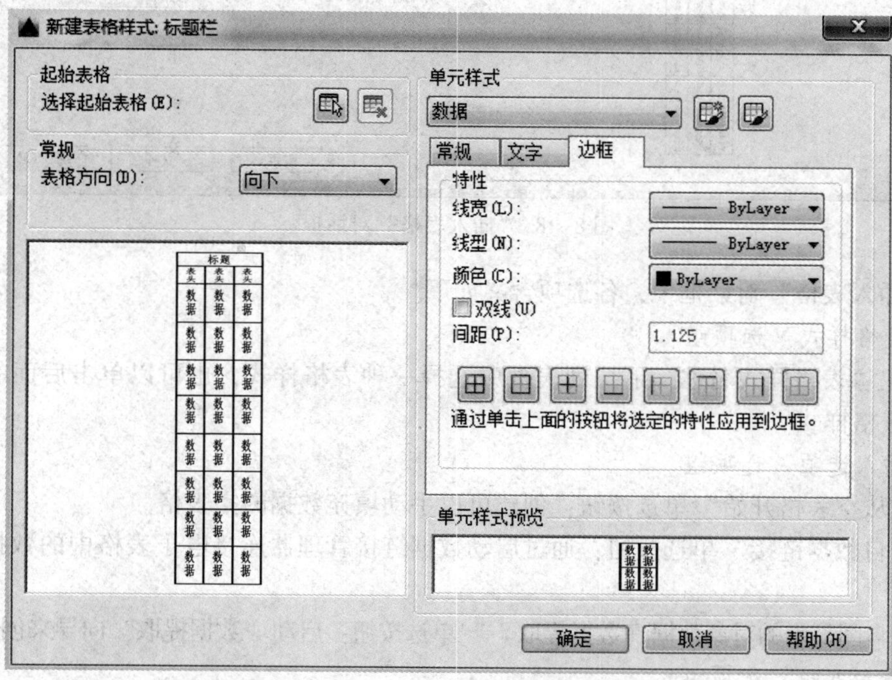

图 8-17 “新建表格样式：标题栏”对话框“边框”选项卡

8.6 插 入 表 格

表格样式设置好后，可以根据创建的表格样式插入表格，并输入相应的内容。

启动“插入表格”命令的方法有以下几种。

- 单击菜单栏的“绘图”→“表格”命令。
- 切换到“默认”选项卡，在“注释”面板上单击“插入表格”按钮。
- 在命令行中输入“table”，单击 Enter 键或空格键。

执行上述命令后，打开“插入表格”对话框，如图 8-18 所示。

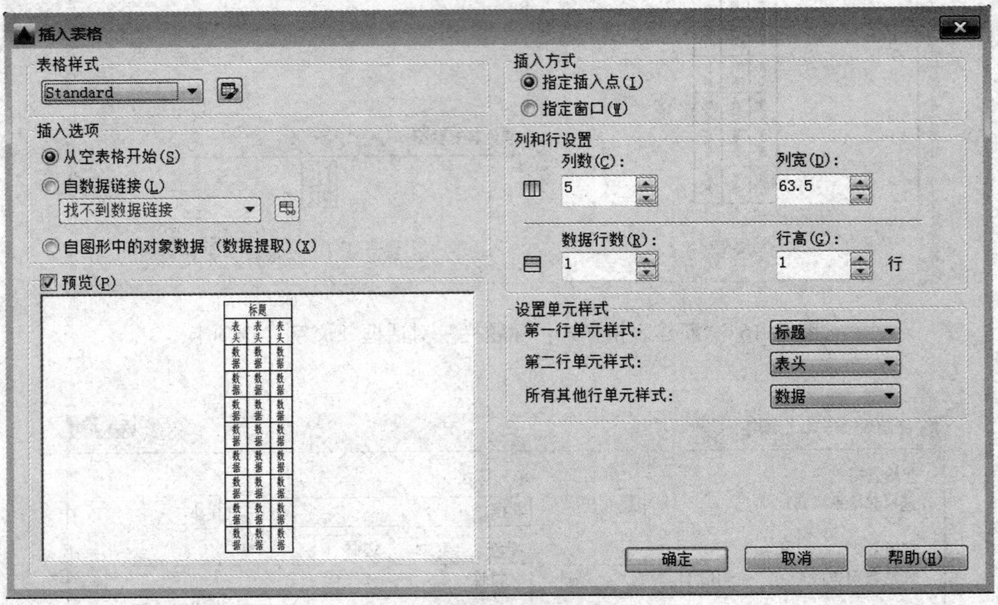

图 8-18 “插入表格”对话框

在“插入表格”对话框中，各选项含义如下。

1.“表格样式”选项组

可以在“表格样式名称”下拉列表框中选择一种表格样式，也可以单击后面的按钮新建或修改表格样式。

2.“插入选项”选项组

(1)“从空表格开始”单选按钮：创建可以手动填充数据的空表格。

(2)“自数据链接”单选按钮：通过启动数据链接管理器连接电子表格中的数据来创建表格。

(3)“自图形中的对象数据（数据提取）”单选按钮：启动“数据提取”向导来创建表格。

3.“插入方式”选项组

(1)“指定插入点”单选按钮：指定表左上角的位置。可以使用鼠标，也可以在命令行输入坐标值。如果将表的方向设置为由下而上读取，则插入点位于表的左下角。

(2)“指定窗口”单选按钮：指定表的大小和位置。可以使用鼠标，也可以在命令行输入坐标值。选定此选项时，行数、列数、列宽和行高取决于窗口的大小及列和行设置。

4.“列和行设置”选项组

指定列和行的数目，以及列宽与行高。

5.“设置单元样式”选项组

指定第一行、第二行和所有其他行单元样式为标题、表头或数据样式。

在图8-18的“插入表格”对话框中进行相应设置后，单击“确定”按钮，系统在指定的插入点或窗口自动插入一个空表格，并显示“文字编辑器”选项卡，用户可以逐行逐列输入相应的文字或数据。

下面练习使用创建表格命令，创建一个制图标题栏，过程如下。

(1) 打开“插入表格”对话框，选择“标题栏”表格样式，选择插入方式，输入列数、列距、行数、行高，其中行高的单位是“行”，输入1，表示行高为一个行高，即该单元格中文字高度与垂直方向页边距之和。单元各样式选择“数据”，如图8-19所示。

(2) 单击“确定”按钮，返回绘图区，单击鼠标左键确定表格插入位置，如图8-20(a)所示，系统同时打开“文字编辑器”选项卡，此时可以通过键盘上的方向键定位需要输入文本的单元格，也可以单击“文字编辑器”的“关闭”按钮，如图8-20(b)所示，插入的表格可以进行编辑。

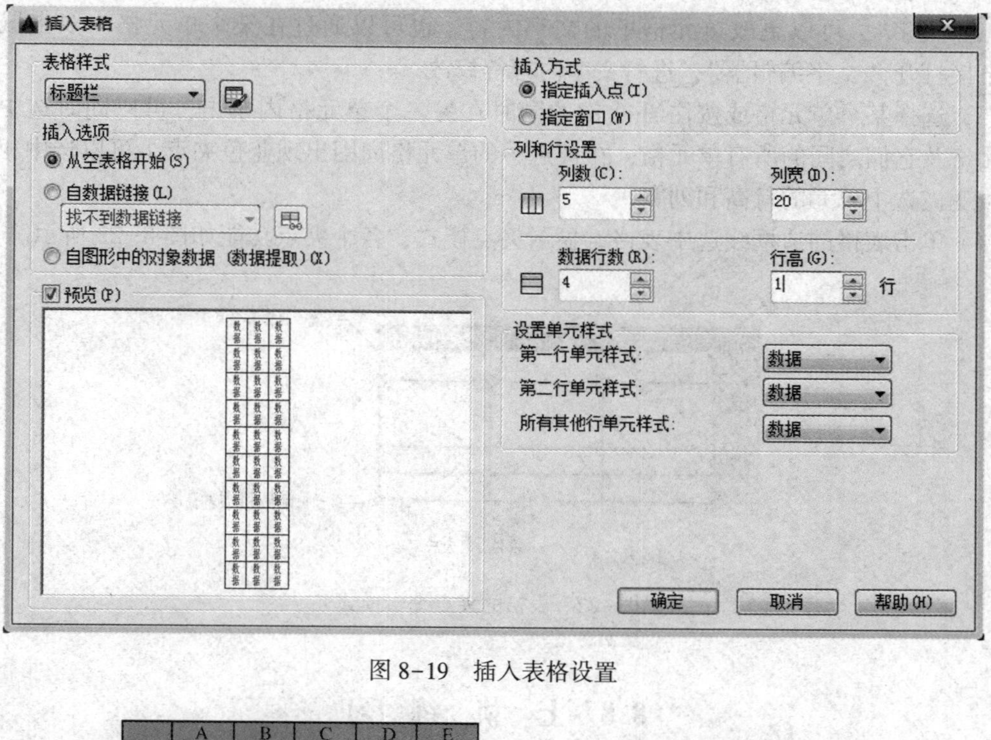

图8-19　插入表格设置

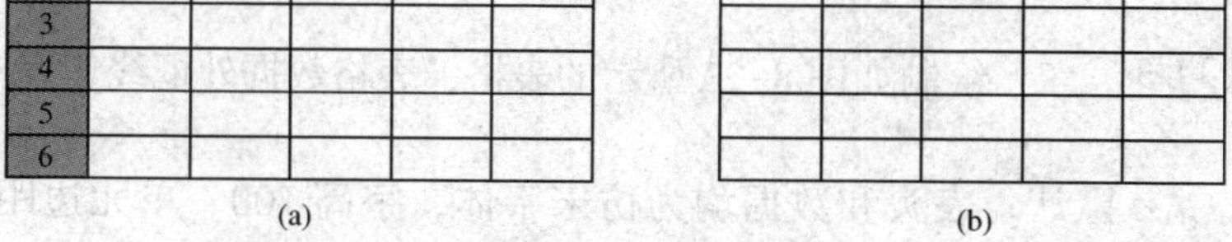

图8-20　插入表格

8.7 编 辑 表 格

通过表格编辑功能，用户可以对已创建的表格的内容或格式进行修改。

(1) 选中一个单元格或多个单元格，打开“表格单元”选项卡，如图 8-21 所示，可以通过“行”“列”“合并”“单元样式”和“单元格式”等面板对表格进行编辑。

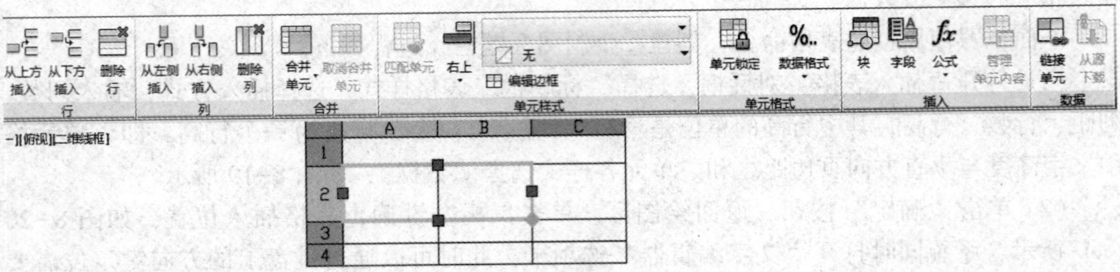

图 8-21 单元格选中状态

(2) 单击鼠标左键选中某个单元格，在选中单元格内单击鼠标右键，在弹出的菜单中选择“编辑文字”，可以更改单元格里的文字内容。也可以通过在某个单元格内双击鼠标左键，直接打开“文字编辑器”，进行文字内容等修改。

(3) 选择某个单元格或按住 shift 键的同时在另一个单元格内单击，可以同时选中这两个单元格及它们之间的所有单元格，在被选中的单元格周围出现蓝色夹点，可以选中相应的夹点改变被选中单元的行高和列宽。

(4) 单击表格的边框线选中表格，显示夹点模式，各个夹点功能如图 8-22 所示。

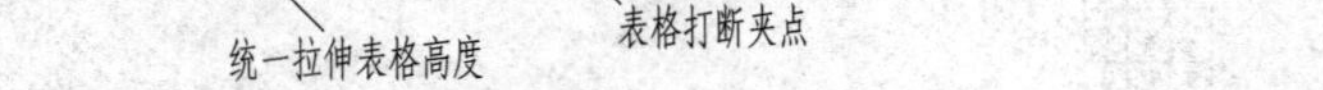

图 8-22 表格的夹点编辑模式

8.8 上 机 练 习

练习 8-1 绘制如图 8-23 所示的表格，表格数据外框线、表头外框线为 0.3，其他线宽为 AutoCAD 默认。表头和数据均为仿宋字体，字高 700。单元边距竖直方向 1.5，水平方向 1.5。因为一般情况下，标题书写在表格之外，本例不设置标题。

名称	宽度	高度	离地高	材质	数量			
					首层	二层	三层	总数
M1	4500	2700	0	全玻门	1	0	0	1
M2	900	2400	0	胶合板门	16	18	18	52
C1	3000	2000	900	塑钢窗	10	10	10	30
C2	3900	2000	900	塑钢窗	10	10	10	30

图 8-23　绘制表格

操作过程如下。

（1）执行“注释”面板中“表格样式”命令，打开表格样式对话框。

（2）单击“表格样式”对话框中的“新建…”按钮，打开“创建新的表格样式”对话框，在“新样式名”中输入“门窗表”，在“基础样式”下拉列表中选择“standard”样式。单击“继续”按钮进入“新建表格样式：门窗表”，结果如图 8-24 所示。

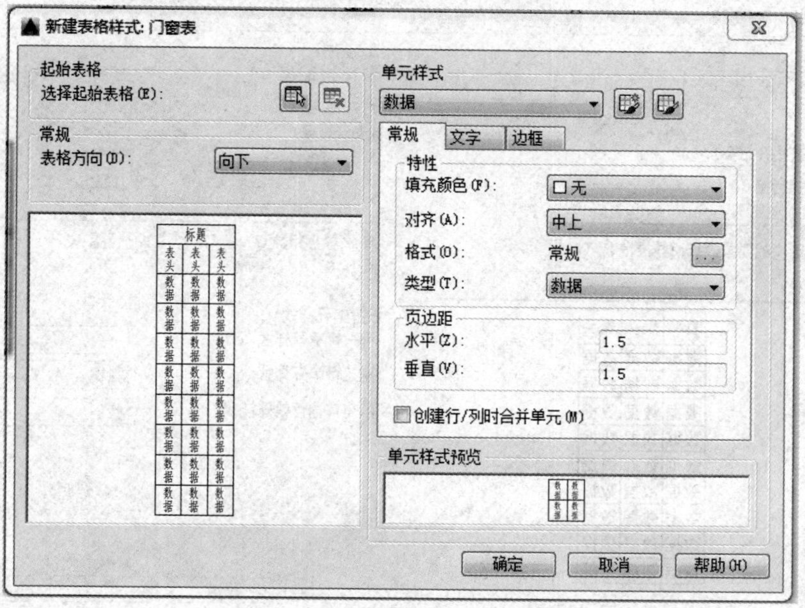

图 8-24　设置门窗表的表格样式

（3）在“新建表格样式”对话框的“单元样式”中分别切换到“表头”“数据”，并对“表头”及“数据”的“常规”“文字”“边框”按要求进行设置，如设计“数据”结果如图 8-25 所示。

（4）在“注释”面板中单击“表格”按钮，弹出“插入表格”对话框。在对话框中，在“表格样式”下拉列表中找到“门窗表”。插入方式选择“指定窗口”范围方式绘制表格，按“列数”和“行数”设置，分别为 9 和 6。根据需要将“设置表格样式”的“第一行单元样式”设置为“表头”，“第二行单元样式”设置为“数据”，“所有其他行单元样式”设置为“数据”。结果如图 8-26 所示，设置完毕单击“确定”按钮。

（5）在绘图区分别制定表格范围的第一角点和对角点的绘制范围，生成表格。对所生成

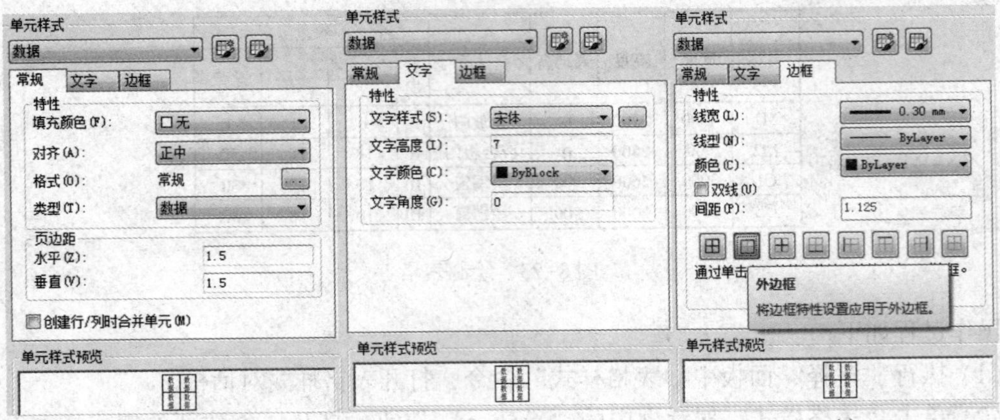

(a) (b) (c)

图 8-25 设置门窗表的表格样式

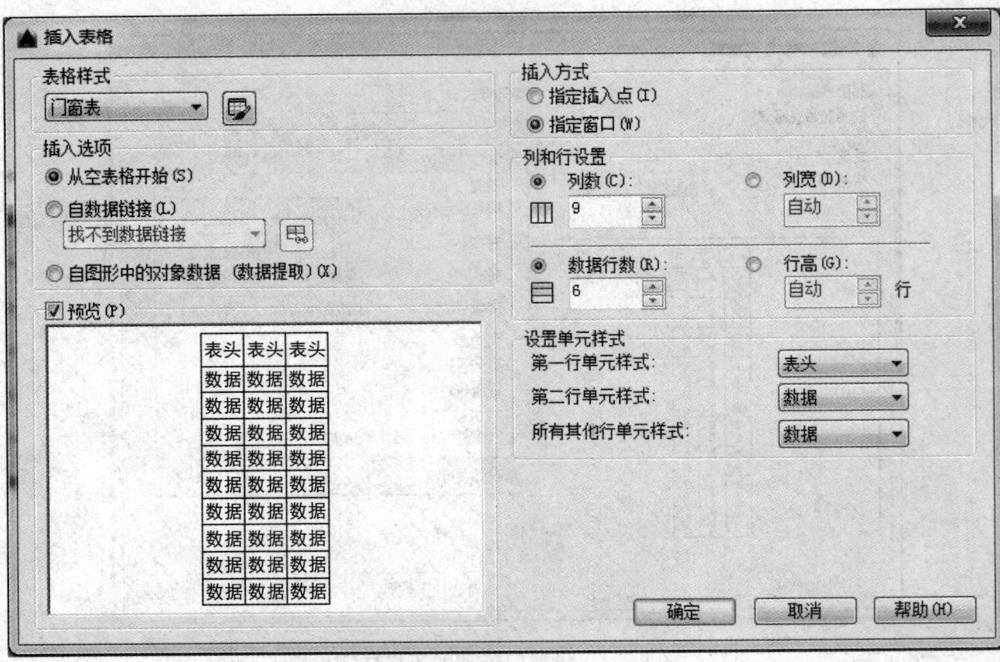

图 8-26 插入表格

的表格进行编辑，根据需要选择单元格进行合并，结果如图 8-27 所示。

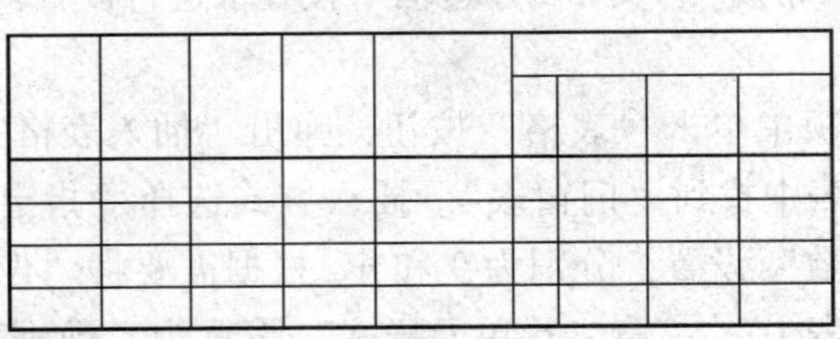

图 8-27 生成表格

（6）双击单元格，对正设为“正中”，如图 8-28 所示。在选中的单元格内输入文字，文字在单元格中居中显示。

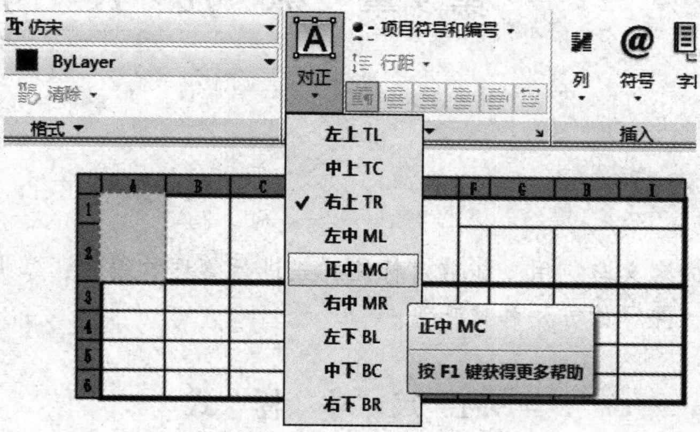

图 8-28　在表格输入文字

（7）根据字的大小，调整表格的行距和列距，结果如图 8-23 所示。

尺寸标注

第9章　标　注　尺　寸

学习内容

熟悉标注样式的定义与应用，能够对标注样式进行管理和编辑；掌握创建、编辑各种尺寸标注及创建引线、注释的方法和技巧等。

9.1　尺　寸　样　式

组成尺寸标注的尺寸界线、尺寸线、尺寸文本及箭头等可以采用多种多样的形式，实际标注一个几何对象的尺寸时，它的尺寸标注以什么形式出现取决于当前所采用的尺寸标注样式。标注样式决定尺寸标注的形式，包括尺寸线、尺寸界线、箭头和中心标记的形式，以及尺寸文本的位置、特性等。在AutoCAD中可以利用“标注样式管理器”对话框方便地设置自己需要的尺寸标注样式。下面介绍如何定制尺寸标注样式。

在进行尺寸标注之前，可以通过“标注样式管理器”对话框，建立新的尺寸标注样式，如果不建立尺寸样式而直接进行标注，系统使用默认的名称为“Standard”样式。如果认为使用的标注样式有某些设置不合适，也可以修改标注样式。

启用“标注样式管理器”对话框的方法有以下几种。

- 单击菜单栏的“格式”→“标注样式”命令。
- 切换到“默认”选项卡，展开“注释”面板，单击“标注样式”按钮。
- 切换到“注释”选项卡，在“标注”面板上单击右下角的“标注样式”按钮。
- 在命令行中输入“dimstyle”，单击Enter键或空格键。

执行上述命令后，打开“标注样式管理器”对话框，如图9-1所示。利用此对话框可方便直观地设置和浏览尺寸标注样式，包括建立新的标注样式、修改已存在的样式、设置当前尺寸标注样式、对样式进行重命名及删除一个已存在的样式等。

在“标注样式管理器”中，各选项含义如下。

1.“置为当前”按钮

单击此按钮，把在“样式”列表框中选中的样式设置为当前样式。

2.“新建”按钮

定义一个新的尺寸标注样式。单击此按钮，AutoCAD打开“创建新标注样式”对话框，如图9-2所示，利用此对话框可创建一个新的尺寸标注样式。其中各选项的功能如下。

(1) 新样式名：给新的尺寸标注样式命名。

(2) 基础样式：选取创建新样式所基于的标注样式。单击其下拉列表框右侧的下三角按钮，出现当前已有的样式列表，从中选取一个作为定义新样式的基础，新的样式是在这个样式的基础上修改一些特性得到的。

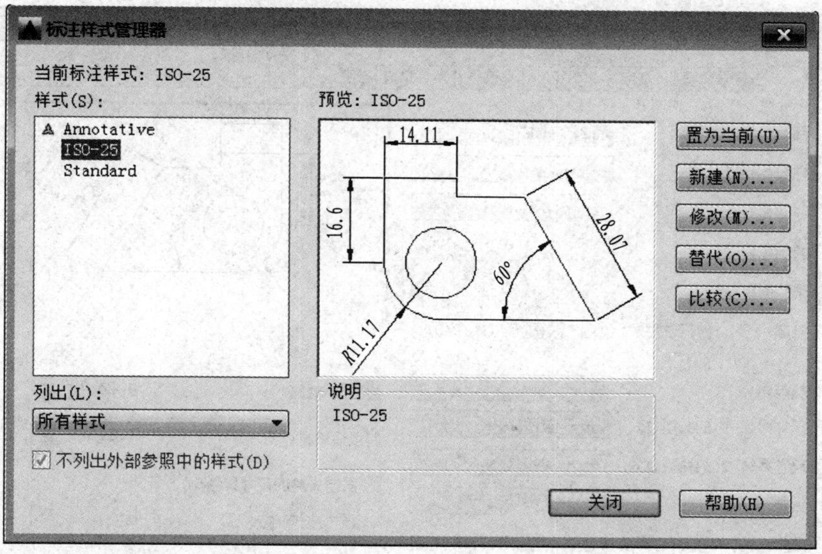

图9-1 “标注样式管理器”对话框

（3）用于：指定新样式应用的尺寸类型。单击其下拉列表框右侧的下三角按钮，出现尺寸类型列表，如果新建样式应用于所有尺寸，则选择“所有标注”；如果新建样式只应用于特定的尺寸标注（如只在标注直径时使用此样式），则选取相应的尺寸类型。

（4）继续：各选项设置好以后，单击“继续”按钮，AutoCAD打开“新建标注样式”对话框，如图9-3所示，利用此对话框可对新样式的各项特性进行设置。该对话框中各部分的含义和功能将在后面介绍。

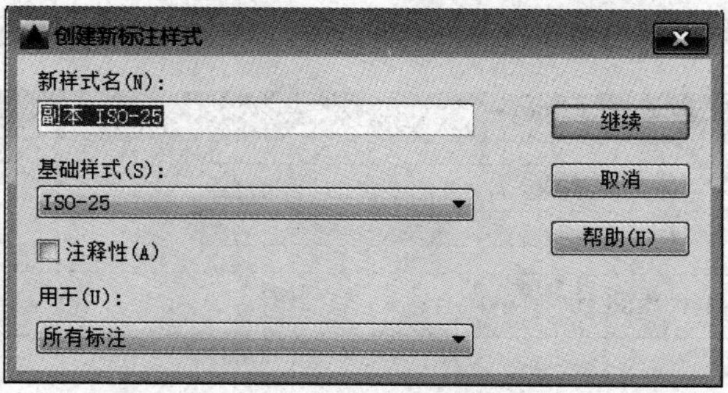

图9-2 “创建新标注样式”对话框

3.“修改”按钮

修改一个已存在的尺寸标注样式。单击此按钮，AutoCAD将打开“修改标注样式”对话框，该对话框中的各选项与“新建标注样式”对话框中完全相同，可以在此对已有标注样式进行修改。

4.“替代”按钮

设置临时覆盖尺寸标注样式。单击此按钮，AutoCAD打开“替代当前样式”对话框，该对话框中各选项与“新建标注样式”对话框完全相同，可改变选项的设置覆盖原来的设置，但这种修改只对指定的尺寸标注起作用，而不影响当前尺寸变量的设置。

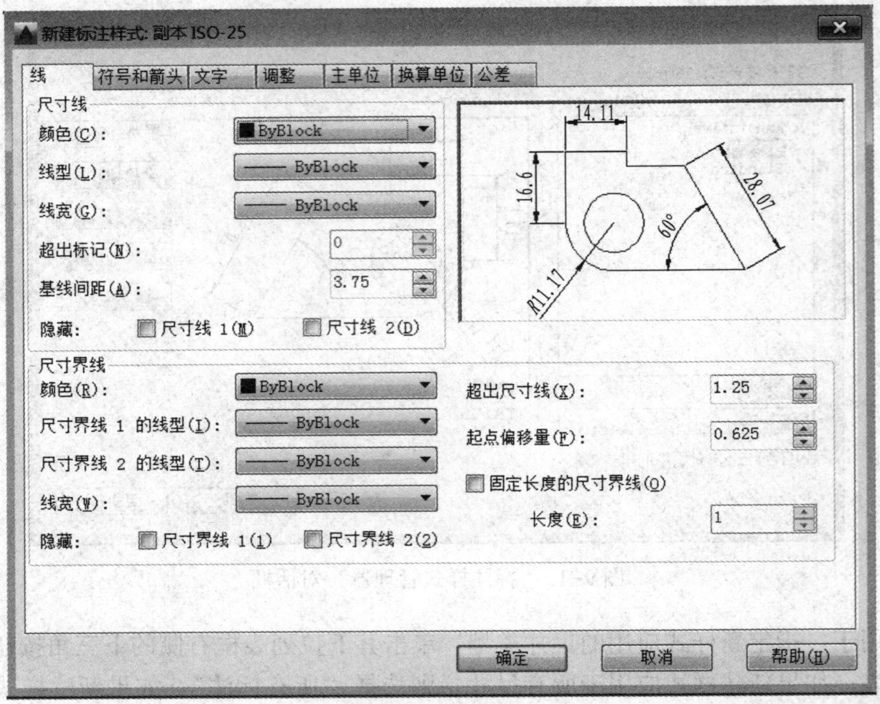

图 9-3 “新建标注样式”对话框

5. “比较”按钮

比较两个尺寸标注样式在参数上的区别，或浏览一个尺寸标注样式的参数设置。单击此按钮，AutoCAD 打开“比较标注样式”对话框，如图 9-4 所示。可以把比较结果复制到剪贴板上，然后再粘贴到其他 Windows 应用软件上。

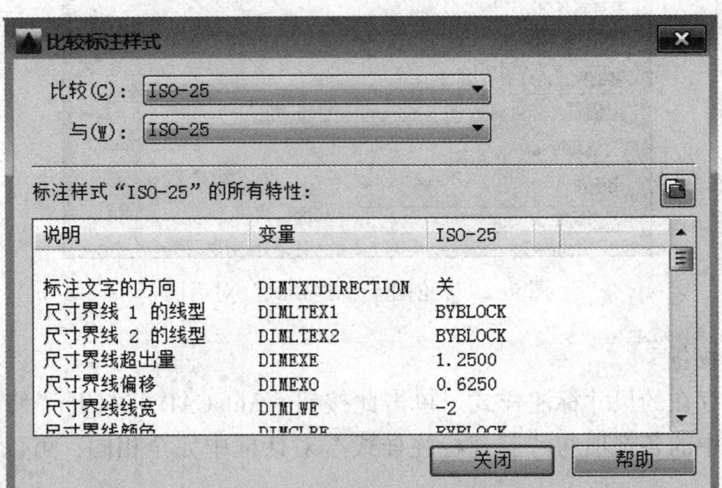

图 9-4 “比较标注样式”对话框

在“新建标注样式”对话框中，第一个选项卡是“线”，如图 9-3 所示。该选项卡用于设置尺寸线、尺寸界线的形式和特性等。

1. “尺寸线”选项组

(1) 颜色：设置尺寸线的颜色。可直接输入颜色名字，也可从下拉列表中选择，如果选取“选择颜色”，AutoCAD 将打开“选择颜色”对话框供选择其他颜色。

(2) 线宽：设置尺寸线的线宽，下拉列表中列出了各种线宽的名字和宽度。

(3) 超出标记：当尺寸箭头设置为短斜线、短波浪线等，或尺寸线上无箭头时，可利用此微调框设置尺寸线超出尺寸界线的距离。

(4) 基线间距：设置以基线方式标注尺寸时，相邻两尺寸线之间的距离。

(5) 隐藏：确定是否隐藏尺寸线及相应的箭头。选中“尺寸线 1”复选框表示隐藏第一段尺寸线，选中“尺寸线 2”复选框表示隐藏第二段尺寸线。

2. “尺寸界线”选项组

(1) 颜色：设置尺寸界线的颜色。

(2) 线宽：设置尺寸界线的线宽。

(3) 超出尺寸线：确定尺寸界线超出尺寸线的距离。

(4) 起点偏移量：确定尺寸界线的实际起始点相对于指定的尺寸界线的起始点的偏移量。

(5) 隐藏：确定是否隐藏尺寸界线。选中“尺寸界线 1”复选框表示隐藏第一段尺寸界线，选中“尺寸界线 2”复选框表示隐藏第二段尺寸界线。

(6) 固定长度的尺寸界线：选中该复选框，系统以固定长度的尺寸界线标注尺寸。可以在下面的“长度”中输入长度值。

3. 尺寸样式显示框

在“新建标注样式”对话框的右上方是一个尺寸样式显示框，该框以样例的形式显示设置的尺寸样式。

在“新建标注样式”对话框中，第 2 个选项卡是“符号和箭头”，如图 9-5 所示。该选项卡用于设置箭头、圆心标记、弧长符号和半径折弯标注的形式和特性。

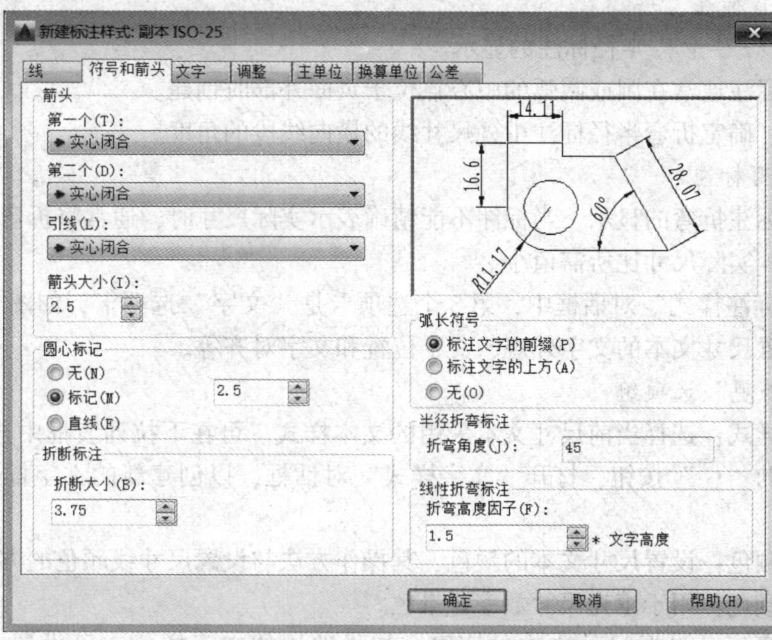

图 9-5 “符号和箭头”选项卡

1.“箭头”选项组

设置尺寸箭头的形式，AutoCAD 提供了多种多样的箭头形状，列在“第一个”和“第二个”下拉列表框中，另外还允许采用用户自定义的箭头形状。两个尺寸箭头可以采用相同的形式，也可以采用不同的形式。

(1) 第一个：用于设置第一个尺寸箭头的形式。可在下拉列表框中选择，其中列出了各种箭头形式的名字及各类箭头的形状。一旦确定了第一个箭头的类型，第二个箭头则自动与其匹配，要想第二个箭头取不同的形状，可在“第二个”下拉列表框中设定。

(2) 第二个：确定第二个尺寸箭头的形式，可与第一个箭头不同。

(3) 引线：确定引线箭头的形式。

(4) 箭头大小：设置箭头的大小。

2.“圆心标记”选项组

设置半径标注、直径标注和中心标注中的中心标记和中心线的形式。

(1) 无：既不产生中心标记，也不产生中心线。

(2) 标记：中心标记为一个记号。

(3) 直线：中心标记采用中心线的形式。

(4) 大小：设置中心标记和中心线的大小和粗细。

3. 折断标注

控制折断标注的间距宽度。折断大小显示和设置用于折断标注的间距大小。

4.“弧长符号”选项组

控制弧长标注中圆弧符号的显示。

(1) 标注文字的前缀：将弧长符号放在标注文字的前面。

(2) 标注文字的上方：将弧长符号放在标注文字的上方。

(3) 无：不显示弧长符号。

5. 半径折弯标注

控制折弯（z 字形）半径标注的显示。

折弯半径标注通常在圆或圆弧的中心点位于页面外部时创建。

折弯角度：确定折弯半径标注中，尺寸线的横向线段的角度。

6. 线性折弯标注

控制线性标注折弯的显示。当标注不能精确表示实际尺寸时，通常将折弯线添加到线性标注中。通常，实际尺寸比所需值小。

在“新建标注样式”对话框中，第 3 个选项卡是“文字”选项卡，如图 9-6 所示。该选项卡用于设置尺寸文本的文字外观、文字位置和文字对齐等。

1.“文字外观”选项组

(1) 文字样式：选择当前尺寸文本采用的文本样式。可在下拉列表框中选取一个样式，也可单击右侧的“…”按钮，打开“文字样式”对话框，以创建新的文字样式或对文字样式进行修改。

(2) 文字颜色：设置尺寸文本的颜色，其操作方法与设置尺寸线颜色的方法相同。

(3) 填充颜色：用于填充尺寸数字背景色。

(4) 文字高度：设置尺寸文本的字高。如果选用的文字样式中已设置了具体的字高

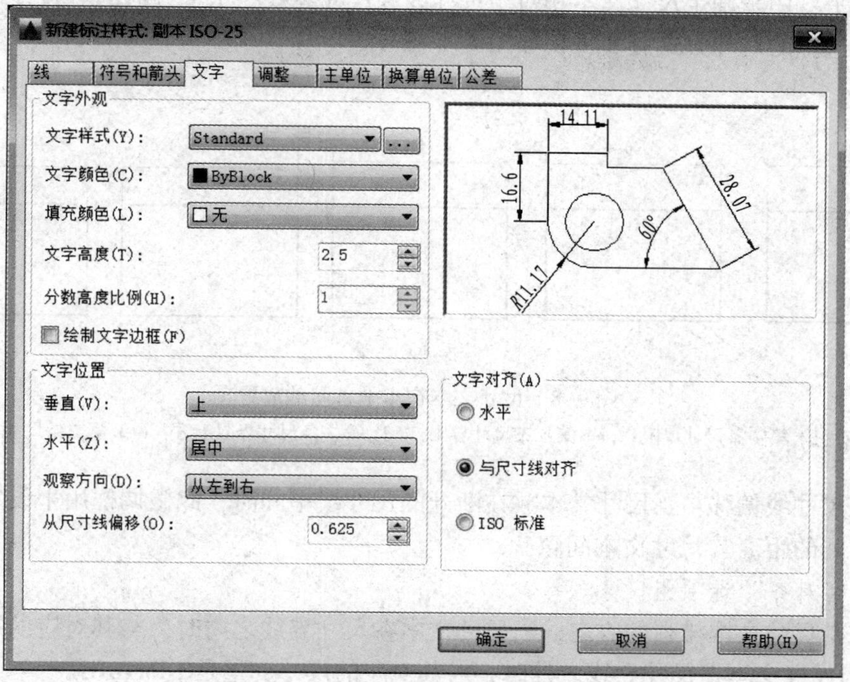

图 9-6 “文字”选项卡

(不是0)，则此处的设置无效；如果文字样式中设置的字高为0，才以此处的设置为准。

(5) 分数高度比例：确定尺寸文本的比例系数。

(6) 绘制文字边框：选中此复选框，AutoCAD 将在尺寸文本的周围加上边框。

2. “文字位置”选项组

(1) 垂直：确定尺寸文本相对于尺寸线在垂直方向的对齐方式。在该下拉列表框中可选择的对齐方式主要有以下几种，如图 9-7 所示。

1) 居中：将尺寸文本放在尺寸线的中间。

2) 上：将尺寸文本放在尺寸线的上方。

3) 外部：将尺寸文本放在远离第一条尺寸界线起点的位置，即和所标注的对象分列于尺寸线的两侧。

4) 下：将尺寸文本放在尺寸线的下方。

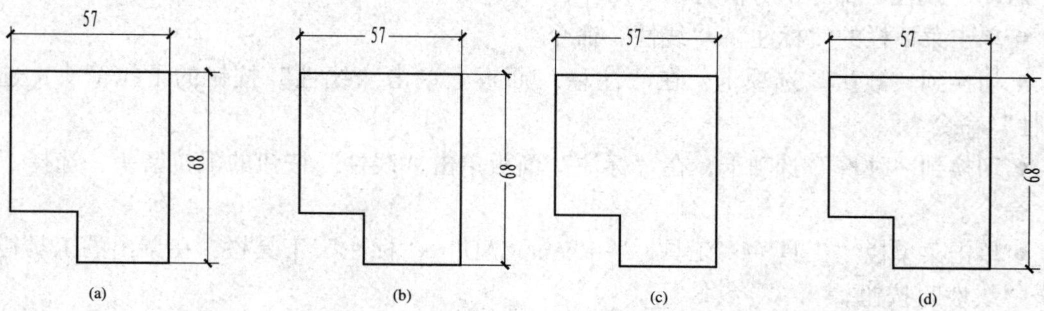

图 9-7 尺寸文本在垂直方向的放置

(a) 上；(b) 居中；(c) 下；(d) 外部

(2) 水平：用来确定尺寸文本相对于尺寸线和尺寸界线在水平方向的对齐方式。在下拉列表框中可选择的对齐方式有 5 种，如图 9-8 所示。

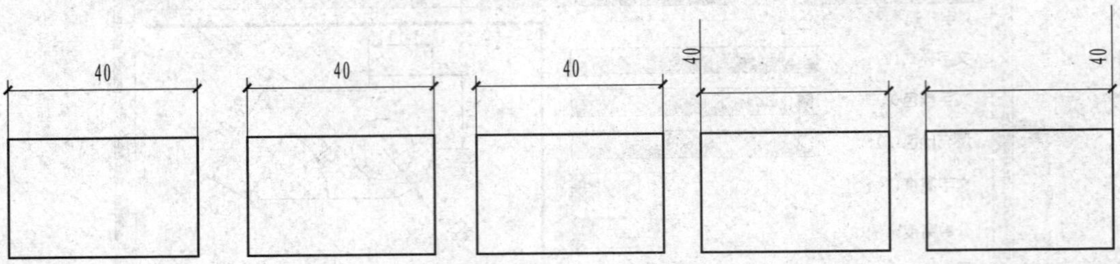

(a) (b) (c) (d) (e)

图 9-8 尺寸文本在水平方向的放置

(a) 居中；(b) 第一条尺寸界限；(c) 第二条尺寸界限；(d) 第一条尺寸界限上方；(e) 第二条尺寸界限上方

(3) 从尺寸线偏移：当尺寸文本放在断开的尺寸线中间时，此微调框用来设置尺寸文本与尺寸线之间的距离（尺寸文本间隙）。

3. “文字对齐”选项组

用来控制尺寸文本排列的方向。当尺寸文本在尺寸界线之内时，与其对应的尺寸变量是 DIMTIH；当尺寸文本在尺寸界线之外时，与其对应的尺寸变量是 DIMTOH。

(1) 水平：尺寸文本沿水平方向放置。不论标注什么方向的尺寸，尺寸文本总保持水平。

(2) 与尺寸线对齐：尺寸文本沿尺寸线方向放置。

(3) ISO 标准：当尺寸文本在尺寸界线之间时，沿尺寸线方向放置；在尺寸界线之外时，沿水平方向放置。

9.2 基本尺寸标注

正确地进行尺寸标注是设计绘图工作中非常重要的一个环节，AutoCAD 提供了方便快捷的尺寸标注方法，可通过执行命令实现，也可利用菜单或工具图标实现。

9.2.1 线性标注

“线性”标注命令用于标注线段在水平方向或垂直方向上的距离。

启动“线性”命令的方法有以下几种。

- 单击菜单栏的“标注”→“线性”命令。
- 切换到“默认”选项卡，在“注释”面板上单击“线性”按钮的下拉箭头，选择“线性”命令。
- 切换到“注释”选项卡，在“标注”面板单击“线性”按钮的下拉箭头，选择“线性”命令。
- 单击菜单栏“工具”→“工具栏”→“AutoCAD”→“标注”工具栏，在调出的工具栏中单击“线性”按钮。
- 在命令行中输入“dimlinear（dimlin）”，单击 Enter 键或空格键。

执行上述命令后，操作过程如下。

指定第一个尺寸界线原点或 <选择对象>：(捕捉被标注对象一端)

指定第二条尺寸界线原点：(捕捉被标注对象另一端)

指定尺寸线位置或［多行文字（M）/文字（T）/角度（A）/水平（H）/垂直（V）/旋转（R）］：(在适当位置单击鼠标左键确定尺寸线位置，或者输入距离确定尺寸线位置)

标注文字=114. 33

以上提示内容各选项含义如下。

(1) 指定第一个尺寸界线原点：拾取第一条尺寸界限起点。

(2) 指定第二条尺寸界线原点：拾取第二条尺寸界限起点。

(3) 指定尺寸线位置：确定尺寸线的位置。可移动鼠标选择合适的尺寸线位置，然后回车或单击，AutoCAD 将自动测量所标注线段的长度，并标注出相应的尺寸。

(4) 多行文字（M）：用多行文字编辑器确定尺寸文本。

(5) 文字（T）：在命令行提示下输入或编辑尺寸文本。选择此选项后，AutoCAD 提示如下。

输入标注文字<默认值>：

其中的默认值是 AutoCAD 自动测量得到的被标注线段的长度，直接回车即可采用此长度值，也可输入其他数值代替默认值。当尺寸文本中包含默认值时，可使用尖括号“<>”表示默认值。

(6) 角度（A）：确定尺寸文本的倾斜角度。

(7) 水平（H）：水平标注尺寸，不论标注什么方向的线段，尺寸线均水平放置。

(8) 垂直（V）：垂直标注尺寸，不论被标注线段沿什么方向，尺寸线总保持垂直。

(9) 旋转（R）：输入尺寸线旋转的角度值，旋转标注尺寸。

执行“线性标注”命令后，指定要测量对象的一个起点，单击指定测量对象的终端，拖动鼠标到适合位置，单击鼠标确定标注文字的位置，如图 9-9 所示。

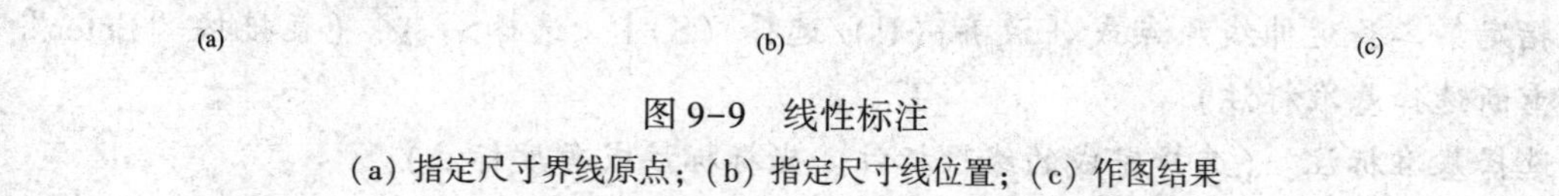

图 9-9　线性标注

(a) 指定尺寸界线原点；(b) 指定尺寸线位置；(c) 作图结果

9. 2. 2　对齐标注

“对齐”标注命令可以标注任意方向上两点之间的距离，使用方法与“线性”标注基本相同。

启动“对齐”命令的方法有以下几种。

- 单击菜单栏的“标注”→“对齐”命令。
- 切换到“默认”选项卡，在“注释”面板上单击“线性”按钮的下拉箭头，选择

"对齐"命令。

● 切换到"注释"选项卡，在"标注"面板单击"线性"按钮的下拉箭头，选择"对齐"命令。

● 单击菜单栏"工具"→"工具栏"→"AutoCAD"→"标注"工具栏，在调出的工具栏中单击"对齐"按钮。

● 在命令行中输入"dimaligned"，单击 Enter 键或空格键。

执行上述命令后，操作过程如下。

指定第一个尺寸界线原点或 <选择对象>:

指定第二条尺寸界线原点:

指定尺寸线位置或［多行文字（M）/文字（T）/角度（A）］:

标注文字=38.1

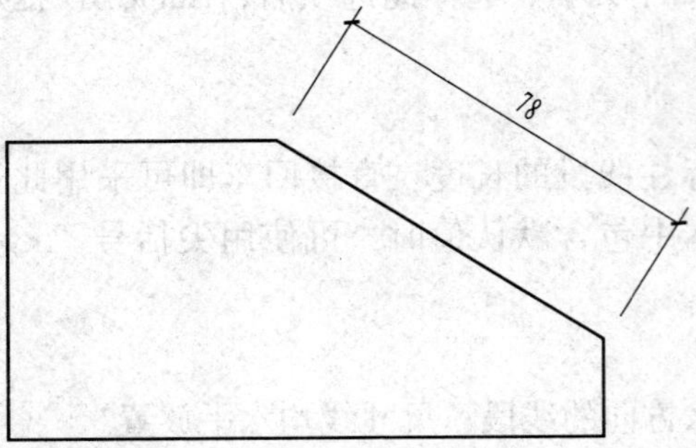

图 9-10 对齐标注

执行"对齐标注"命令后，指定要测量对象的一个起点，单击指定测量对象的终端，拖动鼠标到合适位置，单击鼠标确定标注文字的位置，如图 9-10 所示。

9.2.3 基线标注

"基线"标注命令可以创建一系列具有相同的尺寸界限原点的标注，与连续标注一样，在进行基线标注之前也必须先创建（或选择）一个线性、坐标或角度标注作为基准标注，然后执行 DIMBASELINE 命令。

启动"基线"标注命令的常用方法有以下几种。

● 单击菜单栏的"标注"→"基线"命令。

● 切换到"注释"选项卡，在"标注"面板单击"连续"按钮的下拉箭头，选择"基线"命令。

● 单击菜单栏"工具"→"工具栏"→"AutoCAD"→"标注"工具栏，在调出的工具栏中单击"基线"按钮。

● 在命令行中输入"DIMBASELINE"，单击 Enter 键或空格键。

执行上述命令后，操作过程如下。

指定第二条延伸线原点或［放弃（U）/选择（S）］<选择>: ↙（直接按"Enter"键，可以重新选择基准标注）

选择基准标注:（选择完成的线性标注、坐标标注或角度标注）

以上提示内容各选项含义如下。

(1) 放弃（U）: 放弃在命令执行期间上一次输入的基线标注。

(2) 选择（S）: 选择一个线性标注、坐标标注或角度标注作为基线标注的基准。

下面练习使用基线标注，如图 9-11 所示。

操作过程如下。

命令: _dimbaseline（调用基线标注命令）

指定第二个尺寸界线原点或［选择（S）/放弃（U）］<选择>: ↙（按回车键）

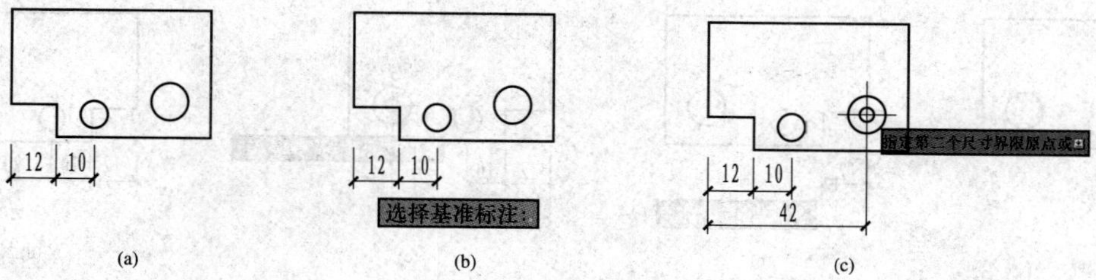

图 9-11　基线标注
（a）原对象；（b）选择基准标注；（c）指定第二尺寸界限原点

选择基准标注：[选择基准标注，需要靠近基准尺寸界限一端选择，如图 9-11（b）所示]

指定第二个尺寸界线原点或 [选择（S）/放弃（U）] <选择> [指定第二个尺寸界限原点，如图 9-11（c）所示]

标注文字=42

指定第二个尺寸界线原点或 [选择（S）/放弃（U）] <选择>↙

标注文字=53

指定第二个尺寸界线原点或 [选择（S）/放弃（U）] <选择>：↙

选择基准标注：↙（结束命令）

9.2.4　连续标注

连续标注命令可以创建一系列端对端放置的标注，每个连续标注都从前一个标注的第二个尺寸界线处开始。在进行连续标注之前，必须先创建（或选择）一个线性、坐标或角度标注作为基准标注，以确定连续标注所需的前一尺寸标注的尺寸界线，然后执行 DIMCONTINUE 命令。

启动"连续"标注命令的常用方法有以下几种。

- 单击菜单栏的"标注"→"连续"命令。
- 切换到"注释"选项卡，在"标注"面板单击"连续"按钮的下拉箭头，选择"连续"命令。
- 单击菜单栏"工具"→"工具栏"→"AutoCAD"→"标注"工具栏，在调出的工具栏中单击"连续"按钮。
- 在命令行中输入"DIMCONTINUE"，单击 Enter 键或空格键。

执行该命令后，操作过程如下。

指定第二条延伸线原点或 [放弃（U）/选择（S）] <选择>：（指定点或直接按"Enter"键，重新选择基准标注）

以上提示内容各选项含义如下。

（1）放弃（U）：放弃在命令执行期间上一次输入的连续标注。

（2）选择（S）：AutoCAD 提示选择线性标注、坐标标注或角度标注作为连续标注。

下面练习使用连续标注，如图 9-12 所示。

操作过程如下。

命令：_dimcontinue（调用连续标注命令）

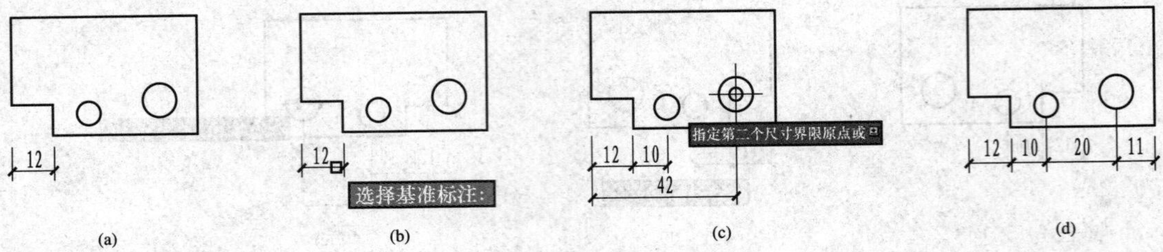

图 9-12　连续标注

(a) 原对象；(b) 选择基准标注；(c) 指定第二尺寸界限原点；(d) 作图结果

指定第二个尺寸界线原点或［选择（S）/放弃（U）］<选择>：↙

选择连续标注：［选择基准标注，需要靠近基准尺寸界限一端选择，如图 9-12（b）所示］

指定第二个尺寸界线原点或［选择（S）/放弃（U）］<选择>：［捕捉第二个尺寸界限原点，如图 9-12（b）所示］

标注文字=10

指定第二个尺寸界线原点或［选择（S）/放弃（U）］<选择>：（捕捉第二个尺寸界限原点）

标注文字=20

指定第二个尺寸界线原点或［选择（S）/放弃（U）］<选择>：（捕捉第二个尺寸界限原点）

标注文字=11

指定第二个尺寸界线原点或［选择（S）/放弃（U）］<选择>：↙

选择连续标注：↙（结束命令）

9.2.5　角度标注

启动“角度”标注命令的常用方法有以下几种。

- 单击菜单栏的“标注”→“角度”命令。
- 切换到“默认”选项卡，在“注释”面板单击“线性”按钮的下拉箭头，选择“角度”命令。
- 切换到“注释”选项卡，在“标注”面板单击“线性”按钮的下拉箭头，选择“角度”命令。
- 单击菜单栏“工具”→“工具栏”→“AutoCAD”→“标注”工具栏，在调出的工具栏中单击“角度”按钮A。
- 在命令行中输入“DIMANGULAR”，单击 Enter 键或空格键。

执行该命令后，操作过程如下。

选择圆弧、圆、直线或<指定顶点>：（选择圆弧、圆、直线，或按“Enter”键通过指定 3 个点来创建角度标注）

指定标注弧线位置或［多行文字（M）/文字（T）/角度（A）/象限点（Q）］：（确定尺寸线位置）

以上提示内容各选项含义如下。

(1) 指定标注弧线位置：指定尺寸线的位置，并确定绘制延伸线的方向。

(2) 多行文字（M）：要编辑或替换生成的测量值，则删除文字，输入新文字。

(3) 文字（T）：在命令行提示下，自定义标注文字。生成的标注测量值显示在尖括号中。

(4) 角度（A）：修改标注文字的角度。

(5) 象限点（Q）：指定标注应锁定到的象限。

进行角度标注时，默认为通过指定夹角的两条边的方法进行标注，如图 9-13 所示。

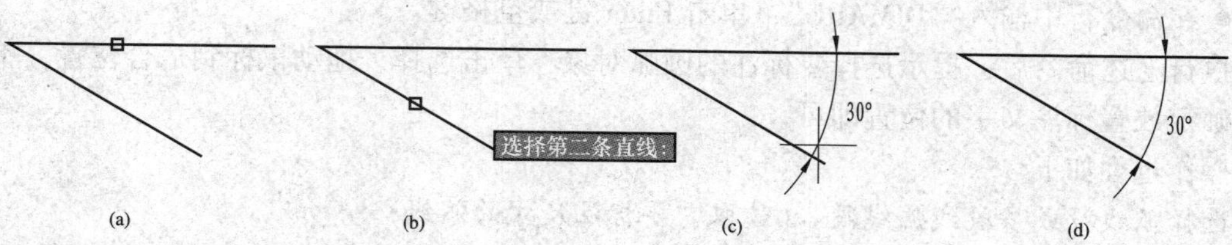

图 9-13 角度标注

(a) 选择直线；(b) 选择第二条直线；(c) 指定弧线位置；(d) 作图结果

操作过程如下。

选择圆弧、圆、直线或 <指定顶点>：(选择要标注的角的一条边)

选择第二条直线：(选择要标注的角的另一条边)

指定标注弧线位置或 [多行文字 (M)/文字 (T)/角度 (A)/象限点 (Q)]：(指定尺寸线位置)

标注文字 = 148

9.2.6 半径、直径标注

启动“半径”标注命令的常用方法有以下几种。

- 单击菜单栏的“标注”→“半径”命令。
- 切换到“默认”选项卡，在“注释”面板单击“线性”按钮的下拉箭头，选择“半径”命令。
- 切换到“注释”选项卡，在“标注”面板单击“线性”按钮的下拉箭头，选择“半径”命令。
- 单击菜单栏“工具”→“工具栏”→“AutoCAD”→“标注”工具栏，在调出的工具栏中单击“半径”按钮。
- 在命令行中输入“dimradius”，单击 Enter 键或空格键。

执行该命令后，操作过程如下。

选择圆弧或圆：(选择要标注半径的圆或圆弧)

指定尺寸线位置或 [多行文字 (M)/文字 (T)/角度 (A)]：[移动光标指定尺寸线的位置，或者选择“多行文字 (M)”项“文字 (T)”项或“角度 (A)”项来输入、编辑尺寸文本或确定尺寸文本的倾斜角度]

直径标注过程与半径标注过程相同，不再单独讲述。

9.2.7 弧长标注

启动“弧长”标注命令的常用方法有以下几种。

● 单击菜单栏的“标注”→“弧长”命令。

● 切换到“默认”选项卡，在“注释”面板单击“线性”按钮的下拉箭头，选择“弧长”命令。

● 切换到“注释”选项卡，在“标注”面板单击“线性”按钮的下拉箭头，选择“弧长”命令。

● 单击菜单栏“工具”→“工具栏”→“AutoCAD”→“标注”工具栏，在调出的工具栏中单击“弧长”按钮。

● 在命令行中输入“DIMARC”，单击 Enter 键或空格键。

执行上述命令后，提示选择要标注的圆弧对象，单击选择，拖动鼠标到适合位置，单击鼠标确定放置标注文字的位置即可。

操作过程如下。

选择弧线段或多段线弧线段：(选取需要标注尺寸的弧线)

指定弧长标注位置或［多行文字（M)/文字（T)/角度（A)/部分（P)/引线（L)］：(指定点或输入选项)

以上各选项含义如下。

(1) 指定弧长标注位置：指定尺寸线的位置，并确定延伸线的方向。

(2) 多行文字（M)：要编辑或替换生成的测量值，则删除文字，输入新文字，然后单击“确定”按钮。

(3) 文字（T)：在命令行提示下，自定义标注文字，生成的标注测量值显示在尖括号中。

输入标注文字<当前>：(输入需要标注的数值，或按 Enter 键接受系统生成的测量值)

(4) 角度（A)：修改标注文字的角度。

(5) 部分（P)：缩短弧长标注的长度。

指定弧长标注的第一个点：(选择要标注弧段的第一点)

指定弧长标注的第二个点：(选择要标注弧段的第二点)

(6) 引线（L)：添加引线对象，即由尺寸数字指向被标注对象（弧长）的一条箭线。

指定弧长标注位置或［多行文字（M)/文字（T)/角度（A)/部分（P)/无引线（N)］：(指定点或输入选项)

9.2.8 快速标注

快速标注命令可以快速创建成组的基线、连续和坐标标注，快速标注多个圆、圆弧，以及编辑现有标注的布局。

启动“快速”标注命令的方法有以下几种。

● 单击菜单栏的“标注”→“快速标注”命令。

● 切换到“注释”选项卡，在“标注”面板单击“快速标注”按钮。

● 单击菜单栏“工具”→“工具栏”→“AutoCAD”→“标注”工具栏，在调出的工具栏中单击“快速标注”按钮。

● 在命令行中输入“QDIM”，单击 Enter 键或空格键。

执行该命令后，操作过程如下。

选择要标注的几何图形：(选择要标注的对象或要编辑的标注，并按 Enter 键)

指定尺寸线位置或［选择（C)/并列（S)/基线（B)/坐标（O)/半径（R)/直径（D)/基准点（P)/编辑（E)/设置（T)］<当前>：(输入选项或按 Enter 键)

以上提示内容各选项含义如下。

(1) 连续（C)：创建一系列连续标注。

(2) 并列（S)：创建一系列并列标注。

(3) 基线（B)：创建一系列基线标注。

(4) 坐标（O)：创建一系列坐标标注。

(5) 半径（R)：创建一系列半径标注。

(6) 直径（D)：创建一系列直径标注。

(7) 基准点（P)：为基线和坐标标注设置新的基准点。

(8) 编辑（E)：编辑一系列标注。将提示用户在现有标注中添加或删除点。

指定要删除的标注点或［添加（A)/退出（X)］<退出>：(指定点、输入 A 或按 Enter 键返回到上一个提示)

(9) 设置（T)：为指定延伸线原点设置默认对象捕捉。

9.2.9 引线标注

AutoCAD 提供了引线标注功能，利用该功能不仅可以标注特定的尺寸，如圆角、倒角等，还可以在图中添加多行旁注、说明。在引线标注中，指引线可以是折线，也可以是曲线，指引线端部可以有箭头，也可以没有箭头。

1. 利用 Leader 命令进行引线标注

利用 Leader 命令可以创建灵活多样的引线标注形式，可根据需要把指引线设置为折线或曲线；指引线可以带箭头，也可以不带箭头；注释文本可以是多行文本，也可以是形位公差，或是从图形其他部位复制的部分图形，还可以是一个图块。

命令：LEADER↙

指定引线起点：(指定引线起点)

指定下一点：(指定引线下一点)

指定下一点或［注释（A)/格式（F)/放弃（U)］<注释>：(继续指定引线下一点，或回车开始输入注释文字)

输入注释文字的第一行或 <选项>：(输入文本)

输入注释文字的下一行：(输入文本或回车确认)

以上提示内容各选项含义如下。

(1) 指定下一点：直接选择一点，AutoCAD 根据此点画出折线作为指引线。

(2) 注释：输入注释文本，为默认项。在上面的提示下直接回车，AutoCAD 提示如下。

输入注释文字的第一行或<选项>：

如果在此提示下输入第一行文本后回车，可继续输入第二行文本，如此反复执行，直到输入全部注释文本，然后在此提示下直接回车，AutoCAD 会在指引线终端标注出所输入的多行文本，并结束 Leader 命令。

如果在上面的提示下直接回车，AutoCAD 提示如下。

输入注释选项［公差（T)/副本（C)/块（B)/无（N)/多行文字（M)］<多行文字>：

在此提示下可选择一个注释选项或直接回车，即选择“多行文字”选项。

(3) 格式（F）：确定指引线的形式。选择该项后，AutoCAD 提示如下。

输入引线格式选项［样条曲线（S）/直线（ST）/箭头（A）/无（N）］<退出>：（选择指引线形式，或直接回车到上一级提示）

以上提示内容各选项含义如下。

1）样条曲线（S）：设置指引线为样条曲线。

2）直线（ST）：设置指引线为折线。

3）箭头（A）：在指引线的起始位置画箭头。

4）无（N）：在指引线的起始位置不画箭头。

5）退出：此项为默认选项，选取该项退出“格式”选项。

2. 利用 qLeader 命令进行引线标注

利用 qLeader 命令可以快速生成指引线及注释，而且可以通过命令行优化对话框进行用户自定义，由此可以消除不必要的命令行提示，取得最高的工作效率。

命令：qleader↙

指定第一个引线点或［设置（S）］<设置>：

以上提示内容各选项含义如下。

(1) 指定第一个引线点：在上面的提示下确定一点作为指引线的第一点，AutoCAD 提示如下。

指定下一点：（输入指引线的第二点）

指定下一点：（输入指引线的第三点）

AutoCAD 提示输入的点的数目由“引线设置”对话框确定。输入完指引线的点后，AutoCAD 提示如下。

指定文字宽度<0.0000>：（输入多行文本的宽度）

输入注释文字的第一行<多行文字（M）>：

此时，有两种命令输入选择。

如果在命令行输入第一行文本，系统继续提示如下。

输入注释文字的下一行：（输入另一行文本）

输入注释文字的下一行：（输入另一行文本或回车）

如果选择“多行文字（M）”选项，将打开多行文字编辑器，输入、编辑多行文字。输入完毕后直接回车，将结束 qLeader 命令，并把多行文本标注在指引线的末端附近。

(2) 设置：在上面的提示下直接回车或键入 S，将打开“引线设置”对话框，允许对引线标注进行设置。该对话框包含：

1）“注释”选项卡：用于设置引线标注中注释文本的类型、多行文本的格式，并确定注释文本是否多次使用。

2）“引线和箭头”选项卡：用来设置引线标注中指引线和箭头的形式。其中，“点数”选项组设置执行 qLeader 命令时 AutoCAD 提示输入的点的数目。注意，设置的点数要比希望的指引线的段数多 1。可利用微调框进行设置，如果选中“无限制”复选框，AutoCAD 会一直提示输入点直到连续回车两次为止。“角度约束”选项组设置第一段和第二段指引线的角度约束。

3）“附着”选项卡：设置注释文本和指引线的相对位置。如果最后一段指引线指向右边，AutoCAD 自动把注释文本放在右侧；如果最后一段指引线指向左边，AutoCAD 自动把注释文本放在左侧。利用该选项卡中左侧和右侧的单选按钮，分别设置位于左侧和右侧的注释文本与最后一段指引线的相对位置，二者可相同，也可不同。

9.2.10 折弯标注

1. 创建圆和圆弧的折弯标注

有些图形中需要对大圆弧进行标注，这些圆弧的圆心甚至在纸张之外，对这样的圆弧可以进行折弯标注。折弯标注的标注方法与半径标注方法基本相同。

启动“折弯”标注命令的常用方法有以下几种。

- 单击菜单栏的“标注”→“折弯”命令。
- 切换到“默认”选项卡，在“注释”面板上单击“线性”下拉箭头，选择“折弯”按钮。
- 切换到“注释”选项卡，在“标注”面板上单击“线性”下拉箭头，选择“已折弯”按钮。
- 单击菜单栏“工具”→“工具栏”→“AutoCAD”→“标注”工具栏，在调出的工具栏中单击“折弯”按钮。
- 在命令行中输入“DIMJOGGED”，单击 Enter 键或空格键。

执行该命令后，操作过程如下。

选择圆弧或圆：（选择一个圆弧、圆或多段线弧线段作为标注对象，如图 9-14 所示拾取点 1）

指定图示中心位置：（指定点作为受折弯半径标注的新圆心，如图 9-14 所示拾取点 2，以用于替代圆弧或圆的实际圆心）

指定尺寸线位置或 [多行文字 (M)/文字 (T)/角度 (A)]：（指定尺寸线位置，如图 9-14 所示拾取点 3）

指定折弯位置：（如图 9-14 所示拾取点 4）

以上提示内容各选项含义如下。

(1) 指定尺寸线位置：确定尺寸线的角度和标注文字的位置。

(2) 多行文字（M）：要编辑或替换生成的测量值，则删除文字，输入新文字，然后单击“确定”按钮。

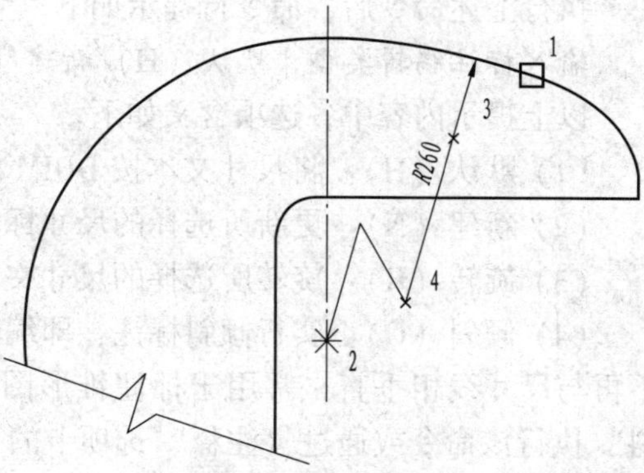

图 9-14 创建圆和圆弧的折弯标注

(3) 文字（T）：在命令行提示下，自定义标注文字。

(4) 角度（A）：修改标注文字的角度。

(5) 指定折弯位置：指定弯折的中点。

2. 在线性或对齐标注上添加折弯线

AutoCAD 中还可以对线性标注进行折弯标注，标注数值表示实际距离，而不是图形中测量的距离。

启动“折弯线性”标注命令的常用方法有以下几种。

● 单击菜单栏的“标注”→“折弯线性”命令。

● 切换到“注释”选项卡，在“标注”面板上单击“折弯标注”按钮。

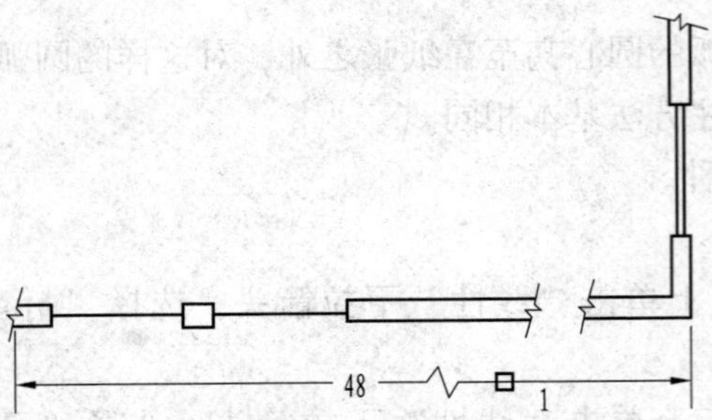

图 9-15 在线性或对齐标注上添加折弯线

● 单击菜单栏“工具”→“工具栏”→“AutoCAD”→“标注”工具栏，在调出的工具栏中单击“折弯线性”按钮。

● 在命令行中输入“DIMJOGGED”，单击 Enter 键或空格键。

执行上述命令后，操作过程如下。

选择要添加折弯的标注或［删除（R）］：(选择如图 9-15 所示的尺寸标注)

指定折弯位置（或按 Enter 键）：（指定折弯位置，如拾取图 9-15 所示点 1）

9.3 编辑标注

在 AutoCAD 中，可以对已标注对象的文字、位置及样式等内容进行修改，而不必删除所标注的尺寸对象再重新进行标注。

9.3.1 Dimedit 命令

● 在命令行中输入“Dimedit”，单击 Enter 键或空格键。

执行上述命令后，命令行提示如下。

输入标注编辑类型［默认（H）/新建（N）/旋转（R）/倾斜（O）］<默认>:

以上提示内容中各选项含义如下。

(1) 默认（H）：将尺寸文本按 DDIM 所定义的默认位置和方向重新放置。

(2) 新建（N）：更新所选择的尺寸标注的文本内容。

(3) 旋转（R）：旋转所选择的尺寸文本。

(4) 倾斜（O）：实行倾斜标注，即编辑线性尺寸标注，使其尺寸界线倾斜一定的角度，不再与尺寸线相垂直，常用于标注锥形图形。可以通过菜单栏的“注释”→“标注”→“倾斜”执行该命令或通过“注释”选项卡的“标注”面板：单击“倾斜”按钮，使线性标注的延伸线倾斜。例如：

输入标注编辑类型［默认（H）/新建（N）/旋转（R）/倾斜（O）］<默认>: o↙［选择如图 9-16（a）所示的尺寸标注］

选择对象：找到 1 个

选择对象：↙

输入倾斜角度（按 Enter 表示无）：30↙［指定倾斜角度，作图结果如图 9-16（b）所示］

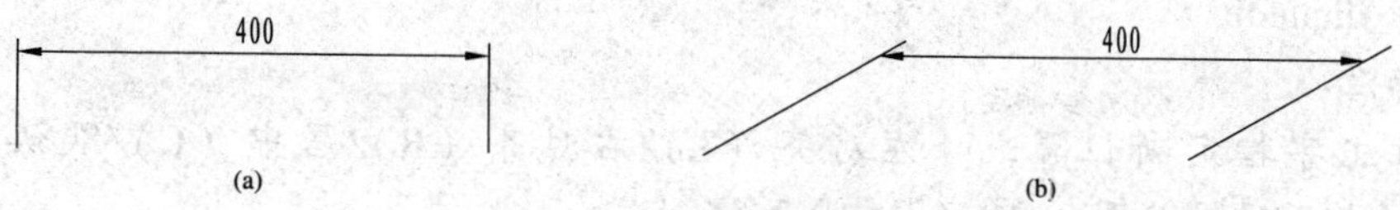

图 9-16 “倾斜”命令

下面练习“新建”命令，如图 9-17 所示。操作过程如下。

命令：DIMEDIT↙（调用命令）

输入标注编辑类型 [默认（H）/新建（N）/旋转（R）/倾斜（O）] <默认>：N↙ [选择“新建”选项，系统打开“文字编辑器”选项卡，如图 9-17（b）所示，输入框中的 0 为原值，保留这个 0，修改后的尺寸文字中将是新值和原值。输入新的数值后，在空白处单击鼠标左键，或单击 Enter 键，或单击“关闭文字编辑器”按钮，光标变为拾取框，命令行提示选择对象]

选择对象：找到 1 个 [选择对象，如图 9-17（c）所示]

选择对象：↙（结束命令）

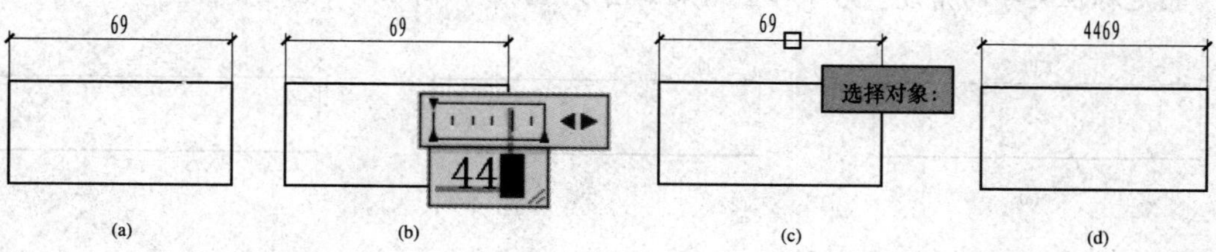

图 9-17 “新建”命令

（a）原图；（b）输入新数值；（c）选择被修改对象；（d）作图结果

9.3.2 Dimtedit 命令

- 在命令行中输入“Dimtedit”，单击 Enter 键或空格键。

执行上述命令后，命令行提示如下。

为标注文字指定新位置或 [左对齐（L）/右对齐（R）/居中（C）/默认（H）/角度（A）]：

以上提示内容中各选项含义如下。

（1）左对齐（L）：更改尺寸文本沿尺寸线左对齐。

命令：_dimtedit

选择标注：

为标注文字指定新位置或 [左对齐（L）/右对齐（R）/居中（C）/默认（H）/角度（A）]：_l [作图结果如图 9-18（b）所示]

（2）右对齐（R）：更改尺寸文本沿尺寸线右对齐。

命令：_dimtedit

选择标注：

为标注文字指定新位置或 [左对齐（L）/右对齐（R）/居中（C）/默认（H）/角度（A）]：_r [作图结果如图 9-18（c）所示]

（3）居中（C）：更改尺寸文本沿尺寸线中间对齐。

命令：_dimtedit

选择标注：

为标注文字指定新位置或［左对齐（L）/右对齐（R）/居中（C）/默认（H）/角度（A）］：_c［作图结果如图 9-18（d）所示］

(4) 默认（H）：将尺寸文本按 DDIM 所定义的默认位置和方向重新放置。

命令：_dimtedit

选择标注：

为标注文字指定新位置或［左对齐（L）/右对齐（R）/居中（C）/默认（H）/角度（A）］：_h［作图结果如图 9-18（e）所示］

(5) 角度（A）：旋转所选择的尺寸文本。

命令：_dimtedit

选择标注：

为标注文字指定新位置或［左对齐（L）/右对齐（R）/居中（C）/默认（H）/角度（A）］：_a

指定标注文字的角度：30［作图结果如图 9-18（f）所示］

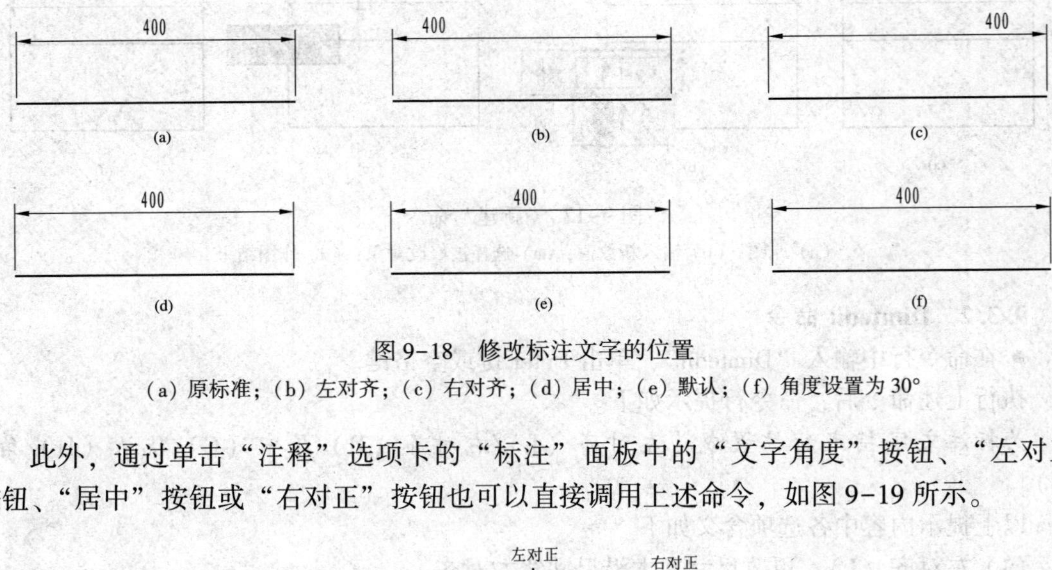

图 9-18　修改标注文字的位置

（a）原标准；（b）左对齐；（c）右对齐；（d）居中；（e）默认；（f）角度设置为 30°

此外，通过单击“注释”选项卡的“标注”面板中的“文字角度”按钮、“左对正”按钮、“居中”按钮或“右对正”按钮也可以直接调用上述命令，如图 9-19 所示。

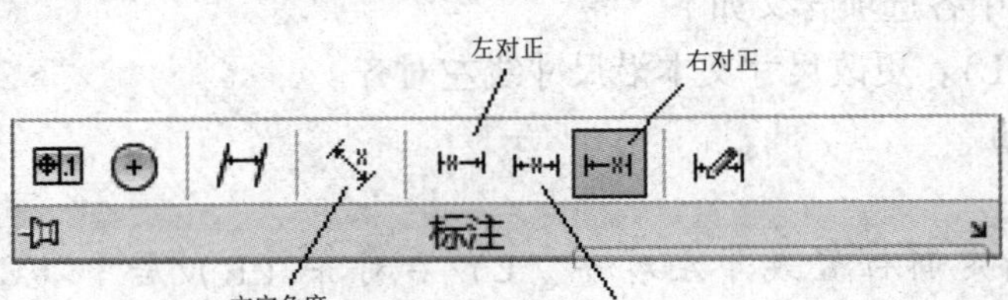

图 9-19　编辑标注文字按钮

9.3.3　利用夹点

单击尺寸标注，在尺寸界限的起点、尺寸线与尺寸界限的交点、尺寸数字位置出现蓝色夹点。每个夹点的作用如图 9-20 所示，激活夹点后可以通过移动鼠标实现编辑，这是一种方便快捷的编辑方式。

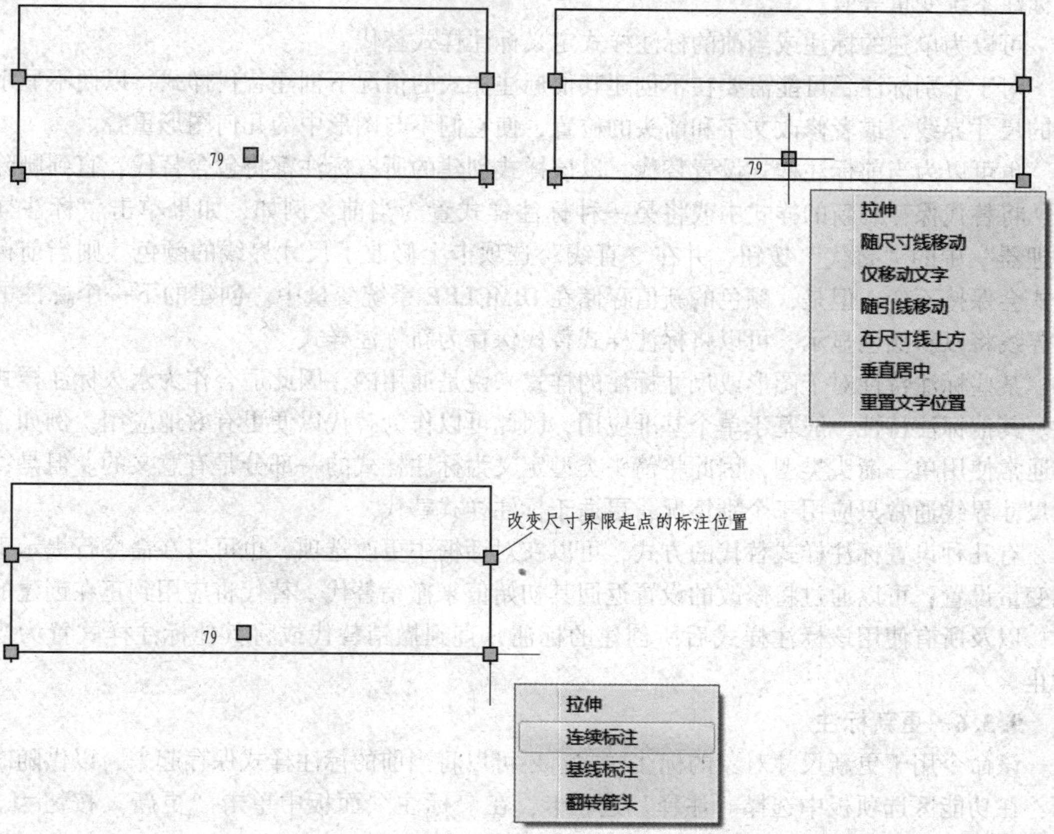

图 9-20 利用夹点编辑标注

9.3.4 直接双击

双击尺寸标注，系统打开“文字编辑器”选项卡，此时可以对尺寸数字进行编辑，是一种方便快捷的编辑方式，如图 9-21 所示。

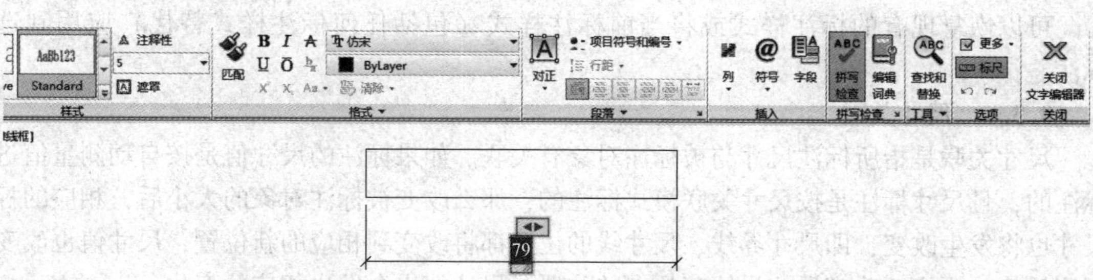

图 9-21 利用“文字编辑器”编辑标注

9.3.5 替代标注

在功能区选项板中选择“注释”选项卡，在“标注”面板中单击“替代”按钮（DIMOVERRIDE），可以临时修改尺寸标注的系统变量设置，并按该设置修改尺寸标注。该操作只对指定的尺寸对象进行修改，并且修改后不影响原系统的变量设置。

使用标注样式替代，无须更改当前标注样式，便可临时更改标注系统变量。标注样式替代是对当前标注样式中的指定设置所做的修改。它与在不修改当前标注样式的情况下修改尺寸标注系统变量等效。

可以为单独的标注或当前的标注样式定义标注样式替代。

对于个别标注，可能需要在不创建其他标注样式的情况下创建替代样式，以便不显示标注的尺寸界线，或者修改文字和箭头的位置，使它们不与图形中的几何图形重叠。

也可以为当前标注样式设置替代。以该样式创建的所有标注都将包含替代，直到删除替代、将替代保存到新的样式中或将另一种标注样式置为当前。例如，如果单击“标注样式管理器”中的“替代”按钮，并在“直线”选项卡上修改了尺寸界线的颜色，则当前标注样式会保持不变。但是，颜色的新值存储在 DIMCLRE 系统变量中。创建的下一个标注的尺寸界线将以新颜色显示，可以将标注样式替代保存为新标注样式。

某些标注特性对于图形或尺寸标注的样式来说是通用的，因此适合作为永久标注样式设置。其他标注特性一般基于单个基准应用，因此可以作为替代以便更有效地应用。例如，图形通常使用单一箭头类型，因此将箭头类型定义为标注样式的一部分是有意义的。但是，隐藏尺寸界线通常只应用于个别情况，更适于标注样式替代。

有几种设置标注样式替代的方式，可以在对话框中更改选项，也可以在命令行提示下系统变量设置；可以通过将修改的设置返回其初始值来撤销替代。替代将应用到正在创建的标注，以及所有使用该标注样式后所创建的标注，直到撤销替代或将其他标注样式置为当前为止。

9.3.6 更新标注

该命令用于更新尺寸对象的标注样式，还可以将当前的标注样式保存起来，以供随时调用，在功能区选项板中选择“注释”选项卡，在“标注”面板中单击“更新”按钮，然后仅选择需要更新的尺寸，即可以当前的标注样式进行更新。

通过指定其他标注样式修改现有的标注。修改标注样式后，可以选择是否更新与此标注样式相关联的标注。

创建标注时，当前标注样式将与之相关联。标注将保持此标注样式，除非对其应用新标注样式或设置标注样式替代。

可以恢复现有的标注样式或将当前标注样式（包括任何标注样式替代）应用到选定标注。

9.3.7 尺寸关联

尺寸关联是指所标注尺寸与被标注对象有关联。如果标注的尺寸值是按自动测量值进行标注的，且尺寸标注是按尺寸关联模式标注的，那么改变被标注对象的大小后，相应的标注尺寸也将发生改变，即尺寸界线、尺寸线的位置都将改变到相应的新位置，尺寸值也改变成新测量值。反之，改变尺寸界线起始点的位置，尺寸值也会发生相应的变化。

在某些情况下可能需要修改关联性，例如：

（1）重定义图形中有效编辑的标注的关联性。

（2）为局部解除关联的标注添加关联性。

（3）在传统图形中为标注添加关联性。

（4）对于要在低版本中使用的图形，如果用户不需要在图形中使用任何代理对象，即可删除标注中的关联性。

9.4 上 机 练 习

练习 9-1 绘制并完成图 9-22 所示图形的尺寸标注。

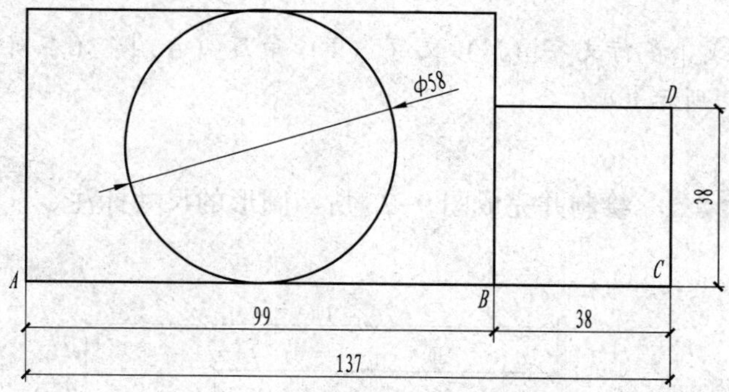

图 9-22 练习图形的尺寸标注

分析：本例需要设置线性标注样式和半径、直径标注样式两种样式（过程略）。

操作过程（图形绘制略）如下。

命令：_dimlinear（切换到线性标注样式，调用线性标注命令）

指定第一个尺寸界线原点或 <选择对象>：<打开对象捕捉>（捕捉 *A* 点）

指定第二条尺寸界线原点：（捕捉 *B* 点）

指定尺寸线位置或

[多行文字（M）/文字（T）/角度（A）/水平（H）/垂直（V）/旋转（R）]：10↙（尺寸线与被标注对象之间的距离设定为 10）

标注文字=99

命令：_dimcontinue（在“注释”面板中调用连续标注命令按钮）

指定第二个尺寸界线原点或[选择（S）/放弃（U）]<选择>：（捕捉 *C* 点）

标注文字=38

指定第二个尺寸界线原点或[选择（S）/放弃（U）]<选择>：↙

命令：_dimlinear（调用线性标注命令）

指定第一个尺寸界线原点或 <选择对象>：（捕捉 *A* 点）

指定第二条尺寸界线原点：（捕捉 *C* 点）

指定尺寸线位置或

[多行文字（M）/文字（T）/角度（A）/水平（H）/垂直（V）/旋转（R）]：20↙（第二道尺寸线与被标注对象之间的距离设定为 20）

标注文字=137

命令：_dimlinear

指定第一个尺寸界线原点或 <选择对象>：（捕捉 *C* 点）

指定第二条尺寸界线原点：（捕捉 *D* 点）

指定尺寸线位置或

[多行文字 (M)/文字 (T)/角度 (A)/水平 (H)/垂直 (V)/旋转 (R)]：10（尺寸线与被标注对象之间的距离设定为 10）

标注文字=38

命令：_dimdiameter（切换到已设置的直径、半径尺寸样式，调用标注直径命令）

选择圆弧或圆：

标注文字=58

指定尺寸线位置或 [多行文字 (M)/文字 (T)/角度 (A)]：（在屏幕上直接点取指定位置，结果如图 9-22 所示）

练习 9-2 绘制并完成图 9-23 所示图形的尺寸标注。

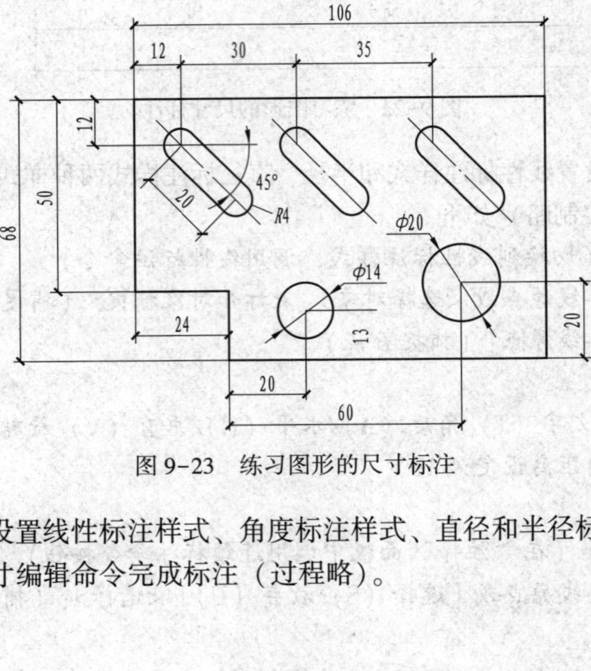

图 9-23 练习图形的尺寸标注

分析：本例需要设置线性标注样式、角度标注样式、直径和半径标注样式。合理设置标注样式，同时结合尺寸编辑命令完成标注（过程略）。

第 10 章　打　印　输　出

打印图形

学习内容

在 AutoCAD 中绘制好图形后，可以通过打印机将图形打印到图纸上，也可以将图形输出为其他格式文件，以便使用其他软件对其进行编辑。掌握页面设置与布局、打印样式表、打印样式设置、输出与发布图形。

在 AutoCAD 中，不仅可以将其他应用程序中处理好的数据传输给 AutoCAD，显示其图形，而且还可将图纸信息传递给其他应用程序，在打印图形时，可根据不同设计需要，设置打印对象在图纸上的布局。

此外，为适应互联网的快速发展，能够快速地享受设计信息，可以运行 Web 浏览器，并通过生成的 DWF 文件进行浏览和打印。同时使其与互联网相关的操作更加方便、高效，可以创建 Web 格式的文件及发布 AutoCAD 图形文件到 Web 页。

10.1　图形的输入和输出

AutoCAD 除可以打开和保存本身的 dwg 格式的图形文件外，还可以导入和导出其他格式的图形。

10.1.1　导入图形

导入图形的方法有以下几种。

- 单击菜单栏的“文件”→“输入”命令。
- 切换到“插入”选项卡，在“输入”面板上单击“输入”按钮。

执行上述命令后，弹出“输入文件”对话框，如图 10-1 所示。在“文件类型”下拉列表中可以选择系统允许输入的图元文件（＊.wmf）、ACIS（＊.sat）、3Dstudio.（＊.3ds）、microStation DGN（＊.dgn）等图形格式的文件。

10.1.2　插入 OLE 对象

- 单击菜单栏的“插入”→“OLE 对象”命令。
- 切换到“插入”选项卡，在“数据”面板上单击“ OLE 对象”按钮。

执行上述命令后，弹出“插入对象”对话框，如图 10-2 所示，可以插入对象链接或嵌入对象。

10.1.3　输出图形

在 AutoCAD 中可以将图形文件输出为其他格式的文件，以便在其他软件中编辑。例如，在 Photoshop 中进行编辑，可以将图形输出为 .bmp 格式文件。执行输出命令的方法有以下几种。

- 单击菜单栏的“文件”→“输出”命令。

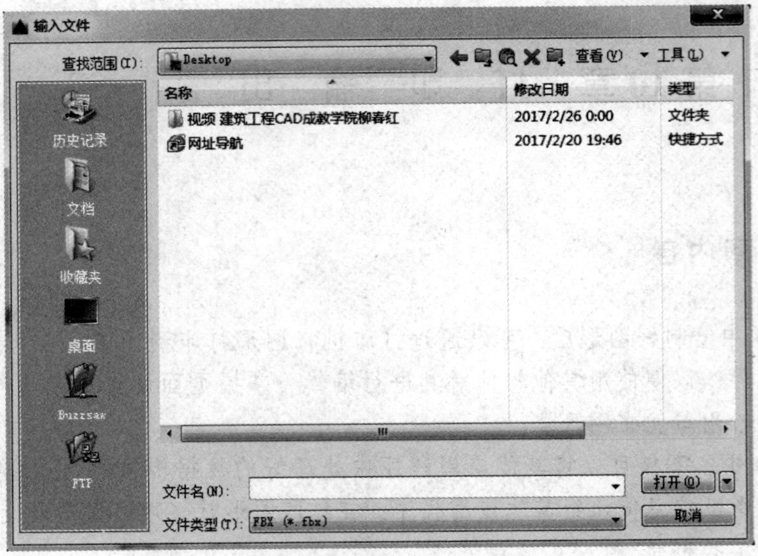

图 10-1 “输入文件”对话框

图 10-2 “插入对象”对话框

● 在命令行输入“Export”命令，单击 Enter 键或空格键。

执行上述命令后，弹出“输出数据”对话框，如图 10-3 所示，可以在“保存”下拉菜单中设置文件输出的路径，在“文件名”文本框中输入文件名称，在“文件类型”下拉菜单中选择文件的输出类型。

设置好文件的输出路径、名称和文件类型后，单击“保存”按钮，将切换到绘图窗口中，选择需要的对象。

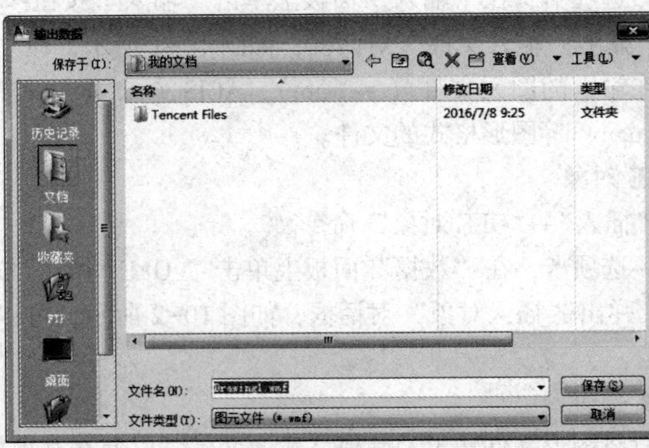

图 10-3 “输出数据”对话框

图形输出的文件格式主要有以下几种。

(1) Dwg 格式：输出为可供其他 AutoCAD 版本使用的图形文件。

（2）Dwf 格式：输出为 Web 图形格式，用于在网上发布。

（3）Dgn 格式：输出为 Microstation V8 Dgn 格式文件。

（4）Dxx 格式：输出为 Dxx 属性的抽取文件。

（5）Eps 格式：输出为封装的 Postscript 文件。

（6）Bmp 格式：输出为位图文件，几乎可供所有图像处理的文件。

（7）Sat 格式：输出为 ACIS 文件。

（8）Stl 格式：输出为实体对象立体化文件。

（9）Wmf 格式：输出为 Windows 图元文件格式。

10.2　创建和管理布局

在 AutoCAD 中，可以创建多个布局，每个布局都代表一张单独的打印输出图纸，在布局中可以创建浮动视口，视口中的各个视图可以使用不同的打印比例，并控制其图层的可见性。

10.2.1　模型空间与图纸空间

模型空间是完成绘图和设计工作的空间。在模型空间中建立的模型可以完成二维或三维物体的造型，并且可以根据需求用多个二维或三维视图来表示物体，同时可以标注必要的尺寸标注和注释等。在模型空间中，可以创建多个不重叠的视口来展示图形的不同视图，如图 10-4 所示。

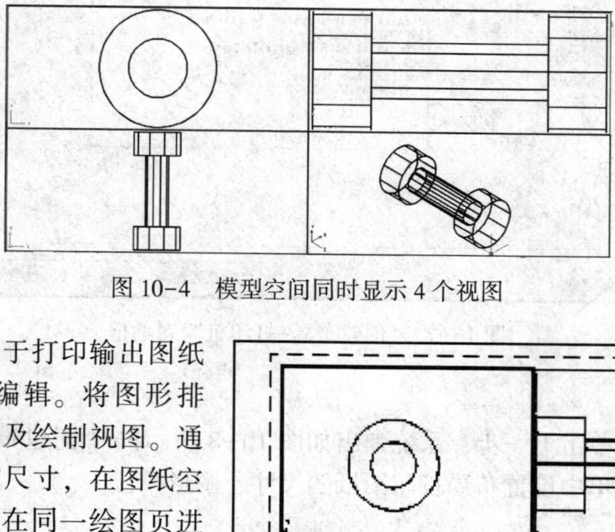

图 10-4　模型空间同时显示 4 个视图

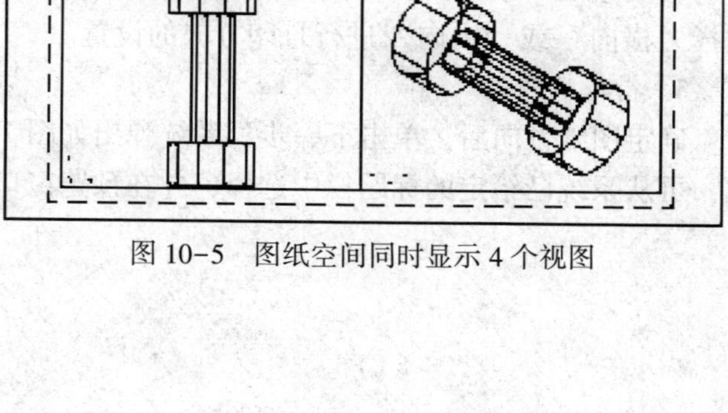

图 10-5　图纸空间同时显示 4 个视图

图纸空间主要用于打印输出图纸时对图形的排列和编辑。将图形排列、绘制局部放大图及绘制视图。通过移动或改变视口的尺寸，在图纸空间中排列视图。可以在同一绘图页进行不同视图的放置和绘制，每个视口能展现模型不同部分的视图或不同视点的视图，如图 10-5 所示，每个视口的视图可以独立编辑，画成不同的比例、冻结和解冻特定的图层、给出不同的标注或注释。

在图纸空间中，可以用 mspace 和

pspace 命令在模型空间与图形空间之间切换，由此可以在图纸空间中灵活方便地编辑、安排和标注视图，以便得出详尽的图纸。

10.2.2 使用布局向导创建布局

使用布局向导创建布局时可以对所创建布局的名称、图纸尺寸、打印方式和布局位置等主要选项进行详细的设置。一般不需要再进行调整和修改。

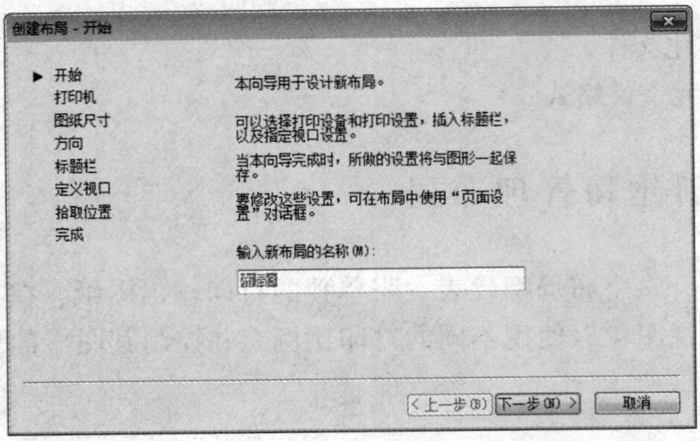

图 10-6 “创建布局-开始”对话框

1. 设置布局的命名

在模型空间中，绘制好实体模型后，在菜单栏中选择“插入”→“布局”→“创建布局导向”，系统弹出如图 10-6 所示的“创建布局-开始”对话框，进行新布局名称的命名。

2. 配置打印机

将布局名称命名后，单击下一步，系统弹出如图 10-7 所示的“创建布局-打印机”对话框，根据实际配置选择在对话框中的打印机。

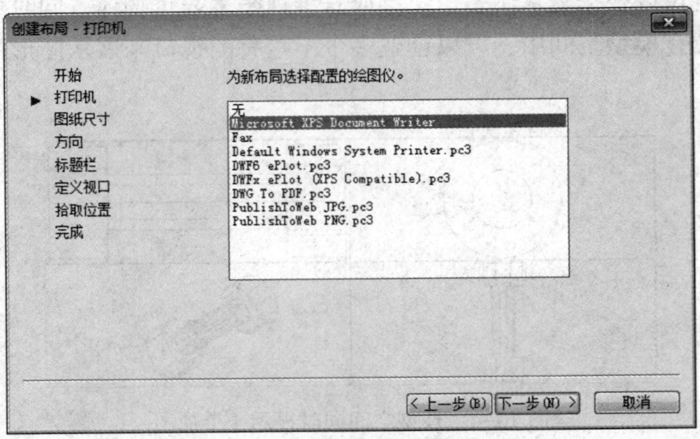

图 10-7 “创建布局-打印机”对话框

3. 确定图纸尺寸

选择打印机后，单击下一步，系统弹出如图 10-8 所示的“创建布局-图纸尺寸”对话框，在尺寸的下拉菜单中设置布局打印图纸的尺寸、图形单位。

4. 确定图纸方向

确定图纸尺寸后，单击下一步，系统弹出如图 10-9 所示的“创建布局-方向”对话框，选择“横向”或“纵向”进行打印方向的设置。

5. 指定标题栏

确定图纸方向后，单击下一步，系统弹出如图 10-10 所示的“创建布局-标题栏”对话框，可从系统已给定的标题栏中选择，并在预览窗口查看。

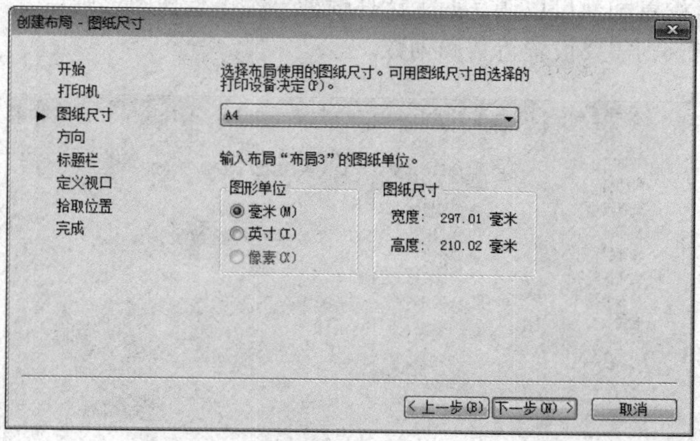

图 10-8 “创建布局-图纸尺寸”对话框

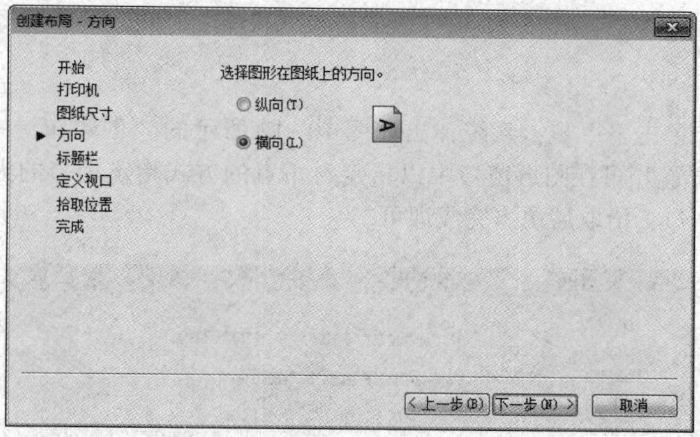

图 10-9 “创建布局-方向”对话框

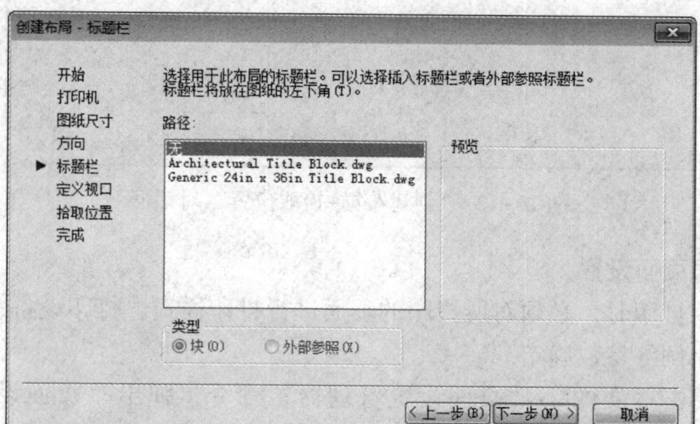

图 10-10 “创建布局-标题栏”对话框

6. 定义视口

确定图纸标题栏后，单击下一步，系统弹出如图 10-11 所示的“创建布局-定义视口”

对话框，选择视口设置和视口比例，如果选择标准三维工程视图，则需要设置行间距和列间距；如果选择阵列，则需要设置行数和列数。

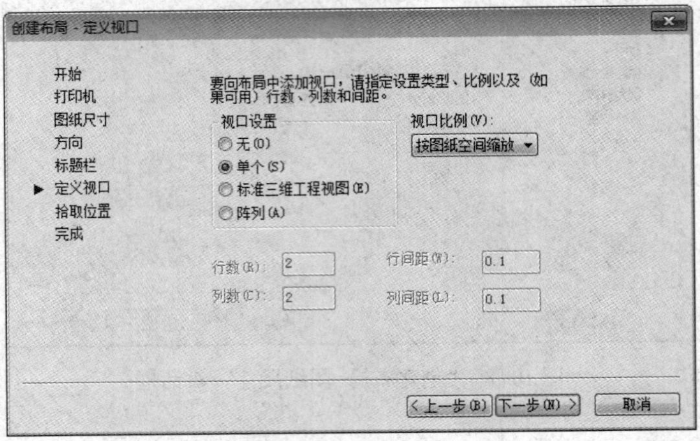

图 10-11 “创建布局-定义视口”对话框

7. 拾取位置

确定视口后，单击下一步，系统弹出如图 10-12 所示的“创建布局-拾取位置”对话框，单击“选择位置”可在图形窗口中以指定对角点的方式指定视口的大小和位置，一般选择全部图形的窗口，拾取后单击完成即可。

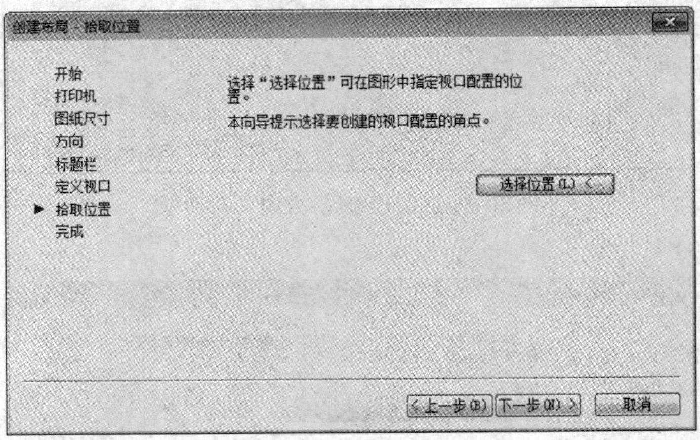

图 10-12 “创建布局-拾取位置”对话框

10.2.3 布局页面设置

在进行图形的打印时，必须对所打印的页面进行打印样式、打印设备、图纸大小、图纸打印方向和打印比例等参数确定。

在菜单栏中单击“文件”→“页面设置管理器”命令，弹出“页面设置管理器”对话框，如图 10-13 所示，在对话框中对布局页面进行修改、新建等操作。

选择“新建”，系统弹出“新建页面设置”对话框，如图 10-14 所示，输入新页面设置名，指定基础样式。即出现新的“页面设置”对话框。

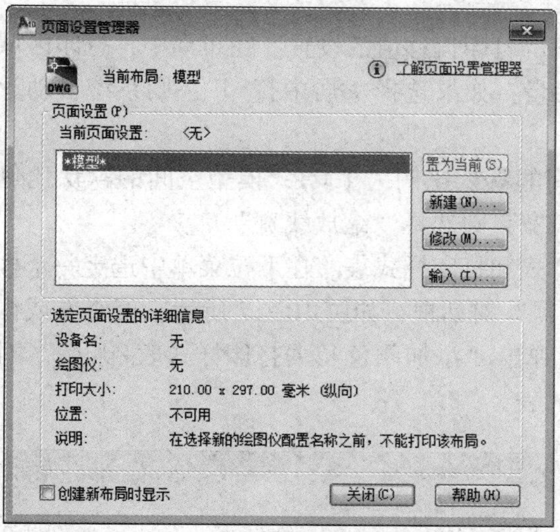

图 10-13　“页面设置管理器”对话框

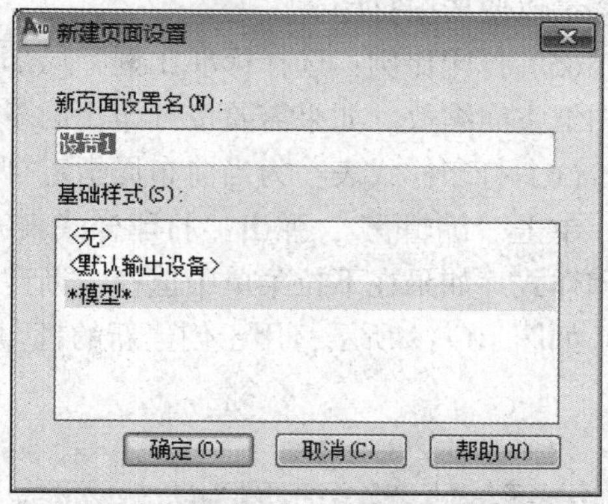

图 10-14　“新建页面设置”对话框

选择“页面设置管理器”中“修改”，系统弹出“页面设置”对话框，如图 10-15 所示。

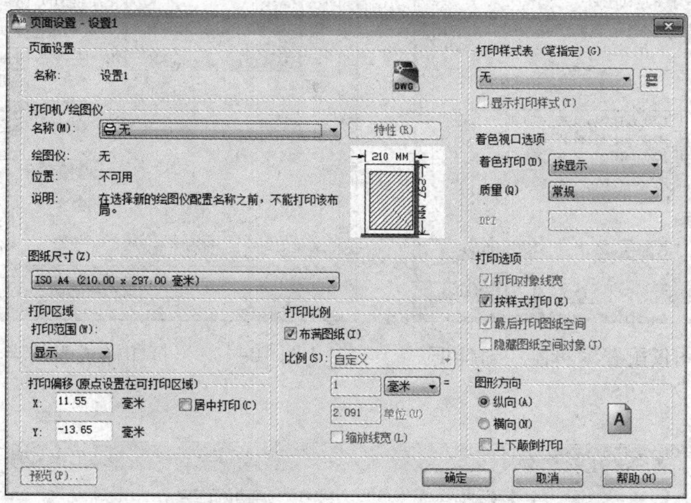

图 10-15　“页面设置”对话框

在“页面设置”对话框中，各选项含义如下。

（1）打印机/绘图仪：指定打印机的名称、位置和说明。在“名称”下拉菜单中选择打印机或绘图仪的类型，选择好之后单击“特性”，弹出“绘图仪配置编辑器”对话框，如图 10-16 所示，可查看或修改打印机或绘图仪的配置信息。

（2）图纸尺寸：指定图纸尺寸的大小。

（3）打印区域：设置布局的打印区域。在“打印范围”下拉菜单中选择打印区域的方式，其中“布局”可对指定图纸界限内的所有图纸打印；“窗口”可指定模型空间中的某个矩形区域为打印区域进行打印；“范围”是打印当前图纸中的所有对象；“显示”可设置打印模型空间的当前视口中的视图。

（4）打印偏移：显示相对于介质源左下角的打印偏移值的设置。在布局中，打印区域左下角点由左边距决定，可直接输入 *X*、*Y* 偏移量；如果选择“居中打印”，则系统自动计算偏移量以便居中打印。

（5）打印比例：选择标准比例，局部空间的默认比例为 1∶1，模型空间的默认比例为按图纸空间缩放。如果需要按打印比例缩放线宽，则选择“缩放线宽”。

（6）打印样式表：为当前布局指定打印样式和打印样式表。在下拉菜单中选定一个样式后，单击“编辑”，弹出“打印样式表编辑器”对话框，如图 10-17 所示，可查看或修改打印样式。如果在下拉菜单中选择“新建”，弹出“添加颜色相关打印样式表-开始”对话框，如图 10-18 所示，用于创建新的打印样式表。

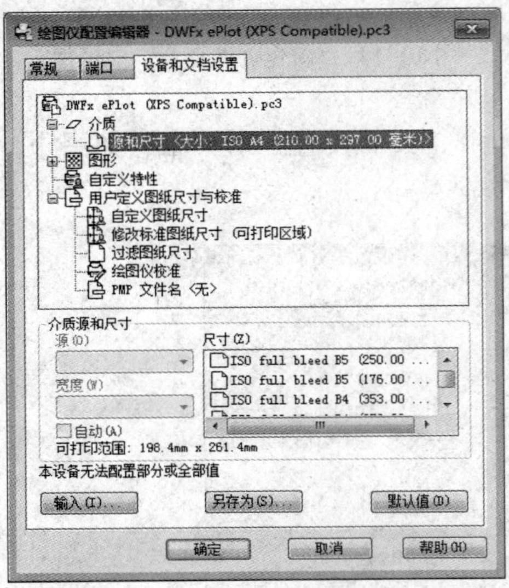

图 10-16 “绘图仪配置编辑器”对话框

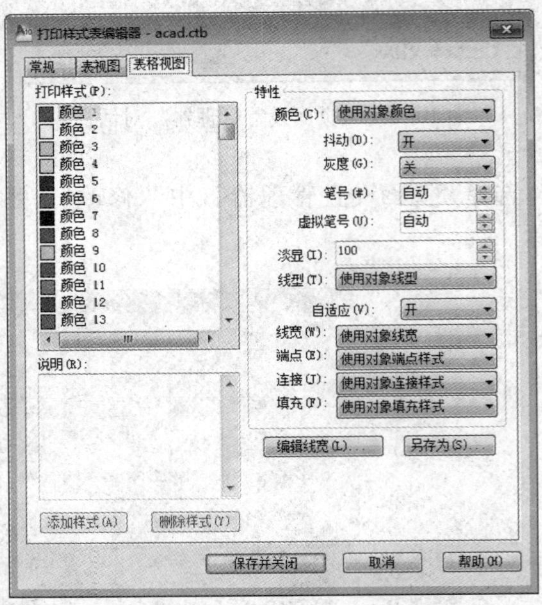

图 10-17 “打印样式表编辑器”对话框

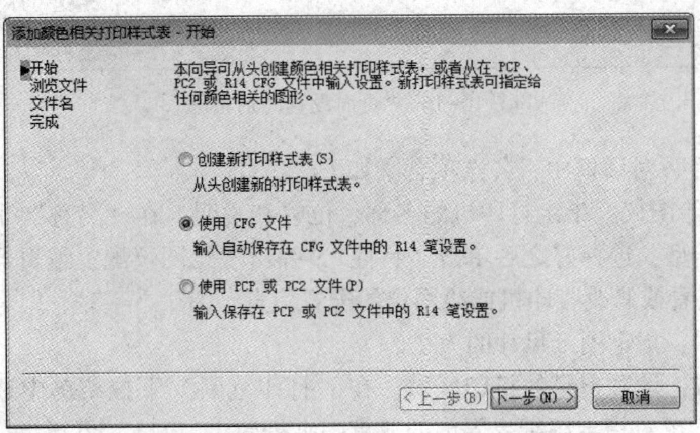

图 10-18 “添加颜色相关打印样式表-开始”对话框

（7）着色视口选项：指定着色和渲染视口的打印方式，并确定它们的分辨率大小。“着色打印”下拉菜单中可指定视图的打印方式；“质量”下拉菜单中指定着色和渲染视口的打印分辨率。

（8）打印选项：“打印对象线宽”可打印对象和图层线宽；“按样式打印”可打印应用于对象和图层的打印样式；“最后打印图纸空间”可先打印模型空间几何图形；“隐藏图纸空间对象”可指定消隐操作应用于图纸空间视口中的对象，该选项仅在“布局”选项卡中可用。

（9）图形方向：指定图形在图纸中的放置位置。“反向打印”指图形在图纸页上旋转180°打印。

选择“页面设置管理器”中“输入”，打开“从文件选择页面设置”对话框，如图10-19所示，选择页面设置方案后，打开后确定即可完成输入页面设置。

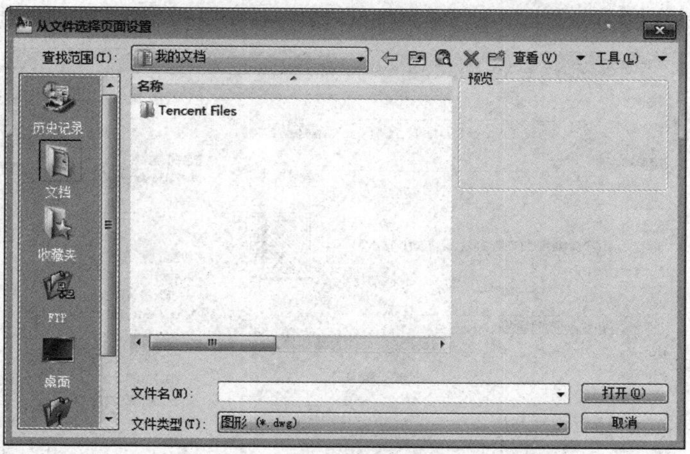

图10-19 “从文件选择页面设置”对话框

10.3 打 印

在实际的工作中，创建完图形后需要将图形以图纸的形式打印出来，以便于后期的工艺编制、交流和审核等需要。也可以生成一份电子图纸，以便在互联网上进行访问。根据不同的需要，可以打印一个或多个视口，或设置选项以决定打印的内容和图像在图纸上的布置。

10.3.1 打印设置

打印输出图形时，打印图形线条的宽度根据对象类型的不同而不同。对于所打印的线条属性，不但可以在绘图时直接通过图层进行设置，而且可以利用打印样式表进行线条的颜色、线型、线宽和端点样式等进行设置。在使用打印样式前，先指定AutoCAD文档使用的打印样式类型，主要包括颜色相关样式（CTB）和命名样式（STB）。

单击“文件”→“打印样式管理器”命令，系统弹出“打印样式”文件夹，即可选择以“.ctb”为扩展名与颜色相关的打印的样式和以“.stb”为扩展名与命名打印样式的文件中。

（1）颜色打印样式表：通过设置与图形对象颜色对应的打印样式，使得所具有该颜色的图形对象都具有相同的打印效果，如可以为所有用青色绘制的图形设置相同的打印线宽、打印线型和填充样式等特性。

(2) 命名打印样式表：可以在图层特性管理器中为某图层指定打印样式，也可以在“特性”选项板中为单独的图形对象设置打印样式属性。

10.3.2 打印输出

在 AutoCAD 中，执行打印输出操作即是将最终完成的图纸布局，通过打印方式将当前布局输出为图纸。

单击“文件”→“打印”命令，系统弹出“打印-模型”对话框，如图 10-20 所示。对话框中的内容与“页面设置”的内容基本相同，此外在对话框中还可以设置以下选项。

(1) 页面设置：该选项可以选择和添加页面设置。在“名称”下拉菜单中，可选择打印设置，并能够随时保存、命名和恢复“打印”和“页面设置”对话框中的所有设置。单击“添加”可打开“添加页面设置”对话框，如图 10-21 所示，可以从中添加新的页面设置。

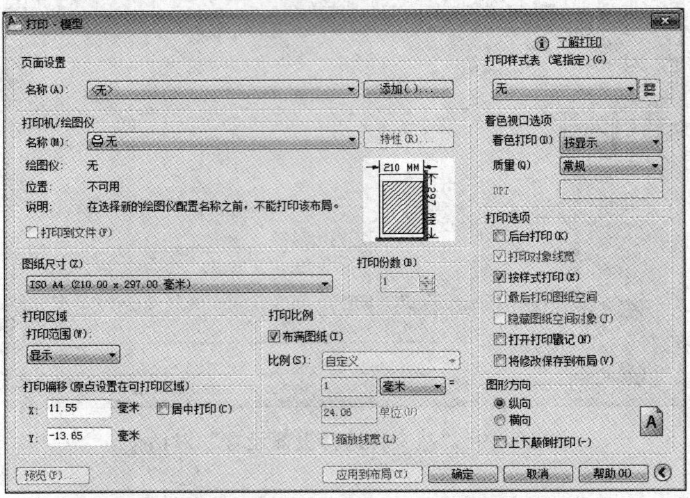

图 10-20 “打印-模型”对话框

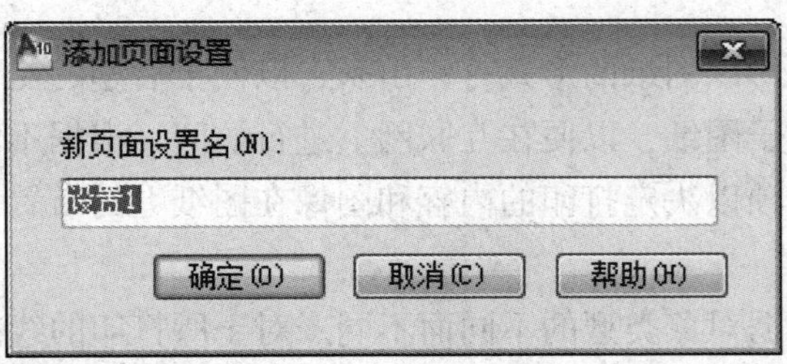

图 10-21 “添加页面设置”对话框

(2) 打印机/绘图仪：选中“打印到文件”，可将选定的布局发送到打印文件，而不是发送到打印机。

(3) 打印选项：选择“后台打印”和“将修改保存到布局”，可以在后台打印，将该对话框改变的设置保存到布局中。选择“打开打印戳记”可以在每个输出图形的某个角落上显示绘图标记，以及生成日志文件，选择“打开打印戳记”后面的，系统弹出“打印戳记”对话框，如图 10-22 所示，可以设置打印戳记字段，包括图形名、布局名称、日期和时间、登录名、设备名、图纸尺寸和打印比例等。

(4) 打印预览：在对完成输出设置的图形进行打印输出之前，一般要对该图进行打印预览，以便检查图形的输出设置是否正确。在预览窗口，光标变成了带有加号和减号的放大镜

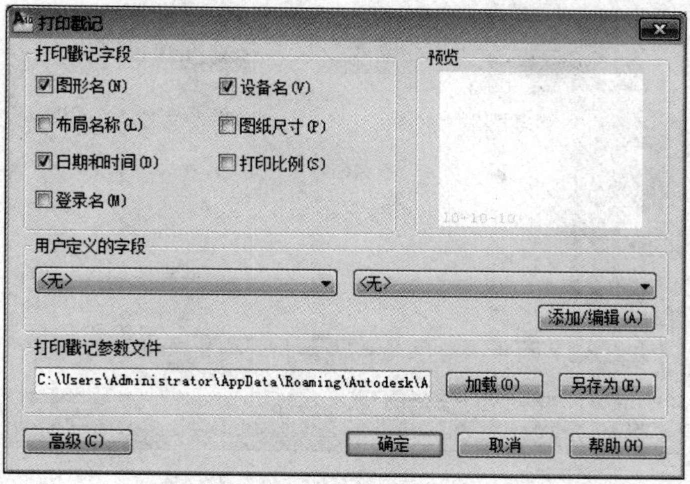

图 10-22　“打印戳记”对话框

状态，向上拖动光标可以放大图像，向下可以缩小图像，要结束全部的预览，按 Esc 键退出。

（5）打印输出：各部分都设置完成后，在“打印”对话框中“确定”或者打印预览效果符合直接选择“打印”，系统将开始输出图形。如果图形输出时出现错误或要中断，按 Esc 键结束图形输出。

10.4　发布图形文件

在 AutoCAD 中，可通过 Internet 访问或存储 AutoCAD 图形及相关文件，AutoCAD 拥有与 Internet 进行连接的多种方式，并能在其中运行 Web 浏览器，通过生成的 DWF 文件以便进行浏览和打印，除此之外还能够打开和插入 Internet 上的图形，并将创建的图形保存到 Internet 上。

10.4.1　发布 DWF 文件

DWF 文件是一种安全的，适应于在 Internet 上发布的文件格式，并且可以在任何装有网络浏览器和专用插件的计算机中执行打开、查看或输出操作。

选择“文件”“打印”，系统弹出“打印-模型”对话框，在“打印机/绘图仪”的下拉菜单中选择 DWF6ePlot. pc3 选项，单击“确定”，系统弹出“浏览打印文件”对话框，如图 10-23 所示，设置 ePlot 文件的名称和路径，选择保存，即可完成 DWF 文件的创建操作。

在输出 DWF 文件之前，首先需要创建 DWF 文件。在 AutoCAD 中可以使用 ePlot. pc3 配置文件创建带白色背景和纸张边界的 DWF 文件。在使用 ePlot 功能时，系统将会创建一个虚拟电子图，利用 ePlot 可指定多种设置，且这些设置会影响 DWF 文件的打印效果。

10.4.2　发布到 Web 页

在 AutoCAD 中，可以利用 Web 页将图形发布到 Internet 上，利用网上发布工具。单击菜单栏中的“文件”→“网上发布”命令，系统弹出“网上发布-开始”对话框，如图 10-24 所示，即使不熟悉 HTML 代码，也可以方便、迅速地创建 Web 页，该网页包含 AutoCAD 图

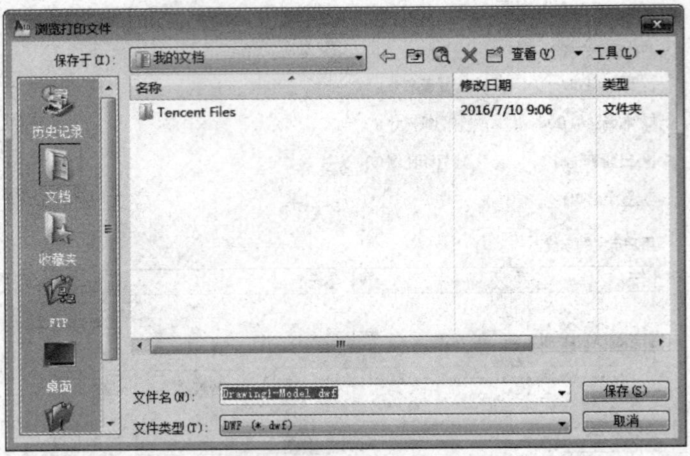

图 10-23 “浏览打印文件”对话框

形的 DWF、PNG 和 JPEG 等格式图像。只要创建了 Web 页，就可以将其发布到 Internet 上。

在“网上发布-开始”对话框中选择“创建 Web 页”，单击“下一步”，系统弹出“网上发布-创建 Web 页”对话框，如图 10-25 所示，指定 Web 文件的名称、存放位置及相关说明。

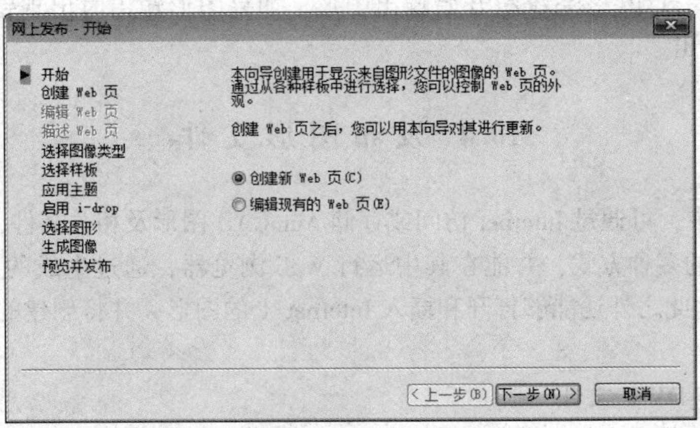

图 10-24 “网上发布-开始”对话框

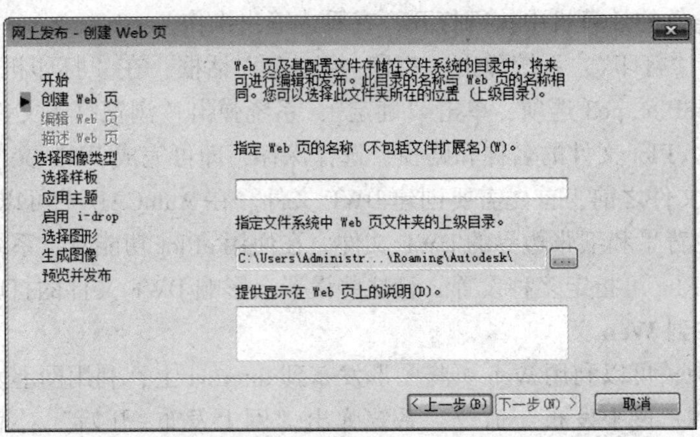

图 10-25 “网上发布-创建 Web 页”对话框

确定相关信息后，单击“下一步”，系统弹出“网上发布-选择图像类型”对话框，如图 10-26 所示。设置 Web 页上显示图像的类型和大小。在图形图像的类型中，通过下拉菜单选择 DWF、JPG 或 PNG 格式；在图形大小下拉菜单中选择极大、大、中、小选项。

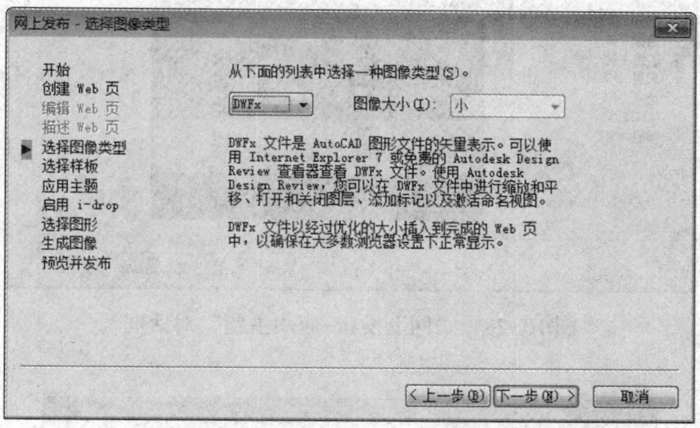

图 10-26　“网上发布-选择图像类型”对话框

单击“下一步”，系统弹出“网上发布-选择样板”对话框，如图 10-27 所示。设置 Web 页样板，选择好对应选项后，在预览框中将显示出相应地样板示例。

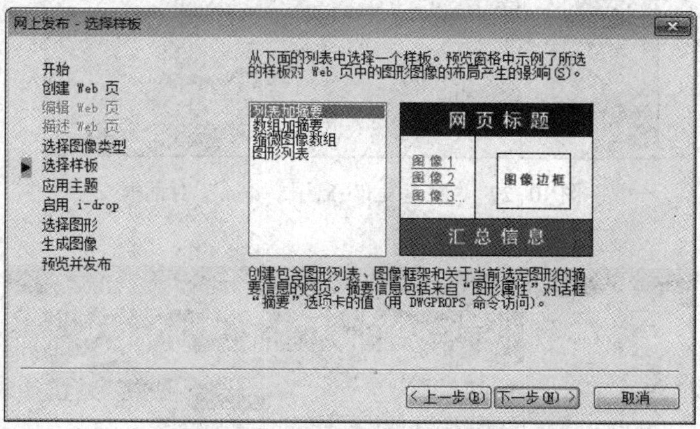

图 10-27　“网上发布-选择样板”对话框

单击“下一步”，系统弹出“网上发布-应用主题”对话框，如图 10-28 所示。设置 Web 页面上各元素的外观样式，如字体、颜色等，在对话框下部所选主体选项进行预览。

单击“下一步”，系统弹出“网上发布-启用 i-drop”对话框，如图 10-29 所示。系统将询问是否要创建 i-drop 有效的 Wep 页，勾选 i-drop，即可创建 i-drop 有效的 Web 页。

单击“下一步”，系统弹出“网上发布-选择图形”对话框，如图 10-30 所示。可从中确定在 Web 页上要显示成图形文件，设置后点单“添加”，即可将文件添加到“图像列表”列表框中。

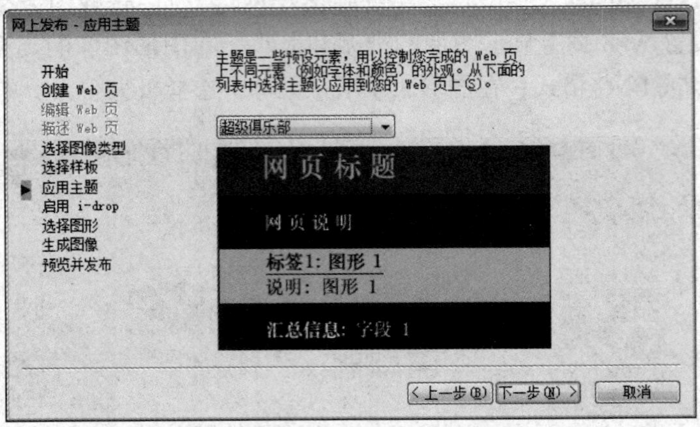

图 10-28 “网上发布-应用主题”对话框

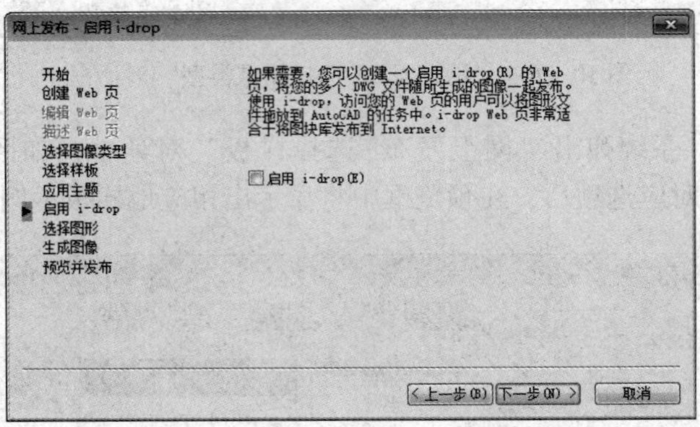

图 10-29 “网上发布-启用 i-drop”对话框

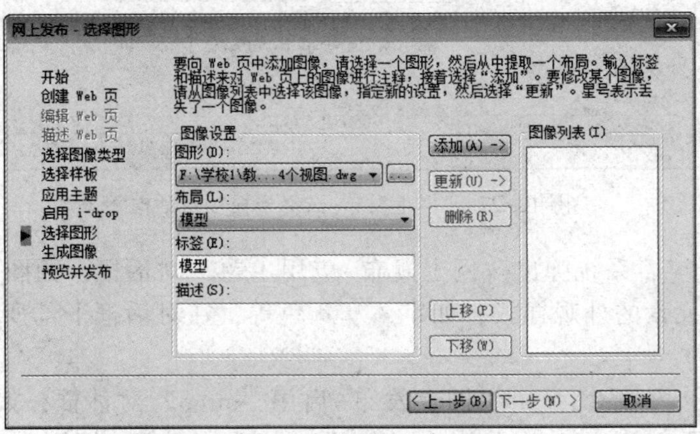

图 10-30 “网上发布-选择图形”对话框

单击“下一步”，系统弹出“网上发布-生成图像”对话框，如图 10-31 所示，选择重新生成已修改图形的图像或所有图像。

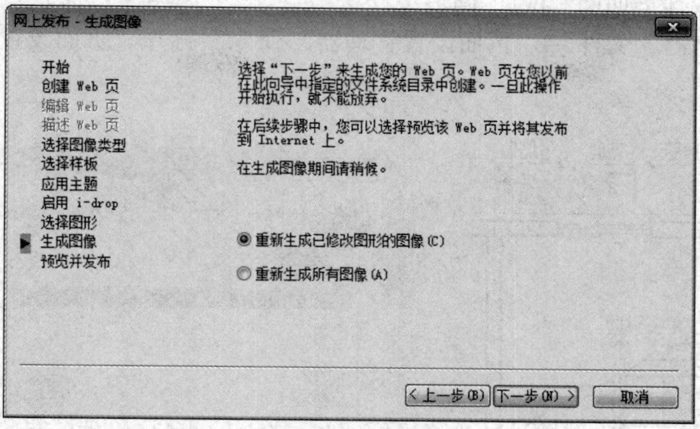

图 10-31 “网上发布-生成图像”对话框

单击“下一步”，系统弹出“网上发布-预览并发布”对话框，如图 10-32 所示。单击“预览”即可预览所创建的 Web 页，单击“立即发布”，则即可发布新创建的 Web 页。发布后，可通过“发送电子邮件”创建或发送包括 URL 及其位置等信息的邮件。

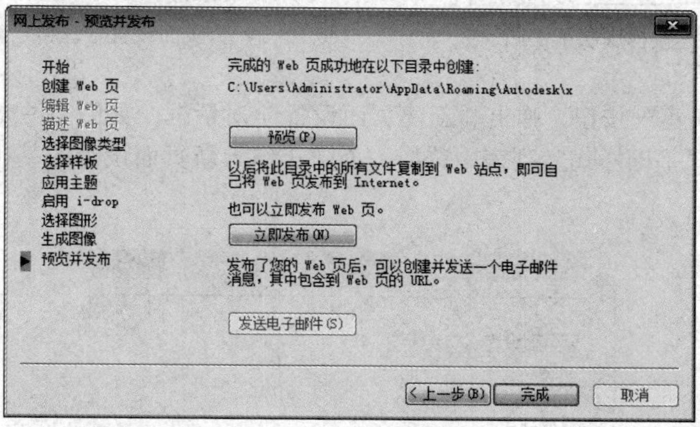

图 10-32 “网上发布-预览并发布”对话框

10.5 上 机 练 习

练习 10-1 打开“楼梯平面图.dwg”图形文件，如图 10-33 所示，使用“打印”命令对图形进行打印，页面设置名称为“建筑制图”，页面样式要求：

(1) 打印纸张为 A4。

(2) 打印方向为“横向”。

(3) 打印范围通过窗口选择、居中、满布图纸打印。

(4) 打印份数 2 份。

操作过程如下。

(1) 打开“楼梯平面图 . dwg”图形文件。

(2) 单击菜单栏“文件”→“页面设置管理器”命令，打开“页面设置管理器”对话框，如图 10-34 所示。

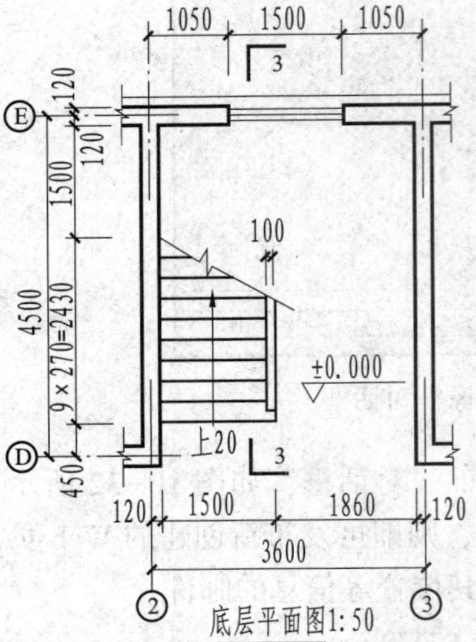

图 10-33 楼梯底层平面图

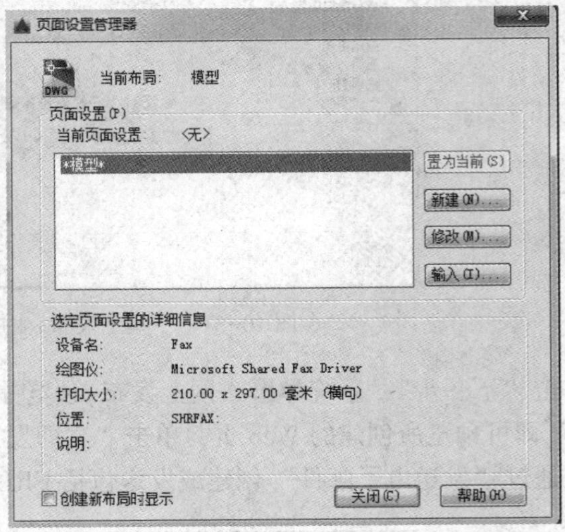

图 10-34 “页面设置管理器”对话框

(3) 单击“新建”按钮，弹出“新建页面设置”对话框，如图 10-35 所示。输入新名“建筑制图”，在“基础样式”列表中选择一个样式作为新页面设置的基础页面样式，单击“确定”按钮。

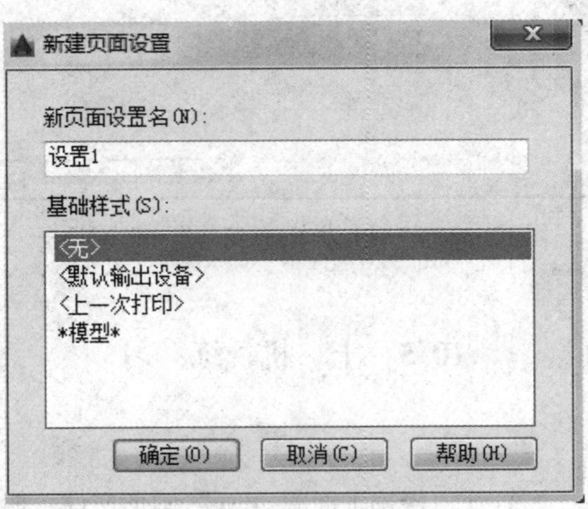

图 10-35 “新建页面设置”对话框

(4) 弹出“页面设置-模型”对话框，按要求进行设置，如图 10-36 所示。

(5) 单击“预览”按钮，观察打印效果，并关闭预览，单击“确定”，并关闭“页面设置管理器”对话框。

(6) 单击菜单栏“文件”→“打印”命令，弹出“打印-模型”对话框（如图 10-37 所示），在“页面设置”的“名称”下拉列表中选择“建筑制图”，单击“确定”按钮进行打印。

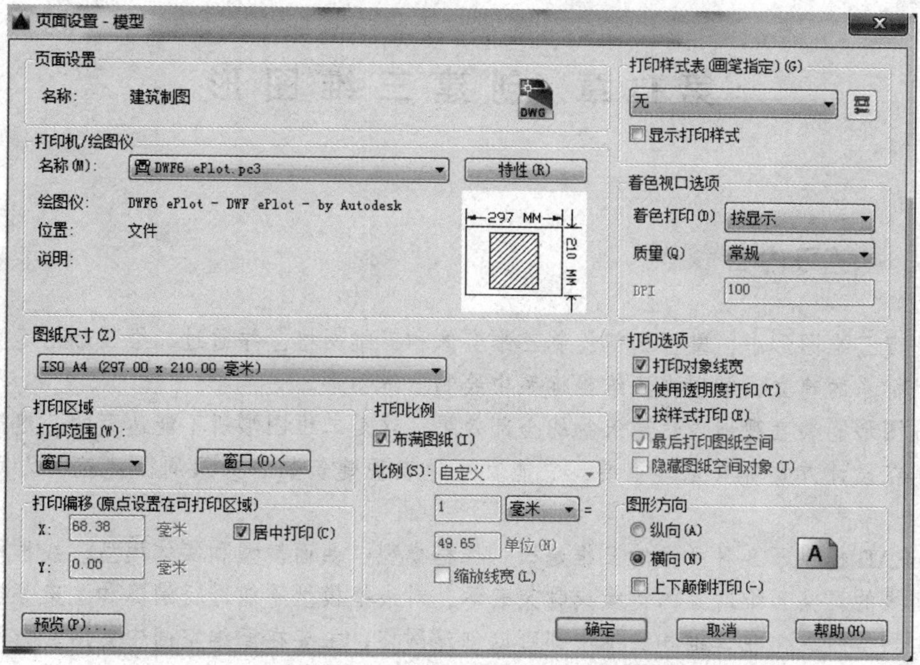

图 10-36　“页面设置-模型”对话框

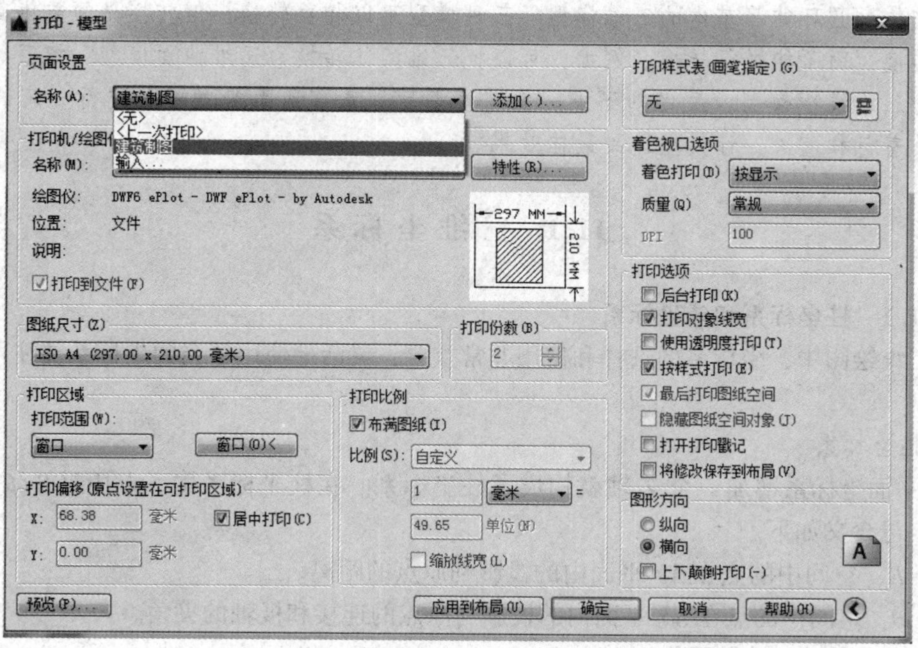

图 10-37　“打印-模型”对话框

练习 10-2　使用“输出”命令将图 10-33 所示的图形文件输出为 wmf 格式的文件。

第 11 章　创 建 三 维 图 形

学习内容

在创建三维图形中，掌握如何绘制三维实体和三维网格，并通过二维图形创建实体。熟悉三维坐标系的建立，掌握在三维坐标系中绘制三维图形。

三维图形能够直观地表达建筑物的全部效果，这是二维图形所不能达到的。建筑三维图形的绘制在设计方案阶段尤其重要，它能直观地表现建筑物自身及周围建筑物之间的空间关系。

AutoCAD 提供了 3 种类型的三维建模：线框模型、曲面模型和实体模型。线框模型使用直线和曲线的真实三维对象的边缘或骨架表示，对线框模型不能进行消隐和渲染等操作。曲面模型由网格组成，在二维和三维中都可以创建网格，主要在三维空间中使用。为了简化绘图工作，系统提供了一系列常用的曲面，用户可以输入所需的参数，直接完成预定义曲面的创建。实体模型是最方便的三维模型。AutoCAD 的实体模型包括长方体、圆锥体、圆柱体、球体、楔体和圆环体等基本的三维模型。三种模型可以相互转换，但转换必须要由高层次向低层次转换，而不能逆行转换。例如，可以把三维实体转换为三维曲面模型，把三维曲面模型转换为三维线框模型，反之则不能。创建模型后，通常还需要对模型进行一定的修改编辑，以及着色和渲染，让模型达到最佳效果。

11.1　三 维 坐 标 系

11.1.1　柱坐标系和球坐标系

在三维绘图中，坐标系的选择和使用非常重要，灵活地使用适当的坐标系往往可以事半功倍。

1. 柱坐标系

XY 平面坐标系增加一个 *Z* 轴就构成了柱坐标系。在柱坐标系中，点用（$R<\theta$，Z）表示，各字母含义如下。

(1) R：空间中的点在 *XY* 平面内的投影到原点的距离。

(2) θ：空间中的点在 *XY* 平面内的投影与原点的连接和极轴的夹角。

(3) Z：点到 *Z* 轴投影值。

2. 球坐标

在球坐标系中，点用 $\rho<\alpha<\beta$ 表示，各字母含义如下。

(1) ρ：空间中点到球心的距离。

(2) α：空间中的点在 *XY* 平面内投影与 *X* 轴的夹角。

(3) β：空间中的点与球心连线和 *XY* 平面的夹角，取值范围为-90°~90°。

11.1.2 世界坐标系与用户坐标系

世界坐标系即 WCS，又称为通用坐标系，在未指定用户坐标系（UCS）之前，系统将以世界坐标系为默认的坐标系。世界坐标系是系统固定的原始坐标系，是永久不能改变的，而用户坐标系是可以移动的。

通过 UCS 图标可以看到当前 UCS 的位置和方向。通过单击 UCS 图标，并使用其夹点或使用 UCS 命令，可以操作 UCS。

启动“用户坐标系”命令的方法主要有以下几种。

- 单击菜单栏的“工具”→“新建 UCS”命令。
- 在命令行输入“UCS”，单击 Enter 键或空格键。

执行上述命令后，命令行出现的提示中各选项含义如下。

(1) 指定 UCS 的原点：允许用户使用一点、两点和三点定义一个新的 UCS。如果指定单个点，当前 UCS 的原点将会移动而不会更改 *X*、*Y* 和 *Z* 轴的方向；如果指定第二个点，则 UCS 旋转以使正 *X* 轴通过该点；如果指定第三个点，则 UCS 绕新的 *X* 轴旋转来定义 *Y* 轴。

(2) 面（F）：将 UCS 与三维实体的选定面对齐。此选项用于选择，并拖动 UCS 图标（或者从原点夹点菜单选择“移动”或“对齐”），以将 UCS 与面动态对齐，将 UCS 动态对齐到三维对象的面上。在选定面的边界内或面的边上单击，被选中的面将高亮度显示，UCS 的 *X* 轴将与找到的第一个面上的最近的边对齐。

(3) 命名（NA）：此选项用于保存或恢复命名 UCS 定义。用户也可以通过右击 UCS 图标后，在弹出的快捷菜单中单击“命名 UCS”来保存或恢复命名 UCS 定义。

(4) 对象（OB）：此选项用于将 UCS 与选定的二维或三维对象对齐。UCS 可与除参照线和三维多段线外任何对象类型对齐。大多数情况，UCS 的原点位于离指定点最近端点，*X* 轴将与边或曲线相切，并且 *Z* 轴垂直于对象对齐。

(5) 上一个（P）：此选项表示恢复到上一个 UCS。

(6) 视图（V）：此选项以垂直于观察方向（平行于屏幕）的平面 *XY* 平面，原点保持不变，建立新的坐标系，但 *X* 轴和 *Y* 轴分别为水平和垂直。

(7) 世界（W）：该选项可将当前用户坐标系设置为世界坐标系。

(8) X/Y/Z：此选项可将当前 UCS 绕指定轴旋转。可任意输入角度，正值表示绕正方向旋转，负值表示绕负方向旋转，遵循右手原则。

(9) Z 轴（ZA）：此选项可用 *Z* 轴正半轴来定义 UCS。

11.2 三维实体

三维实体是三维图形中最重要的部分，它具有实体的特征，即其内部是实心的。

11.2.1 长方体

启动“长方体”命令的方法主要有以下几种。

- 单击菜单栏“绘图”→“建模”→“长方体”命令。
- 单击菜单栏的“工具”→“工具栏”→“AutoCAD”→“建模”，调出“建模”工具栏。
- 在命令行输入“box ”，单击 Enter 键或空格键。

执行上述命令后，命令行出现的提示中各选项含义如下。

(1) 第一角点或中心点：通过设置第一个角点开始绘制长方体或使用指定的中心点创建长方体。

(2) 其他角点或长方体/长度：其他角点是设置长方体底面的对角点；长方体表示创建一个长、宽、高相同的长方体；长度按照指定的长度创建长方体，长度、宽度和高度分别对应 *X* 轴、*Y* 轴和 *Z* 轴。

(3) 两点：指定长方体的高度为两个指定点之间的距离。

【例 11-1】 绘制一个长、宽、高分别为 300、200、100 的长方体。

操作过程如下。

(1) 单击“视图”选项卡面板上东南等轴测按钮，设置为东南等轴测视点。

(2) 输入快捷命令：box。AutoCAD 提示如下。

命令：box↙

指定第一个角点或［中心（C）］：100，100，100↙（指定长方体第一点的绝对坐标）

指定其他角点或［长方体（C）/长度（L）］：l↙（长度选项）

指定长度：<正交开>300↙（打开正交模式，指定长方体长度）

指定宽度：200↙（指定长方体的宽度）

指定高度或［两点（2P）］：100↙（指定长方体高度）

结果如图 11-1 所示。

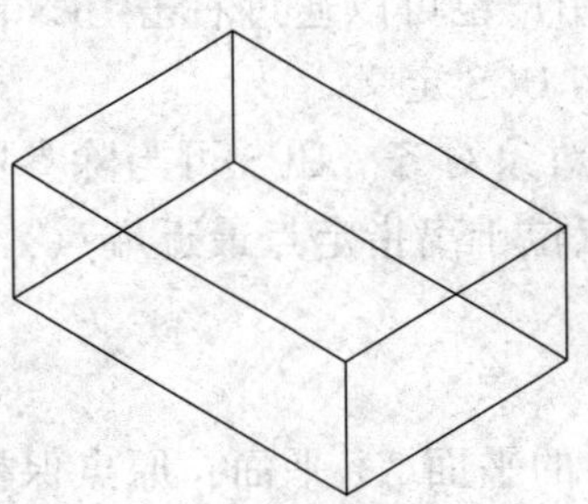

图 11-1　长方体

11.2.2　球体

启动“球体”命令的方法主要有以下几种。

- 单击菜单栏“绘图”→“建模”→“球体”命令。
- 单击菜单栏的“工具”→“工具栏”→“AutoCAD”→“建模”，调出“建模”工具栏。
- 在命令行输入“sphere”，单击 Enter 键或空格键。

执行上述命令后，命令行出现的提示中各选项含义如下。

(1) 中心点：指定球体的球心。

(2) 三点（3P）：通过在三维空间的任意位置指定三个点来定义球体的圆周。

(3) 两点（2P）：通过在三维空间的任意位置指定两个点来定义球体的圆周。第一点的 *Z* 值定义圆周所在的平面。

(4) 切点、切点、半径（T）：通过自定半径定义与两个对象相切的球体。

(5) 半径：定义球体的半径。

(6) 直径（D）：定义球体的直径。

【例 11-2】 绘制半径为 100 的球体。

操作过程如下。

(1) 单击“视图”选项卡面板上东南等轴测按钮，设置为东南等轴测视点。

(2) 输入快捷命令 sphere。AutoCAD 提示如下。

命令：sphere↙

指定中心点或［三点（3P）/两点（2P）/切点、切点、半径（T）］：（单击绘图区域中任一点作为球体球心）

指定半径或［直径（D）］：100↙（指定球体的半径）

结果如图11-2所示。

绘制出的图形球体不是很直观，需设置系统变量Isolines。

命令：isolines↙（启动Isolines命令）

输入Isolines的新值：30↙（设置系统变量）

重复绘制球体的命令即可，结果如图11-3所示。

图11-2　球体

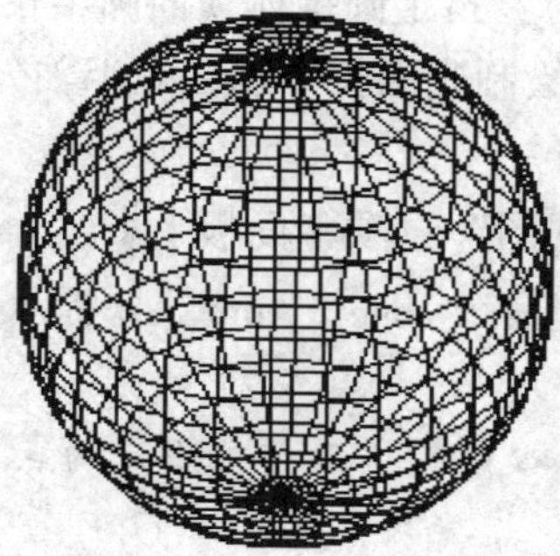

图11-3　球体

11.2.3　圆柱体

启动“圆柱体”命令的方法主要有以下几种。

- 单击菜单栏“绘图”→“建模”→“圆柱体”命令。
- 单击菜单栏的“工具”→“工具栏”→“AutoCAD”→“建模”，调出“建模”工具栏。
- 在命令行输入“cylinder”，单击Enter键或空格键。

执行上述命令后，命令行出现的提示中各选项含义如下。

（1）中心点：指定圆柱体底面的圆心。

（2）三点（3P）：通过指定三个点来定义圆柱体的底面周长和底面。

（3）两点（2P）：通过指定两个点来定义圆柱体的底面直径。

（4）切点、切点、半径（T）：定义具有指定半径，且与两个对象相切的圆柱体底面。

（5）椭圆（e）：指定圆柱体的椭圆底面。

【例11-3】　绘制ϕ200，高200的圆柱体。

操作过程如下。

（1）单击“视图”选项卡面板上 东南等轴测 按钮，设置为东南等轴测视点。

（2）输入快捷命令cylinder。AutoCAD提示如下。

命令：cylinder↙

指定底面的中心点或［三点（3P）/两点（2P）/切点、切点、半径（T）/椭圆］：（单击绘图区域中任一点作为底面圆心）

指定半径或［直径（D）］：100↙（指定底圆的半径）

指定高度或［两点（2P）/轴端点（A）］：200↙（指定圆柱体高度）

结果如图11-4所示。

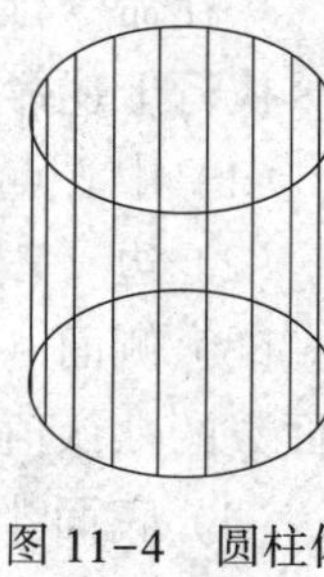

图11-4　圆柱体

11.2.4 圆锥体

启动“圆锥体”命令的方法主要有以下几种。

- 单击菜单栏“绘图”→“建模”→“圆锥体”命令。
- 单击菜单栏的“工具”→“工具栏”→“AutoCAD”→“建模”，调出“建模”工具栏。
- 在命令行输入“cone”，单击 Enter 键或空格键。

执行上述命令后，命令行出现的提示同圆柱体类似，不同点如下。

顶面半径（T）：指定圆锥体顶面圆半径。

【例 11-4】 绘制底面长半轴、短半轴分别为 100、50，高为 200 的圆锥体。

操作过程如下。

（1）单击“视图”选项卡面板上“东南等轴测”按钮，设置为东南等轴测视点。

（2）输入快捷命令 cone。AutoCAD 提示如下。

命令：cone ↙

指定底面的中心点或［三点（3P）/两点（2P）/切点、切点、半径（T）/椭圆（E）］：e ↙（绘制椭圆）

指定第一个轴的端点或［中心（C）］：（单击绘图区域中任一点作为端点）

指定第一个轴的其他端点：200 ↙（指定椭圆长轴）

指定第二个轴的端点：50 ↙（指定椭圆短轴）

指定高度或［两点（2P）/轴端点（A）/顶面半径（T）］：200 ↙（指定圆锥体高度）

结果如图 11-5 所示。

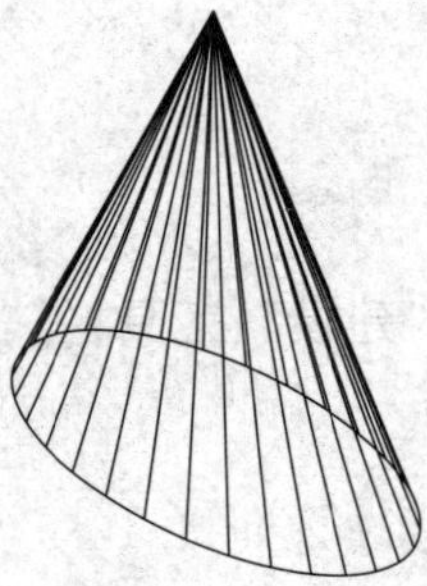

图 11-5 圆锥体

11.2.5 楔体

启动“楔体”命令的方法主要有以下几种。

- 单击菜单栏“绘图”→“建模”→“楔体”命令。
- 单击菜单栏的“工具”→“工具栏”→“AutoCAD”→“建模”，调出“建模”工具栏。
- 在命令行输入“wedge”，单击 Enter 键或空格键。

执行上述命令后，命令行出现的提示选项与长方体类似，绘制过程类似。

11.2.6 棱锥体

启动“棱锥体”命令的方法主要有以下几种。

- 单击菜单栏“绘图”→“建模”→“棱锥体”命令。
- 单击菜单栏的“工具”→“工具栏”→“AutoCAD”→“建模”，调出“建模”工具栏。
- 在命令行输入“pyramid”，单击 Enter 键或空格键。

执行上述命令后，命令行出现的提示中各选项含义如下。

（1）中心点：棱锥体底面多边形中点。

（2）边（E）：指定棱锥体底面一条边的长度，两个点确定。

（3）侧面（S）：指定棱锥体的侧面数。系统默认棱锥体侧面数为 4，执行绘图任务时，侧面数的默认值始终是上一次输入的侧面数值。侧面数可以输入 3~32 之间的数值。

（4）底面半径内接（I）：指定内接于（在内部绘制）棱锥体底面半径的棱锥体底面。

(5) 底面半径外切（C）：指定外切于（在外部绘制）棱锥体底面半径的棱锥体底面。

(6) 两点（2P）：指定棱锥体的高度为两个指定点之间的距离。

(7) 轴端点（A）：指定棱锥体轴的端点位置，该端点是棱锥体的顶点。轴端点可以位于三维空间的任意位置，定义了棱锥体的长度和方向。

(8) 顶面半径（T）：指定创建椎体平截面时棱锥体的顶面半径。

【例11-5】 绘制底面半径80，高150的四棱锥。

操作过程如下。

(1) 单击“视图”选项卡面板上东南等轴测按钮，设置为东南等轴测视点。

(2) 输入快捷命令pyramid。AutoCAD提示如下。

命令：pyramid↙

指定底面的中心点或［边（E）/侧面（S）］：(单击绘图区域中任一点)

指定底面半径或［外切（C）］：80↙（指定内接于圆底面的半径）

指定高度或［两点（2P）/轴端点（A）/顶面半径（T）］：150↙（指定椎体的高度）

结果如图11-6所示。

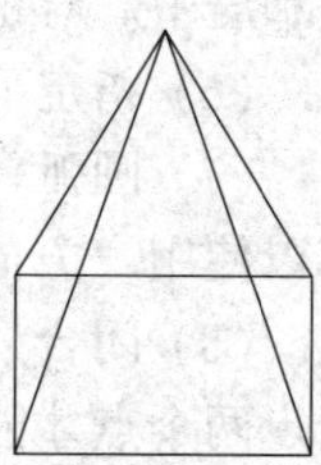

图11-6　棱锥体

11.2.7　圆环体

启动“圆环体”命令的方法主要有以下几种。

- 单击菜单栏“绘图”→“建模”→“圆环体”命令。
- 单击菜单栏的“工具”→“工具栏”→“AutoCAD”→“建模”，调出“建模”工具栏。
- 在命令行输入“torus”，单击Enter键或空格键。

执行上述命令后，命令行出现的提示中各选项含义如下。

(1) 中心点：指定圆心，将放置圆环体，使其中心轴与当前用户系统的*Z*轴平行。

(2) 三点（3P）：用指定的三个点定义圆环体的圆周。

(3) 两点（2P）：用指定的两个点定义圆环体的圆周。

(4) 切点、切点、半径（T）：使用指定的半径可与两个对象相切的圆环。

(5) 圆管半径　指定圆环体半径。

【例11-6】 绘制一个圆环半径为100，圆管半径为30的圆环体。

操作过程如下。

(1) 单击“视图”选项卡面板上东南等轴测按钮，设置为东南等轴测视点。

(2) 输入快捷命令torus。AutoCAD提示如下。

命令：torus↙（单击按钮执行命令）

指定中心点或［三点（3P）/两点（2P）/切点、切点、半径（T）］：(单击绘图区域中任一点)

指定半径或［直径（D）］：100↙（指定圆环半径）

指定圆管半径或［两点（2P）/直径（D）］：30↙（指定圆管半径）

结果如图11-7所示。

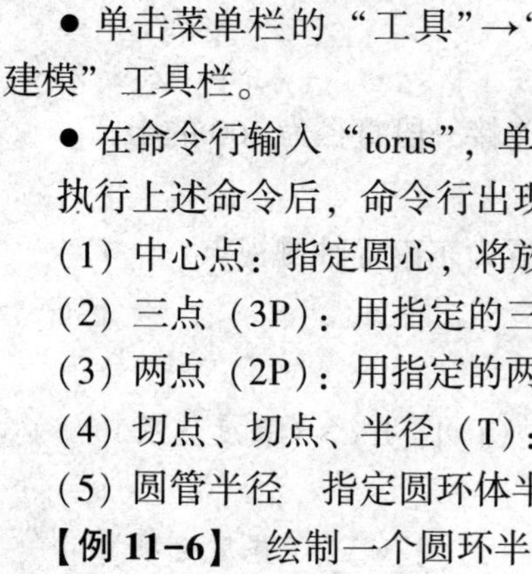

图11-7　圆环体

11.2.8 多段体

启动“多段体”命令的方法主要有以下几种。

- 单击菜单栏“绘图”→“建模”→“多段体”命令。
- 单击菜单栏的“工具”→“工具栏”→“AutoCAD”→“建模”，调出“建模”工具栏。
- 在命令行输入“polysolid”，单击 Enter 键或空格键。

执行上述命令后，命令行出现的提示中各选项含义如下。

(1) 指定起点：指定多段线实体轮廓的起点。

(2) 对象（O）：指定要转换为实体的对象。可转换的对象包括直线、圆弧、二维多段线和圆。

(3) 高度（H）：指定多段体实体的高度，系统存在默认高度。

(4) 宽度（W）：指定多段体实体的宽度，系统存在默认高度。

(5) 对正（J）：使用命令定义轮廓时，可以将实体的宽度和高度设置为正对正、右对正和居中。对正方式由轮廓的第一条线段的起始方向决定。

(6) 指定下一个点：指定多段体实体的下一个点。

(7) 圆弧（A）：将圆弧添加到实体中。圆弧的默认起始方向与上次绘制的线段相切，可以使用“方向”选项指定不同的起始方向。

(8) 闭合（C）：通过从指定的实体的上一点到起点创建直线或圆弧来闭合实体，至少指定两个点才能使用。

(9) 方向（D）：指定圆弧的起始方向。

(10) 直线（L）：退出“圆弧”选项，执行直线命令。

(11) 放弃（U）：删除最后添加到实体的圆弧。

【例 11-7】 绘制一个高度 100、宽度 10、长度 150，连接一段直径为 100 的半圆。

操作过程如下。

(1) 单击“视图”选项卡面板上“东南等轴测”按钮，设置为东南等轴测视点。

(2) 输入快捷命令 polysolid。AutoCAD 提示如下。

命令：polysolid ↙

指定起点或［对象（O）/高度（H）/宽度/（W）/对正（J）］：h ↙（高度选项）

指定高度：100 ↙（指定多段体高度）

指定起点或［对象（O）/高度（H）/宽度/（W）/对正（J）］：w ↙（宽度选项）

指定宽度：10 ↙（指定多段体宽度）

指定起点或［对象（O）/高度（H）/宽度/（W）/对正（J）］：（单击绘图区域中任一点）

指定下一个点或［圆弧（A）/放弃（U）］：150 ↙（指定直线段长度）

指定下一个点或［圆弧（A）/放弃（U）］：a ↙（圆弧选项）

指定圆弧的端点或［闭合（C）/方向（D）/直线（L）第二个点（S）/放弃（U）］：100 ↙（垂直于直线方向指定圆弧半径）

结果如图 11-8 所示。

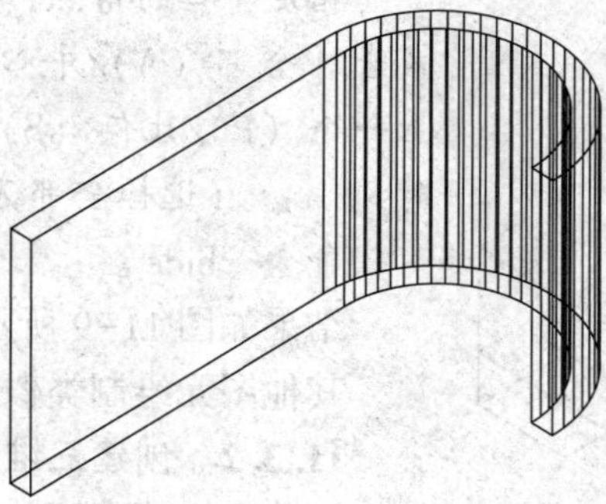

图 11-8　多段体

11.3　三　维　网　格

AutoCAD 可生成常见的形体表面，包括长方体表面、球体表面、上半球体表面、下半球体表面、圆柱体表面、圆锥体表面、棱锥体表面、楔体表面和圆环体表面。输入所需的参数，可以直接完成定义面的创建，也可以通过其他方式创建不同形式的曲面，并可以对它们进行镶嵌、编辑、转换、截面等操作。

11.3.1　创建图元网格

可通过输入快捷命令绘制图元表面：长方体表面（ai_box）、棱锥体面（ai_pyramid）、楔体表面（ai_wedge）、圆锥体表面（ai_cone）、球体表面（ai_sphere）、上半球体表面（ai_dome）、下半球体表面（ai_dish）、圆环体表面（ai_tours）。也可通过功能区选择“网格”“图元”面板上的基本图元表面。图元表面的绘制与基本实体的绘制类似，以网格长方体绘制为例说明。

启动“网格长方体”命令的方法主要有以下几种。

- 单击菜单栏“绘图”→“建模”→“网格”→“图元”→“长方体”命令。
- 在命令行输入“mesh”，单击 Enter 键或空格键。

【例 11-8】　在三维视图下绘制长 300、宽 200、高 100 的网格长方体。

操作过程如下。

单击“视图”选项卡面板上 东南等轴测 按钮，设置为东南等轴测视点。

命令：MESH ↙

当前平滑度设置为：0

输入选项［长方体（B）/圆锥体（C）/圆柱体（CY）/棱锥体（P）/球体（S）/楔体（W）/圆环体（T）/设置（SE）］<长方体>：↙

指定角点或［中心（C）］：（单击绘图区域中任一点）

指定其他角点或［长方体（C）/长度（L）］：l ↙（长度选项）

指定长度：<正交　开>300 ↙（打开正交模式，指定长方体长度）

指定长方体表面的宽度或［立方体（C）］：200 ↙（指定长方体的宽度）

指定高度或［两点（2P）］：100 ↙（指定长方体高度）

命令：z ↙

图 11-9 网格长方体

指定窗口的角点，输入比例因子（nX 或 nXP），或者［全部（A）/中心（C）/动态（D）/范围（E）/上一个（P）/比例（S）/窗口（W）/对象（O）/］<实时>：a↙（选择全部选项）

命令：hide↙

结果如图 11-9 所示。

其他图元绘制类似，在此不再重复。

11.3.2 创建三维网格

创建“三维网格”的方法是在命令行中输入“3dmesh”，并单击 Enter 键或空格键。

执行命令后，命令行出现的提示中各选项含义如下。

（1）输入 M 方向的网格数量：*M* 行（范围 2~256）。

（2）输入 N 方向的网格数量：*N* 列（范围 2~256）。

（3）顶点（0，0）指定位置：第 *M* 行 *N* 列顶点的坐标。

【例 11-9】 绘制 4×3 的任意一网格。

操作过程如下。

单击“视图”选项卡面板上 东南等轴测 按钮，设置为东南等轴测视点。

命令：3dmesh↙

输入 M 方向的网格数量：4↙（指定网格行数）

输入 N 方向的网格数量：3↙（指定网格列数）

为顶点（0，0）指定位置：（单击绘图区域中任一点）

为顶点（0，1）指定位置：（顺次单击绘图区域中任一点）

为顶点（0，2）指定位置：（顺次单击绘图区域中任一点）

为顶点（1，0）指定位置：（顺次单击绘图区域中任一点）

为顶点（1，1）指定位置：（顺次单击绘图区域中任一点）

为顶点（1，2）指定位置：（顺次单击绘图区域中任一点）

为顶点（2，0）指定位置：（顺次单击绘图区域中任一点）

为顶点（2，1）指定位置：（顺次单击绘图区域中任一点）

为顶点（2，2）指定位置：（顺次单击绘图区域中任一点）

为顶点（3，0）指定位置：（顺次单击绘图区域中任一点）

为顶点（3，1）指定位置：（顺次单击绘图区域中任一点）

为顶点（3，2）指定位置：（顺次单击绘图区域中任一点）

结果如图 11-10 所示。

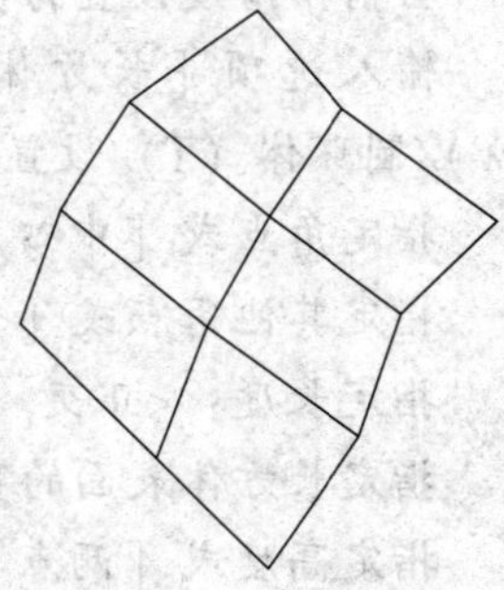

图 11-10 三维网格

11.3.3 创建旋转网格

旋转网格是通过将路径曲线或轮廓线（直线、圆、圆弧、椭圆、椭圆弧、多边形、圆环、闭合多段线或闭合样条曲线）绕指定的轴，以旋转方式创建一个近似于旋转曲面的多边形网格。

启动“旋转网格”命令的方法有以下几种。

● 单击菜单栏的“绘图”→“建模”→“网格”→“旋转网格”命令。

● 在命令行中输入“revsurf”，单击 Enter 键或空格键。

执行上述命令后，命令行出现的提示中各选项含义如下。

(1) surftab1：表示旋转方向的分段数。

(2) surftab2：表示旋转轴方向的分段数。

(3) 指定起点角度：旋转对象与开始旋转起点的夹角。

(4) 指定包含角：旋转对象旋转的总角度。

【例 11-10】 将图 11-11（a）所示的样条曲线绕线段旋转 360°得到其旋转曲面，设置 surftab1=30，surftab2=20。

设置 surftab1=30，surftab2=20。

命令：surftab1↙

输入 surftab1 的新值：30↙（设置 surftab1=30）

命令：surftab2↙

输入 surftab1 的新值：20↙（设置 surftab1=20）

命令：revsurf↙

选择要旋转的对象：(旋转要旋转的样条曲线)

选择定义旋转轴的对象：(选择旋转轴)

指定起点角度：0↙（指定起点）

指定包含角（+=逆时针，-=顺时针）
<360>：↙（指定旋转角度默认 360）

结果如图 11-11（b）所示。

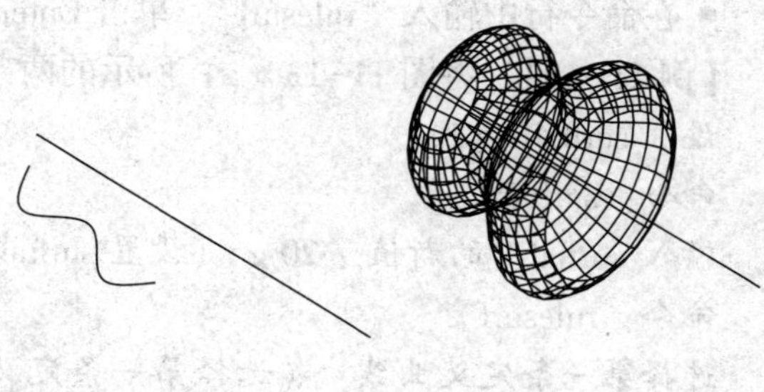

(a)　　(b)

图 11-11　三维网格

11.3.4　创建平移网格

平移网格表示通过指定的方向和距离（方向矢量）拉伸直线或曲线（路径曲线）定义的常规平移曲线。

启动“平移网格”命令的方法有以下几种。

● 单击菜单栏的“绘图”→“建模”→“网格”→“平移网格”命令。

● 在命令行中输入“tabsurf”，单击 Enter 键或空格键。

执行上述命令后，命令行出现的提示中各选项含义如下。

(1) 系统变量 surftab1：表示平移曲面的分段数。

(2) 选择用作轮廓曲线的对象：选择要平移的对象。

(3) 选择用作方向矢量的对象：选择要平移对象拉伸的方向及长度。

【例 11-11】 将图 11-12（a）所示的曲线沿直线方向平移得到其平移的曲面，设置 surftab1=20。

设置 surftab1=20

命令：surftab1↙

输入 surftab1 的新值：20↙（设置 surftab1）

命令：tabsurf↙

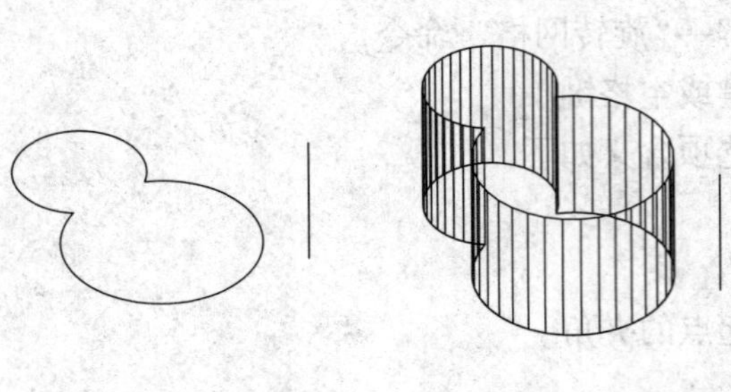
(a) (b)
图 11-12 平移网格

选择用作轮廓曲线的对象：（选择用作轮廓线的曲线）

选择用作方向矢量的对象：（选择用作方向矢量的直线）

结果如图 11-12（b）所示。

11.3.5 创建直纹网格

直纹网格是在两条直线或曲线之间创建一个表示直纹曲面的多边形网格。

作为直纹曲面网格“轨迹”的两个对象必须都开放或都闭合，点对象可以与开放或闭合对象成对使用。如果所选的曲线是闭合的，则不考虑所选的对象。在圆和闭合多段线之间创建直纹曲面可能会造成乱纹，这时如果将一个闭合半圆多段线替换为圆，效果会更好。当选择非闭合的曲线时，直纹曲面总是从曲线上离拾取点近的一点绘制。如果在同一端选择对象，将创建多边形网格。而如果在两个相对端选择对象，将会创建自交的多边形网格。

启动“直纹网格”命令的方法有以下几种。

- 单击菜单栏的“绘图”→“建模”→“网格”→“直纹网格”命令。
- 在命令行中输入“rulesurf”，单击 Enter 键或空格键。

【例 11-12】 将图 11-13（a）所示的两条构成直纹曲面，设置 surftab1 = 20。

设置 surftab1 = 20。

命令：surftab1 ↙

输入 surftab1 的新值：20 ↙（设置 surftab1）

命令：rulesurf ↙

选择第一条定义曲线：（选择第一条定义曲线）

选择第二条定义曲线：（选择第二条定义曲线）

结果如图 11-13（b）。

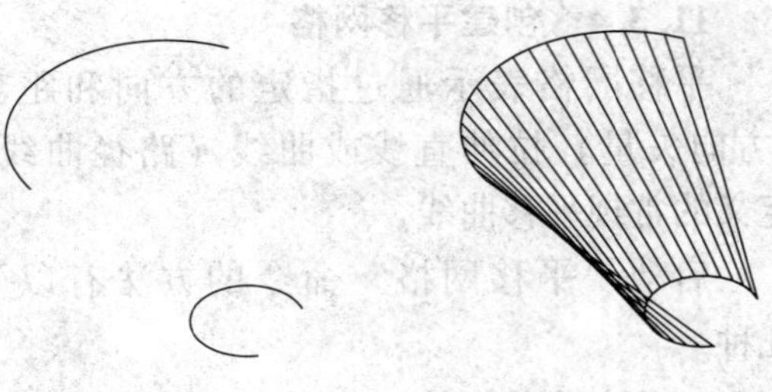
(a) (b)
图 11-13 直纹网格

11.3.6 创建边界网格

边界网格也就是边界定义的网格，实际上是一个多边形网格，此多边形网格近似于一个由 4 条邻接边定义的孔斯曲面片网格。孔斯曲面片网格是一个在 4 条邻接边（这些边可以是普通的空间线）之间插入的双三次曲面，用于创建边界曲面的对象可以是直线、圆弧、多段线、样条曲线和椭圆弧，并且必须形成闭合环和共享端点。

启动“边界网格”命令的方法有以下几种。

- 单击菜单栏的“绘图”→“建模”→“网格”→“边界网格”命令。
- 在命令行中输入“edgesurf”，单击 Enter 键或空格键。

【例 11-13】 将图 11-14（a）所示的图形绘制成边界网格，设置 surftab1 = 20，surftab2 = 20。

设置 surftab1=20。

命令：surftab1↙

输入 surftab1 的新值：20↙（设置 surftab1）

命令：surftab2↙

输入 surftab1 的新值：20↙（设置 surftab2）

命令：edgesurf↙

选择用作曲面边界的对象 1：（选择闭合曲线的第一条定义曲线）

选择用作曲面边界的对象 2：（选择闭合曲线的第二条定义曲线）

选择用作曲面边界的对象 3：（选择闭合曲线的第三条定义曲线）

选择用作曲面边界的对象 4：（选择闭合曲线的第四条定义曲线）

结果如图 11-14（b）所示。

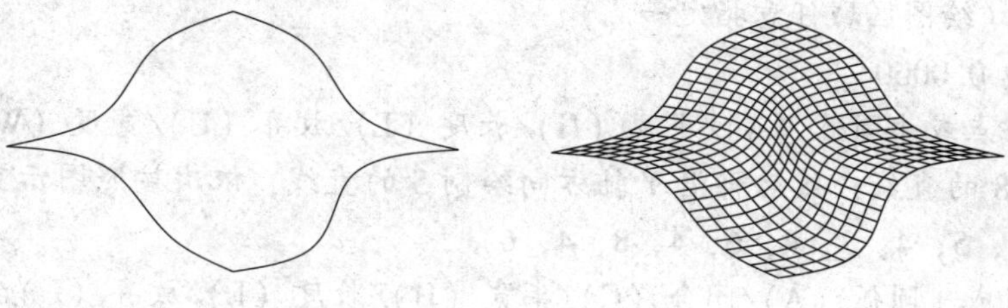

(a)　(b)

图 11-14　边界网格

11.4　通过二维图形创建实体

本节主要讲解实体建模的方法，通过先绘制一个二维封闭的截面，然后按照一定的操作，如拉伸、旋转、扫掠、放样等，生成沿一定方向或具有一定规则的实体模型。

11.4.1　拉伸实体

拉伸实体就是通过增加选定对象厚度的方式来创建实体，可拉伸的对象包括闭合的多段线、多边形、圆、椭圆、闭合的样条曲线、圆环和面域，可以沿路径拉伸对象，也可以指定高度值和倾斜角来拉伸对象。

可拉伸的对象不能是包含在块中的对象、具有相交或自交线段的多段线或者非闭合多段线。

拉伸实体开始于轮廓所在的平面，结束于路径端点处与路径垂直的平面，路径的一个端点应该在轮廓平面上，否则，AutoCAD 将移动路径到轮廓的中心。如果路径是一条样条曲线，那么它在路径上的一个端点外应与轮廓所在的平面垂直，否则 AutoCAD 将旋转此轮廓以使其与样条曲线路径垂直。而如果样条曲线的一个端点在轮廓平面上，将会绕该点旋转剖面。

启动"拉伸实体"命令的方法有以下几种。

- 单击菜单栏的"绘图"→"建模"→"拉伸"命令。
- 在命令行中输入"extrude"，单击 Enter 键或空格键。

执行上述命令后，命令行出现的提示中主要选项含义如下。

(1) 倾斜角：取值范围为-90°~90°，正值表示从基准对象逐渐变细，负值则表示从基准对象逐渐变粗地进行拉伸，值为0时表示在与二维对象所在平面垂直的方向上进行拉伸。

(2) 路径：指定基于选定对象的拉伸路径。路径将移动到轮廓的质心，然后沿选定路径拉伸选定对象的轮廓，以创建实体或曲面。拉伸路径可以是直线、圆、椭圆、圆弧、椭圆弧、多段线或样条曲线，路径既不能与轮廓共面，也不能有具有高曲率的区域。

【例 11-14】 拉伸如图 11-15 (a) 所示的图形。

操作过程如下。

(1) 单击“视图”选项卡面板上“东南等轴测”按钮，设置为东南等轴测视点。

(2) 单击“工具”选项卡面板上按钮，将当前坐标系统 X 轴旋转 90°。

命令：pline↙

指定起点：(绘图区域任意指定一点)

当前线宽为 0.0000

指定下一个点或 [圆弧 (A)/半宽 (H)/长度 (L)/放弃 (U)/宽度 (W)]：18↙ (沿 X 轴方向绘制 18 的直线，然后再沿 Y 轴方向绘制 5 的直线，依次按照图示交替绘制 X 和 Y 轴方向的距离 5，5，4，3，4，6，4，8，4，6)

指定下一点或 [圆弧 (A)/闭合 (C)/半宽 (H)/长度 (L)/放弃 (U)/宽度 (W)]：c↙ (闭合多段线)

命令：fillet↙

当前设置：模式=修剪，半径 =0.0000

选择第一个对象或 [放弃 (U)/多段线 (P)/半径 (R)/修剪 (T)/多个 (M)]：R↙

指定圆角半径 ：2↙ (设置圆角半径)

选择第一个对象或 [放弃 (U)/多段线 (P)/半径 (R)/修剪 (T)/多个 (M)]：(选择要修改的圆角)

命令：chamfer↙

(“修剪”模式) 当前倒角距离 1=0.0000，距离 2=0.0000

选择第一条直线或 [放弃 (U)/多段线 (P)/距离 (D)/角度 (A)/修剪 (T)/方式 (E)/多个 (M)]：d↙ (选择绘制倒角的方式)

指定第一个倒角距离：1↙ (第一个倒角距离)

指定第二个倒角距离：1↙ (第二个倒角距离)

选择第一条直线或 [放弃 (U)/多段线 (P)/距离 (D)/角度 (A)/修剪 (T)/方式 (E)/多个 (M)]：(选择要修改的倒角)

命令：pline↙

指定起点：[指定如图 11-15 (a) 多段线的角点]

当前线宽为 0.0000

指定下一个点或 [圆弧 (A)/半宽 (H)/长度 (L)/放弃 (U)/宽度 (W)]：a↙

指定圆弧的端点或

[角度 (A)/圆心 (CE)/方向 (D)/半宽 (H)/直线 (L)/半径 (R)/第二个点 (S)/放弃 (U)/宽度 (W)]：r↙ (选择圆弧半径)

指定圆弧的半径：50↙（圆弧半径）

指定圆弧的端点或［角度（A）］：100↙（圆弧起点至端点距离）

指定圆弧的端点或

［角度（A）/圆心（CE）/闭合（CL）/方向（D）/半宽（H）/直线（L）/半径（R）/第二个点（S）/放弃（U）/宽度（W）］：100↙（圆弧起点至端点距离）

命令：extrude↙

当前线框密度：isolines = 20

选择要拉伸的对象：（单击绘制好的闭合多段线）

指定拉伸的高度或［方向（D）/路径（P）/倾斜角（T）］<1.0500>：p↙（选择路径拉伸对象）

选择拉伸路径或［倾斜角（T）］：（单击绘制好的多段线曲线）

结果如图 11-15（b）所示。

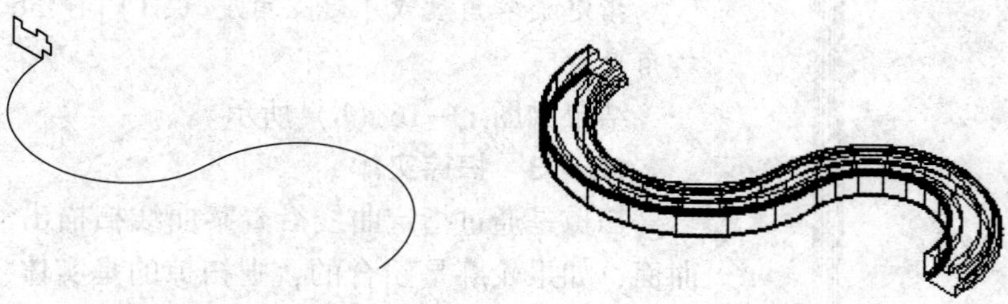

(a)　(b)

图 11-15　拉伸实体

11.4.2　旋转实体

旋转实体是指将一些二维图形绕指定的轴旋转而形成的三维实体。可以将一个闭合对象围绕当前 UCS 的 *X* 轴或 *Y* 轴旋转一定角度来创建实体，也可以围绕直线、多段线或两个指定的点旋转对象。用于旋转生成实体的二维对象可以是闭合多段线、多边形、圆、椭圆、闭合样条曲线、圆环和面域，用于旋转的二维多段线必须是封闭的。

启动"旋转实体"命令的方法有以下几种。

- 单击菜单栏"绘图"→"建模"→"旋转"命令。
- 在命令行输入"revolve"，单击 Enter 键或空格键。

执行上述命令后，命令行出现提示选项含义如下。

（1）要旋转的对象：指定要绕某个轴旋转的对象。

（2）轴起点：指定旋转轴的第一个点，轴的正方向从第一点指向第二点。

（3）轴端点：设定旋转轴的端点。

（4）旋转角度：指定选定对象绕轴旋转的距离。正角度将按逆时针旋转对象，负角度将按顺时针方向旋转对象。还可以拖动鼠标指针以指定和预览旋转角度。

（5）对象（O）：指定要用作轴的现有对象。轴的正方向从该对象的最近端点指向最远端点，可直接将直线、多段线、实体或曲面的线性边用作轴。

（6）X 轴：将当前 UCS 的 *X* 轴正向设定为轴的正方向。

（7）Y 轴：将当前 UCS 的 *Y* 轴正向设定为轴的正方向。

(8) Z 轴：将当前 UCS 的 Z 轴正向设定为轴的正方向。

(9) 起点角度：从旋转对象所在平面开始旋转指定偏移。

【例 11-15】 旋转如图 11-16（a）所示的装饰柱。

操作过程如下。

设置 surftab 1=20。

命令：surftab 1↙

输入 surftab 1 的新值：20↙（设置 surftab 1）

命令：revolve↙

选择要旋转的对象：(选择要旋转的多段线)

指定轴起点或根据以下选项之一定义轴［对象（O）/X/Y/Z］<对象>：(选择柱子的中心轴下方的点)

指定轴端点：(选择柱子的中心轴下方的点)

指定旋转角度或［起点角度（ST）］：360↙（设置旋转角度）

结果如图 11-16（b）所示。

(a) (b)

图 11-16 旋转实体

11.4.3 扫掠实体

扫掠是通过指定曲线沿着某曲线扫描出三维实体或者曲面，如果轮廓是闭合的，则扫掠的是实体，如果轮廓是开放的，则扫掠的是曲面。扫掠功能类似于拉伸里的路径拉伸方式，但用于扫掠的轮廓与路径不受是否在同一平面的限制，而且轮廓被移到路径曲线的起始端，并与路径曲线垂直。扫掠实体可以通过沿路径扫掠二维对象或三维对象或子对象来创建三维实体或曲面。

启动“扫掠实体”命令的方法有以下几种。

- 单击菜单栏的“绘图”→“建模”→“扫掠”命令。
- 在命令行输入“sweep”，单击 Enter 键或空格键。

执行上述命令后，命令行出现提示各选项含义如下。

(1) 要扫掠的对象：指定要用作扫掠截面轮廓的对象。

(2) 扫掠路径：基于选择的对象指定扫掠路径。

(3) 对齐（A）：指定是否对齐轮廓以使其作为扫掠路径切向的法向。

(4) 基点（B）：指定要扫掠对象的基点。

(5) 比例（S）：指定比例因子以进行扫掠操作。

(6) 扭曲（T）：设置正被扫掠的对象的扭曲角度，指定沿扫掠路径全部长度的旋转量。

【例 11-16】 绘制扫掠如图 11-17（a）所示的弹簧。

操作过程如下。

单击“视图”选项卡面板上 东南等轴测 按钮，设置为东南等轴测视点。

命令：helix↙

指定底面的中心点：(绘图区域任意点确定底面中心点)

指定底面半径或［直径（D）］：150↙（底圆半径）

指定顶面半径或［直径（D）］：150↙（顶圆半径）

指定螺旋高度或［轴端点（A）/圈数（T）/圈高（H）/扭曲（W）］：t↙（选择螺旋线的圈数）

输入圈数：6↙（螺旋线圈数）

指定螺旋高度或［轴端点（A）/圈数（T）/圈高（H）/扭曲（W）］：450↙（螺旋线高度）

命令：circle↙

指定圆的圆心或［三点（3P）/两点（2P）/切点、切点、半径（T）］：（绘图区域任意点作为扫掠对象圆的中心点）

指定圆的半径或［直径（D）］：10↙（圆的半径）

命令：sweep↙

当前线框密度：　isolines=20

选择要扫掠的对象：找到 1 个（单击绘制好的半径为 10 的圆）

选择扫掠路径或［对齐（A）/基点（B）/比例（S）/扭曲（T）］：（单击绘制好的螺旋线）

结果如图 11-17（b）所示。

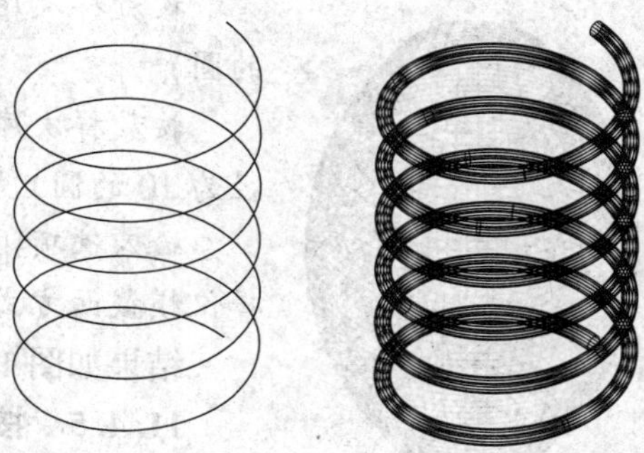

(a)　(b)

图 11-17　扫掠实体

11.4.4　放样实体

放样可绘制不同截面形状的曲面或实体，通过对包含两条或两条以上二维曲线进行放样来创建三维实体或曲面。如果截面是全部封闭的，则为实体，如果截面是全部开放的，则为曲面。如果截面有闭合和非闭合的二维曲线，则不能执行放样命令。截面的曲线可以是同类型曲线（如都是圆），也可以是不同类型的曲线（如圆和椭圆）。

启动“放样实体”命令的方法有以下几种。

- 单击菜单栏的“绘图”→“建模”→“放样”命令。
- 在命令行中输入“loft”，单击 Enter 键或空格键。

执行上述命令后，命令行出现提示各选项含义如下。

（1）按放样次序选择横截面：按曲面或实体将通过曲线的次序指定开放或闭合曲线。

（2）导向（G）：指定控制放样实体或曲面形状的导向曲线。可以使用导向曲线来控制点如何匹配相应的横截面，以防止出现不希望看到的效果（如结果实体或曲面中的皱褶）。

（3）路径（P）：指定放样实体或曲面的单一路径。

（4）仅横截面（C）：在不使用导向或路径的情况下创建放样对象。

【例 11-17】　绘制如图 11-18 所示的图形。

操作过程如下。

单击“视图”选项卡面板上“西南等轴测”按钮，设置为西南等轴测视点。

命令：circle↙

指定圆的圆心或［三点（3P）/两点（2P）/切点、切点、半径（T）］：（在绘图区域任意

一点确定圆心)

指定圆的半径或 [直径 (D)] <10.0000>: 10 ↙ (指定圆的半径)

命令: circle ↙

指定圆的圆心或 [三点 (3P)/两点 (2P)/切点、切点、半径 (T)]: 25 ↙ (在距上一个圆的圆心垂直距离为 20 的下方确定圆心，并指定圆的半径)

指定圆的半径或 [直径 (D)]: 10 ↙ (在距半径为 25 圆的圆心垂直距离为 20 的下方确定圆心，并指定圆的半径)

命令: isolines ↙

输入 isolines 的新值 : 50 ↙ (设置 isolines =50)

命令: loft ↙

按放样次序选择横截面: 找到 1 个 (选择第一个半径为 10 的圆)

按放样次序选择横截面: 找到 1 个，总计 2 个 (选择半径为 25 的圆)

按放样次序选择横截面: 找到 1 个，总计 3 个 (选择第二个半径为 10 的圆)

输入选项 [导向 (G)/路径 (P)/仅横截面 (C)] : C ↙ (选择仅横截面方式中光滑拟合)

结果如图 11-18 所示。

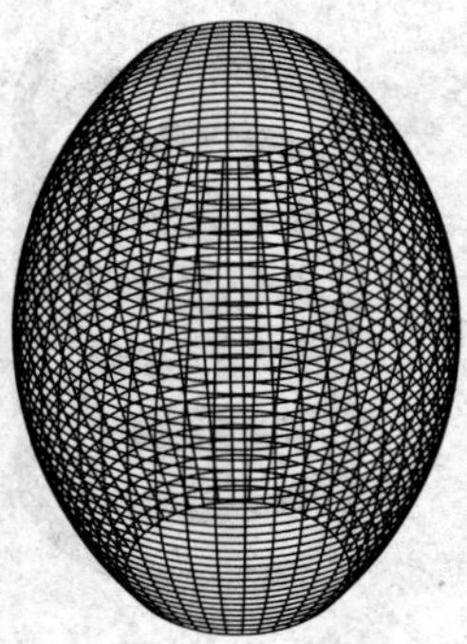

图 11-18 放样实体

11.4.5 按住并拖动实体

通过拉伸和偏移可以动态修改对象。选择二维对象及由闭合边界或三维实体面形成的区域后，在移动鼠标指针时可获取视觉反馈。

按住或拖动行为会影响所选择的对象类型，以创建拉伸和偏移；可拉伸两个多段线间的区域，以创建三维实体墙。如果打开二维对象（如圆弧），按住并拖动命令可以创建曲面；如果是闭合的二维对象（如圆）或在有边界区域内部，以及三维实体面和偏移面，按住并拖动命令可以创建或压缩三维实体。

启动“按住并拖动实体”命令的方法有以下几种。

- 单击菜单栏的“绘图”→“建模”→“按住并拖动”命令。
- 在命令行输入“presspull”，单击 Enter 键或空格键。

执行上述命令后，命令行出现的提示选项含义如下。

单击有限区域以进行按住或拖动操作：选定要按住并拖动的边界，输入拖动的距离即可。

【例 11-18】 绘制如图 11-19 所示的图形。

操作过程如下。

单击“视图”选项卡面板上 东南等轴测 按钮，设置为东南等轴测视点。

命令: retang ↙

指定第一个角点或 [倒角 (C)/标高 (E)/圆角 (F)/厚度 (T)/宽度 (W)]: (在绘图区域任意一点确定矩形框的一个角点)

指定另一个角点或 [面积 (A)/尺寸 (D)/旋转 (R)]: d ↙ (选择尺寸大小绘制底面矩形)

指定矩形的长度：30 ↙（矩形长度）
指定矩形的宽度：50 ↙（矩形宽度）
命令：line ↙
指定第一点：（选取矩形的左上顶点为第一点）
指定下一点或［放弃（U）］：10 ↙（沿 Y 轴距离）
指定下一点或［放弃（U）］：15 ↙（沿 X 轴距离）
指定下一点或［闭合（C）/放弃（U）］：23 ↙（沿 Y 轴距离）
指定下一点或［闭合（C）/放弃（U）］：15 ↙（沿 X 轴距离）
命令：line ↙
指定第一点：（选取矩形的右下顶点为第一点）
指定下一点或［放弃（U）］：7 ↙（沿负 X 轴距离）
指定下一点或［放弃（U）］：17 ↙（沿负 Y 轴距离）
命令：presspull ↙
单击有限区域以进行按住或拖动操作（选取右上封闭区域）
已提取 1 个环。
已创建 1 个面域。
30 （该区域向上拖动 30）
命令：presspull ↙
单击有限区域以进行按住或拖动操作（选取左上封闭区域）
已提取 1 个环。
已创建 1 个面域。
20 （该区域向上拖动 20）
命令：presspull ↙
单击有限区域以进行按住或拖动操作（选取右下封闭区域）
已提取 1 个环。
已创建 1 个面域。
10 （该区域向上拖动 10）
结果如图 11-19 所示。

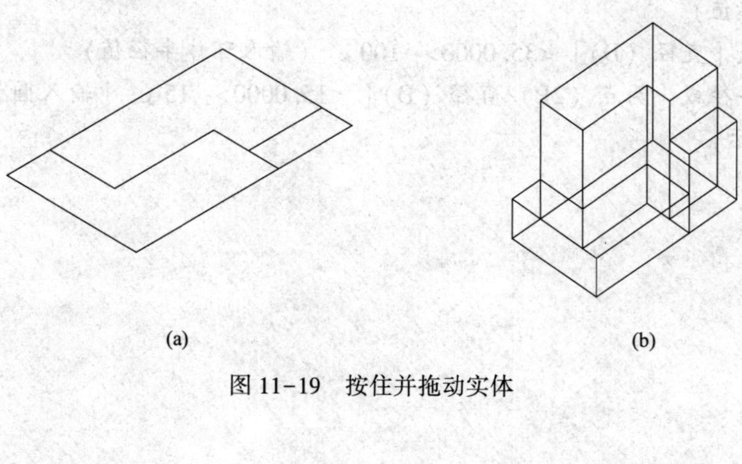

(a) (b)

图 11-19 按住并拖动实体

11.5 上 机 练 习

练习 11-1 绘制图形 11-20，其中圆球半径 35，圆环面半径 100，圆管半径 15，网格设置值为 25。

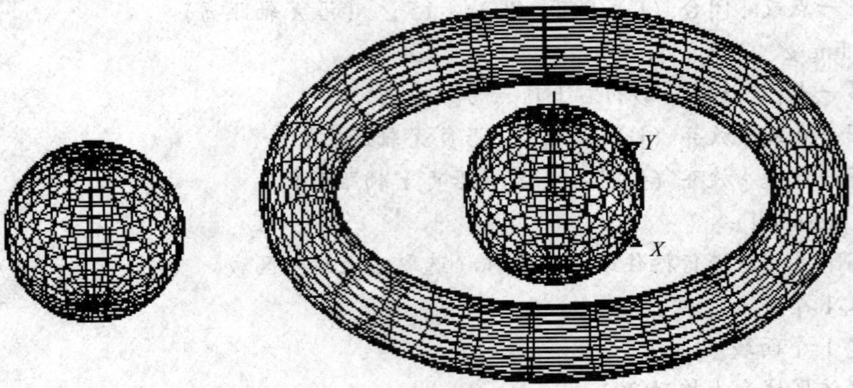

(a) (b)

图 11-20 圆球、圆环面和圆管

操作过程如下。

命令：isolines ↙（设置网格值）

输入 ISOLINES 的新值 <25>：25 ↙

命令：spher ↙

指定中心点或［三点（3P）/两点（2P）/切点、切点、半径（T）］：0，0，0 ↙（输入球体中心点坐标值）

指定半径或［直径（D）］<100.0000>：35 ↙［输入球体半径值，如图 11-20（a）所示］

命令：torus ↙

指定中心点或［三点（3P）/两点（2P）/切点、切点、半径（T）］：0，0，0 ↙（输入圆环体中心点坐标值）

指定半径或［直径（D）］<35.0000>：100 ↙（输入环体半径值）

指定圆管半径或［两点（2P）/直径（D）］<15.0000>：15 ↙［输入圆管半径值，如图 11-20（b）所示］

第 12 章　编辑三维模型

学习内容

在 AutoCAD 中，编辑三维模型是对实体进行局部的修改、移动、变换、布尔运算等操作，进而产生新的实体或新的位置变化等。在三维空间中移动、复制、镜像、对齐，以及阵列三维对象，剖切实体以获取实体的截面，编辑它们的面、边或体。

12.1　布尔运算

三维实体布尔运算和面域布尔运算一样，可对三维实体进行并集、差集和交集运算。

12.1.1　对实体求并集

并集运算即是将多个实体进行叠加形成一个实体，结果是所有实体之和。

启动“并集”命令的方法有以下几种。

- 单击菜单栏的“修改”→“实体编辑”→“并集”命令。
- 单击菜单栏的“工具”→“工具栏”→“AutoCAD”→“实体编辑”。
- 在命令行输入“union”，单击 Enter 键或空格键。

【例 12-1】 将如图 12-1（a）所示的圆柱体和棱锥体进行并集运算。

操作过程如下。

命令：cylinder↙

指定底面的中心点或［三点（3P）/两点（2P）/切点、切点、半径（T）/椭圆（E）］：（单击绘图区域中任一点作为底面圆心）

指定底面半径或［直径（D）］：20↙（指定底圆的半径）

指定高度或［两点（2P）/轴端点（A）］：120↙（指定圆柱体高度）

命令：pyramid↙

4 个侧面　外切（系统默认命令）

指定底面的中心点或［边（E）/侧面（S）］：（单击圆柱体底面圆心为棱锥的中心点）

指定底面半径或［内接（I）］<20.0000>：20↙（指定外切于圆底面的半径）

指定高度或［两点（2P）/轴端点（A）/顶面半径（T）］<120.0000>：150↙（指定锥体的高度）

命令：union↙

选择对象：（选择圆柱体和棱锥体）

指定对角点：找到 2 个

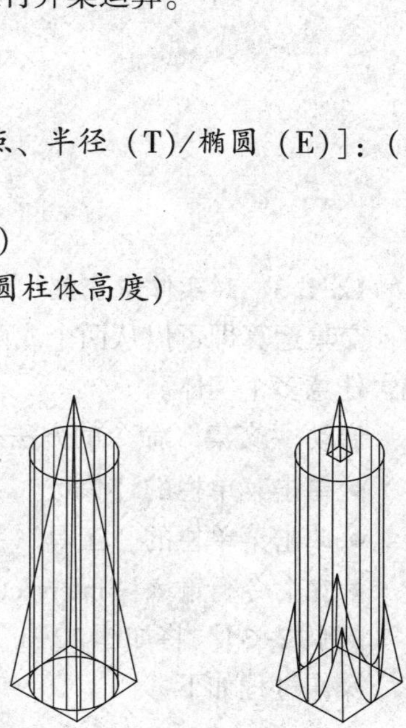

(a)　　(b)

图 12-1　并集

结果如图 12-1（b）所示。

12.1.2 对实体求差集

差集运算即通过一个重叠集中减去另一个三维实体集来创建三维实体。

启动“差集”命令的方法有以下几种。

- 单击菜单栏的“修改”→“实体编辑”→“差集”命令。
- 单击菜单栏的“工具”→“工具栏”→“AutoCAD”→“实体编辑”。
- 在命令行输入“subtract”，单击 Enter 键或空格键。

【例 12-2】 将如图 12-1（a）所示的圆柱体和棱锥体进行差集运算。

操作过程如下。

命令：subtract↙

选择要从中减去的实体、曲面和面域...（选择圆柱体）

选择对象：找到 1 个

选择对象：

选择要减去的实体、曲面和面域...（选择棱锥体）

选择对象：找到 1 个

结果如图 12-2（a）所示。同理先选择被减实体棱锥体，再选择减去圆柱体，结果如图 12-2（b）所示。

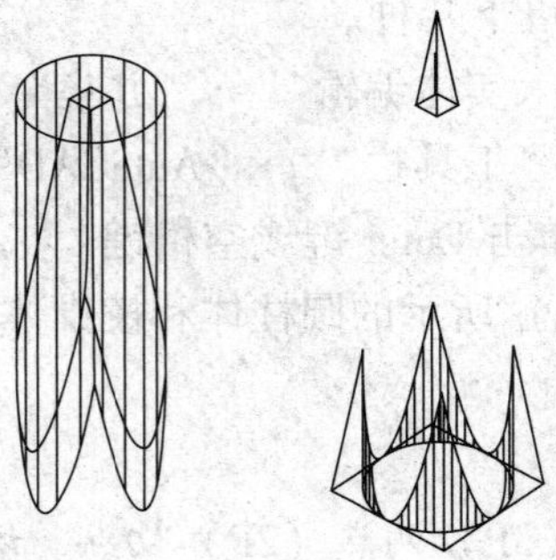

(a) (b)

图 12-2 差集

12.1.3 对实体求交集

交集运算即可以从两个或两个以上现有三维实体的公共体积创建三维实体，选择集可以包含任意多个实体。

启动“交集”命令的方法有以下几种。

- 单击菜单栏的“修改”→“实体编辑”→“交集”命令。
- 单击菜单栏的“工具”→“工具栏”→“AutoCAD”→“实体编辑”。
- 在命令行输入“intersect”，单击 Enter 键或空格键。

【例 12-3】 将如图 12-1（a）所示的圆柱体和棱锥体进行交集运算。

操作过程如下。

命令：intersect↙

选择对象：指定对角点：找到 2 个（同时选择圆柱体和棱锥体）

结果如图 12-3 所示。

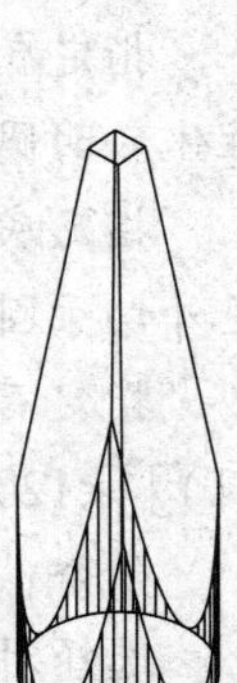

图 12-3 交集

12.2　对象的三维操作

对象的三维操作主要是在空间上对选取的对象进行三维转换操作，如三维镜像、三维移动、三维旋转、三维阵列和三维对齐等。该操作对三维对象直接操控，不受 UCS 坐标系统的影响。

12.2.1　三维移动

三维移动即三维空间上对选定的三维对象进行平移操作，可通过指定空间位移或利用空间上的点来指定平移距离。

启动“三维移动”命令的方法有以下几种。

- 单击菜单栏的“修改”→“三维操作”→“三维移动”命令。
- 单击菜单栏的“工具”→“工具栏”→“AutoCAD”→“实体编辑”。
- 在命令行输入“3dmove”，单击 Enter 键或空格键。

【例 12-4】　将如图 12-4（a）所示的圆柱体在长方体中进行移动。

操作过程如下。

命令：3dmove↙

选择对象：找到 1 个（选择圆柱体）

指定基点或［位移（D）］<位移>：（选择圆柱的圆心）

指定第二个点或<使用第一个点作为位移>：160↙（沿 X 轴方向距离）

结果如图 12-4（b）所示。

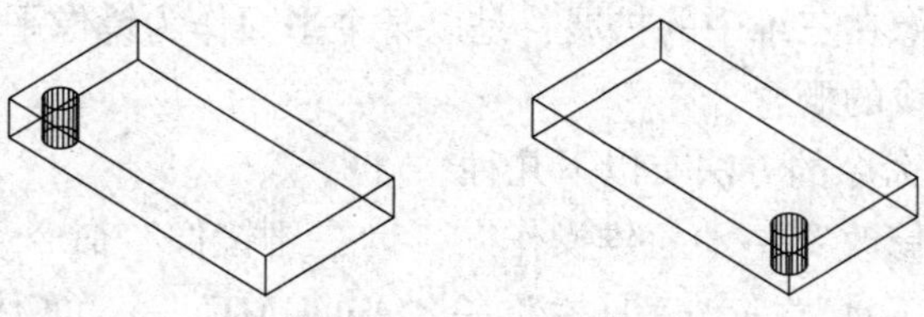

(a)　(b)

图 12-4　移动

12.2.2　三维阵列

三维阵列是二维阵列在三维中的扩展，可生成 *XYZ* 三维阵列，也可直接生成 *XZ*、*YZ* 平面内的二维阵列。

启动“三维阵列”命令的方法有以下几种。

- 单击菜单栏的“修改”→“三维操作”→“三维阵列”命令。
- 单击菜单栏的“工具”→“工具栏”→“AutoCAD”→“实体编辑”。
- 在命令行输入“3darray”，单击 Enter 键或空格键。

【例 12-5】　将如图 12-4（a）所示的圆柱体在长方体中阵列。

操作过程如下。

命令：3darray↙

选择对象：找到 1 个（选择圆柱体）

选择对象：

输入阵列类型［矩形（R）/环形（P）］<矩形>：r↙（矩形阵列）

输入行数（---）<1>：3↙（输入行数）

输入列数（|||）<1>：4↙（输入列数）

输入层数（...）<1>：↙（输入层数）

指定行间距（---）：35↙（输入行间距）

指定列间距（|||）：50↙（输入列间距）

结果如图 12-5 所示。

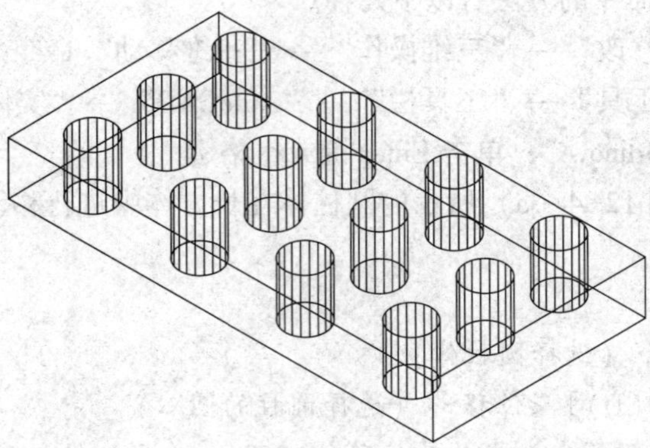

图 12-5　阵列

12.2.3　三维镜像

三维镜像是二维镜像在三维中的扩展，是以某个平面作为镜像平面来创建对象的镜像复制，不再使用二维中直线的概念。

启动“三维镜像”命令的方法有以下几种。

- 单击菜单栏的“修改”→“三维操作”→“三维镜像”命令。
- 单击菜单栏的“工具”→“工具栏”→“AutoCAD”→“实体编辑”。
- 在命令行输入“mirror3d”，单击 Enter 键或空格键。

执行上述命令后，命令行出现的提示选项含义如下。

(1) 对象（O）：以圆、圆弧、椭圆和 2D 多段线等二维对象所在平面作为镜像平面。

(2) 最近的（L）：使用上一次三维镜像命令使用的镜像平面作为当前的镜像平面。

(3) Z 轴（Z）：在三维空间中指定两个点，镜像平面垂直于两点的连线，并通过第一个选取点。

(4) 视图（V）：镜像平面平行于当前视图，并通过拾取点。

(5) XY 平面（XY）：镜像平面平行于 *XY* 平面，并通过拾取点。

(6) YZ 平面（YZ）：镜像平面平行于 *YZ* 平面，并通过拾取点。

(7) ZX 平面（ZX）：镜像平面平行于 *ZX* 平面，并通过拾取点。

(8) 三点（3）：用三个点指定一个平面作为镜像平面。

【例 12-6】　将如图 12-4（a）所示的圆柱体在长方体中镜像。

操作过程如下。

命令：mirror3d↙

选择对象：找到 1 个（选择圆柱体）

选择对象：

指定镜像平面（三点）的第一个点或［对象（O）/最近的（L）/Z 轴（Z）/视图（V）/XY 平面（XY）/YZ 平面（YZ）/ZX 平面（ZX）/三点（3）］<三点>：（指定长方体短边上的中心点）

在镜像平面上指定第二点：（指定长方体短边上的另一个中心点）

在镜像平面上指定第三点：（指定长方体短边上的另一个中心点）

是否删除源对象？［是（Y）/否（N）］<否>：↙（不删除源对象）

命令：_mirror3d（单击按钮执行命令）

选择对象：找到 1 个（选择圆柱体）

选择对象：找到 1 个，总计 2 个（选择另一个圆柱体）

选择对象：↙

指定镜像平面（三点）的第一个点或［对象（O）/最近的（L）/Z 轴（Z）/视图（V）/XY 平面（XY）/YZ 平面（YZ）/ZX 平面（ZX）/三点（3）］<三点>：（指定长方体长边上的中心点）

在镜像平面上指定第二点：（指定长方体长边上的中心点）

在镜像平面上指定第三点：（指定长方体长边上的中心点）

是否删除源对象？［是（Y）/否（N）］<否>：↙（不删除源对象）

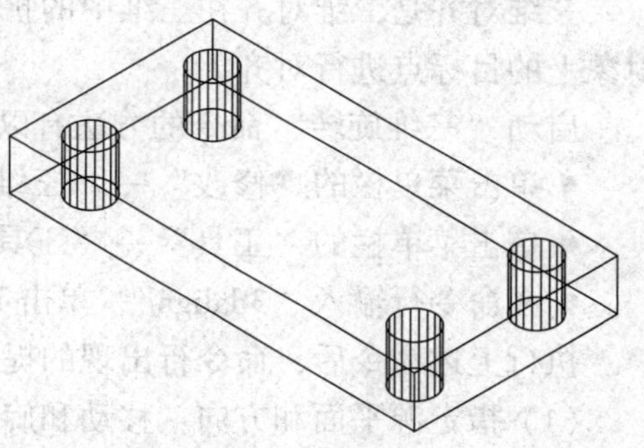

图 12-6 镜像

结果如图 12-6 所示。

12.2.4 三维旋转

三维旋转是二维旋转在三维中的扩展，旋转轴不受限制，可以是空间中的任意直线。旋转轴向和角度满足右手定则，即大拇指指向轴向，四周弯曲的方向即是旋转方向。

启动“三维旋转”命令的方法有以下几种。

- 单击菜单栏的“修改”→“三维操作”→“三维旋转”命令。
- 单击菜单栏的“工具”→“工具栏”→“AutoCAD”→“实体编辑”。
- 在命令行输入“rotate3d”，单击 Enter 键或空格键。

启动三维旋转命令后，命令行出现的提示选项含义如下。

（1）对象（O）：根据选择的对象来确定旋转轴。若选择直线，则以该直线为旋转轴，旋转的正方向是从选择点开始沿着直线指向另一个端点。若选择圆或圆弧，则以通过圆心并垂直于圆或圆弧所在平面的直线作为旋转轴。

（2）最近（L）：使用上一次三维旋转命令使用的旋转轴作为当前的旋转轴。

（3）视图（V）：旋转轴垂直于当前视图，并通过拾取点。

（4）X 轴（X）：旋转轴平行于 X 轴，并通过拾取点。

（5）Y 轴（Y）：旋转轴平行于 Y 轴，并通过拾取点。

(6) Z 轴 (Z)：旋转轴平行于 Z 轴，并通过拾取点。

(7) 两点 (2)：通过指定点来设置旋转轴，正方向为第一点指向第二点。

【例 12-7】 将如图 12-4 (a) 所示的立体图进行旋转。

操作过程如下。

命令：3drotate ↙

UCS 当前的正角方向： ANGDIR=逆时针 ANGBASE=0

选择对象：找到 1 个 (选择长方体)

选择对象：

指定基点：(选择靠近圆柱体的长方体的下角点)

拾取旋转轴：(选择沿 X 轴方向的轴)

指定角的起点或键入角度：90 ↙ (输入旋转角度)

结果如图 12-7 所示。

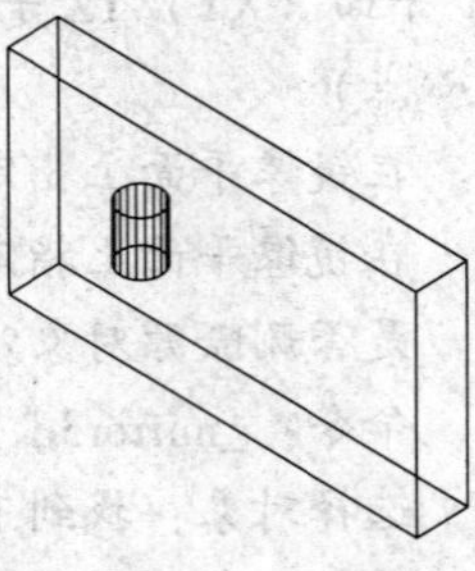

图 12-7 旋转

12.2.5 三维对齐

三维对齐是二维对齐在三维中的扩展，三维对齐用于在源对象上指定 1~3 个点和目标对象上的目标点进行对齐。

启动“三维旋转”命令的方法有以下几种。

- 单击菜单栏的“修改”→“三维操作”→“三维对齐”命令。
- 单击菜单栏的“工具”→“工具栏”→“AutoCAD”→“实体编辑”。
- 在命令行输入“3dalign”，单击 Enter 键或空格键。

执行上述命令后，命令行出现的提示选项含义如下。

(1) 指定源平面和方向：移动和旋转选定的对象，使三维空间中的源和目标的基点、X 轴和 Y 轴对齐。也可以动态的拖动选定对象，并使其与实体对象的面对齐。

(2) 指定基点：源对象的基点将被移动到目标的基点。

(3) 指定第二个点：第二个点在平行于当前 UCS 的 XY 平面的平面内指定新的 X 轴方向。如果直接按确定键而没有指定第二个点，将假设 X 轴和 Y 轴平行于当前 UCS 的 X 和 Y 轴。

(4) 指定第三个点：第三个点将完全指定源对象的 X 轴和 Y 轴方向，这两个方向将与目标面对齐。

【例 12-8】 将如图 12-8 (a) 所示的两个图形进行对齐操作。

操作过程如下。

命令：3dalign ↙

选择对象：指定对角点：找到 2 个 (选定右侧的圆柱体和长方体)

选择对象：↙

指定源平面和方向 ... (指定图中标出的长方体的一个角点)

指定基点或 [复制 (C)]：↙

指定第二个点或 [继续 (C)] <C>：(指定图中标出的长方体的另一个角点)

指定第三个点或 [继续 (C)] <C>：(指定图中标出的长方体的另一个角点)

指定目标平面和方向 ...

指定第一个目标点：(指定另一个图中标出的长方体对应一个角点)

指定第二个目标点或［退出（X）］<X>：（指定另一个图中标出的长方体对应一个角点）
指定第三个目标点或［退出（X）］<X>：（指定另一个图中标出的长方体对应一个角点）
结果如图 12-8（b）所示。

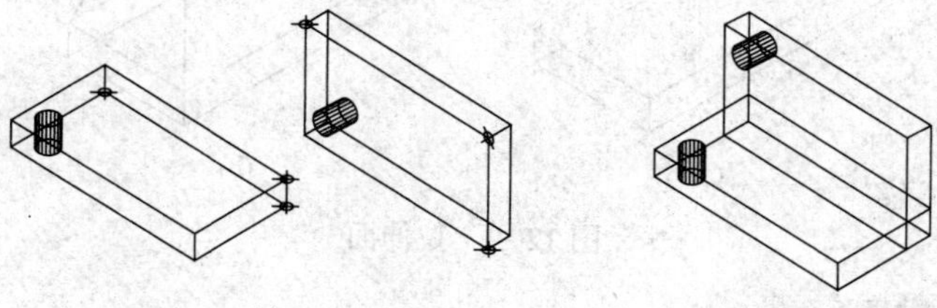

(a) (b)

图 12-8 对齐

12.3 实体面编辑

实体面编辑是对实体的体、面、边进行修改操作，可以拉伸、移动、旋转、偏移、倾斜、复制、删除面、为面指定颜色及添加材质，还可以复制边及为其指定颜色，但是，如果选择了闭合网格对象，系统会提示将其转换为三维实体。

12.3.1 拉伸面

拉伸面用于拉伸实体的表面，有两种拉伸方式，一是沿着表面的法线拉伸指定的距离，也可指定拉伸倾斜的角度。二是沿着某一指定的拉伸路径进行拉伸，拉伸路径可以是直线、圆弧、多段线和样条曲线等。

启动“拉伸面”命令的方法有以下几种。

- 单击菜单栏的“修改”→“实体编辑”→“拉伸面”命令。
- 在命令行输入“solidedit”，单击 Enter 键或空格键，选择“F”选项。

【例 12-9】 将如图 12-9（a）所示的图形进行拉伸。

操作过程如下。

命令：solidedit↙

实体编辑自动检查： SOLIDCHECK=1

输入实体编辑选项［面（F）/边（E）/体（B）/放弃（U）/退出（X）］<退出>：f↙

输入面编辑选项

［拉伸（E）/移动（M）/旋转（R）/偏移（O）/倾斜（T）/删除（D）/复制（C）/颜色（L）/材质（A）/放弃（U）/退出（X）］<退出>：e↙

选择面或［放弃（U）/删除（R）］：找到一个面（选择长方体顶面为拉伸面）

选择面或［放弃（U）/删除（R）/全部（ALL）］：↙

指定拉伸高度或［路径（P）］：100↙（指定拉伸高度）

指定拉伸的倾斜角度<30>：20↙（指定拉伸过程的倾斜角）

已开始实体校验。

结果如图 12-9（b）所示。

(a) (b)

图 12-9 拉伸面

12.3.2 移动面

移动面是将三维实体上的面沿指定的方向移动指定的距离，移动面操作可以改变实体的原来形状，常用于对实体内的面进行微调。

启动“移动面”命令的方法有以下几种。

- 单击菜单栏的“修改”→“实体编辑”→“移动面”命令。
- 在命令行输入“solidedit”，单击 Enter 键或空格键，按提示依次输入“F”选项和“M”选项。

【例 12-10】 将如图 12-10（a）所示的图形进行移动。

操作过程如下。

命令：solidedit↙

实体编辑自动检查： SOLIDCHECK=1

输入实体编辑选项［面（F）/边（E）/体（B）/放弃（U）/退出（X）］<退出>：f↙

输入面编辑选项

［拉伸（E）/移动（M）/旋转（R）/偏移（O）/倾斜（T）/删除（D）/复制（C）/颜色（L）/材质（A）/放弃（U）/退出（X）］<退出>：m↙

选择面或［放弃（U）/删除（R）］：找到 5 个面（选择小长方体）

选择面或［放弃（U）/删除（R）/全部（ALL）］：↙

指定基点或位移：（小长方体底面左下方的角点）

指定位移的第二点：（大长方体顶面右下方的角点）

已开始实体校验。

结果如图 12-10（b）所示。

(a) (b)

图 12-10 移动面

12.3.3 倾斜面

倾斜面可以使实体面按指定的角度倾斜，正角度向里倾斜，负角度向外倾斜，默认为0°。

启动“倾斜面”命令的方法有以下几种。

- 单击菜单栏的“修改”→“实体编辑”→“倾斜面”命令。
- 在命令行输入“solidedit”，单击Enter键或空格键，按提示依次输入“F”选项和“T”选项。

【例12-11】 将如图12-11（a）所示的两个叠加图形的面倾斜。

操作过程如下。

命令：solidedit↙

实体编辑自动检查：　SOLIDCHECK=1

输入实体编辑选项［面（F）/边（E）/体（B）/放弃（U）/退出（X）］<退出>：f↙

输入面编辑选项

［拉伸（E）/移动（M）/旋转（R）/偏移（O）/倾斜（T）/删除（D）/复制（C）/颜色（L）/材质（A）/放弃（U）/退出（X）］<退出>：t↙

选择面或［放弃（U）/删除（R）］：找到一个面（上面长方体的一个面）

选择面或［放弃（U）/删除（R）/全部（ALL）］：↙

指定基点：（该面的一个点）

指定沿倾斜轴的另一个点：（沿Z轴的另一个点）

指定倾斜角度：30↙

已开始实体校验。

结果如图12-11（b）所示。

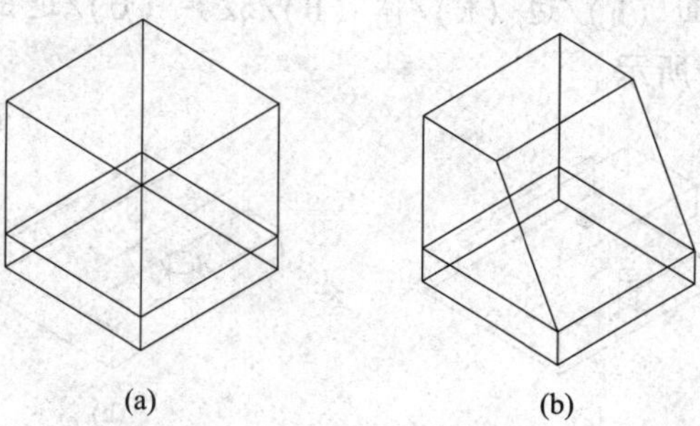

(a)　(b)

图12-11　倾斜面

12.3.4　偏移面

偏移面可以直接指定距离偏移三维实体选定的面，从而改变其形状。正值会增大实体的大小，负值会减小其大小，相邻面将被拉伸，但保持其相对于偏移面的角度。

启动“偏移面”命令的方法有以下几种。

- 单击菜单栏“修改”→“实体编辑”→“偏移面”命令。
- 在命令行输入“solidedit”，单击Enter键或空格键，按提示依次输入“F”选项和“O”选项。

【例12-12】 将如图12-12（a）所示图形的面进行偏移。

操作过程如下。

命令：solidedit↙

实体编辑自动检查： SOLIDCHECK=1

输入实体编辑选项［面（F）/边（E）/体（B）/放弃（U）/退出（X）］<退出>：f↙

输入面编辑选项

［拉伸（E）/移动（M）/旋转（R）/偏移（O）/倾斜（T）/删除（D）/复制（C）/颜色（L）/材质（A）/放弃（U）/退出（X）］<退出>：o↙

选择面或［放弃（U）/删除（R）］：找到一个面（选择立方体的顶面）

选择面或［放弃（U）/删除（R）/全部（ALL）］：↙

指定偏移距离：10↙（指定偏移距离）

已开始实体校验。

输入面编辑选项

［拉伸（E）/移动（M）/旋转（R）/偏移（O）/倾斜（T）/删除（D）/复制（C）/颜色（L）/材质（A）/放弃（U）/退出（X）］<退出>：o↙

选择面或［放弃（U）/删除（R）］：找到 2 个面（选择圆柱体）

选择面或［放弃（U）/删除（R）/全部（ALL）］：↙

指定偏移距离：3↙（指定偏移距离）

已开始实体校验。

输入面编辑选项

［拉伸（E）/移动（M）/旋转（R）/偏移（O）/倾斜（T）/删除（D）/复制（C）/颜色（L）/材质（A）/放弃（U）/退出（X）］<退出>：↙

实体编辑自动检查： SOLIDCHECK=1

输入实体编辑选项［面（F）/边（E）/体（B）/放弃（U）/退出（X）］<退出>：↙

结果如图 12-12（b）所示。

(a) (b)

图 12-12 偏移面

12.3.5 删除面

删除面可以删除三维实体上的面，包括圆角、倒角或实体内部的面。使用此选项可删除圆角和倒角边，并在稍后进行修改。如果更改生成无效的三维实体，将不删除面。

启动“删除面”命令的方法有以下几种。

- 单击菜单栏的“修改”→“实体编辑”→“删除面”命令。
- 在命令行输入“solidedit”，单击 Enter 键或空格键，按提示依次输入“F”选项和“D”选项。

【例 12-13】 将如图 12-13（a）所示图形的面进行删除，恢复本身形体。

操作过程如下。

命令：solidedit↙

实体编辑自动检查： SOLIDCHECK = 1

输入实体编辑选项 [面 (F)/边 (E)/体 (B)/放弃 (U)/退出 (X)] <退出>: f↙

输入面编辑选项

[拉伸 (E)/移动 (M)/旋转 (R)/偏移 (O)/倾斜 (T)/删除 (D)/复制 (C)/颜色 (L)/材质 (A)/放弃 (U)/退出 (X)] <退出>: d↙

选择面或 [放弃 (U)/删除 (R)]: 找到 3 个面 (选择要删除的面)

选择面或 [放弃 (U)/删除 (R)/全部 (ALL)]: ↙

已开始实体校验。

输入面编辑选项

[拉伸 (E)/移动 (M)/旋转 (R)/偏移 (O)/倾斜 (T)/删除 (D)/复制 (C)/颜色 (L)/材质 (A)/放弃 (U)/退出 (X)] <退出>: ↙

结果如图 12-13 (b) 所示。

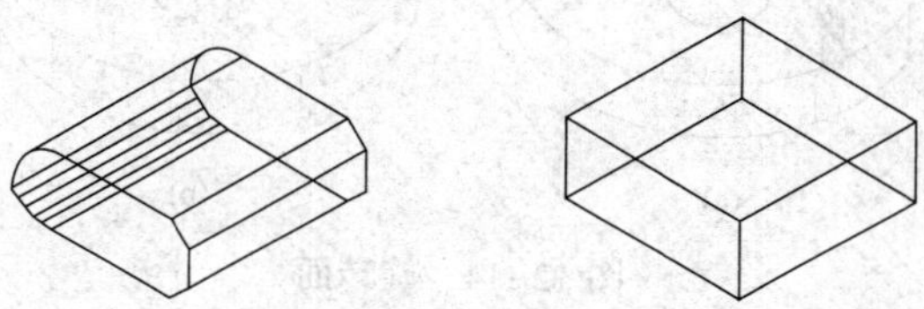

(a) (b)

图 12-13 删除面

12.3.6 旋转面

旋转面可以绕指定的轴旋转三维实体上选定的面，进而更改对象的形状。

启动“旋转面”命令的方法有以下几种。

- 单击菜单栏的“修改”→“实体编辑”→“旋转面”。
- 在命令行输入“solidedit”，单击 Enter 键或空格键，按提示依次输入“F”选项和“R”选项。

【例 12-14】 将如图 12-14 (a) 所示的图形进行旋转。

操作过程如下。

命令：solidedit↙

实体编辑自动检查： SOLIDCHECK = 1

输入实体编辑选项 [面 (F)/边 (E)/体 (B)/放弃 (U)/退出 (X)] <退出>: f↙

输入面编辑选项

[拉伸 (E)/移动 (M)/旋转 (R)/偏移 (O)/倾斜 (T)/删除 (D)/复制 (C)/颜色 (L)/材质 (A)/放弃 (U)/退出 (X)] <退出>: r↙

选择面或 [放弃 (U)/删除 (R)]: 找到 2 个面 (选择要旋转的圆柱体)

选择面或 [放弃 (U)/删除 (R)/全部 (ALL)]: ↙

指定轴点或 [经过对象的轴 (A)/视图 (V)/X 轴 (X)/Y 轴 (Y)/Z 轴 (Z)] <两点>: (选择中间圆柱体的轴端点)

在旋转轴上指定第二个点：↙

指定旋转角度或［参照（R）］：90↙

已开始实体校验。

已完成实体校验。

输入面编辑选项

［拉伸（E）/移动（M）/旋转（R）/偏移（O）/倾斜（T）/删除（D）/复制（C）/颜色（L）/材质（A）/放弃（U）/退出（X）］<退出>：↙（退出命令）

实体编辑自动检查： SOLIDCHECK=1

输入实体编辑选项［面（F）/边（E）/体（B）/放弃（U）/退出（X）］<退出>：↙

结果如图 12-14（b）所示。

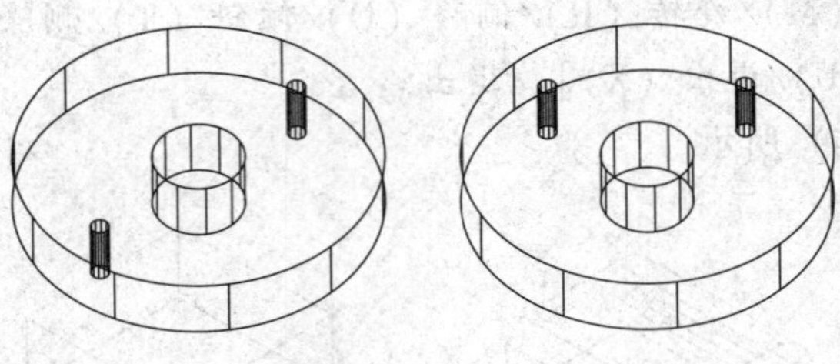

图 12-14 旋转面

12.3.7 复制面

复制面是通过面的原始方向和轮廓创建面域和实体，可将结果用作创建新三维实体的参照或表面模型。

启动“复制面”命令的方法有以下几种。

● 单击菜单栏的“修改”→“实体编辑”→“复制面”命令。

● 在命令行输入“solidedit”，单击 Enter 键或空格键，按提示依次输入“F”选项和“C”选项。

【例 12-15】 将如图 12-15（a）所示的图形进行复制面操作。

操作过程如下。

命令：solidedit↙

实体编辑自动检查： SOLIDCHECK=1

输入实体编辑选项［面（F）/边（E）/体（B）/放弃（U）/退出（X）］<退出>：f↙

输入面编辑选项

［拉伸（E）/移动（M）/旋转（R）/偏移（O）/倾斜（T）/删除（D）/复制（C）/颜色（L）/材质（A）/放弃（U）/退出（X）］<退出>：c↙

选择面或［放弃（U）/删除（R）］：找到一个面（选择长方体的顶面）

选择面或［放弃（U）/删除（R）/全部（ALL）］：↙

指定基点或位移：（选择其中面上的任一个点）

指定位移的第二点：（指定复制面要放置的位置）

输入面编辑选项

［拉伸（E）/移动（M）/旋转（R）/偏移（O）/倾斜（T）/删除（D）/复制（C）/颜色（L）/材质（A）/放弃（U）/退出（X）］<退出>：C↙（重复复制面）

选择面或［放弃（U）/删除（R）］：找到一个面（选择圆柱体柱体表面）

选择面或［放弃（U）/删除（R）/全部（ALL）］：↙

指定基点或位移：（选择其中面上的任一个点）

指定位移的第二点：（指定复制面要放置的位置）

输入面编辑选项

［拉伸（E）/移动（M）/旋转（R）/偏移（O）/倾斜（T）/删除（D）/复制（C）/颜色（L）/材质（A）/放弃（U）/退出（X）］<退出>：↙（退出命令）

实体编辑自动检查： SOLIDCHECK=1

输入实体编辑选项［面（F）/边（E）/体（B）/放弃（U）/退出（X）］<退出>：↙

结果如图12-15（b）所示。

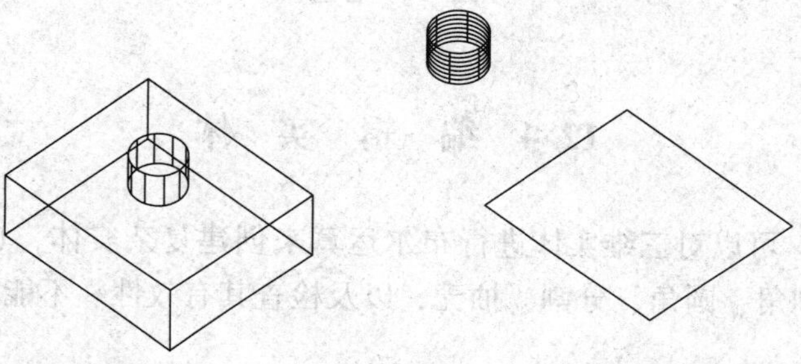

(a) (b)

图12-15 复制面

12.3.8 着色面

着色面可以用于亮显复杂的三维实体模型内的细节，更改三维实体上选定的面的颜色。启动“着色面”命令的方法有以下几种。

- 单击菜单栏的“修改”→“实体编辑”→“着色面”命令。
- 在命令行输入“solidedit”，单击Enter键或空格键，按提示依次输入“F”选项和“L”选项。

【例12-16】 将如图12-16（a）所示的图形进行着色面操作。

操作过程如下。

命令：solidedit↙

实体编辑自动检查： SOLIDCHECK=1

输入实体编辑选项［面（F）/边（E）/体（B）/放弃（U）/退出（X）］<退出>：f↙

输入面编辑选项

［拉伸（E）/移动（M）/旋转（R）/偏移（O）/倾斜（T）/删除（D）/复制（C）/颜色（L）/材质（A）/放弃（U）/退出（X）］<退出>：l↙

选择面或［放弃（U）/删除（R）］：（找到一个面）

（选择中间的圆柱体，在颜色对话框选择颜色）

选择面或［放弃（U）/删除（R）/全部（ALL）］：↙

输入面编辑选项

［拉伸（E）/移动（M）/旋转（R）/偏移（O）/倾斜（T）/删除（D）/复制（C）/颜色

(L)/材质 (A)/放弃 (U)/退出 (X)] <退出>: ↙ (退出命令)

结果如图 12-16 (b) 所示。

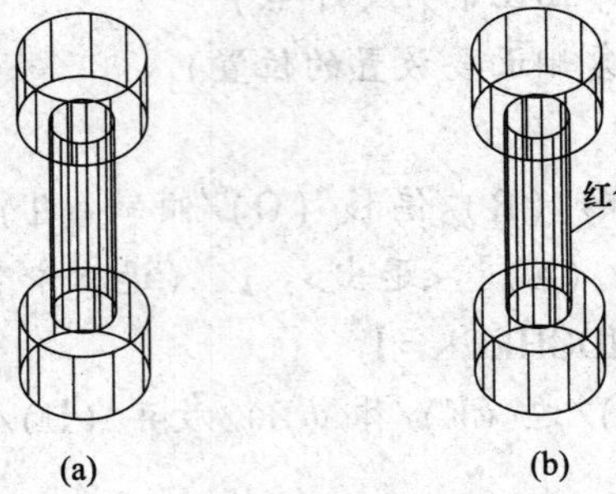

图 12-16 着色面

12.4 编 辑 实 体

在 AutoCAD 中，可以对三维实体进行布尔运算来创建复杂实体，也可以对整个三维实体对象进行分解、倒角、圆角、分割、抽壳，以及检查其有效性。不能对网格对象使用实体编辑。

12.4.1 分解实体

创建的每个实体都是一个整体，若要对创建的实体中的某一部分进行编辑操作，可以先将实体进行分解后再进行编辑。

启动"分解"命令的方法有以下几种。

- 单击菜单栏的"修改"→"分解"命令。
- 单击修改工具栏的"分解"按钮
- 在命令行输入"explode (X)"，单击 Enter 键或空格键。

执行上述任意命令后，实体中的平面被转化为面域，曲面被转化为主体。用户可以继续使用该命令，将面域和主体分解为组成它们的基本元素，如直线、圆和圆弧等图形。

12.4.2 实体倒角边

使用"倒角边"命令可连接三维实体中的两个对象，使它们以平角或倒角相接。可以同时选择属于相同面的多条边。在设置倒角边的距离时，可以通过输入倒角距离值或单击并拖动倒角夹点来确定。

执行"实体倒角"命令的方法有以下几种。

- 单击菜单栏的"修改"→"实体编辑"→"倒角边"命令。
- 切换到"实体"选项卡，在"实体编辑"面板上单击"倒角边"按钮。
- 在命令行输入"chamferedge"，单击 Enter 键或空格键。

【例 12-17】 将如图 12-17 (a) 所示长方体的边进行倒角。

操作过程如下。

(1) 绘制一个长度为 100、宽度为 80、高度为 60 的长方体。

(2) 命令: chamferedge ↙ (执行"倒角边"命令)

距离 1 = 1.0000，距离 2 = 1.0000
选择一条边或［环（L）/距离（D）］：（选择长方体的一条边作为倒角边对象）
选择同一个面上的其他边或［环（L）/距离（D）］：↙
按 Enter 键接受倒角或［距离（D）］：D↙（选择距离选项）
指定基面倒角距离或［表达式（E）］<1.0000>：10↙（一个距离值为 10）
指定其他曲面倒角距离或［表达式（E）］<1.0000>：5↙（另一个距离值为 5）
按 Enter 键接受倒角或［距离（D）］：↙（确定倒角边操作）
结果如图 12-17（b）所示。

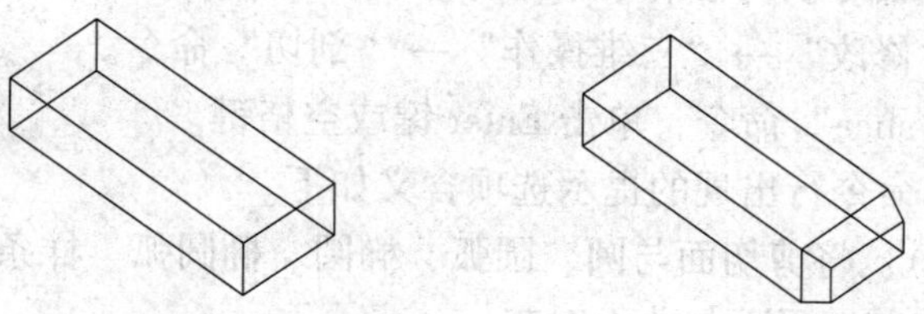

(a) (b)

图 12-17 实体倒角

12.4.3 实体圆角边

“圆角边”命令可以为实体的边制作圆角，在创建圆角边的操作中，可以选择多条边。圆角的大小可以通过输入圆角半径值或单击并拖动圆角夹点来确定。

启动“实体圆角”命令的方法有以下几种。

- 单击菜单栏的“修改”→“实体编辑”→“圆角边”命令。
- 切换到“实体”选项卡，在“实体编辑”面板上单击“圆角边”按钮。
- 在命令行输入“Filletedge”命令，单击 Enter 键或空格键。

【例 12-18】 将如图 12-18（a）所示长方体的边进行圆角。

操作过程如下。

（1）绘制一个长度为 100、宽度为 80、高度为 60 的长方体。
（2）命令：Filletedge↙（执行“圆角边”命令）
半径 = 1.0000
选择边或［链（C）/环（L）/半径（R）］：（选择长方体的一条边作为圆角边对象）
选择边或［链（C）/环（L）/半径（R）］：↙
已选定 1 个边用于圆角。
按 Enter 键接受圆角或［半径（R）］：R↙（选择半径选项）
指定半径或［表达式（E）］<1.0000>：10↙（设置圆角半径值为 10）
按 Enter 键接受圆角或［半径（R）］：↙（确定圆角边操作）
结果如图 12-18（b）所示。

12.4.4 剖切实体

剖切命令是指用平面或曲面剖切实体。可以用剖切命令，切开现有实体并移去指定部分，从而创建新的实体。可根据设计需要通过指定点、选择曲面或平面对象来定义剖切平面。

(a) (b)

图 12-18 实体圆角

启动“剖切实体”命令的方法有以下几种。

- 单击菜单栏的“修改”→“三维操作”→“剖切”命令。
- 在命令行输入“slice”命令，单击 Enter 键或空格键。

执行上述命令后，命令行出现的提示选项含义如下。

(1) 平面对象（O）：将剪切面与圆、圆弧、椭圆、椭圆弧、样条曲线和多段线对齐。

(2) 曲面（S）：将剪切平面与曲面对齐。

(3) Z 轴（Z）：通过在平面上指定一点和在平面的 *Z* 轴上指定另一点来定义剪切平面。

(4) 视图（V）：将剪切平面与当前视口的视图平面对齐。

(5) XY（XY）：将剪切平面与当前用户坐标系的 *XY* 平面对齐。

(6) YZ（YZ）：将剪切平面与当前用户坐标系的 *YZ* 平面对齐。

(7) ZX（ZX）：将剪切平面与当前用户坐标系的 *ZX* 平面对齐。

(8) 三点（3）：用三点定义剪切平面。

【例 12-19】 将如图 12-19（a）所示长方体进行剖切。

操作过程如下。

命令：slice↙

选择要剖切的对象：找到 1 个（选择长方体）

选择要剖切的对象：

指定切面的起点或［平面对象（O）/曲面（S）/Z 轴（Z）/视图（V）/XY（XY）/YZ（YZ）/ZX（ZX）/三点（3）］<三点>：（选择长方体对角线一点）

指定平面上的第二个点：（选择长方体对角线另一点）

在所需的侧面上指定点或［保留两个侧面（B）］<保留两个侧面>：（单击所需的侧面）

结果如图 12-19（b）所示。

(a) (b)

图 12-19 剖切实体

12.4.5 实体分割、清除和抽壳

单击菜单栏的“修改”→“实体编辑”中的“分割”按钮、“清除”按钮或“抽

壳”按钮。

（1）分割：可以将相连的三维实体对象分割成独立的三维实体对象。

（2）清除：可以删除共享边及在边或顶点具有相同表面或曲线定义的顶点。可以删除所有多余的边、顶点及不使用的几何图形，但不删除印压的边。

（3）抽壳：抽壳是将实体以指定的厚度，形成一个空的薄层，同时将一些指定面排除在壳外。正值从圆周外开始抽壳，负值从圆周内开始抽壳。同一个三维实体只能有一个壳。

12.4.6 加厚

加厚可以将网格曲面、平面曲面及截面曲面等多种曲面类型的曲面通过加厚处理形成具有一定厚度的三维实体。

启动“加厚”命令的方法有以下几种。

- 单击菜单栏的“修改”→“三维操作”→“加厚”命令。
- 在命令行中输入“thicken”，单击 Enter 键或空格键。

【例 12-20】 将如图 12-20（a）所示的曲面加厚。

操作过程如下。

命令：thicken↙（执行加厚命令）

选择要加厚的曲面：找到 2 个（选择对象）

选择要加厚的曲面：

指定厚度：5↙（输入要加厚的值）

结果如图 12-20（b）所示。

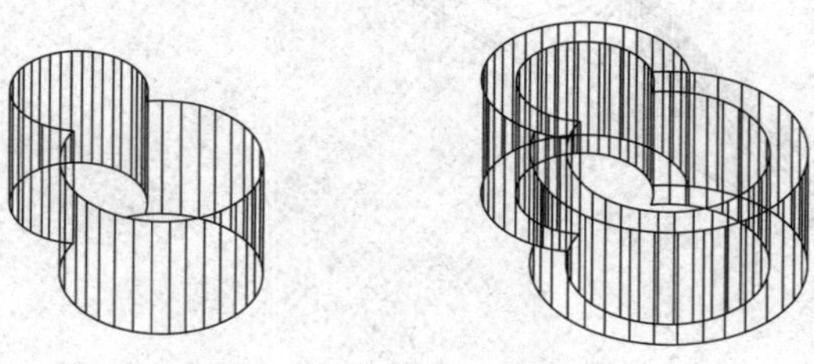

(a) (b)

图 12-20 加厚

12.4.7 干涉

干涉通过从两个或多个实体的公共体积创建临时组合三维实体，来亮显重叠的三维实体。如果定义了单个选择集，干涉将对比检查集合中的实体。如果定义了两个选择集，干涉将对比检查第一个选择集中的实体与第二个选择集中的实体。如果在两个选择集中都包括了同一个三维实体，干涉将此三维实体视为第一个选择集中的一部分，而在第二个选择集中忽略它。

启动“干涉”命令的方法有以下几种。

- 单击菜单栏的“修改”→“三维操作”→“干涉”命令。
- 在命令行中输入“interfere”，单击 Enter 键或空格键。

12.4.8 实体边编辑

单击菜单栏的“修改”→“实体编辑”中的“提取边”按钮、“压印”按钮、

“着色边”按钮和“复制边”按钮。

（1）提取边：可通过从三维实体或曲面中提取边来创建线框几何体，也可选择提取单个边和面，按住 Ctrl 键以选择边和面。

（2）压印：可将对象压印到选定的实体上。为了使压印操作成功，被压印的对象必须与选定对象的一个或多个面相交。“压印”命令仅限于圆弧、圆、直线、二维和三维多段线、样条曲线、面域、椭圆、体和三维实体对象。

（3）着色边：可以着色实体的边。执行着色边命令，并选定边后，将弹出“选择颜色”对话框，可以选择用于着色边的颜色。

（4）复制边：可将三维实体边复制为直线、圆、圆弧、椭圆或样条曲线等。

12.5 上机练习

练习 12-1 绘制图形 12-21。

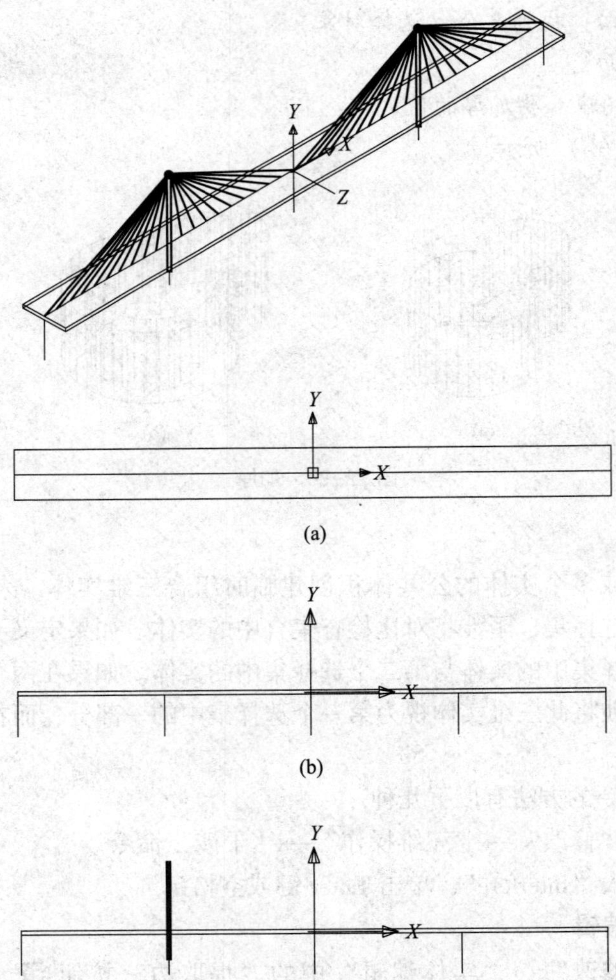

图 12-21（一）

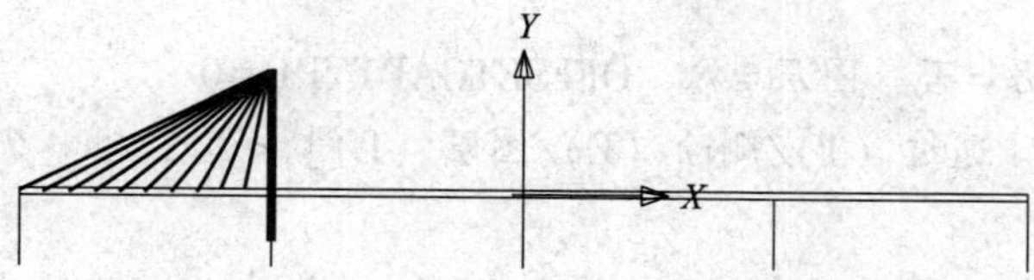

(d)

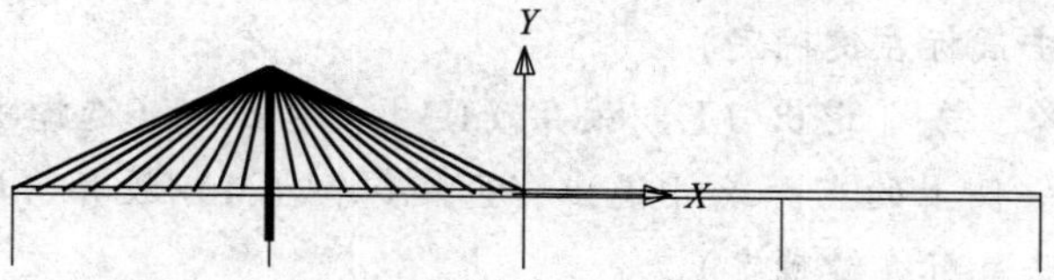

(e)

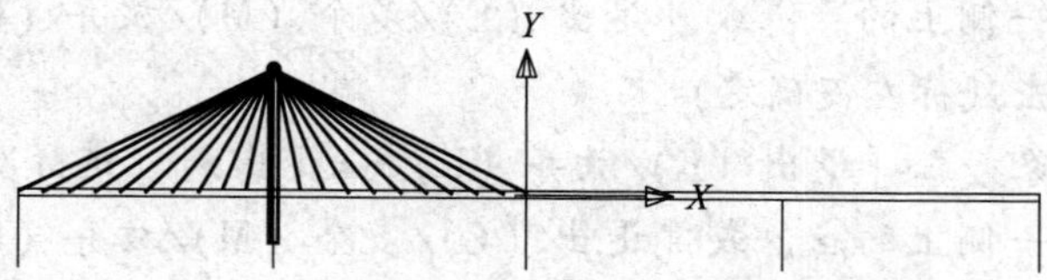

(f)

图 12-21（二）

操作过程如下。

将当前视图设为三维视图的“俯视”模式

命令：box↙

指定第一个角点或［中心（C）］：c↙（选择中心点方式绘制长方体）

指定中心：0，0，0↙（长方体中心点坐标为原点）

指定角点或［立方体（C）/长度（L）］：l↙（选择长度方式绘制长方体）

指定长度：<正交开>300000↙（输入长度值）

指定宽度：25000↙（输入宽度值）

指定高度或［两点（2P）］：2000↙（输入高度值）

命令：line↙

指定第一点：（捕捉长方体宽度上的中点）

指定下一点或［放弃（U）］：（捕捉长方体另一宽度上的中点）

命令：divide↙

选择要定数等分的对象：选择上一命令绘制的直线

输入线段数目或［块（B）］：40↙［将直线等分40份，同时将对象捕捉的节点打开，如图12-21（a）所示］

将当前视图设为三维视图的“前视”模式

命令：line↙

指定第一点：（长方体始端的点）

指定下一点或［放弃（U）］：20000↙（沿 Z 轴负方向绘制直线）

指定下一点或［放弃（U）］：↙

命令：offset↙

当前设置：删除源=否 图层=源 OFFSETGAPTYPE=0

指定偏移距离或［通过（T）/删除（E）/图层（L）］<通过>： 75000↙（输入偏移的距离值）

选择要偏移的对象，或［退出（E）/放弃（U）］<退出>：（选择上一命令绘制的直线）

指定要偏移的那一侧上的点，或［退出（E）/多个（M）/放弃（U）］<退出>：（光标放到直线的右侧，单击鼠标左键确定）

选择要偏移的对象，或［退出（E）/放弃（U）］<退出>：（选择刚偏移过来的直线）

指定要偏移的那一侧上的点，或［退出（E）/多个（M）/放弃（U）］<退出>：（光标放到直线的右侧，单击鼠标左键确定）

选择要偏移的对象，或［退出（E）/放弃（U）］<退出>：（选择刚偏移过来的直线）

指定要偏移的那一侧上的点，或［退出（E）/多个（M）/放弃（U）］<退出>：（光标放到直线的右侧，单击鼠标左键确定）

选择要偏移的对象，或［退出（E）/放弃（U）］<退出>：（选择刚偏移过来的直线）

指定要偏移的那一侧上的点，或［退出（E）/多个（M）/放弃（U）］<退出>：（光标放到直线的右侧，单击鼠标左键确定）

选择要偏移的对象，或［退出（E）/放弃（U）］<退出>：↙［退出，如图 12-21（b）所示］

将当前视图设为三维视图的“俯视”模式

命令：cylinder↙

指定底面的中心点或［三点（3P）/两点（2P）/切点、切点、半径（T）/椭圆（E）］：（捕捉直线的中点）

指定底面半径或［直径（D）］：1500↙

指定高度或［两点（2P）/轴端点（A）］<2000.0000>：50000↙

将当前视图设为三维视图的“前视”模式

命令：move↙

选择对象：找到 1 个

选择对象：

指定基点或［位移（D）］<位移>：（捕捉到圆柱底圆的圆心）

指定第二个点或<使用第一个点作为位移>：15000↙［沿 *Z* 轴向下输入移动值，如图 12-21（c）所示］

命令：cylinder↙

指定底面的中心点或［三点（3P）/两点（2P）/切点、切点、半径（T）/椭圆（E）］：（捕捉直线上的等分点）

指定底面半径或［直径（D）］<1500.0000>：250↙（输入圆柱体半径值）

指定高度或［两点（2P）/轴端点（A）］<50000.0000>：a↙（选择轴端点绘制圆柱体）

指定轴端点：（捕捉已绘制好的圆柱顶端左侧的象限点）

重复此命令将左侧的圆柱体绘制完，如图 12-21（d）所示。

命令：mirror3d↙

选择对象：指定对角点：找到 10 个（选择绘制好的 10 个斜方向的圆柱体）

选择对象：

指定镜像平面（三点）的第一个点或

[对象（O）/最近的（L）/Z 轴（Z）/视图（V）/XY 平面（XY）/YZ 平面（YZ）/ZX 平面（ZX）/三点（3）] <三点>：yz↙（选择以 *YZ* 轴为平面镜像）

指定 YZ 平面上的点<0，0，0>：（选择垂直圆柱体的轴心）

是否删除源对象？[是（Y）/否（N）] <否>：↙ [不删除源对象，确定键，如图 12-21（e）所示]

命令：isolines↙

输入 ISOLINES 的新值<15>：10↙

命令：sphere↙

指定中心点或 [三点（3P）/两点（2P）/切点、切点、半径（T）]：（捕捉垂直圆柱体顶圆的圆心）

指定半径或 [直径（D）] <2000.0000>：2000↙（输入球体半径值）

命令：union↙

选择对象：指定对角点：[找到 22 个选择全部圆柱体和球体，确定键，如图 12-21（f）所示]

命令：mirror3d↙

选择对象：指定对角点：找到 1 个（选择上一命令并集后的图形）

选择对象：

指定镜像平面（三点）的第一个点或

[对象（O）/最近的（L）/Z 轴（Z）/视图（V）/XY 平面（XY）/YZ 平面（YZ）/ZX 平面（ZX）/三点（3）] <三点>：yz↙（选择在 *YZ* 平面上镜像）

指定 YZ 平面上的点<0，0，0>：（捕捉中心点）

是否删除源对象？[是（Y）/否（N）] <否>：↙（不删除源对象，确定键）

将当前视图设为三维视图的“东南视图”模式。

第 13 章　动态观察与渲染

学习内容

利用三维观察和导航工具，在图形中导航、为指定视图设置相机，以及创建动画以便与其他人共享设计。围绕三维模型进行动态观察、回旋、漫游和飞行，设置相机，创建预览动画及录制运动路径动画，将这些分发给其他人以从视觉上传达设计意图。要从视觉上能更形象、真实地观察三维模型的效果，对模型应用视觉样式或进行渲染。

13.1　观察三维图形

13.1.1　消隐图形

消隐图形可以暂时隐藏位于实体背后而被遮挡的部分。执行消隐命令后，绘图窗口将暂时无法使用“缩放”和“平移”命令，直到在快速访问工具栏选择“显示菜单栏”命令，在弹出的菜单中选择“视图”，“重生成”命令重生成图形为止。如图 13-1（a）所示，将其消隐后的图形效果如图 13-1（b）所示。

启动“消隐”命令的方法有以下几种。

- 单击菜单栏的“视图”→“消隐”命令。
- 在命令行输入“hide”，单击 Enter 键或空格键。

(a)　　(b)

图 13-1　消隐图形

13.1.2　改变三维图形的曲面轮廓素线

当三维图形中包含弯曲面时（如圆柱体、球体等），曲面在线框模式下用线条的形式来显示，这些线条称为网线或轮廓素线。使用系统变量 isolines 可以设置显示曲面所用的网线条数，默认值为 4，即使用 4 条网线来表达每一个曲面。该值为 0 时，表示曲面没有网线，如果增加网线的条数，则会使图形看起来更接近三维实物，图 13-2（a）所示 isolines 值为 4，图 13-2（b）所示 isolines 值为 20。

13.1.3　以线框形式显示实体轮廓

使用系统变量 dispsilh 可以以线框形式显示实体轮廓。此时需要将其值设置为 1，并进行“消隐”命令隐藏曲面的小平面，其图形效果如图 13-3 所示。

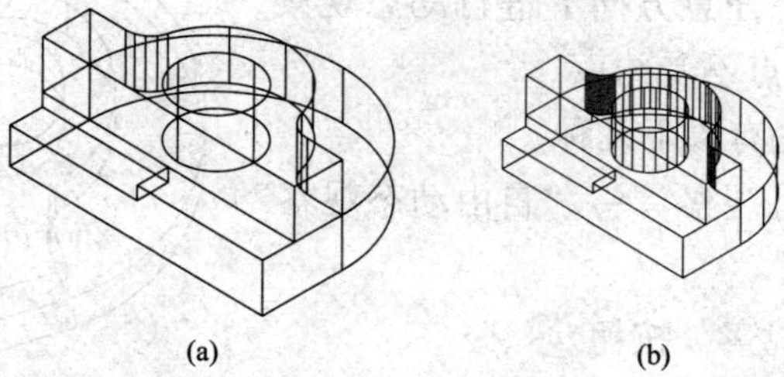

图 13-2 曲面轮廓素线对图形的影响

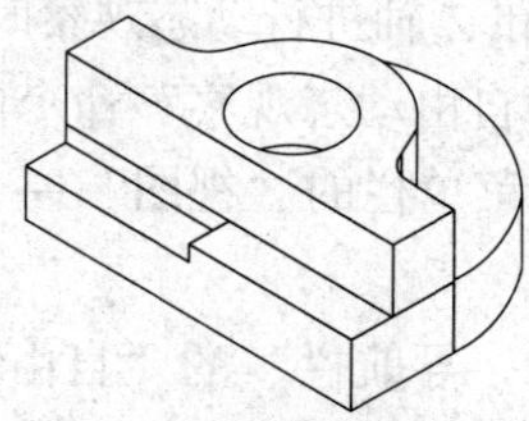

图 13-3 线框形式的实体轮廓

13.1.4 改变实体表面的平滑度

要改变实体表面的平滑度，可通过修改系统变量 facetres 来实现。该变量用于设置曲面的面数，取值范围为 0.01～10，其值越大，曲面越平滑，如图 13-4 所示 facetres 值为 0.1［图 13-4（a）］和 10［图 13-4（b）］的图形效果。

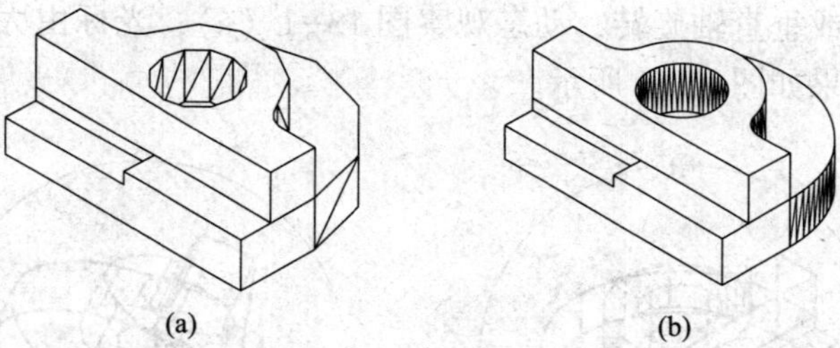

图 13-4 平滑度对图形表面的影响

13.2 三维动态观察器

三维动态观察是指围绕目标移动，相机位置（或视点）移动时，视图的目标将保持静止；目标点是视口的中心，而不是正在查看的对象的中心。AutoCAD 的动态观察可以动态、交互式而且直观地显示三维模型，从而使得在检查创建的实体是否符合要求时更加方便。

13.2.1 受约束的动态观察

受约束的动态观察是指沿 *XY* 平面或 *Z* 轴约束三维动态观察。

启动“受约束动态观察”命令的方法有以下几种。

- 单击菜单栏的“视图”→“动态观察”→“受约束动态观察”命令。
- 单击“导航栏”的“动态观察”命令按钮。
- 在命令行输入“3dorbit”，单击 Enter 键或空格键。

执行上述命令后，命令行提示“按 Esc 或 Enter 键退出，或者单击鼠标右键显示快捷菜单”。单击鼠标左键，并拖动光标可以沿 *X* 轴、*Y* 轴和 *Z* 轴约束三维动态观察；单击鼠标右键，选择快捷菜单相关选项对视图进行设置。

启动受约束动态观察后，按住鼠标左键，并移动光标到适当位置后松开鼠标左键，则三维图就确定到该位置，如图 13-5 所示为图 13-1（a）经受约束动态观察移动任意位置后的图形。

13.2.2 自由动态观察

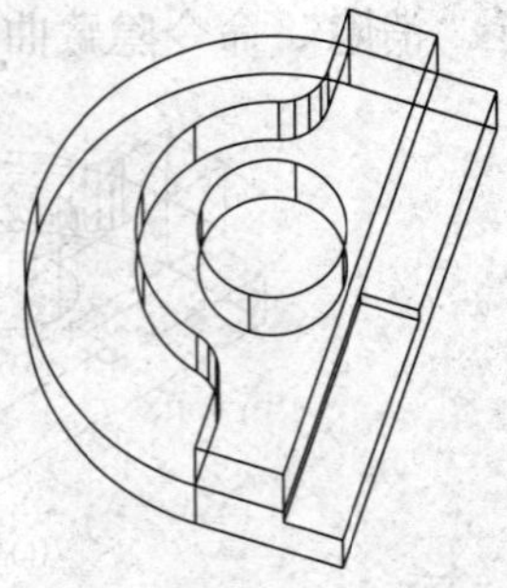
图 13-5 受约束动态观察效果

自由动态观察是指不参照平面，在任意方向上进行动态观察。沿 XY 平面和 Z 轴进行动态观察时，视点不受约束。

启动“自由动态观察”命令的方法有以下几种。

- 单击菜单栏的“视图”→“动态观察”→“自由动态观察”命令。
- 单击“导航栏”的“自由动态观察”按钮。
- 在命令行输入“i3dfibit”，单击 Enter 键或空格键。

执行上述命令后，当前视窗下激活一个交互式三维轨道视图，其中有一个大圆（又称转盘），在它的 4 个象限点处有 4 个小圆。按住鼠标左键，移动光标，坐标系原点和观察对象相应地转动，实现动态观察。松开鼠标左键，视图定位。

当光标位于圆形轨道的 4 个小圆上时，十字光标变为椭圆形，此时拖动鼠标，三维模型将会绕中心的水平轴或垂直轴旋转，动态观察图 13-1（a），光标由大圆的右象限点向左移动一定距离，变化效果如图 13-6 所示。

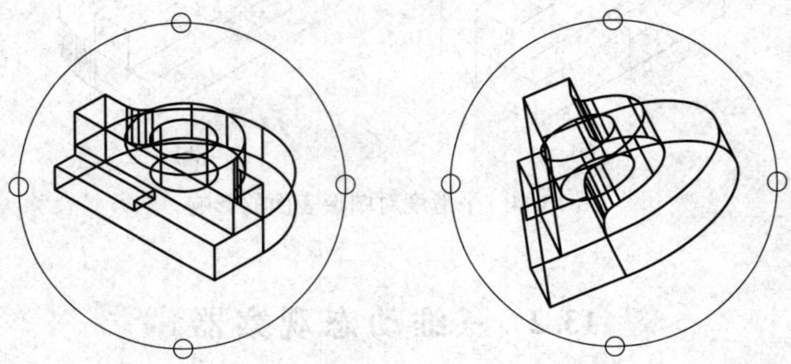
图 13-6 转盘小圆上自由动态观察效果

当光标在圆形内轨道推动时，三维模型将绕目标点旋转；动态观察图 13-1（a），光标由底板左侧移动到右侧后，变化效果如图 13-7 所示。

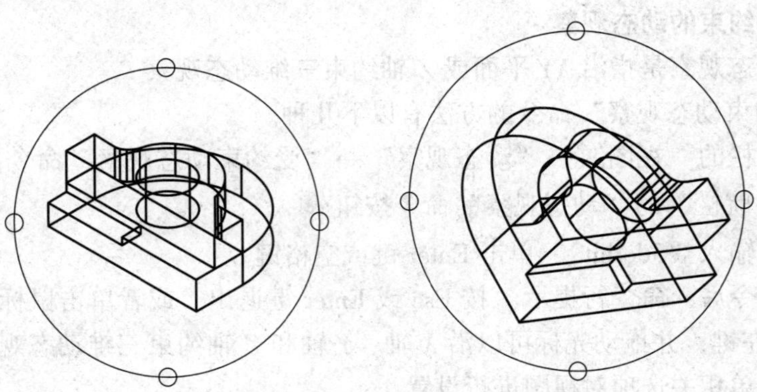
图 13-7 转盘内自由动态观察效果

当光标在圆形外轨道移动时，三维模型将绕目标点顺时针或逆时针旋转，动态观察

图 13-1（a），光标在大圆右侧，按住鼠标左键由上移动到下松开后，变化效果如图 13-8 所示。

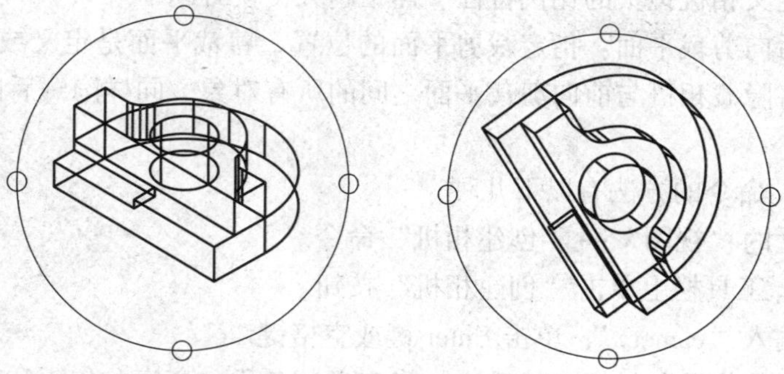

图 13-8　转盘外自由动态观察效果

13.2.3　连续动态观察

连续动态观察可以动态的了解三维模型的构造，这样从不同的视点对其进行连续观察，更能逼真地查看三维效果。

启动“连续动态观察”命令的方法有以下几种。

- 单击菜单栏的“视图”→“动态观察”→“连续动态观察”命令。
- 单击“导航栏”的“连续动态观察”按钮。
- 在命令行输入“3dcorbit”，单击 Enter 键或空格键。

执行上述命令后，按住鼠标左键，并拖动到适当位置后释放，模型会沿着拖动的方向继续旋转，旋转的速度取决于拖动模块时的速度。可通过再次单击并拖动鼠标来改变连续动态观察的方向，或单击一次以停止转动。动态观察图 13-1（a），按下鼠标左键从左至右迅速移动后松开，图形将沿轴连续转动，变化效果如图 13-9 所示。

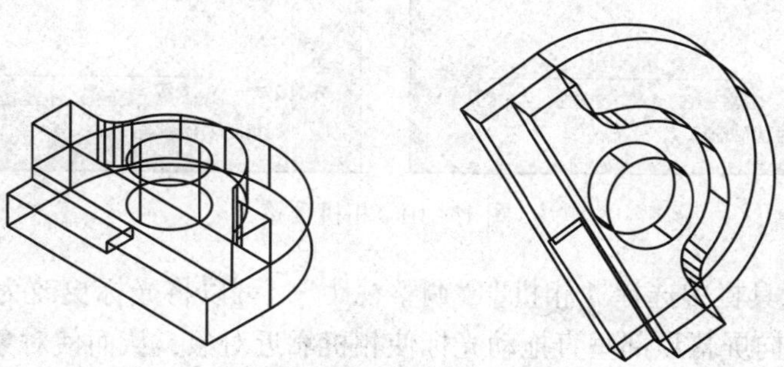

图 13-9　连续动态观察效果

13.3　使用相机定义三维图形

在 AutoCAD 中，使用相机功能可以在模型空间放置一台或多台相机来定义 3D 透视图。

在图形中，可以通过放置相机来定义三维视图；可以打开或关闭相机，并使用夹点来编辑相机的位置、目标或焦距；可以通过位置 *XYZ* 坐标、目标 *XYZ* 坐标和视野定义相机。具体属性如下。

（1）位置：定义要观察三维模型的起点。

（2）目标：通过指定视图中心的坐标来定义要观察的点。

（3）焦距：定义相机镜头的比例特性。焦距越大，视野越窄。

（4）前向和后向剪裁平面：指定裁剪平面的位置。剪裁平面是定义或剪裁视图的边界。在相机视图中，将隐藏相机与前向剪裁平面之间的所有对象。同样隐藏后向剪裁平面与目标之间的所有对象。

启动“相机”命令的方法有以下几种。

- 单击菜单栏的“视图”→“创建相机”命令。
- 在“视图”工具栏上单击“创建相机”按钮。
- 在命令行输入“camera”，单击 Enter 键或空格键。

通过定义相机的位置和目标，然后进一步定义其名称、高度、焦距和剪裁平面来创建新的相机，创建后在命令栏提示下，可以指定是否显示当前已定义相机的列表、相机名称、相机位置、相机高度、相机焦距、相机目标位置和设置当前视图以匹配相机设置。

在图形中创建了相机后，当选中相机时，将打开“相机预览”窗口，如图 13-10 所示。其中预览窗口用于显示相机视图的预览效果；“视觉样式”下拉列表用于指定应用于预览的视觉样式；“编辑相机时显示此窗口”复选框，用于指定编辑相机时是否显示“相机预览”窗口。

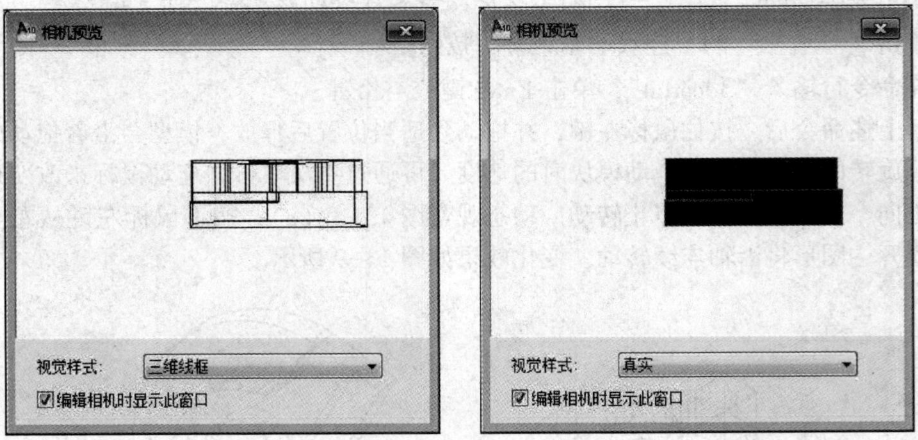

图 13-10　相机预览

在“视图”工具栏中选择“相机”“调整视距”，可以将光标更改为具有上箭头和下箭头的直线。单击并向屏幕顶部垂直拖动光标使相机靠近对象，从而使对象显示更大，单击并向屏幕底部垂直拖动光标使相机远离对象，从而使对象显示得更小，具体视图效果如图 13-11所示。

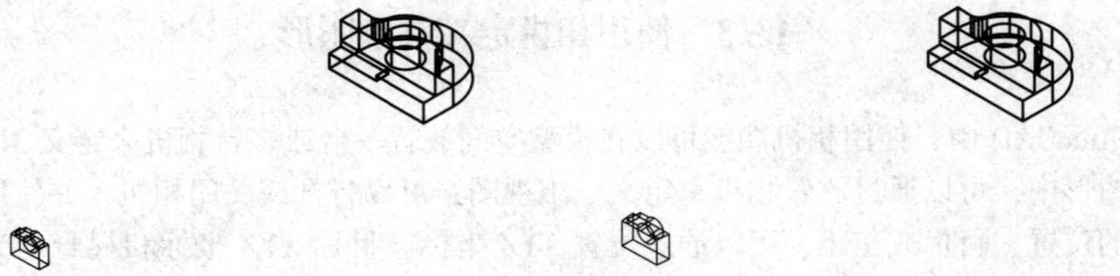

(a)　　(b)

图 13-11　调整相机视距效果

在“视图”工具栏中选择“相机”“回旋”，可以在拖动方向上模拟平移相机。可以沿 XY 平面或 Z 轴回旋视图，效果如图 13-12 所示。

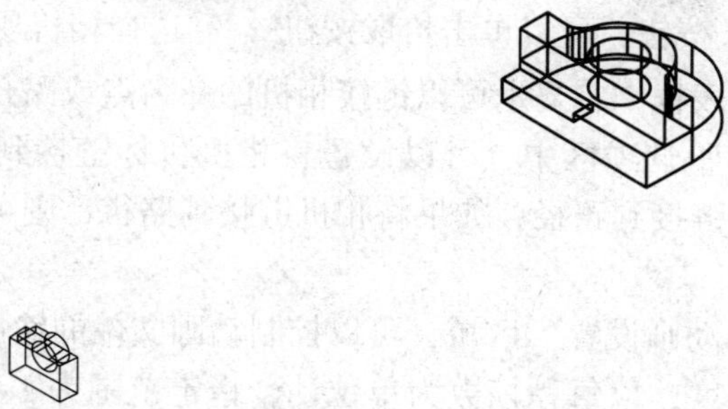

图 13-12　回旋相机效果

13.4　运动路径和动画

使用运动路径可以形象的演示模型，可以录制和回放导航过程，以动态传达设计意图。

13.4.1　控制相机运动路径的方法

通过将相机及其目标链接到点或路径来控制相机运动，从而控制动画。要使用运动路径创建动画，可以将相机及其目标链接到某个点或某条路径。如果要相机保持原样，则将其链接到某个点；如果要相机沿路径运动，则将其链接到路径上；如果要目标保持原样，则将其链接到某个点；如果要目标移动，则将其链接到某条路径，但是无法将相机和目标链接到一个点上；如果要使动画视图与相机路径一致，则使用同一路径。在“运动路径动画”对话框中，将目标路径设置为“无”可以实现该目的。

13.4.2　设置运动路径动画参数

单击菜单栏的“视图”→“运动路径动画”命令，打开“运动路径动画”对话框，如图 13-13 所示。

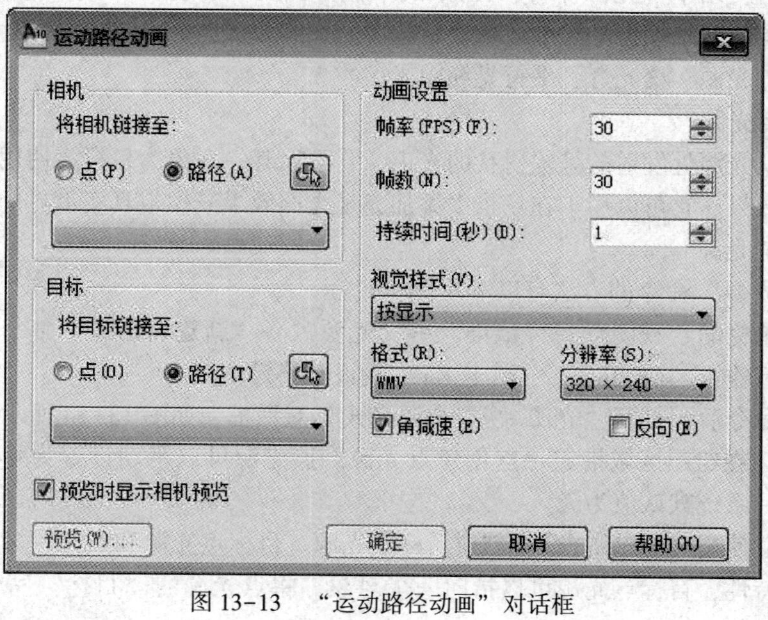

图 13-13　“运动路径动画”对话框

对话框中各选项含义如下。

(1) 相机：在“相机”选项中，可以设置将相机链接到图形中的静态点或运动路径。当选择“点”或“路径”按钮，可以单击拾取按钮，选择相机所在位置的点或沿相机运动的路径，这时在下拉列表框中将显示可以链接相机的命名点或路径列表。

(2) 目标：在“目标”选项区中，可以设置将相机目标链接到点或路径。如果将相机链接到点，则必须将目标链接到路径；如果将相机链接到路径，则可以将目标链接到点或路径上。

(3) 动画设置：在“动画设置”区域，可以控制动画文件的输出。其中，“帧率”文本框用于设置动画运行的速度，以每秒帧数为单位计，指定范围为 1~60，默认值为 30；“帧数”文本框用于指定动画中的总帧数，该值与帧率共同确定动画的长度，更改该数值时，将自动重新计算“持续时间”值；“持续时间”文本框用于指定动画的持续时间。“视觉样式”显示可应用于动画文件的视觉样式和渲染预设。“格式”用于指定动画的文件格式。“分辨率”用于以屏幕显示单位定义生成的动画宽度和高度，默认值为 320×240。“角速度”用于设置相机转弯时，以较低的速率移动相机。“反向”用于设置反转动画的方向。

(4) 预览：勾选“预览时显示相机预览”，将显示“动画预览”窗口，从而可以在保存动画之前进行预览。在“动画预览”窗口中，可以预览使用运动路径或三维导航创建的运动路径动画，其中，通过“视觉样式”可以指定“预览”区域中显示的视觉样式。

13.5　光　　源

光源在渲染过程中起到非常重要的作用，创建任何一个场景时都离不开灯光的作用。默认的光源是来自视点后面的两个平行光源，模型中所有的面均被照亮，以使其可见。不同光的布置可以模拟出不同的效果。光的选择主要取决于场景是模拟自然光还是人工光。在自然光照明状态下，使用单一光源即可；在人工照明状态下，通常需要具有相同亮度的多个光源。正确的光源对三维模型的渲染效果非常重要。

光源包括点光源、聚光灯、平行光和阳光。

13.5.1　点光源

点光源是从光源处发射的呈辐射状的光束，它不以某一对象为目标。使用点光源可以达到基本的照明效果。它可以用于在场景中添加充足光照效果或模拟真实世界的点光源照明效果，一般用作辅光源。

启动“点光源”命令的方法有以下几种。

- 单击菜单栏的“视图”→“渲染”→“光源”→“新建点光源”命令。
- 在命令行输入“pointlight”，单击 Enter 键或空格键。

执行上述命令后，打开“光源-视口光源模式”对话框，如图 13-14 所示。选择“关闭默认光源”后，在绘图区域指定一点创建点光源。点光源可以手动设置为强度随距离线性衰减或不衰减，系统默认值为无。

用户也可以使用 targetpoint 命令创建目标点光源。目标点光源和点光源的区别主要是可用的其他目标特性，目标点光源可以指向一个对象。将点光源的“目标”特性从“否”改

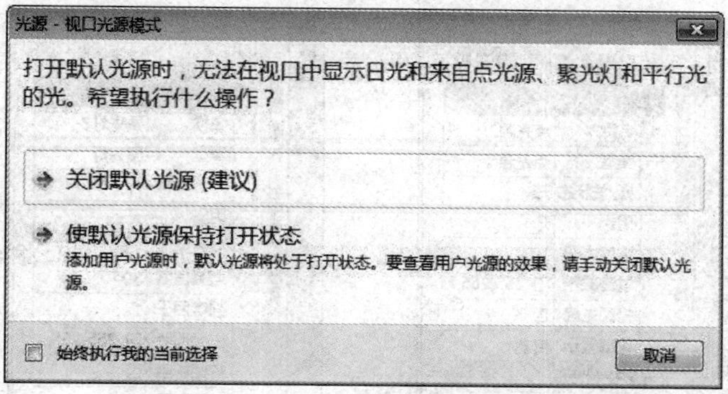

图 13-14　“光源-视口光源模式”对话框

为“是”，就从点光源改为目标点光源了，其他目标特性也将会启用。

创建点光源时，当指定了光源位置后，还可以设置光源的名称、强度因子、状态、光度、阴影、衰减和过滤颜色等。创建的点光源效果如图 13-15所示。在如图 13-16 所示的点光源“特性”选项板中可以修改点光源的特性。

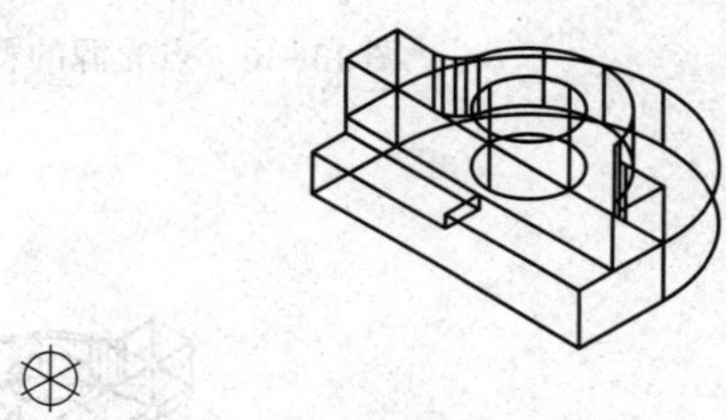

图 13-15　创建点光源

13.5.2　聚光灯

聚光灯是一种常见的灯光（如闪光灯、剧场中的跟踪聚光灯或前灯等），其照明方式是从一点朝向某个方向发散，分布投射一个聚焦光束，发射定向锥形光，可以控制光源的方向和圆锥体的尺寸。打开目标点后，可以根据实际需要调整其照明方向，可用于模拟各种具有方向的照明。

启动“聚光灯”命令的方法有以下几种。

- 单击菜单栏的“视图”→“渲染”→“光源”→“新建聚光灯”命令。
- 在命令行输入“spotlight”，单击 Enter 键或空格键。

启动聚光灯命令后，指定光源位置和目标位置，根据需要设置光源的名称、强度因子、状态、光度、聚光角、照射角、阴影、衰减、过滤颜色等选项。聚光灯与点光源类似，可以手动设置为强度随距离衰减。但是聚光灯的强度始终会根据相对于聚光灯的目标矢量的角度衰减，同时还受聚光角度和照射角度的影响。聚光灯可用于亮显模型中的特征和区域。聚光灯具有目标特性，可以使用如图 13-17 所示的聚光灯特性选项板进行设置。创建聚光灯效果如图 13-18 所示。

13.5.3　平行光

平行光仅向一个方向发射统一的平行光光线。平行光的强度不随距离的增加而衰减，对于每个照射的面，平行光的亮度都与其在光源处相同，可以用平行光统一照亮对象或背景。在图形中，可以使用不同的光线轮廓表示每个聚光灯和点光源，但不会用轮廓表示平行光和阳光，因为它们没有离散的位置，并且也不会影响到整个场景。

启动“平行光”命令的方法有以下几种。

- 单击菜单栏的“视图”→“渲染”→“光源”→“新建平行光”命令。
- 在命令行输入“distantlight”，单击 Enter 键或空格键。

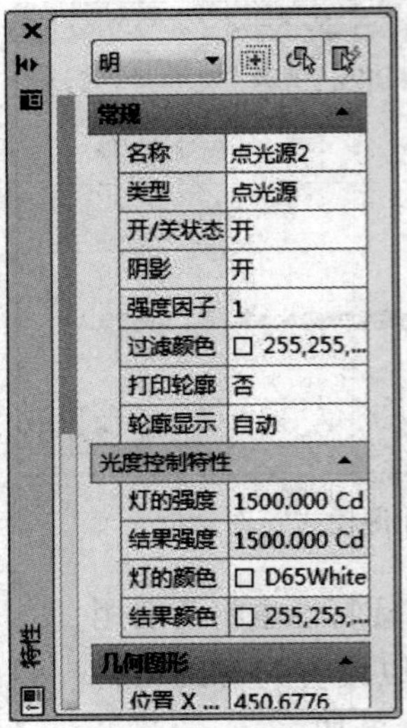

图 13-16 点光源的特性选项板

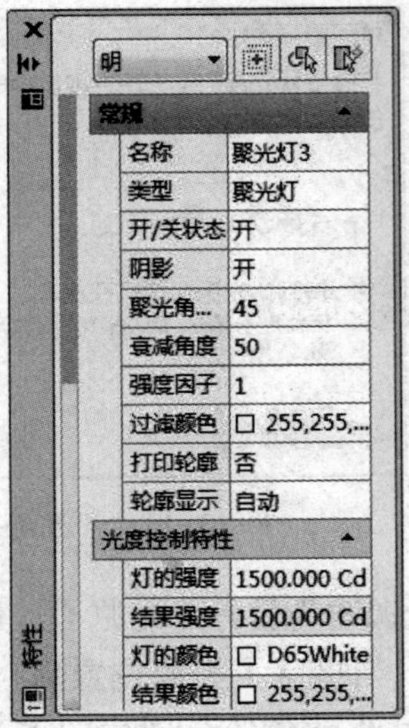

图 13-17 聚光灯特性选项板

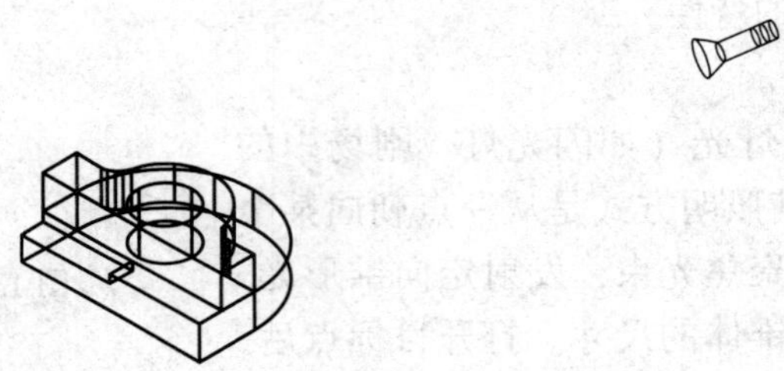

图 13-18 创建聚光灯效果

执行上述命令后，打开“光源-光度控制平行光”对话框，如图 13-19 所示。提示当前光源单位是光度控制单位时是否允许平行光，此时根据要求进行选择后在绘图区创建平行光的位置和照射方向。

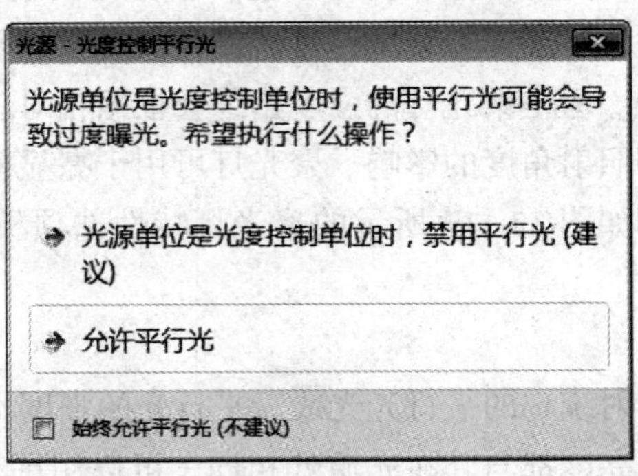

图 13-19 “光源-光度控制平行光”对话框

此时可以根据需要选择选项设置好光源的名称、强度、状态、光度、阴影和过滤颜色等选项，通过特性选项板的设置调整平行光特征。

13.5.4 阳光

阳光是模拟太阳光源效果的光源，阳光的光线相互平行，并且在任何距离处都具有相同强度。可以用于显示结构投射的阴影如何影响周围区域，若要提高性能，在需要阴影时可将其关闭。除地理位置外，阳光的所有设置均有视口保存，而不是由图形保存。

启动“阳光”命令的方法有以下几种。

- 单击菜单栏的“视图”→“渲染”→“光源”→“阳光特性”命令。
- 在命令行输入“sunproperties”，单击 Enter 键或空格键。

由于太阳光受地理位置的影响，因此在使用太阳光时，可以单击“阳光和位置”，打开“设置位置”后“地理位置”对话框，系统弹出“地理位置-定义地理位置”提示框如图 13-20所示。选择“输入位置值”即打开“地理位置”对话框，如图 13-21 所示，可设置纬度、经度及地区等。

图 13-20 “地理位置-定义地理位置”对话框

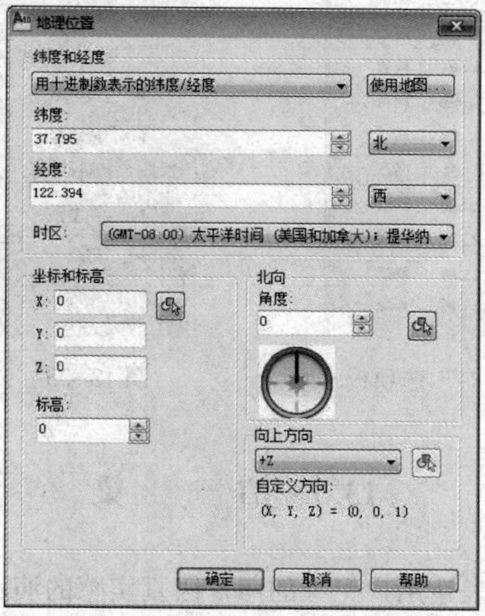

图 13-21 “地理位置”对话框

13.6 材 质

用户不仅可以为模型添加光源，还可以为模型添加材质，使模型显得更加逼真。为模型添加材质是指为其指定三维模型的材料、如玻璃、瓷砖等，可以对已添加的材质进行编辑。

1. 添加材质

启动“材质”命令的方法有以下几种。

- 单击菜单栏的“视图”→“渲染”→“材质浏览器”命令。
- 在命令行输入“materials”，单击 Enter 键或空格键。

执行上述命令后，打开“材质浏览器”选项板，如图 13-22 所示，在打开的选项板中可以选择需要的材质。

2. 编辑材质

单击菜单栏的“视图”→“渲染”→“材质编辑器”命令，打开“材质编辑器”选项板，如图 13-23 所示。在打开的选项板中可以编辑材质的属性。材质编辑器的配置将随选定的材质类型的不同而有所变化。

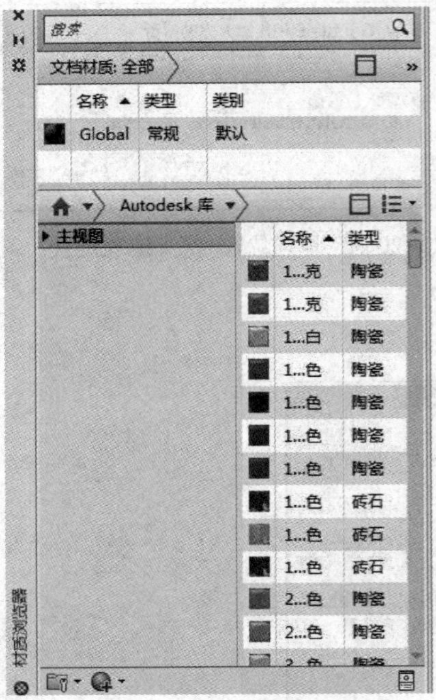

图 13-22 “材质浏览器”选项板

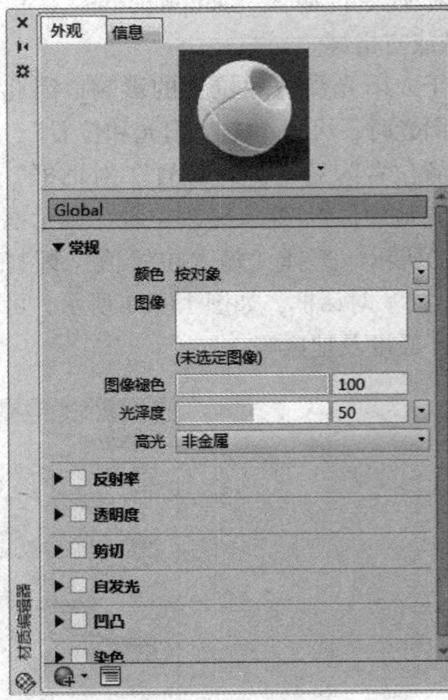

图 13-23 “材质编辑器”选项板

13.7 渲 染

渲染用于创建一个可以表达用户想象的照片级真实感的演示质量图像，它使用已设置的光源、已应用的材质和环境设置，为场景的几何图形着色。与线框模型、曲面模型相比，渲染出来的实体对象能更好地表达出三维对象的形状和大小，并且更容易表达其设计思想。与视觉样式中的着色效果相比，渲染操作所获取的图形效果更具有真实感和材质感。因此渲染是一个非常有效的交流想法与显示对象形状的工具，可以生成真实准确的模拟光照效果，包括光线跟踪反射和折射，以及全局照明。

13.7.1 基本渲染

通过渲染可以将物体的光照效果、材质效果，以及环境效果等都完美地表现出来。

启动“渲染”命令的方法有以下几种。

- 单击菜单栏的“视图”→“渲染”→“渲染”命令。
- 在三维建模工作空间中，切换到“可视化”选项卡，展开“渲染”面板，单击“渲染窗口”命令。
- 在命令行中输入“render”，单击 Enter 键或空格键。

执行上述命令后，打开“渲染”对话框，对场景中的模型直接进行基本渲染。渲染完毕后，按下“Esc”键或单击“渲染”窗口右上角的关闭按钮返回绘图界面。

13.7.2 高级渲染设置

高级渲染设置能够创建出具有照片级真实感的图像。主要包括渲染器的主要控件，可以从预定义的渲染设置中选择，也可以进行自定义设置。

启动“渲染”命令的方法有以下几种。

- 单击菜单栏的“视图”→“渲染”→“高级渲染设置”命令。
- 在命令行输入“rpref”，单击 Enter 键或空格键。

执行上述命令后，打开“渲染预设管理器”选项板，如图 13-24 所示。

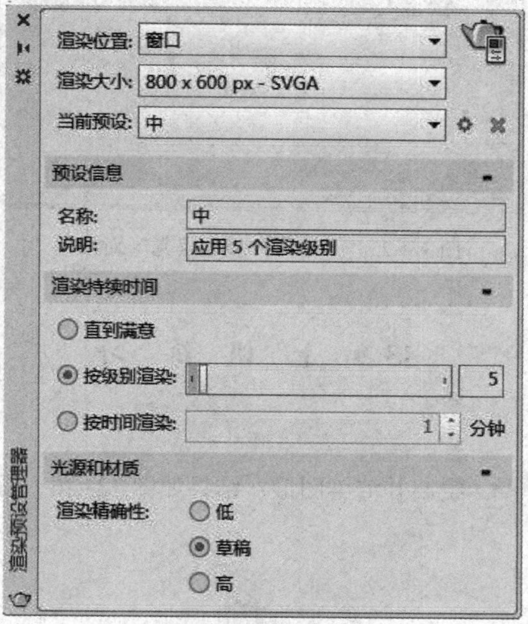

图 13-24 “渲染预设管理器”选项板

13.8 渲 染 环 境

在渲染过程中可以使用雾化效果和背景图像为渲染图像添加背景和雾化等陪衬效果，可以使图像渲染效果显得更唯美和真实。

启动“渲染环境”命令的方法有以下几种。

- 单击菜单栏的“视图”→“渲染”→“渲染环境”命令。
- 在三维建模工作空间中，切换到“可视化”选项卡，展开“渲染”面板，单击“渲染环境和曝光”命令。

执行上述命令后，打开“渲染环境和曝光”对话框，如图 13-25 所示。在该对话框中，使用环境功能来设置雾化效果或背景图像。

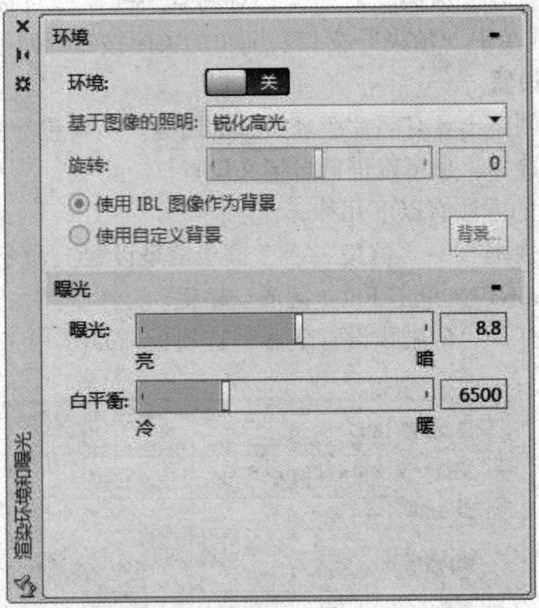

图 13-25 “渲染环境和曝光”对话框

13.9 上 机 练 习

练习 13-1 绘制并渲染图形，结果如图 13-26 所示。

图 13-26 渲染图形

操作过程如下。

(1) 打开本章所绘制的源文件（绘制过程略）。

(2) 打开“材质浏览器”选项板，添加石材到文档材质中，并直接拖动石材到对象上。

(3) 创建点光源 1。单击菜单栏的“视图”→“渲染”→“光源”→“新建点光源”命令，选取物体上的大概位置作为点光源放置点，并命名为“点光源 1”。单击菜单栏的“视图”→“渲染”→“光源”→“光源列表”命令，打开“模型中的光源”选项板，如图 13-27 所示，选中“点光源 1”，单击鼠标右键，在弹出的列表中选择“特性”选项，打开“特性”选项板，如图 13-28 所示，修改点光源的位置坐标为（150，500，50），将阴影关闭，设置光强度为 1500cd。

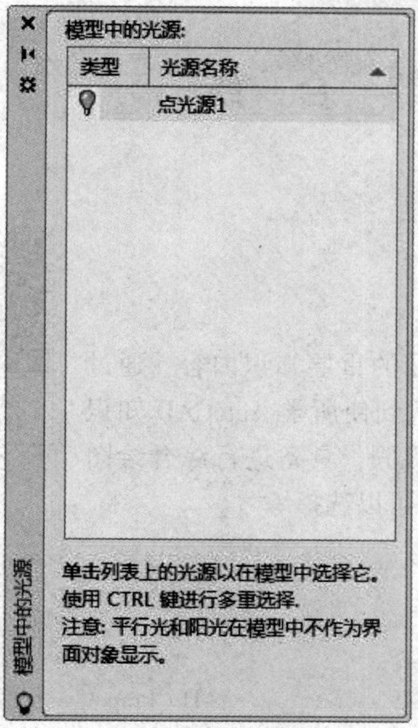

图 13-27　“模型中的光源”选项板

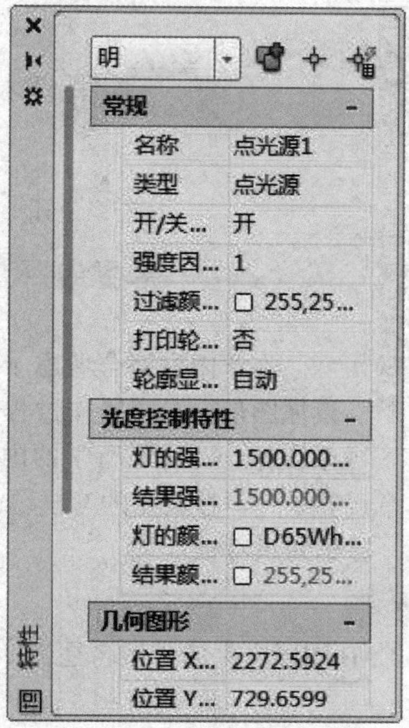

图 13-28　“特性”选项板

（4）创建点光源 2。单击菜单栏的“视图”→“渲染”→“光源”→“新建点光源”命令，选取物体上的大概位置作为点光源放置点，并命名为“点光源 2”。单击菜单栏的“视图”→“渲染”→“光源”→“光源列表”命令，选中“点光源 2”，单击鼠标右键，在弹出的列表中选择“特性”选项，打开“特性”选项板，修改点光源的位置坐标为（400，200，140），将阴影打开，设置光强度为 500cd。

（5）创建点光源 3。单击菜单栏的“视图”→“渲染”→“光源”→“新建点光源”命令，选取物体上的大概位置作为点光源放置点，并命名为“点光源 3”。单击菜单栏的“视图”→“渲染”→“光源”→“光源列表”命令，选中“点光源 3”，单击鼠标右键，在弹出的列表中选择“特性”选项，打开“特性”选项板，修改点光源的位置坐标为（300，-300，20），将阴影关闭，设置光强度为 50cd。

（6）窗口渲染。在“渲染”面板中单击“窗口渲染”，系统根据用户设置的参数进行渲染，渲染结果如图 13-26 所示。

综合练习

第 14 章　综　合　练　习

实践操作（绘制建筑剖面图）

综合绘图技能实例

学习内容

本章内容综合考虑了本书涉及的重要知识内容，通过读懂图形，参照操作过程演练，达到使所学 AutoCAD 知识系统化，对前面所学的内容进行巩固，具备进行综合绘图的能力，本章设置了针对性较强的考核题，学习者可以选择练习。

14.1.1　基础知识考核

● 选择题

1. AutoCAD 图形文件的扩展名是（　　）。

A. dwt　　B. dwg　　C. dxf　　D. bmp

2. 控制正交开关的是（　　）功能键。

A. F5　　B. F8　　C. F12　　D. F6

3. 以下选项中，AutoCAD 不能完成的是（　　）。

A. 将文件保存为“. bmp”格式　　B. 将文件保存为“. xls”格式

C. 将文件保存为“. dwt”格式　　D. 将文件保存为“. dwg”格式

4. 在绘制直线时，可以使用以下快捷输入方式（　　）。

A. C　　B. E　　C. L　　D. pan

5. 当使用 LINE 命令封闭多边形时，最快的方法是（　　）。

A. 输入 PLOT 回车　　B. 输入 B 回车　　C. 输入 C 回车　　D. 输入 DRAW 回车

6. 在 AutoCAD 中为一条直线制作平行线用什么命令（　　）。

A. 移动　　B. 镜像　　C. 偏移　　D. 旋转

7. 按哪个键可切换文本窗口和绘图窗口（　　）。

A. F8　　B. F3　　C. F2　　D. F5

8. 在 AutoCAD 中，下列哪一个命令可以设置图纸边界（　　）。

A. GRID　　B. SNAP 和 GRID　　C. OPTIONS　　D. LIMITS

9. 改变图形实际位置的命令是（　　）。

A. move 或 pan　　B. pan　　C. offset　　D. move

10. 在图层管理器中，影响图层显示的操作有（　　）。

A. 冻结图层　　B. 锁定图层　　C. 删除图层　　D. 新建图层

11. 在 AutoCAD 中可以给图层定义的特性不包括（　　）。

A. 颜色　　B. 线宽　　C. 打印/不打印　　D. 透明/不透明

12. 在 AutoCAD 中默认存在的命名图层过滤器不包括（　　）。

A. 显示所有图层　　B. 显示所有使用图层

C. 显示所有打印图层　　D. 显示所有依赖于外部参照的图层

13. F3功能键的作用是打开或关闭状态栏上的（　　）。

A. 极轴追踪　B. 对象捕捉　C. 对象捕捉追踪　D. 控制线宽

14. 当使用LINE命令封闭多边形时，最快的方法是（　　）。

A. 输入PLOT回车　B. 输入B回车　C. 输入C回车　D. 输入DRAW回车

15. 将矩形作STRETCH拉伸操作，选择实体时要保证（　　）。

A. 矩形全部在选择窗口内　　B. 移动端在选择窗口内

C. 任选　　D. 固定端在选择窗口内

16. 偏移“OFFSET”命令前，必须先设置（　　）。

A. 比例　B. 圆　C. 距离　D. 角度

17. 用一段直线剪去另一段直线，应该用（　　）。

A. EXTEND　B. TRIM　C. BREAK　D. LENGTHEN

18. 图块中的“0”层实体插入到当前图中，如当前层的颜色为红色，则插入后的“0”层实体的颜色为（　　）。

A. 红色　B. 白色　C. 不确定　D. 黄色

19. 取消命令执行的键是（　　）。

A. 按回车键　B. 按空格键　C. 按Esc键　D. 按F1键

20. 用拉伸命令中的窗口方式完全将物体选中，则该操作与采用（　　）命令相同。

A. PAN　B. MOVE　C. SCALE　D. COPY

21. 在执行圆角命令时，先应设置（　　）。

A. 圆弧半径R　B. 距离D　C. 角度值　D. 内部块Block

22. 在执行了创建块“BLOCK”命令后，物体消失，用（　　）命令可恢复被删的物体，又不至于让刚才使用的BLOCK命令失效。

A. UNDO（撤销）　B. REDO（重做）　C. ERASE（删除）　D. OOPS（删除取消）

23. 当使用直线“LINE”命令封闭多边形时，最快的方法是（　　）。

A. 输入C回车　B. 输入B回车　C. 输入PLOT回车　D. 输入DRAW回车

24. 对“0”层的不正确描述是（　　）。

A. 是每个绘图文件中必须有的

B. 不能被删除，也不能被重命名

C. 它总是用实线绘制位于其上且线型为BYLAYER的图元

D. 是AutoCAD自动建立的

25. 在AutoCAD中，以下哪个命令可用来绘制横平竖直的直线（　　）。

A. 栅格　B. 捕捉　C. 正交　D. 对象捕捉

26. 按哪个键可切换文本窗口和绘图窗口（　　）。

A. F2　B. F8　C. F3　D. F5

27. 默认情况下，命令提示行显示为（　　）行。

A. 3　B. 5　C. 2　D. 8

28. 在图层特性管理器中不可以设定哪项（　　）。

A. 颜色　B. 页面设置　C. 线宽　D. 是否打印

29. “对象追踪”功能必须配合（ ）功能一起使用。
A. 对象捕捉 B. 正交 C. 极轴 D. 捕捉
30. 使用（ ）命令可以将图形中的部分对象以一个单独的文件进行存盘。
A. B B. W C. I D. G
31. 提供水平或者垂直方向上的长度尺寸标注是（ ）。
A. 直径标注 B. 线性标注 C. 基线标注 D. 连续标注
32. 系统默认设置下，图形界限的左下角点为（ ）。
A. （1，0） B. （1，1） C. （0，0） D. 任意
33. 下面的操作中不能实现复制操作的是（ ）。
A. 复制 B. 镜像 C. 偏移 D. 分解
34. 打开或关闭“捕捉”的快捷键是（ ）。
A. F6 B. F4 C. F9 D. F3
35. 在 AutoCAD 中，打开“写块”对话框的命令是（ ）。
A. W B. WBLOCK C. WB D. I
36. 新建图形文件的方法是（ ）。
A. 从草图开始 B. 使用样板文件 C. 使用向导 D. 以上都可以
37. AutoCAD 绘制圆弧的默认方式（ ）。
A. 逆时针 B. 顺时针 C. 指定 D. 不确定
38. 关于 AutoCAD 中文字注写，不正确的是（ ）。
A. 可注写单行文字 B. 可注写多行文字
C. 可从 WORD 中导入文字 D. 可从文本文件中导入文字
39. 使用镜像命令时，（ ）。
A. 需要删除原对象 B. 不删除原对象
C. 可以事先设定 D. 可以在命令运行时设定
40. 下述（ ）不能在“草图设置”对话框中修改。
A. 捕捉 B. 栅格 C. 极轴追踪 D. 界限
41. 尺寸标注样式管理器对话框中的（ ）标签可以设置尺寸标注的箭头形状。
A. 直线 B. 符号与箭头 C. 调整 D. 文字
42. 关于 AutoCAD 的 Move 命令的移动基点，描述正确的是（ ）。
A. 须选择坐标原点 B. 须选择图形上的特殊点
C. 可是绘图区域上的任意点 D. 可以直接回车作答
43. “缩放”（Zoom）命令在执行过程中改变了（ ）。
A. 图形在视图中显示的大小 B. 图形在视图中的位置
C. 图形的界限范围大小 D. 图形的绝对坐标
44. 下面哪个对象不可以使用 PLINE 命令来绘制（ ）。
A. 直线 B. 圆弧 C. 具有宽度的直线 D. 椭圆弧
45. （ ）对象使用“延伸”命令无效果。
A. 构造线 B. 射线 C. 圆弧 D. 多段线
46. 选中夹点的默认颜色是（ ）。

A. 红色　B. 黄色　C. 蓝色　D. 绿色

47. 在一个大的封闭区域内存在的一个独立的小区域称为（　）。

A. 孤岛　B. 面域　C. 选择集　D. 已创建的边界

48. 取消命令执行的键是（　）。

A. 按 Esc 键　B. 按鼠标右键　C. 按 Enter 键　D. 按 F1 键

49. AutoCAD 图形文件和样板文件的扩展名分别是（　）。

A. DWT，DWG　B. DWG，DWT　C. BMP，BAK　D. BAK，BMP

50. 在命令行状态下，不能调用帮助功能的操作是（　）。

A. 键入 HELP 命令　B. 快捷键 Ctrl+H　C. 功能键 F1　D. 键入?

51. 哪个功能键可以进入文本窗口（　）。

A. 功能键 F2　B. 功能键 F3　C. 功能键 F1　D. 功能键 F4

52. 当前图层（　）被关闭，（　）被冻结。

A. 不能，可以　B. 不能，不能　C. 可以，可以　D. 可以，不能

53. 下列对象执行“偏移”命令后，大小和形状保持不变的是（　）。

A. 圆弧　B. 直线　C. 椭圆　D. 圆

54. 模型空间是（　）。

A. 主要为设计建模用，但也可以打印　B. 为了建立模型设定的，不能打印

C. 和图纸空间设置一样　D. 和布局设置一样

55. 快速引线后不可以尾随的注释对象是（　）。

A. 公差　B. 单行文字　C. 多行文字　D. 复制对象

56.（　）命令用于创建平行于所选对象或平行于两尺寸界线源点连线的直线型尺寸。

A. 线性标注　B. 连续标注　C. 快速标注　D. 对齐标注

57. 在创建块时，在块定义对话框中必须确定的要素为（　）。

A. 块名、基点、对象　B. 块名、基点、属性

C. 基点、对象、属性　D. 块名、基点、对象、属性

● 问答题

1. 选取对象的方法有哪些（至少写出5种）？详细叙述这些方法的区别。
2. 分析 BLOCK 命令和 WBLOCK 命令之间的区别？
3. 绘制建筑图时，为便于图形信息的管理，可创建哪些图层？
4. 与图层相关联的属性项目有哪些？
5. 如果想知道图形对象在哪个图层上，应如何操作？
6. 怎样快速地在图层间进行切换？
7. 如何将某图形对象修改到其他图层上？
8. 怎样快速修改对象的颜色、线型和线宽等属性？
9. 如何快速绘制水平及竖直线段？
10. 过一点画已知线段的平行线，有几种方法？
11. 若没有打开自动捕捉功能，是否可使用自动追踪？
12. 打开自动追踪后，若想使 AutoCAD 沿正交方向追踪或沿所有极轴角方向追踪，应怎样设置？

13. 用 RECTANG、POLYGON 命令绘制的矩形及正多边形，其各边是单独的对象吗？
14. 画矩形的方法有几种？
15. 画正多边形的方法有几种？
16. 画椭圆的方法有几种？
17. 创建环形及矩形阵列时，阵列角度、行间距和列间距可以是负值吗？
18. 若想沿某一倾斜方向创建矩形阵列，应怎样操作？
19. 如果要将图形对象从当前位置旋转到与另一位置对齐，应如何操作？
20. 当绘制倾斜方向的图形对象时，一般应采取怎样的作图方法才更方便一些？
21. 使用 STRETCH 命令时，能利用矩形窗口选择对象吗？
22. 关键点编辑模式提供了哪几种编辑方法？
23. 如果想在旋转对象的同时复制对象，应如何操作？
24. 改变对象属性的常用命令有哪些？
25. 在“图案填充和渐变色”对话框的“角度”文本框中设置的角度是剖面线与 X 轴的夹角吗？
26. 多线的对正方式有哪几种？
27. 用 OFFSET 及 TRIM 命令对多线进行操作吗？
28. 多段线中的某一线段或圆弧是单独的对象吗？
29. 如何用 PLINE 命令绘制一个箭头？
30. 能将含有圆弧的闭合多段线转化为云状线吗？
31. 默认情况下，DONUT 及 SOLID 命令生成填充圆环及多边形，怎样将这些对象改为不填充的？
32. 面域造型的特点是什么？在什么情况下使用面域造型才能较有效地提高作图效率？
33. 绘制工程图时，把重复使用的标准件定制成图块有何好处？
34. 如何定义块属性？它有何用途？
35. 在不分解块的情况下，如何进行块的编辑？
36. 内部块与外部块的主要区别是什么？
37. 如何创建动态块？
38. 如何清理未使用的块？
39. 属性块的作用是什么？
40. AutoCAD 中的尺寸对象由哪几部分组成？
41. 创建基线形式标注时，如何控制尺寸线间的距离？
42. 怎样调整尺寸界线起点与标注对象间的距离？
43. 标注样式的覆盖方式有何作用？
44. 如何设定标注全局比例因子？它的作用是什么？
45. 怎样修改标注文字内容及调整标注数字的位置？
46. 打印图形时，一般应设置哪些打印参数？如何设置？
47. 打印图形的主要过程是什么？
48. 当设置完打印参数后，应如何保存以便再次使用？
49. 从模型空间出图时，怎样将不同绘图比例的图纸放在一起打印？

50. 有哪两种类型的打印样式？它们的作用是什么？
51. 在绘制图形时，如果发现某一图形没有绘制在预先设置的图层上，应如何纠正？
52. 在 AutoCAD 中，什么叫线型比例因子？
53. 图块有几种类型？这几种类型有何不同之处？
54. 用黑白打印机打印彩色图纸时，如何使图纸线条颜色深浅一致？
55. 当屏幕出现暂时无法移动如何处理？
56. 关联填充和非关联填充有何区别？
57. 为什么用 divide 命令等分对象后看不出变化？
58. 选取对象的方法有哪些？详细叙述这些方法的区别。
59. AutoCAD 中重新生成命令和重画命令有什么区别？
60. 简述将几段首尾相连的单个直线合并成一条直线的步骤。
61. 使用编辑命令时多选了某个图形如何去掉？
62. 测量比例因子和全局比例因子有什么区别？请举个例子说明一下。
63. 比例缩放（scale）和缩放（zoom）的作用有何不同？
64. 什么叫透明命令，经常使用的透明命令有哪些？举例说明。
65. 使用夹点操作可以完成哪些修改对象的功能？简述操作过程。
66. AutoCAD 图中的圆放大时会变成多边形的情况如何解决？
67. AutoCAD 的坐标输入的方式有几种？每一种又可细分为什么？

14.1.2 AutoCAD 图形练习素材

● 应用所学知识，按要求绘制下列图形。

1. 设置绘图环境、单位、图形界限和图层。
2. 正确绘出图形。
3. 设置尺寸样式，标注图形尺寸，注写文字内容。
4. 将所绘制的图形文件保存为“.dwg”文件。

练习 14-1 绘制图 14-1。

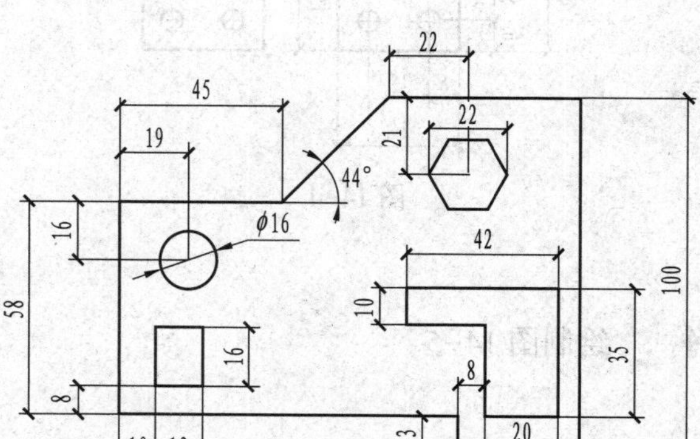

图 14-1

练习 14-2 绘制图 14-2 和图 14-3。

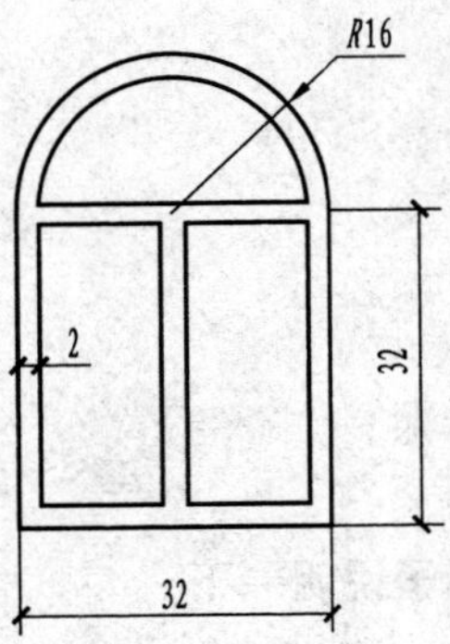

图 14-2

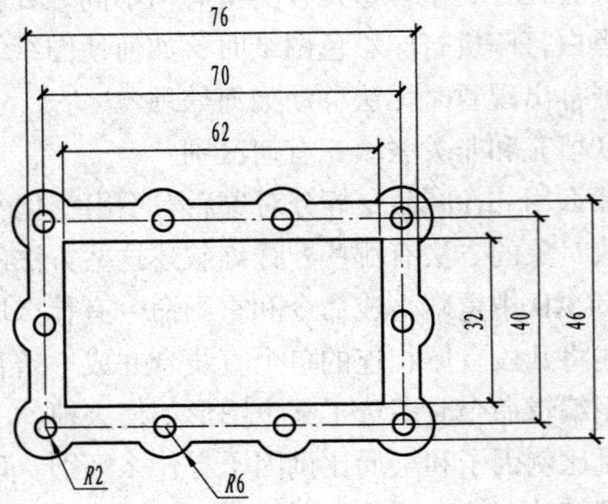

图 14-3

练习 14-3 绘制图 14-4。

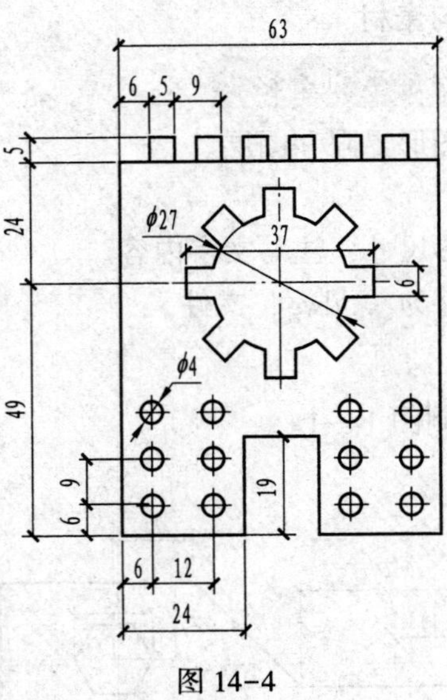

图 14-4

练习 14-4 绘制图 14-5。

练习 14-5 绘制图 14-6。

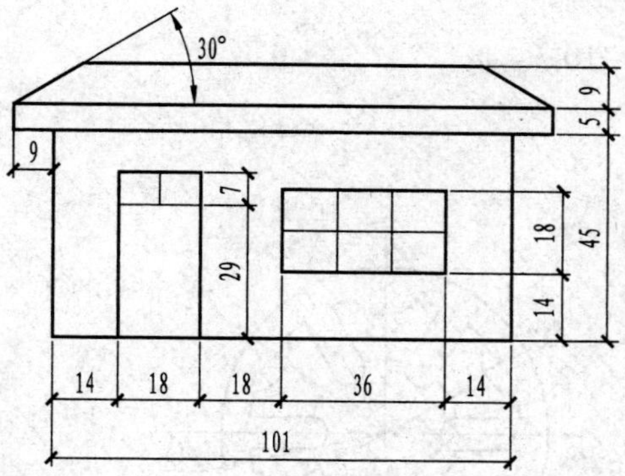

图 14-5

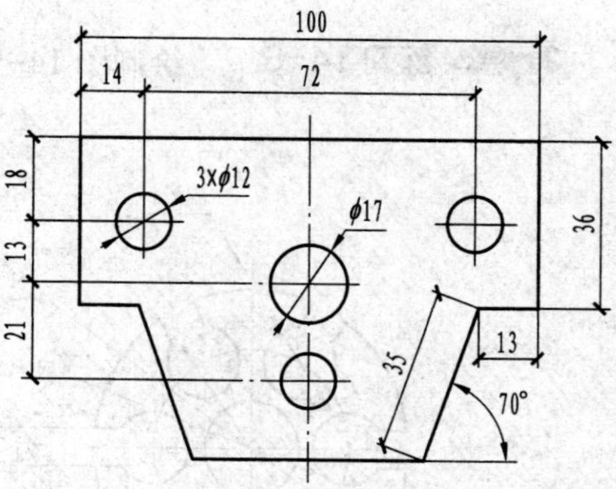

图 14-6

练习 14-6　绘制图 14-7。

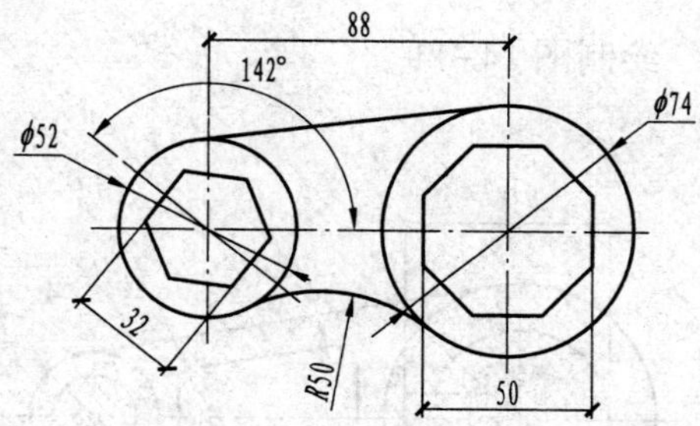

图 14-7

练习 14-7　绘制图 14-8。

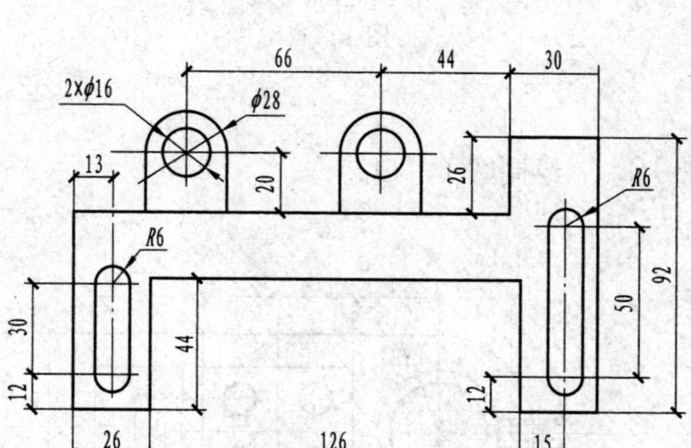

图 14-8

练习 14-8 绘制图 14-9 和图 14-10。

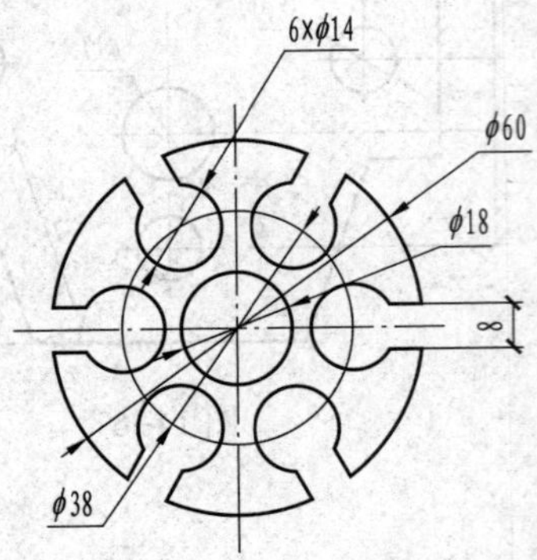

图 14-9

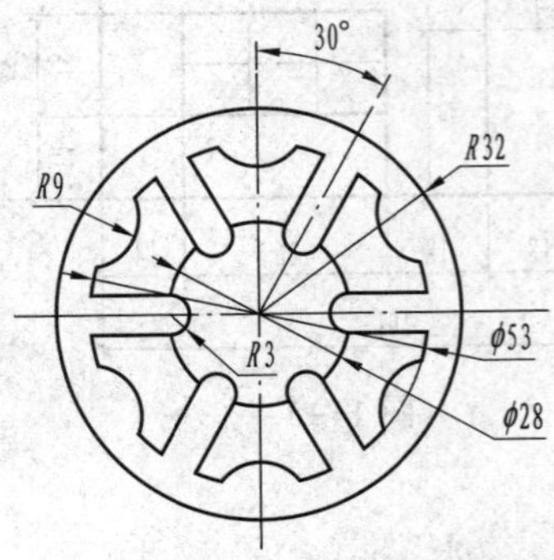

图 14-10

练习 14-9 绘制图 14-11。

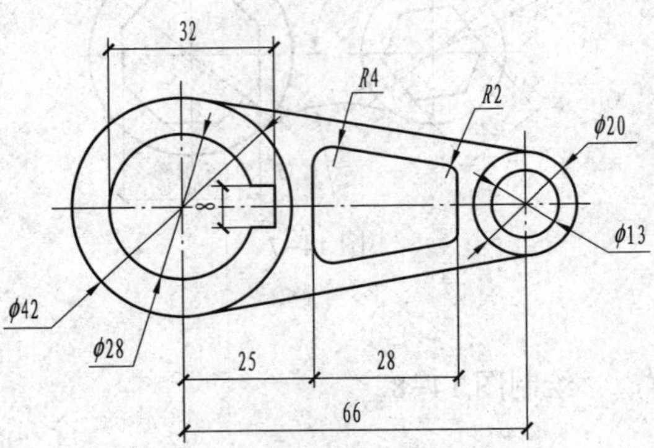

图 14-11

练习 14-10 绘制图 14-12。

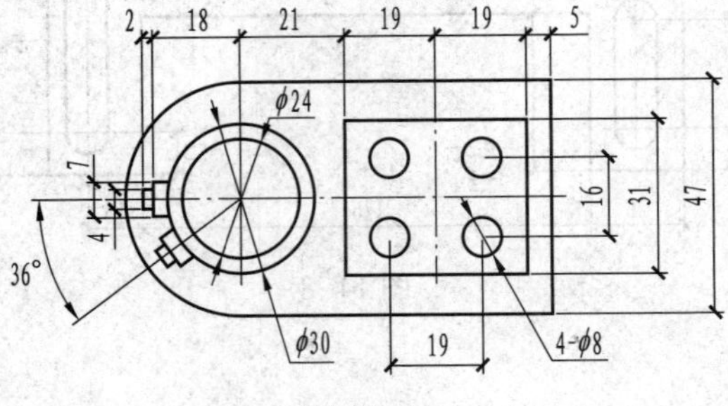

图 14-12

练习 14-11 绘制图 14-13。

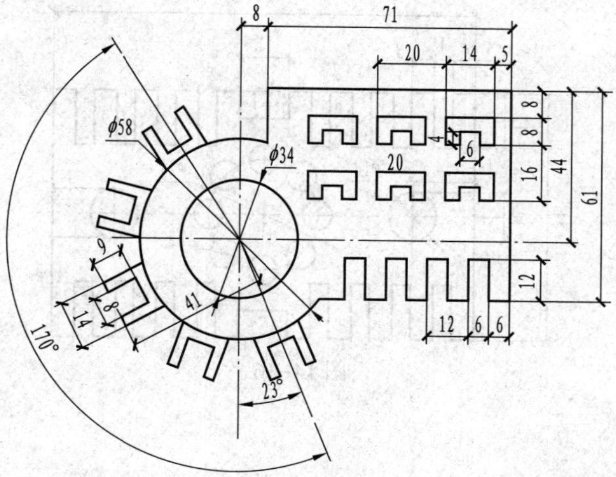

图 14-13

练习 14-12 绘制图 14-14。

练习 14-13 绘制图 14-15。

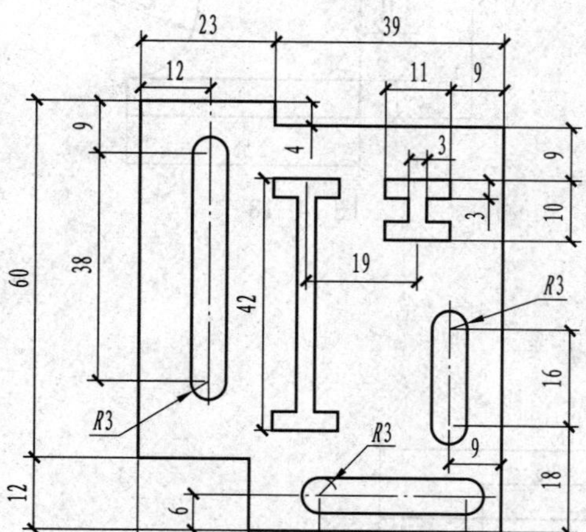

图 14-14

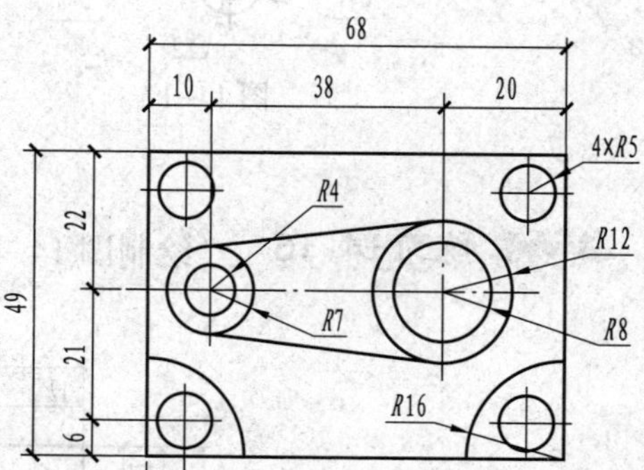

图 14-15

练习 14-14 绘制图 14-16。

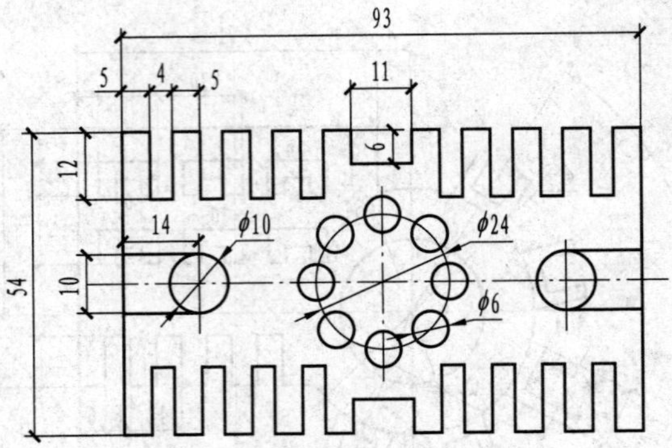

图 14-16

练习 14-15 绘制图 14-17 和图 14-18。

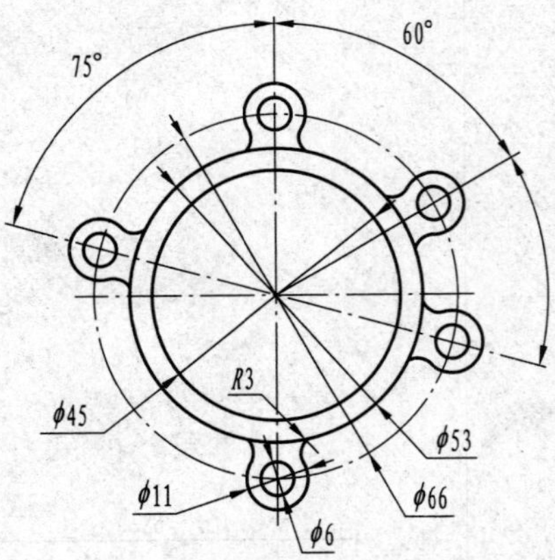

图 14-17

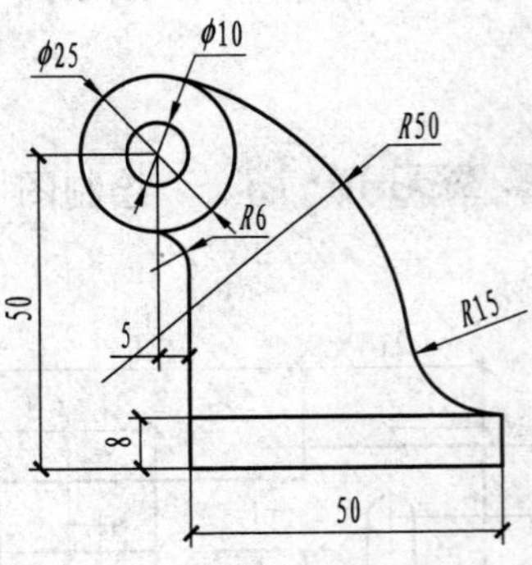

图 14-18

练习 14-16 绘制图 14-19。

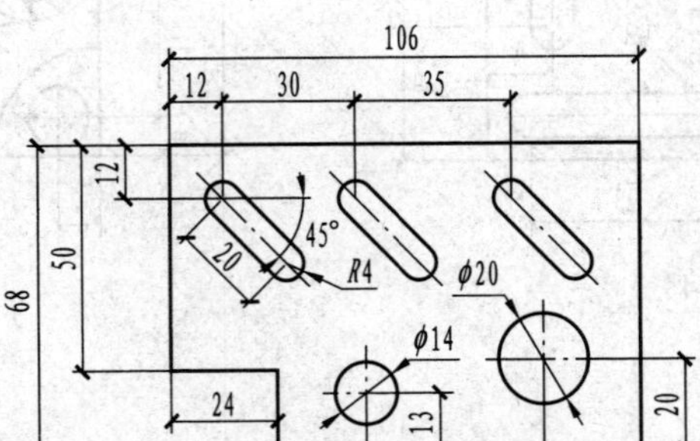

图 14-19

练习 14-17 绘制图 14-20 和图 14-21。

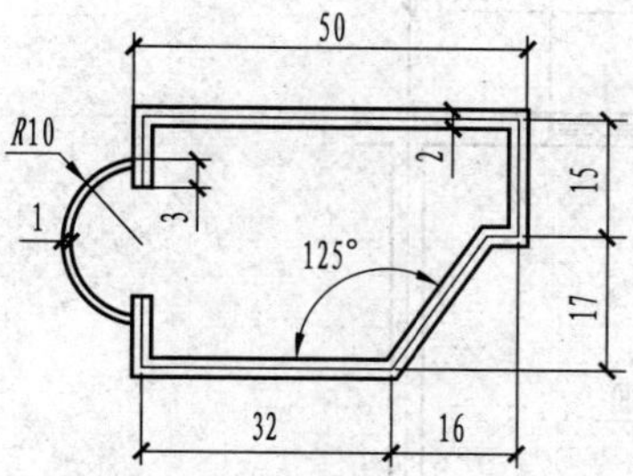

图 14-20

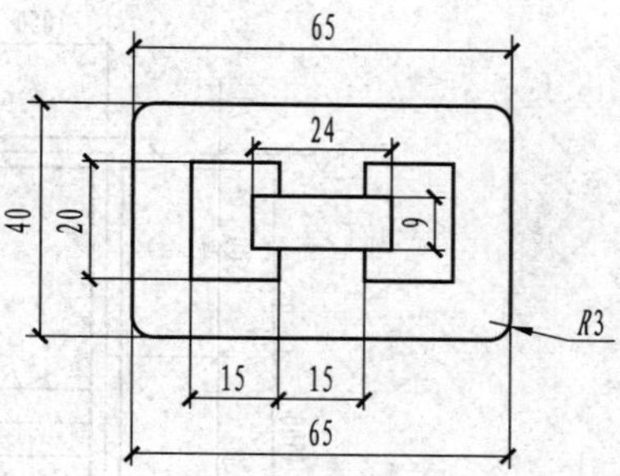

图 14-21

练习 14-18 绘制图 14-22。

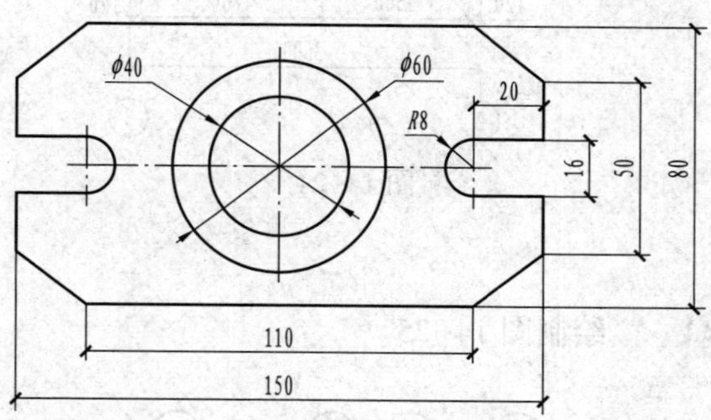

图 14-22

练习 14-19 绘制图 14-23。

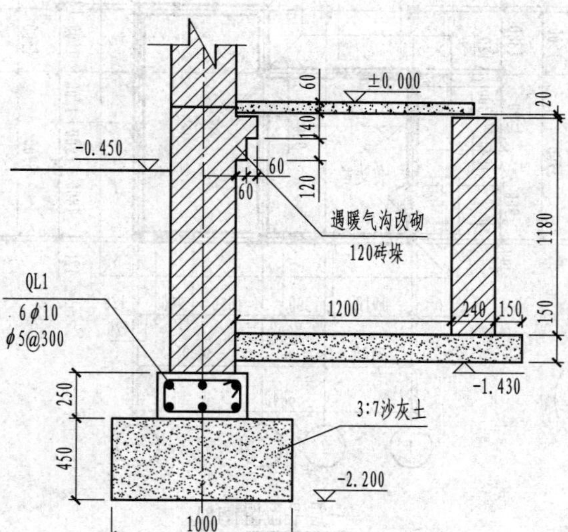

图 14-23

练习 14-20 绘制图 14-24。

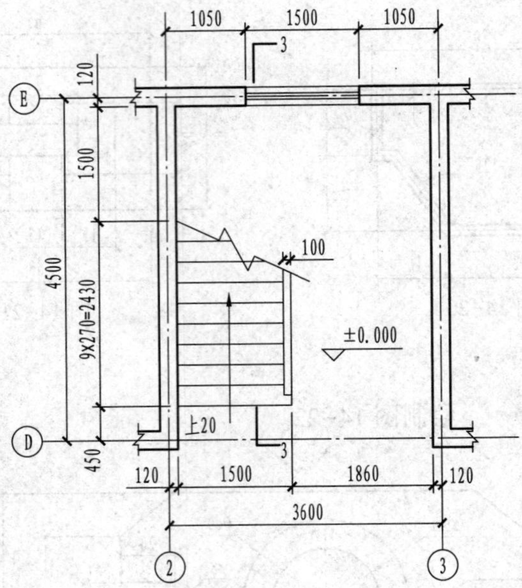

图 14-24

练习 14-21 绘制图 14-25。

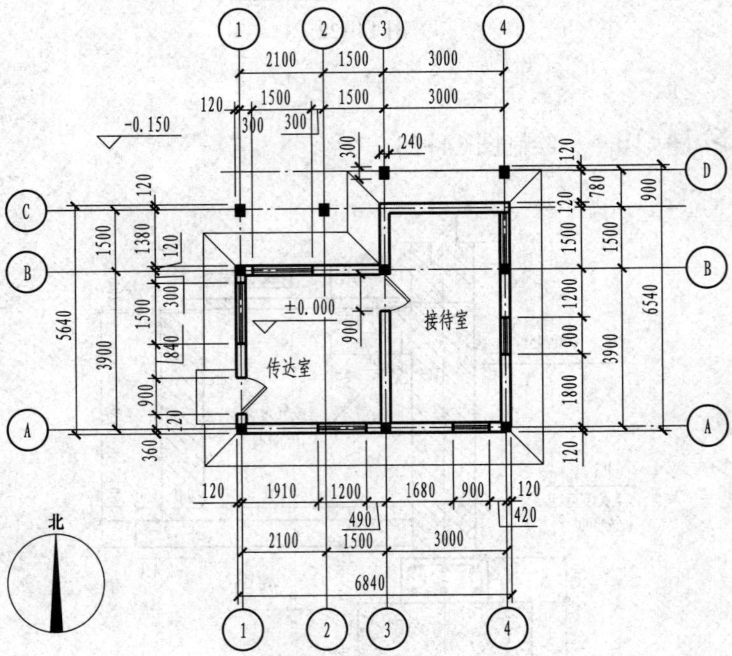

一层平面图1:100

图 14-25

练习 14-22　结合图 14-25 绘制图 14-26。

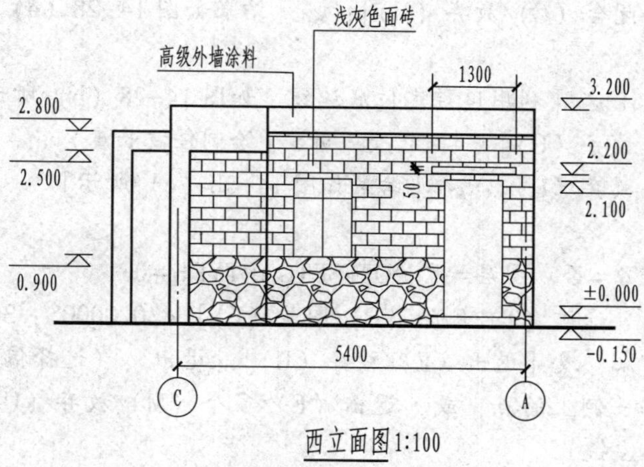

西立面图1:100

图 14-26

14.1.3　综合绘图技能实例

【例 14-1】　完成如图 14-27 所示的图形。

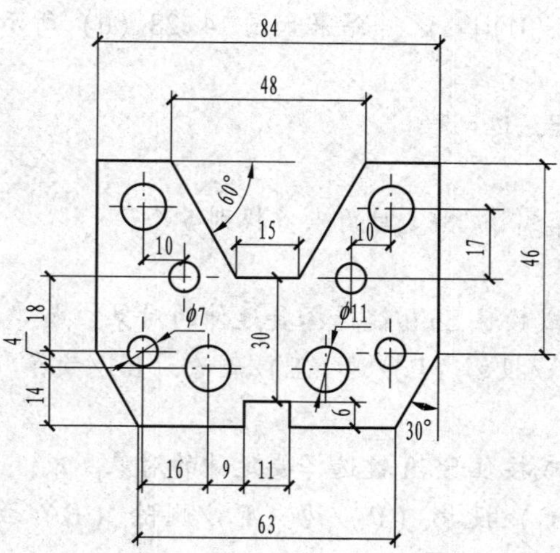

图 14-27　综合练习

绘图思路参考：首先根据图形对象特点建立图层：粗实线层、单点画线层、标注层。在建立图层后，在粗实线层绘制图形外轮廓，本图为左右对称图形，先调用圆命令，可以利用“捕捉自（from）”命令定位圆心位置，绘制左半部分四个圆形。利用镜像命令，得到有半部分四个圆形，最后在点画线层绘制各个圆的定位线。建立尺寸标注样式：线性标注、直径半径标注、角度标注。在标注层，完成图形标注。

操作过程如下。

命令：line↙

指定第一个点：

指定下一点或［放弃（U）］： <正交 开>18↙（给定方向输入距离 18，绘制水平线）

指定下一点或［放弃（U）］：46↙（给定方向输入距离 46，绘制水平线）

指定下一点或［闭合（C）/放弃（U）］： <正交 关>（沿 120°方向绘制任意长度线）

指定下一点或［闭合（C）/放弃（U）］：↙［结果如图 14-28（a）所示］

命令：LINE↙

指定第一个点：18↙［利用追踪定位底边线，如图 14-28（b）所示］

指定下一点或［放弃（U）］： <正交 开>（绘制任意长度）

指定下一点或［放弃（U）］：↙［结果如图 14-28（c）所示］

命令：offset↙

当前设置：删除源=否 图层=源 OFFSETGAPTYPE=0

指定偏移距离或［通过（T）/删除（E）/图层（L）］<30.0000>：30↙

选择要偏移的对象，或［退出（E）/放弃（U）］<退出>：（选择偏移对象）

指定要偏移的那一侧上的点，或［退出（E）/多个（M）/放弃（U）］<退出>：（在偏移对象下方单击鼠标左键）

选择要偏移的对象，或［退出（E）/放弃（U）］<退出>：↙

命令：line↙

指定第一个点：

指定下一点或［放弃（U）］： <正交 关>（沿 120°方向绘制任意长度线）

指定下一点或［放弃（U）］：↙［结果如图 14-28（d）所示］

命令：trim↙

当前设置：投影=UCS，边=无

选择剪切边...

选择对象或<全部选择>： 指定对角点：找到 5 个

选择对象：

选择要修剪的对象，或按住 Shift 键选择要延伸的对象，或

［栏选（F）/窗交（C）/投影（P）/边（E）/删除（R）/放弃（U）］：（选择要修剪的对象）

选择要修剪的对象，或按住 Shift 键选择要延伸的对象，或

［栏选（F）/窗交（C）/投影（P）/边（E）/删除（R）/放弃（U）］：↙［结果如图 14-28（e）所示］

命令：line↙

指定第一个点：26↙

指定下一点或［放弃（U）］： <正交 开>6↙

指定下一点或［放弃（U）］：11↙

指定下一点或［闭合（C）/放弃（U）］：6↙

指定下一点或［闭合（C）/放弃（U）］：26↙

指定下一点或［闭合（C）/放弃（U）］：↙［结果如图 14-28（f）所示］

命令：mirror↙（调用镜像命令）

选择对象：指定对角点：找到 4 个

选择对象：↙

指定镜像线的第一点：(指定镜像线上一点)

指定镜像线的第二点：(指定镜像线上另一点)

要删除源对象吗？［是（Y）/否（N）］<否>：↙［不删除源对象，结果如图 14-28（g）所示］

命令：trim↙（调用修剪命令）

当前设置：投影=UCS，边=无

选择剪切边...

选择对象或<全部选择>： 指定对角点：找到 12 个

选择对象：

选择要修剪的对象，或按住 Shift 键选择要延伸的对象，或

［栏选（F）/窗交（C）/投影（P）/边（E）/删除（R）/放弃（U）］：(选择要修剪的对象)

选择要修剪的对象，或按住 Shift 键选择要延伸的对象，或

［栏选（F）/窗交（C）/投影（P）/边（E）/删除（R）/放弃（U）］：↙［结果如图 14-28（h）所示］

命令：circle↙（调用圆命令）

指定圆的圆心或［三点（3P）/两点（2P）/切点、切点、半径（T）］：from↙（捕捉自命令）

基点：<偏移>：(捕捉 A 点为基点)

<偏移>：@-9，14↙（输入@-9，14，这里@不能省去）

指定圆的半径或［直径（D）］<19.6389>：5.5↙［如图 14-28（i）所示］

用类似绘制圆的方法将图形左面的其他三个圆绘制完成，并在点画线层绘制圆心定位线，如图 14-28（j）和（k）所示。

命令：mirror↙

选择对象：找到 1 个

选择对象：指定对角点：找到 0 个

选择对象：

指定镜像线的第一点：

指定镜像线的第二点：

要删除源对象吗？［是（Y）/否（N）］<否>：↙

建立线性标注、角度标注、直径半径标注三个尺寸样式并进行标注，作图结果如图 14-27所示。

【例 14-2】 完成如图 14-29 所示的图形。

绘图思路参考：首先根据图形对象特点建立图层：粗实线层、单点画线层、标注层。在建立图层后，在粗实线层绘制图形外轮廓，调用椭圆命令，可以利用“捕捉自（from）”命令定位椭圆形心位置，根据长、短轴数值完成椭圆的绘制；分别调用矩形和多边形命令，利用“捕捉自（from）”命令进行定位，根据多边形的标注尺寸，采用内介于直径为 20 的圆的方式绘制。建立尺寸标注样式：线性标注和角度标注。在标注层，完成图形标注。

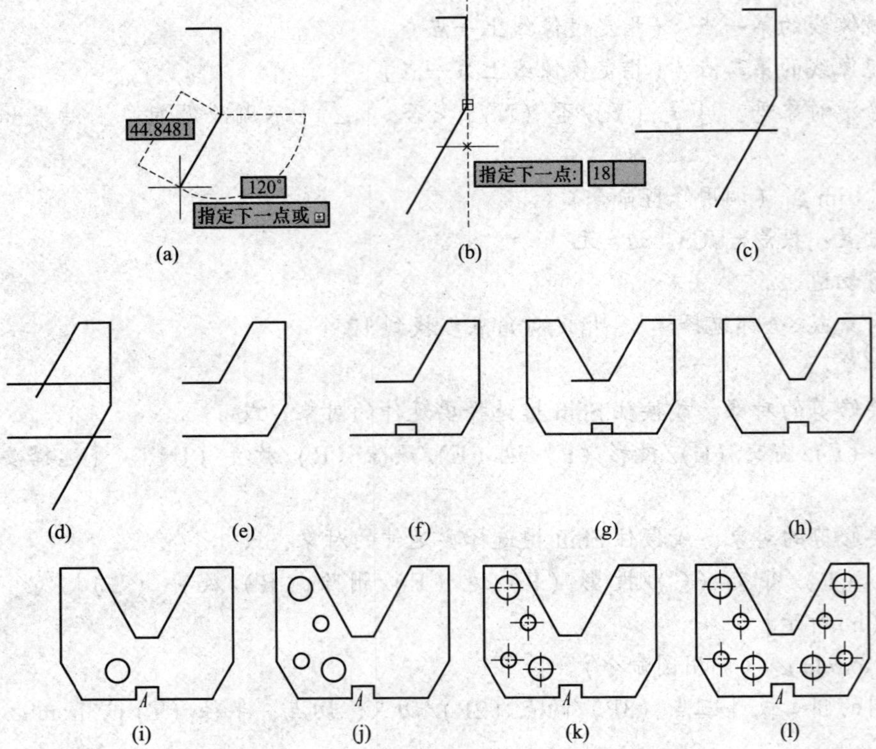

图 14-28　绘图过程

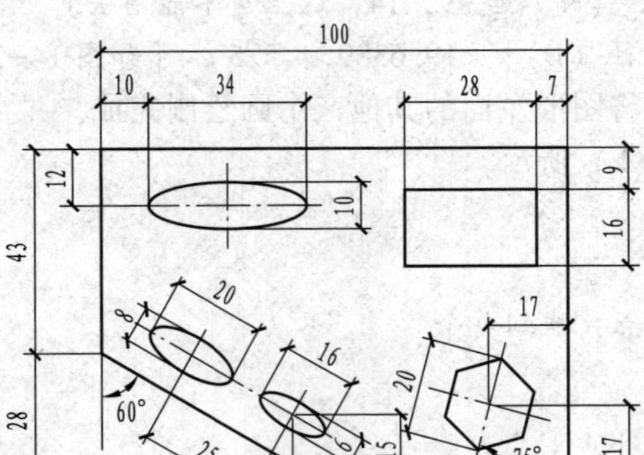

图 14-29　综合练习

操作过程如下。

命令：line↙

指定第一个点：

指定下一点或［放弃（U）］：　<正交　开>43↙［给定方向输入距离 43 绘制左边竖线，如图 14-30（a）所示］

指定下一点或［放弃（U）］：100↙［给定方向输入距离 100 绘制上边线，如图 14-30

(a) 所示]

指定下一点或 [闭合 (C)/放弃 (U)]: 71 ↙ [给定方向输入距离 71 右竖线, 如图 14-30 (a) 所示]

指定下一点或 [闭合 (C)/放弃 (U)]: (绘制任意长度下边线)

命令: _LINE

指定第一个点: (捕捉起点)

指定下一点或 [放弃 (U)]: <正交 关> [沿 30°方向绘制任意长度斜线, 如图 14-30 (b) 所示]

指定下一点或 [放弃 (U)]: ↙ [如图 14-30 (c) 所示]

命令: trim ↙ (调用修剪命令)

当前设置: 投影=UCS, 边=无

选择剪切边...

选择对象或<全部选择>: 指定对角点: 找到 2 个 (选择剪切边)

选择对象: ↙

选择要修剪的对象, 或按住 Shift 键选择要延伸的对象, 或

[栏选 (F)/窗交 (C)/投影 (P)/边 (E)/删除 (R)/放弃 (U)]: (选择被修剪对象)

选择要修剪的对象, 或按住 Shift 键选择要延伸的对象, 或

[栏选 (F)/窗交 (C)/投影 (P)/边 (E)/删除 (R)/放弃 (U)]: ↙ [如图 14-30 (d) 所示]

命令: _rectang (调用矩形命令)

指定第一个角点或 [倒角 (C)/标高 (E)/圆角 (F)/厚度 (T)/宽度 (W)]: from ↙ (捕捉自命令)

基点: <偏移>: @-7, -9 ↙ (捕捉 *A* 点作为基点, 输入@-7, -9, 得到矩形的一个角点)

指定另一个角点或 [面积 (A)/尺寸 (D)/旋转 (R)]: @-28, -16 [输入-28, -16, 结果如图 14-30 (e) 所示]

命令: ellipse ↙

指定椭圆的轴端点或 [圆弧 (A)/中心点 (C)]: _c (用指定圆心创建椭圆)

指定椭圆的中心点: from ↙ (捕捉自命令)

基点: (捕捉 *B* 点为基点) <偏移>: @27, -12 (输入@27, -12)

指定轴的端点: 17 ↙ (给定长轴方向, 输入圆心到轴端点的距离 17)

指定另一条半轴长度或 [旋转 (R)]: 5 ↙ [输入另一个半轴长度, 结果如图 14-30 (f) 所示]

命令: circle ↙ (为了绘制六边形, 需要绘制辅助圆)

指定圆的圆心或 [三点 (3P)/两点 (2P)/切点、切点、半径 (T)]: from ↙ (捕捉自命令)

基点: <偏移>: (捕捉 *C* 点作为基点) @-17, 17 (输入相对于基点的坐标@-17, 17)

指定圆的半径或 [直径 (D)] <10.0000>: 10 ↙ [结果如图 14-30 (g) 所示]

命令: _polygon (调用多边形命令)

输入侧面数<4>：6↙（输入边数 6）

指定正多边形的中心点或［边（E）］：（捕捉圆的圆心）

输入选项［内接于圆（I）/外切于圆（C）］<I>：I↙

指定圆的半径：［捕捉圆的上象限点，结果如图 14-30（h）所示］

绘制圆的定位线略，结果如图 14-30（h）所示。

命令：rotate↙（调用旋转命令）

UCS 当前的正角方向： ANGDIR＝逆时针 ANGBASE＝0

选择对象：找到 1 个（选择多边形和两条定位中心线）

指定基点：（选择 *D* 为基点）

指定旋转角度，或［复制（C）/参照（R）］<0>： -15↙［顺时针旋转 15°，输入 -15，结果如图 14-30（i）放大图所示］

命令：ellipse↙（调用椭圆命令）

指定椭圆的轴端点或［圆弧（A）/中心点（C）］：_c（以指定椭圆圆心方式绘制椭圆）

指定椭圆的中心点：from↙（捕捉自命令）

基点：（捕捉 *E* 点为基点）<偏移>：@-8，15（输入点相对于基点的偏移坐标@-8，15）

指定轴的端点： <正交 关>8↙［因为椭圆的长轴与 *GE* 平行，设置平行捕捉，当光标靠近 *GE*，出现"//"符号时，移动光标，通过椭圆圆心将出现一条与 *GE* 平行的追踪线，沿追踪线移动光标并输入距离 8，确定一个轴的端点，如图 14-30（j）所示］

指定另一条半轴长度或［旋转（R）］：3↙［输入另一条半轴长，结果如图 14-30（k）所示］

命令：ellipse↙

指定椭圆的轴端点或［圆弧（A）/中心点（C）］：_ c

指定椭圆的中心点：from↙（捕捉自命令）

基点：（捕捉已绘制左下角的小椭圆的中心作为基点）<偏移>：@25<150（输入大椭圆中心距离基点的相对极坐标@25<150）

指定轴的端点： <正交 关>10↙（与上述椭圆绘制同样的方式确定轴方向并输入距离）

指定另一条半轴长度或［旋转（R）］：4↙［输入另一条半轴长，结果如图 14-30（l）所示］

建立线性标注、角度标注两种尺寸样式并进行标注，作图结果如图 14-29 所示。

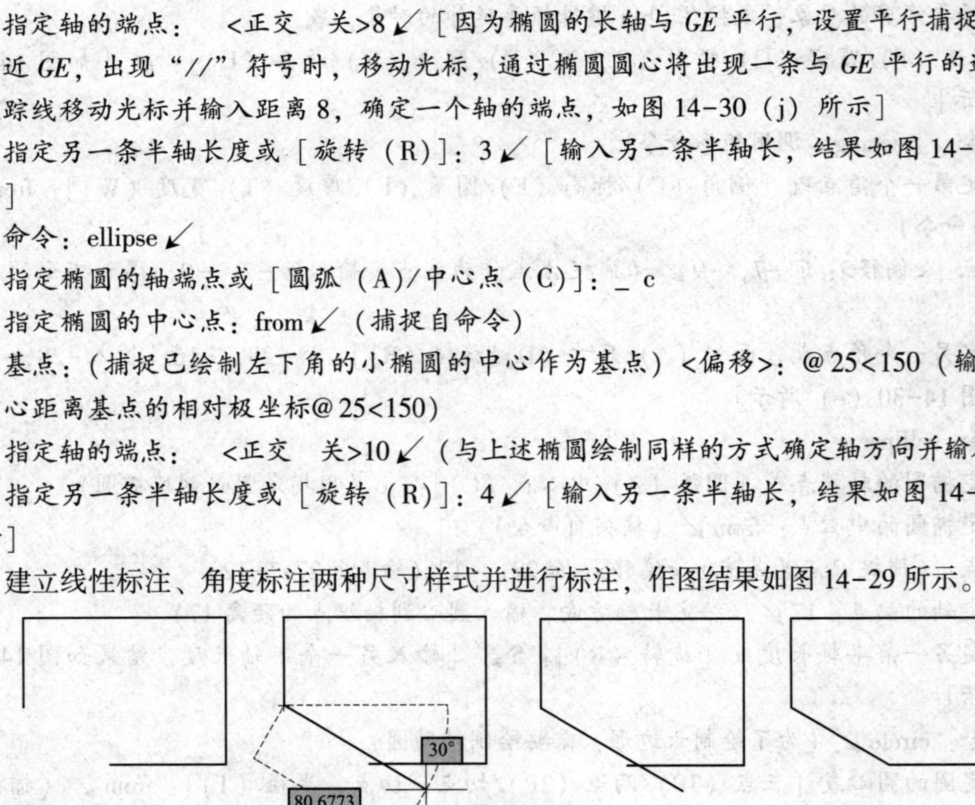

图 14-30 绘图过程（一）

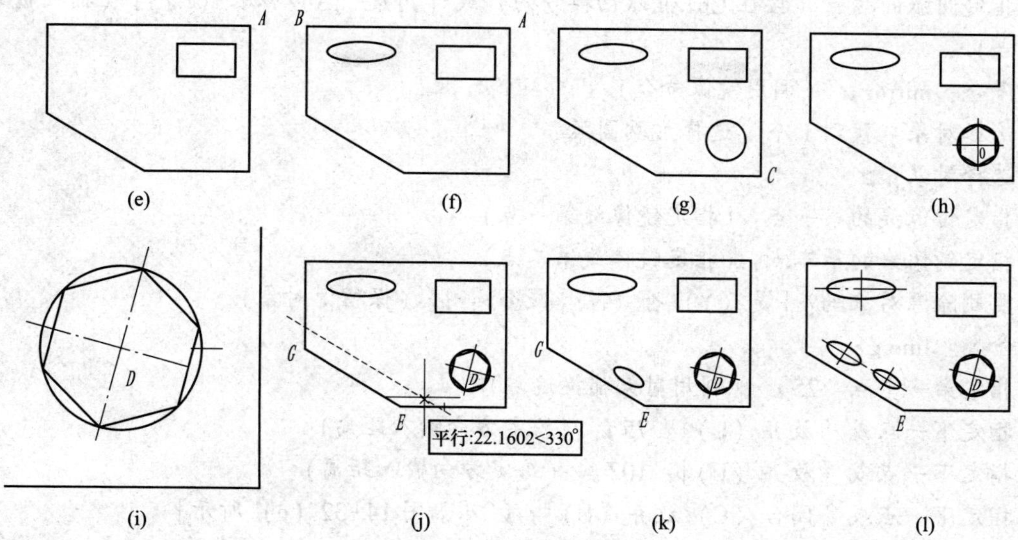

图 14-30　绘图过程（二）

【例 14-3】　完成如图 14-31 所示的图形。

绘图思路参考：首先根据图形对象特点建立图层：粗实线层、细实线层、单点画线层、标注层。在建立图层后，在粗实线层绘制屋顶、墙身外轮廓；利用多段线绘制门的最内投影线（或者利用直线命令和圆弧命令绘制）。利用偏移命令完成与门最内投影线平行的线。在细实线层，利用填充命令填充图案。建立尺寸标注样式：线性标注和直径半径标注。在标注层，完成图形标注。

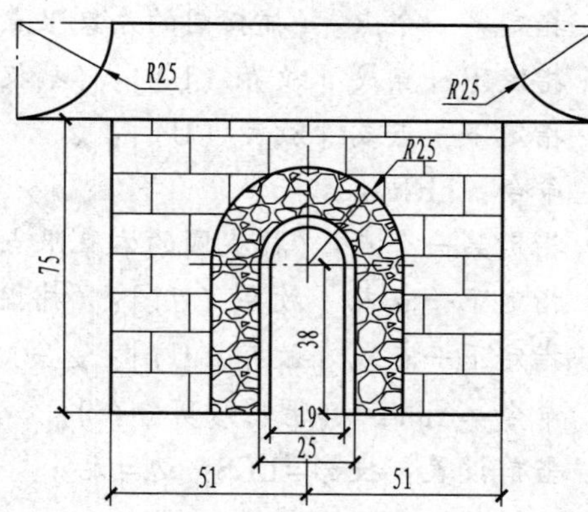

图 14-31　综合练习

操作过程如下。

命令：line↙

指定第一个点：

指定下一点或［放弃（U）］：　<正交　开>152↙［给定方向输入距离 152，如图 14-32（a）所示］

指定下一点或［放弃（U）］：↙

命令：line↙

指定第一个点：from↙（捕捉自命令）

基点：（捕捉已绘制线段左端为基点）<偏移>：@25，25↙（输入相对基点的偏移坐标，确定屋脊线起点）

指定下一点或［放弃（U）］：102↙（给定方向输入距离 102）

指定下一点或［放弃（U）］：↙

命令：arc↙（调用“起点、圆心、端点”绘制圆弧）

指定圆弧的起点或［圆心（C）］：（捕捉屋脊线右端点）

指定圆弧的第二个点或［圆心（C）/端点（E）］：_ c

指定圆弧的圆心：［通过追踪得到追踪线交点，如图 14-32（b）所示］

指定圆弧的端点（按住 Ctrl 键以切换方向）或［角度（A）/弦长（L）］：（捕捉檐口线右端点）

命令：mirror↙（调用镜像命令）

选择对象：找到 1 个（选择右端圆弧）

选择对象：↙

指定镜像线的第一点：（指定镜像线第一点）

指定镜像线的第二点：（指定镜像线第二点）

要删除源对象吗？［是（Y）/否（N）］<否>：↙（保留源对象）

命令：line↙

指定第一个点：25↙（利用对象捕捉追踪）

指定下一点或［放弃（U）］：75↙（给定方向输入距离）

指定下一点或［放弃（U）］：102↙（给定方向输入距离）

指定下一点或［闭合（C）/放弃（U）］：↙［如图 14-32（c）所示］

命令：circle↙

指定圆的圆心或［三点（3P）/两点（2P）/切点、切点、半径（T）］：38↙［利用对象捕捉追踪，如图 14-32（d）所示］

指定圆的半径或［直径（D）］<25.0000>：25↙

命令：line↙

指定第一个点：（捕捉圆的左象限点）

指定下一点或［放弃（U）］：（捕捉矩形底边线的垂足）

指定下一点或［放弃（U）］：↙

命令：LINE↙

指定第一个点：（捕捉圆的右象限点）

指定下一点或［放弃（U）］：（捕捉矩形底边线的垂足）

指定下一点或［放弃（U）］：↙

命令：trim↙（调用修剪命令）

当前设置：投影=UCS，边=无

选择剪切边...

选择对象或<全部选择>：　指定对角点：找到 3 个（选择上述圆和线段）

选择对象：↙

选择要修剪的对象，或按住 Shift 键选择要延伸的对象，或

［栏选（F）/窗交（C）/投影（P）/边（E）/删除（R）/放弃（U）］：（修剪掉圆的下半部分）

选择要修剪的对象，或按住 Shift 键选择要延伸的对象，或

［栏选（F）/窗交（C）/投影（P）/边（E）/删除（R）/放弃（U）］：↙

命令：offset↙（调用偏移命令）

当前设置：删除源=否　图层=源　OFFSETGAPTYPE=0

指定偏移距离或［通过（T）/删除（E）/图层（L）］<通过>：　12.5↙

选择要偏移的对象，或［退出（E）/放弃（U）］<退出>：（选择半圆）

指定要偏移的那一侧上的点，或［退出（E）/多个（M）/放弃（U）］<退出>：（指定要偏移的那一侧，单击鼠标左键）

选择要偏移的对象，或［退出（E）/放弃（U）］<退出>：（选择线段）

指定要偏移的那一侧上的点，或［退出（E）/多个（M）/放弃（U）］<退出>：（指定要偏移的那一侧，单击鼠标左键）

选择要偏移的对象，或［退出（E）/放弃（U）］<退出>：（选择线段）

指定要偏移的那一侧上的点，或［退出（E）/多个（M）/放弃（U）］<退出>：（指定要偏移的那一侧，单击鼠标左键）

选择要偏移的对象，或［退出（E）/放弃（U）］<退出>：↙

命令：offset↙（调用偏移命令）

当前设置：删除源=否　图层=源　OFFSETGAPTYPE=0

指定偏移距离或［通过（T）/删除（E）/图层（L）］<12.5000>：　3↙

选择要偏移的对象，或［退出（E）/放弃（U）］<退出>：（选择半圆）

指定要偏移的那一侧上的点，或［退出（E）/多个（M）/放弃（U）］<退出>：（指定要偏移的那一侧，单击鼠标左键）

选择要偏移的对象，或［退出（E）/放弃（U）］<退出>：（选择线段）

指定要偏移的那一侧上的点，或［退出（E）/多个（M）/放弃（U）］<退出>：（指定要偏移的那一侧，单击鼠标左键）

选择要偏移的对象，或［退出（E）/放弃（U）］<退出>：（选择线段）

指定要偏移的那一侧上的点，或［退出（E）/多个（M）/放弃（U）］<退出>：（指定要偏移的那一侧，单击鼠标左键）

选择要偏移的对象，或［退出（E）/放弃（U）］<退出>：↙［结果如图 14-32（f）所示］

调用填充命令，选择填充图案，设置图案填充比例，结果如图 14-32（g）所示。

建立线性标注、直径半径标注两种尺寸样式并进行标注，作图结果如图 14-31 所示。

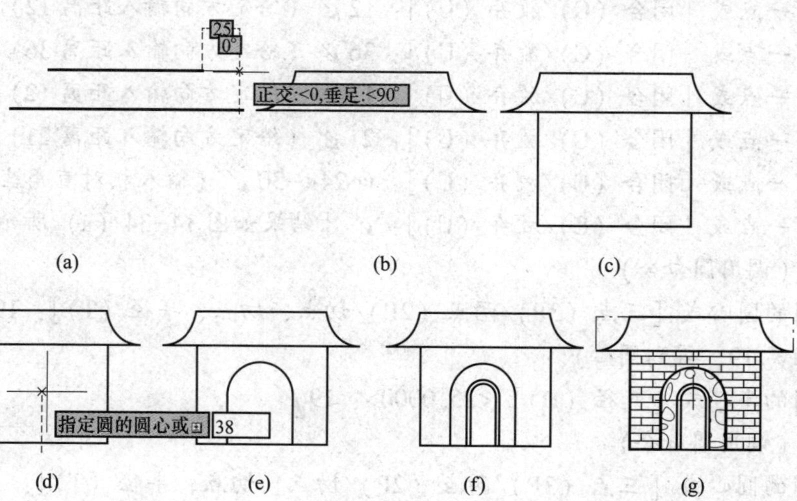

图 14-32　绘图过程

【例 14-4】 完成如图 14-33 所示的图形。

绘图思路参考：首先根据图形对象特点建立图层：粗实线层、单点画线层、标注层。在建立图层后，在粗实线层绘制图形的直线外轮廓和两个同心圆；调用圆命令，利用“捕捉自（from）”命令，定位圆心，绘制直径为 11 的圆，以及半径分别为 6 和 5 的圆。调用圆的“相切、相切、半径”绘制方式绘制半径为 40 的两个圆，并进行修建处理。在单点画线层，绘制各个圆的定位线。建立尺寸标注样式：线性标注、直径半径标注和角度标注。在标注层，完成图形标注。

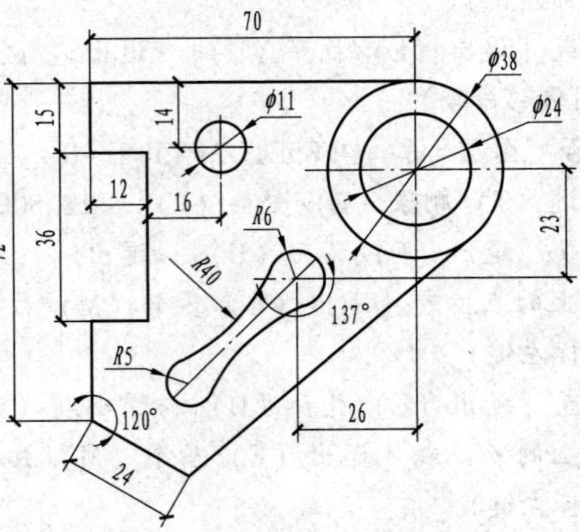

图 14-33 综合练习

操作过程如下。

命令：(调用直线命令)

指定第一个点：

指定下一点或［放弃（U）］：70↙（给定方向输入距离 70，从右向左绘制水平线）

指定下一点或［放弃（U）］：15↙（给定方向输入距离 15）

指定下一点或［闭合（C）/放弃（U）］：12↙（给定方向输入距离 12）

指定下一点或［闭合（C）/放弃（U）］：36↙（给定方向输入距离 36）

指定下一点或［闭合（C）/放弃（U）］：12↙（给定方向输入距离 12）

指定下一点或［闭合（C）/放弃（U）］：21↙（给定方向输入距离 21）

指定下一点或［闭合（C）/放弃（U）］：@24<-30↙（输入相对直角坐标@24<-30）

指定下一点或［闭合（C）/放弃（U）］：↙［结果如图 14-34（a）所示］

命令：(调用圆命令)

指定圆的圆心或［三点（3P）/两点（2P）/切点、切点、半径（T）］：19↙（相对 *B* 点向下追踪距离 19，得到圆心）

指定圆的半径或［直径（D）］<25.0000>：19↙

命令：(调用圆命令)

指定圆的圆心或［三点（3P）/两点（2P）/切点、切点、半径（T）］：（捕捉已绘制圆的圆心，绘制同心圆）

指定圆的半径或［直径（D）］<19.0000>：12↙［结果如图 14-34（b）所示］

命令：(调用直线命令)

指定第一个点：(捕捉斜线端点)

指定下一点或［放弃（U)］：(捕捉大圆切点)

指定下一点或［放弃（U)］：↙［绘制完成底边倾斜线，结果如图14-34（c）所示］

命令：(调用圆命令)

指定圆的圆心或［三点（3P)/两点（2P)/切点、切点、半径（T)］：from↙（捕捉自命令)

基点：(捕捉A点为基点) <偏移>：@28，-14↙（输入相对于基点的相对直角坐标“@28，-14”，定位圆心)

指定圆的半径或［直径（D)］<12.0000>：5.5↙［输入半径5.5，结果如图14-34（d）所示］

命令：(调用圆命令)

指定圆的圆心或［三点（3P)/两点（2P)/切点、切点、半径（T)］：from↙（捕捉自命令)

基点： <打开对象捕捉>（捕捉圆心O为基点）<偏移>：@-26，-23↙（输入相对坐标，定位圆心位置)

指定圆的半径或［直径（D)］<5.5000>：6↙［输入半径，结果如图14-34（e）所示］

命令：(切换到点画线图层，调用直线命令)

指定第一个点：(捕捉已绘制圆的圆心)

指定下一点或［放弃（U)］：@32<-137↙（输入相对极坐标确定线段另一端点)

指定下一点或［放弃（U)］：↙［结果如图14-34（e）所示］

命令：(调用圆命令)

指定圆的圆心或［三点（3P)/两点（2P)/切点、切点、半径（T)］：（捕捉点画线端点)

指定圆的半径或［直径（D)］<40.0000>：5↙［结果如图14-34（f）所示］

命令：(调用圆命令)

指定圆的圆心或［三点（3P)/两点（2P)/切点、切点、半径（T)］：T↙（用“相切、相切、半径”命令绘制圆)

指定对象与圆的第一个切点：(靠近圆出现相切符号时，单击鼠标左键即可)

指定对象与圆的第二个切点：(靠近另一个圆出现相切符号时，单击鼠标左键即可)

指定圆的半径<5.0000>：40↙［结果如图14-34（g）所示］

命令：(调用修剪命令)

当前设置：投影=UCS，边=无

选择剪切边...

选择对象或<全部选择>： 找到2个（选择包括三个圆的区域)

选择对象：↙

选择要修剪的对象，或按住Shift键选择要延伸的对象，或

［栏选（F)/窗交（C)/投影（P)/边（E)/删除（R)/放弃（U)］：（减掉大圆的多余

部分）

选择要修剪的对象，或按住 Shift 键选择要延伸的对象，或

［栏选（F）/窗交（C）/投影（P）/边（E）/删除（R）/放弃（U）］：↙

命令：（调用镜像命令）

选择对象：找到 1 个（选择与两个小圆相切的大圆弧）

选择对象：↙

指定镜像线的第一点：（捕捉一个圆的圆心）

指定镜像线的第二点：（捕捉另一个圆的圆心）

要删除源对象吗？［是（Y）/否（N）］<否>：↙［不删除源对象，结果如图 14-34（h）所示］

在“点画线”图层上绘制各个圆心定位线，并建立线性标注、直径半径标注和角度标注三种尺寸样式并进行标注，作图结果如图 14-33 所示。

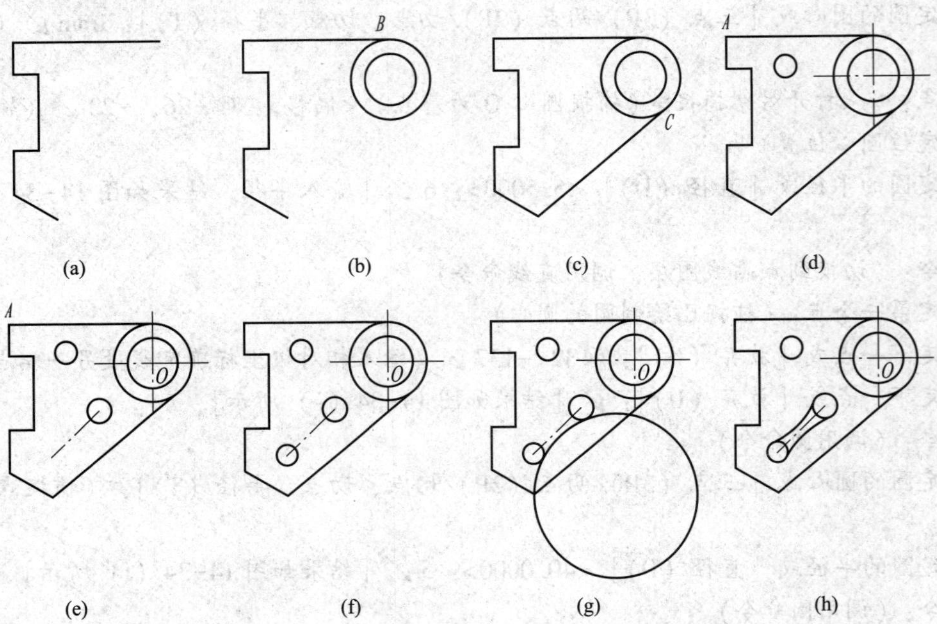

图 14-34 绘图过程

【例 14-5】 完成如图 14-35 所示的图形。

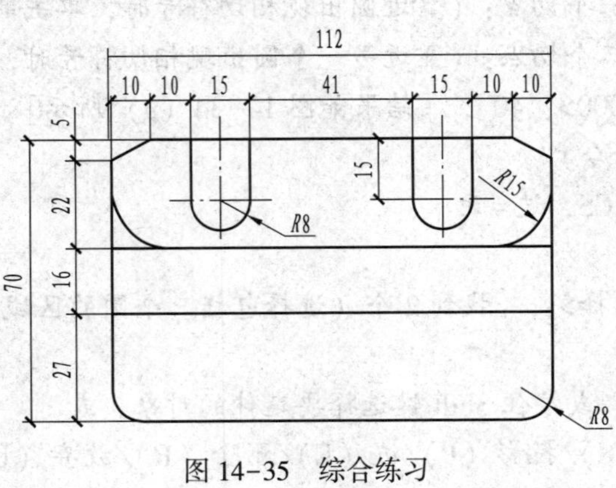

图 14-35 综合练习

绘图思路参考：首先根据图形对象特点建立图层：粗实线层、单点画线层、标注层。在建立图层后，在粗实线层绘制图形的外轮廓和中间的两条水平线；利用直线和圆或圆弧命令绘制矩形内部的两个图形。调用倒角和圆角命令处理矩形四角，在进行圆角半径为15的圆角处理时，需要设置圆角的同时不进行修剪。在单点画线层，绘制各个圆的定位线。建立尺寸标注样式：线性标注、直径半径标注和角度标注。在标注层，完成图形标注。

操作过程如下。

命令：(调用直线命令)

指定第一个点： <正交 开>

指定下一点或［放弃（U）］：70↙（给定方向输入距离70，绘制竖向线）

指定下一点或［放弃（U）］：112↙（给定方向输入距离112，绘制水平向线）

指定下一点或［闭合（C）/放弃（U）］：70↙（给定方向输入距离70，绘制竖向线）

指定下一点或［闭合（C）/放弃（U）］（捕捉起点，完成由线段围成的四边形）

指定下一点或［闭合（C）/放弃（U）］：↙［结果如图14-36（a）所示］

命令：(调用直线命令)

指定第一个点：8↙［从中点向上追踪8，如图14-36（a）所示］

指定下一点或［放弃（U）］：［绘制水平线，捕捉垂足，如图14-36（b）所示］

指定下一点或［放弃（U）］：↙

命令：(调用偏移命令)

当前设置：删除源=否 图层=源 OFFSETGAPTYPE=0

指定偏移距离或［通过（T）/删除（E）/图层（L）］<通过>： 16↙

选择要偏移的对象，或［退出（E）/放弃（U）］<退出>：(选择刚刚绘制的水平线)

指定要偏移的那一侧上的点，或［退出（E）/多个（M）/放弃（U）］<退出>：(在要偏移的那一侧，单击鼠标左键)

选择要偏移的对象，或［退出（E）/放弃（U）］<退出>：↙［如图14-36（c）所示］

命令：(调用直线命令)

指定第一个点：20↙（追踪图形左上角点，向右输入距离20）

指定下一点或［放弃（U）］：15↙（给定方向输入距离15）

指定下一点或［放弃（U）］：↙

命令：(调用复制命令)

选择对象：找到1个（选择刚刚绘制的长度为15的线段）

选择对象：↙

当前设置： 复制模式=多个

指定基点或［位移（D）/模式（O）］<位移>：(单击鼠标左键确定基点，一般以图形上某一点作为基点，这里以长度为15的线段的下端点为复制距离的基准点)

指定第二个点或［阵列（A）］<使用第一个点作为位移>：15↙［给定方向输入沿着这个方向，相对于选定的基点的距离值15，如图14-36（d）所示］

指定第二个点或［阵列（A）/退出（E）/放弃（U）］<退出>：56↙（过程同上）

指定第二个点或［阵列（A）/退出（E）/放弃（U）］<退出>：71↙（过程同上）

指定第二个点或［阵列（A）/退出（E）/放弃（U）］<退出>：↙［结果如图14-36

(e) 所示]

命令：(调用“起点、端点、半径”命令绘制圆弧)

指定圆弧的起点或 [圆心 (C)]：(因为软件是逆时针绘制圆弧的，所以捕捉 A 点作为起点)

指定圆弧的第二个点或 [圆心 (C)/端点 (E)]：_ e

指定圆弧的端点：(捕捉 B 点作为端点)

指定圆弧的中心点 (按住 Ctrl 键以切换方向) 或 [角度 (A)/方向 (D)/半径 (R)]：_ r

指定圆弧的半径 (按住 Ctrl 键以切换方向)：8↙ [如图 14-36 (f) 所示]

再次调用圆弧命令，按照上述同样过程绘制，如图 14-36 (f) 所示的有半部分的圆弧。

命令：(切换到“点画线”图层，调用直线命令，准备绘制圆弧的定位中心线)

指定第一个点：[自 A 点向左追踪一段距离，单击鼠标左键作为定位线段起点，如图 14-36 (g) 所示]

指定下一点或 [放弃 (U)]：(指定下一点作为定位线端点，完成水平定位线)

指定下一点或 [放弃 (U)]：↙ [如图 14-36 (h) 所示]

命令：(调用直线命令)

指定第一个点：(自半圆弧的象限点向下追踪一段距离，单击鼠标左键作为定位线段起点)

指定下一点或 [放弃 (U)]：(指定下一点作为定位线端点，完成竖向定位线)

指定下一点或 [放弃 (U)]：↙ [如图 14-36 (h) 所示]

命令：(调用复制命令)

选择对象：指定对角点：找到 14 个

选择对象：

当前设置：　复制模式 = 多个

指定基点或 [位移 (D)/模式 (O)] <位移>：(选择左侧半圆弧的下象限点为基点)

指定第二个点或 [阵列 (A)] <使用第一个点作为位移>：[捕捉右侧半圆弧下象限点，使基点和这个点重合，如图 14-36 (i) 所示]

指定第二个点或 [阵列 (A)/退出 (E)/放弃 (U)] <退出>：↙

命令：(调用倒角命令)

(“修剪”模式) 当前倒角距离 1 = 5.0000，距离 2 = 10.0000

选择第一条直线或 [放弃 (U)/多段线 (P)/距离 (D)/角度 (A)/修剪 (T)/方式 (E)/多个 (M)]：d↙ [选择“距离 (D)”选项]

指定第一个倒角距离<5.0000>：10↙ (输入第一个倒角距离 10)

指定第二个倒角距离<10.0000>：5↙ (输入第二个倒角距离 5)

选择第一条直线或 [放弃 (U)/多段线 (P)/距离 (D)/角度 (A)/修剪 (T)/方式 (E)/多个 (M)]：(选择执行倒角距离为 10 的线段)

选择第二条直线，或按住 Shift 键选择直线以应用角点或 [距离 (D)/角度 (A)/方法 (M)]：(选择执行倒角距离为 5 的线段)

命令：(调用倒角命令)

(“修剪”模式) 当前倒角距离 1 = 10.0000，距离 2 = 5.0000

选择第一条直线或［放弃（U）/多段线（P）/距离（D）/角度（A）/修剪（T）/方式（E）/多个（M）］：（选择倒角距离为10的线段）

选择第二条直线，或按住Shift键选择直线以应用角点或［距离（D）/角度（A）/方法（M）］：［选择倒角距离为5的线段，结果如图14-36（j）所示］

命令：（调用圆角命令）

当前设置：模式=修剪，半径=2.0000

选择第一个对象或［放弃（U）/多段线（P）/半径（R）/修剪（T）/多个（M）］：r↙［选择“半径（r）”选项］

指定圆角半径<2.0000>：8↙（输入圆角半径）

选择第一个对象或［放弃（U）/多段线（P）/半径（R）/修剪（T）/多个（M）］：（选择角的一条边）

选择第二个对象，或按住Shift键选择对象以应用角点或［半径（R）］：（选择角的另一条边）

命令：（调用圆角命令）

当前设置：模式=修剪，半径=2.0000

选择第一个对象或［放弃（U）/多段线（P）/半径（R）/修剪（T）/多个（M）］：r↙［选择“半径（r）”选项］

指定圆角半径<2.0000>：8↙（输入圆角半径）

选择第一个对象或［放弃（U）/多段线（P）/半径（R）/修剪（T）/多个（M）］：（选择角的一条边）

选择第二个对象，或按住Shift键选择对象以应用角点或［半径（R）］：［选择角的另一条边，结果如图14-36（k）所示］

命令：（调用圆角命令）

当前设置：模式=修剪，半径=8.0000

选择第一个对象或［放弃（U）/多段线（P）/半径（R）/修剪（T）/多个（M）］：r↙［选择“半径（r）”选项］

指定圆角半径<8.0000>：15↙（输入圆角半径）

选择第一个对象或［放弃（U）/多段线（P）/半径（R）/修剪（T）/多个（M）］：t↙［选择“修剪（T）”选项，修改修剪模式］

输入修剪模式选项［修剪（T）/不修剪（N）］<修剪>：n↙［选择“不修剪（N）”选项，在执行圆角命令的时候，原来的角的两条边保留，即不修剪］

选择第一个对象或［放弃（U）/多段线（P）/半径（R）/修剪（T）/多个（M）］：（选择角的一条边）

选择第二个对象，或按住Shift键选择对象以应用角点或［半径（R）］：（选择角的另一条边）

命令：_FILLET（调用圆角命令）

当前设置：模式=不修剪，半径=15.0000（默认的修剪模式为上次修改过的，不修剪模式）

选择第一个对象或［放弃（U）/多段线（P）/半径（R）/修剪（T）/多个（M）］：（选择

角的一条边）

选择第二个对象，或按住 Shift 键选择对象以应用角点或［半径（R）］：［选择角的另一条边，结果如图 14-36（l）所示］

在进行倒角时，先选择的边，将执行设置的第一个倒角距离。无论倒角还是圆角命令，设置的距离值或半径值不能超过边线长度，否则系统不予执行。继续建立线性标注、直径半径标注两种尺寸样式并进行标注，作图结果如图 14-35 所示。

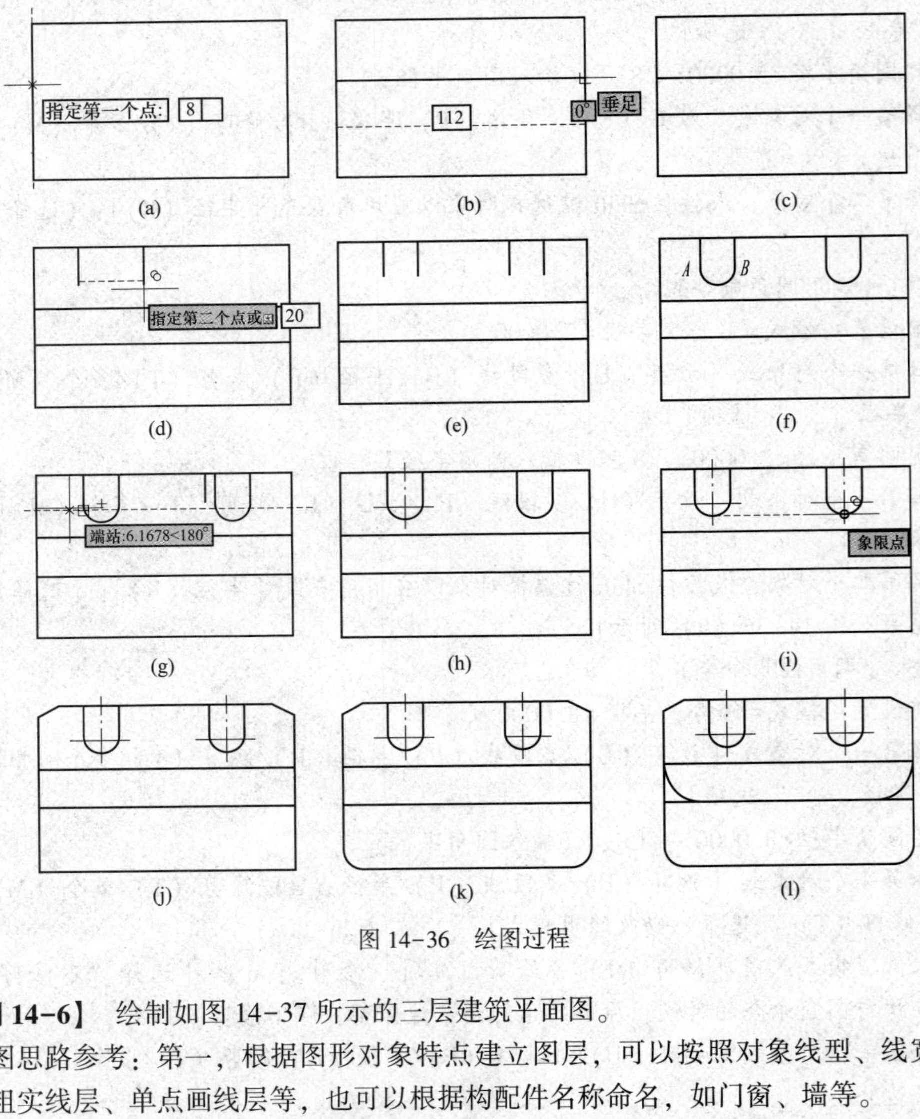

图 14-36　绘图过程

【例 14-6】　绘制如图 14-37 所示的三层建筑平面图。

绘图思路参考：第一，根据图形对象特点建立图层，可以按照对象线型、线宽特征命名，如粗实线层、单点画线层等，也可以根据构配件名称命名，如门窗、墙等。

第二，在建立图层后，调用“构造线”命令，绘制轴线网格，并按照墙的布置情况进行修剪，即修剪完成后保留的所有轴线段，都有沿着轴线段布置的同长度的墙。

第三，绘制墙线，当建筑平面图比较简单，墙线不多时，可以利用“偏移命令”结合“修剪”等命令完成。当建筑平面图墙体布置较多，较复杂，利用“多线”命令绘制墙线，并结合多线的编辑可以加快绘图速度。

第四，完成墙身的布置后，定位并绘制门窗，门窗的定位可以通过“偏移”轴线得到。

第五，绘制平面图中所有其他构配件，如楼梯、台阶、散水、家具等。

第六，设置文字样式、尺寸样式。进行尺寸和文字的标注。

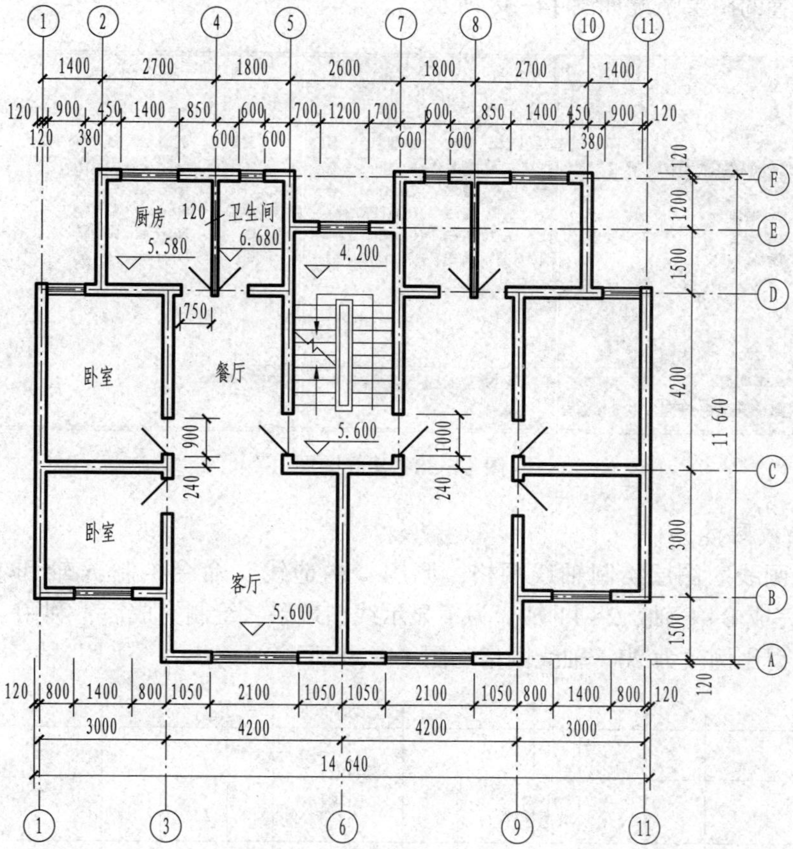

图 14-37　三层建筑平面图

操作过程如下。

1. 设置图形界限，检查图形单位的设置情况（略）

单击菜单栏的“格式”→“图形界限”命令，设置一个矩形范围作为图形界限。

命令：limits↙

重新设置模型空间界限：

指定左下角点或［开（ON）/关（OFF）］<0.0000，0.0000>：↙［默认左下角点为坐标原点，系统默认为“关（OFF）”状态，即绘图时，不检查图形界限的边界，可以在边界之外的任何地方绘制图形］

指定右上角点<420.0000，297.0000>：20640，12840↙（输入和图纸总长总宽相近的数值）

命令：Z↙

ZOOM

指定窗口的角点，输入比例因子（nX 或 nXP），或者

［全部（A）/中心（C）/动态（D）/范围（E）/上一个（P）/比例（S）/窗口（W）/对象（O）］<实时>：A↙

2. 建立图层

此例按照线型、线宽命名图层，在“默认”选项卡的“图层”面板上单击“图层特性”按钮。设置的图层情况如图 14-38 所示。

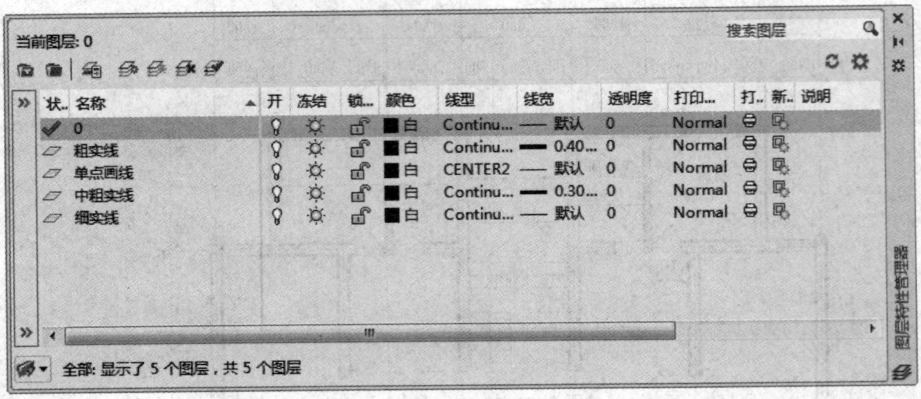

图 14-38 建立图层

3. 绘制轴线网格

在“单点画线”图层绘制轴线网格，调用“构造线”命令绘制 A 轴和 1 轴，再调用“偏移”命令完成 B~F 轴、2~11 轴。为了显示线型效果，绘制完成后，利用“特性”对话框，可以将线型比例改为 20。轴线网格如图 14-39 所示。

图 14-39 绘制轴线网格

4. 修剪轴网

依据墙身的布置情况修剪轴线网格，修剪时按轴号由小到大的顺序依次进行，如 1 轴、2 轴……11 轴；A 轴、B 轴……F 轴，结果如图 14-40（a）和（b）所示（修剪时按照有墙的地方才有轴线，墙的起止就是轴线的起止）。

5. 绘制墙体

在图 14-40（b）所示的轴线网格上绘制墙线，使用“多线”命令。布置墙时按轴号由

(a)

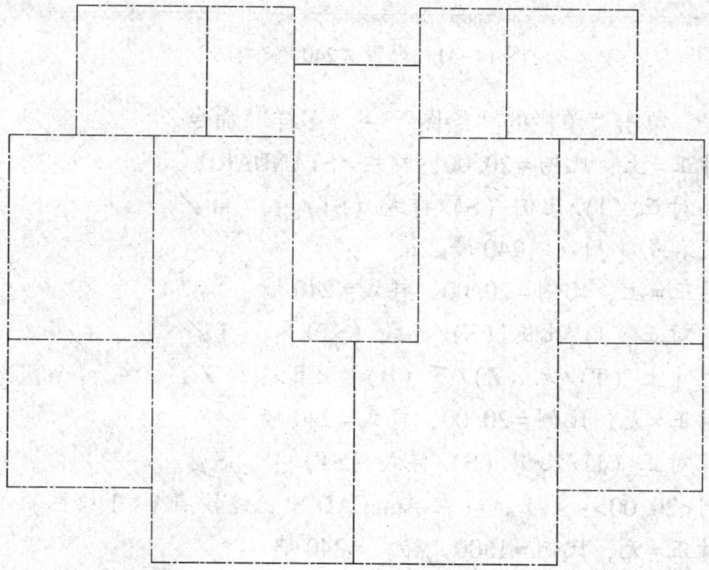

(b)

图 14-40 修剪轴线网格

（a）修剪 1~11 轴；（b）修剪 A~F 轴

小到大的顺序依次进行，如 1 轴、2 轴……11 轴；A 轴、B 轴……F 轴。

（1）建立多线样式。单击菜单栏的“格式”→“多样样式”命令，打开“多样样式”对话框，单击“新建”按钮，在“新样式名”输入框中输入“240 墙”后单击“继续”按钮，打开“新建多线样式：240 墙”对话框，240 墙轴线是居中设置的，样式设置情况如图 14-41所示，设置完毕后单击“确定”按钮，返回到“多线样式”对话框，可以执行“删除”“重命名”“修改”等命令按钮，或者单击“确定按钮”完成多线样式“240 墙”的建立。用同样的方法建立“120 墙”样式。

图 14-41 设置“240 墙”样式

(2) 绘制多线。单击菜单栏的“绘图”→“多样”命令。

当前设置：对正=上，比例=20.00，样式=STANDARD
指定起点或［对正（J）/比例（S）/样式（ST）］： st↙
输入多线样式名或［?］： 240 墙↙
当前设置：对正=上，比例=20.00，样式=240 墙
指定起点或［对正（J）/比例（S）/样式（ST）］： j↙
输入对正类型［上（T）/无（Z）/下（B）］<上>： Z↙
当前设置：对正=无，比例=20.00，样式=240 墙
指定起点或［对正（J）/比例（S）/样式（ST）］： S↙
输入多线比例<20.00>： 1↙（在 AutoCAD 中始终按照 1∶1 绘图）
当前设置：对正=无，比例=1.00，样式=240 墙
指定起点或［对正（J）/比例（S）/样式（ST）］：(捕捉 1 轴墙身起点位置)
指定下一点：(捕捉 1 轴墙身终点位置)
指定下一点或［放弃（U）］：↙
命令：mline↙（再次调用多线命令）
当前设置：对正=无，比例=1.00，样式=240 墙
指定起点或［对正（J）/比例（S）/样式（ST）］：(捕捉 Z 轴墙身一个端点)
指定下一点：(捕捉 2 轴墙身起点位置)
指定下一点或［放弃（U）］：(捕捉 2 轴墙身起点位置)

重复调用多线命令，依次绘制从 1~11 轴所有的 240 墙和 120 墙，结果如图 14-42 所示。

继续调用多线命令，依次绘制 A~F 轴所有 240 厚的墙，结果如图 14-43 所示。如果绘

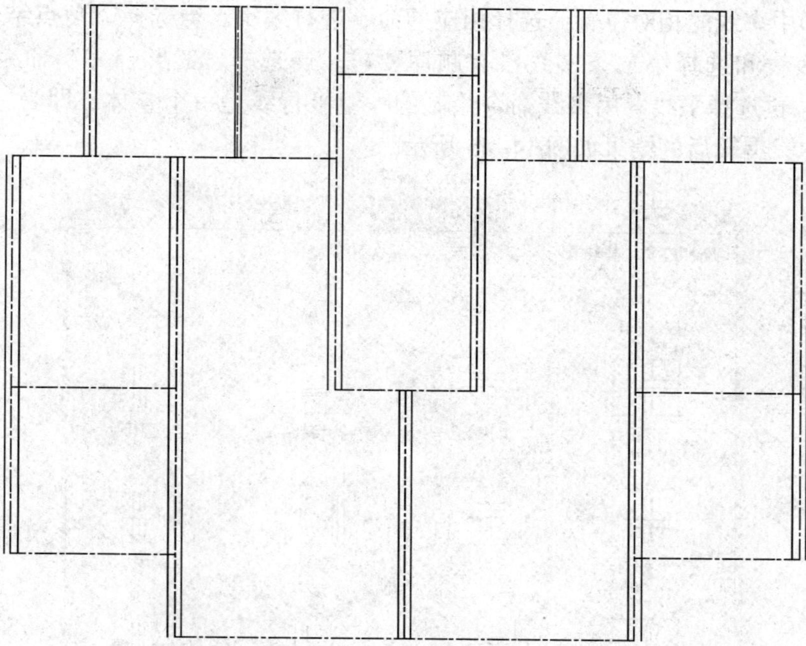

图 14-42　绘制 1~11 轴墙

制偏心墙体，如 370 厚墙体，轴线不是定位的墙体厚度中心位置，而是位于室内 120、室外 250 的分界位置上，绘制该多线时，要注意绘制方向。

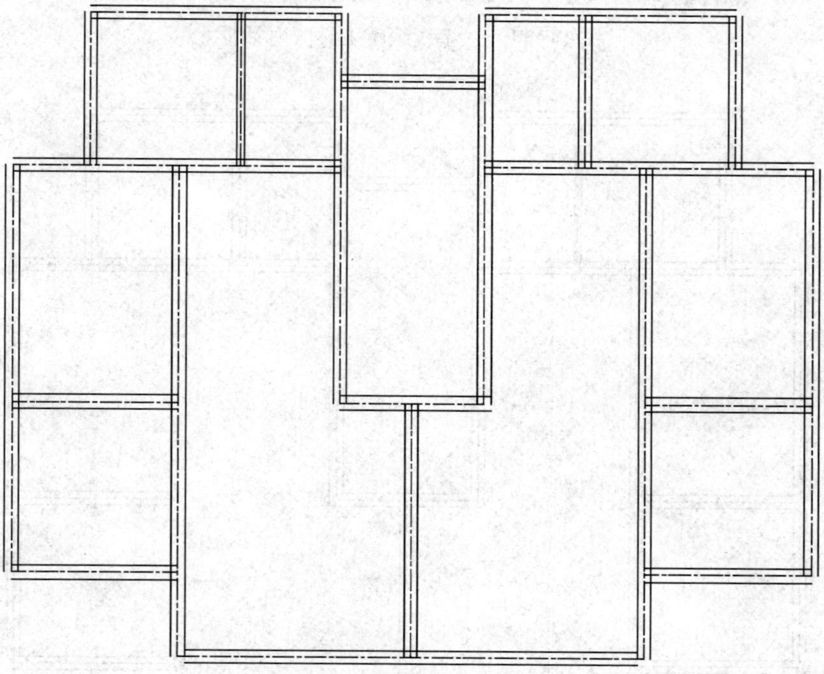

图 14-43　绘制 A~F 轴墙

（3）编辑多线。绘制墙体后，需要对不同方向的墙体相交处需要进行处理，单击菜单栏的“修改”→“对象”→“多线”命令，打开“多线编辑工具”对话框，如图 14-44 所示，按照图形中多线的相对位置，选择相应的命令进行编辑。当选择“角点结合”命令时，选择第一条多线和选择第二条多线没有顺序要求。当选择“T 形合并”命令时，先选择“T”形竖线，再选择平线。用多线命令绘制的一组平行线是一个整体，即为一个块，选择时很容易选中，编辑后的结果如图 14-45 所示。

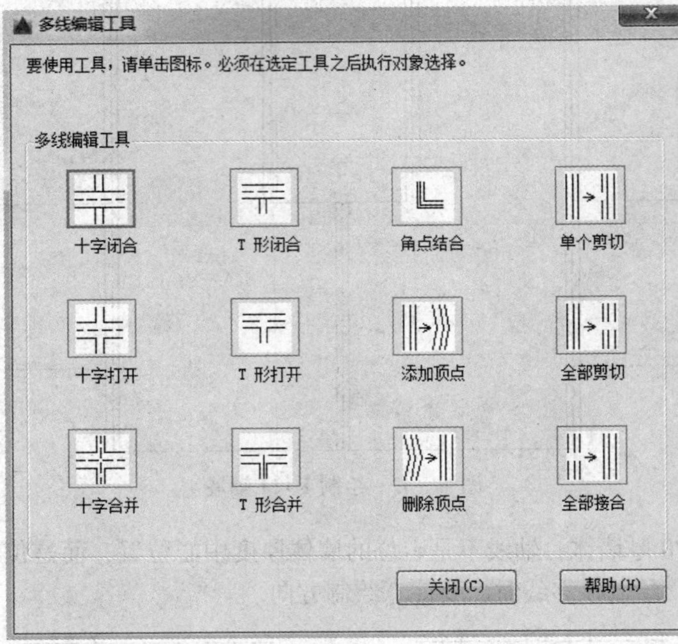

图 14-44 “多线编辑工具”对话框

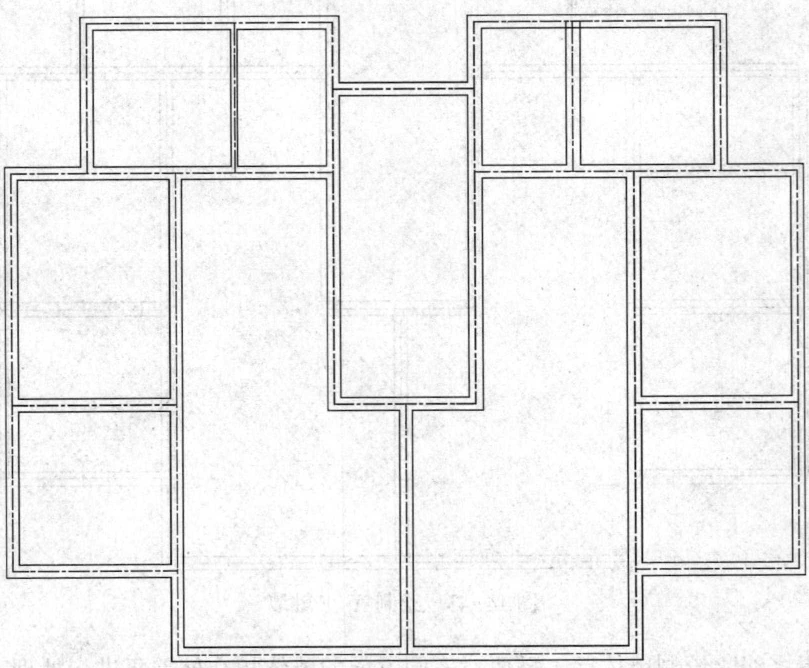

图 14-45 应用“多线编辑工具”编辑结果

6. 定位门窗位置并绘制门窗

建筑平面图对于门窗洞口的定位是以附近轴线为基准的，所以在门窗洞口定位时，可以利用“偏移”命令对轴线进行偏移，按轴号由小到大的顺序依次定位各道墙上的洞口的同时，绘制门窗，也可以所有洞口定位完成后，统一进行门窗绘制。以 A 轴窗为例，偏移后如图 14-46（a）所示。应用“延伸”命令将偏移得到的轴线延长，与多线完全相交，再应用“修剪命令”修剪出洞口，如图 14-46（b）所示。显示线宽，如图 14-46（c）所示，

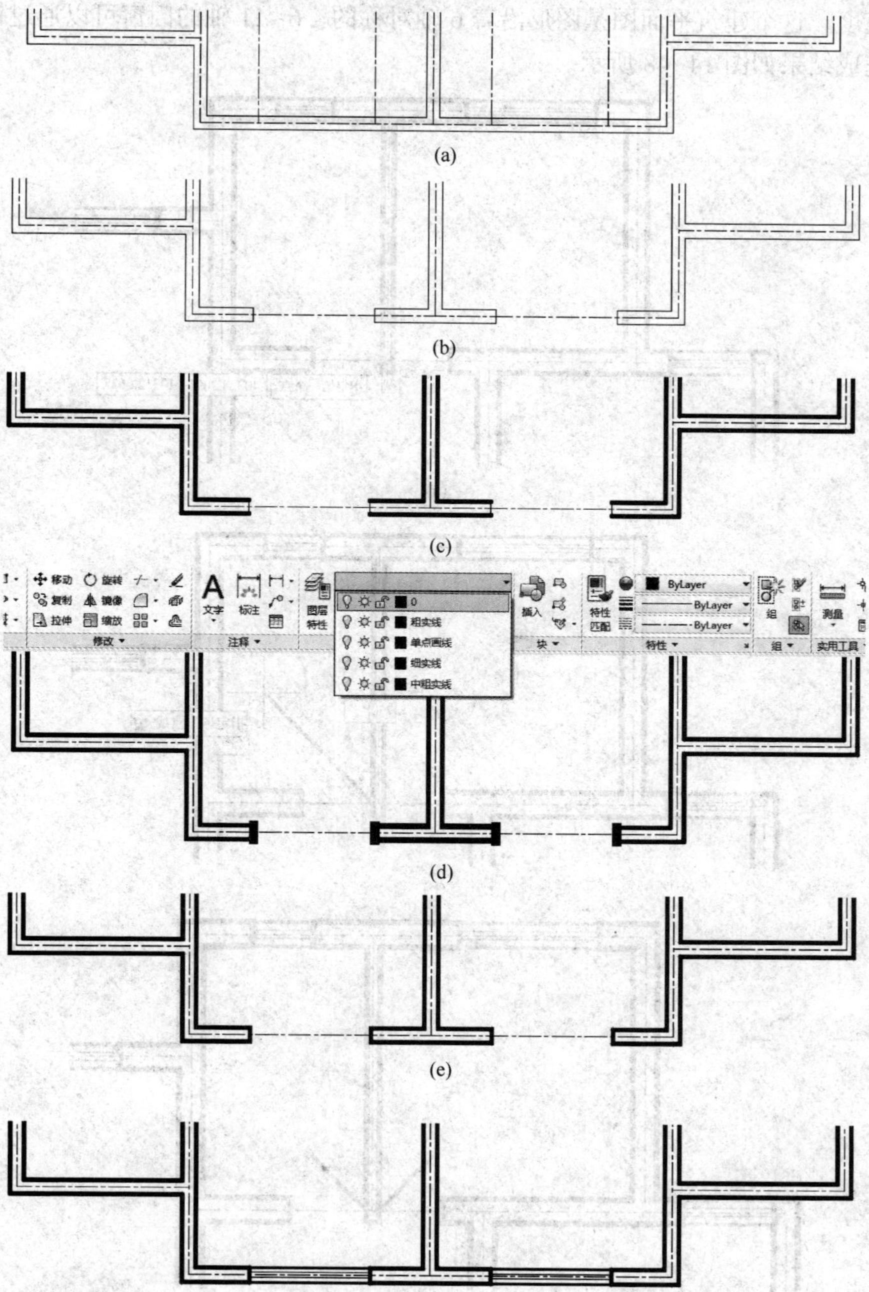

图 14-46　定位并绘制 A 轴上的窗

（a）偏移定位窗洞口；（b）修剪窗洞口；（c）打开“线宽”显示；（d）修改图层；（e）完成的 A 轴窗洞口；（f）绘制窗

因为定位是由偏移的轴线修剪得到，不在“粗实线”图层中，需要改变图层，选择要改变图层的对象后，在图层的下拉列表中选择“粗实线”，如图 14-46（d）所示，并按“Esc”退出命令即可，结果如图 14-46（e）所示。继续用直线命令绘制 A 轴上的窗，按照制图标准要求的线宽、线型确定所属图层，结果如图 14-46（f）所示。

以 D 轴上的门为例，该图的所有门宇轴线成 45°，中粗实线，门轴在墙厚的中间处，绘制过程如图 14-47 所示。当门数量比较多时，利用极轴追踪，设置 45°追踪角度，可以加快绘制门的速度。这个建筑平面图是图形沿着 6 轴对称的，6~11 轴的门窗可以通过镜像得到。门窗绘制完成结果如图 14-48 所示。

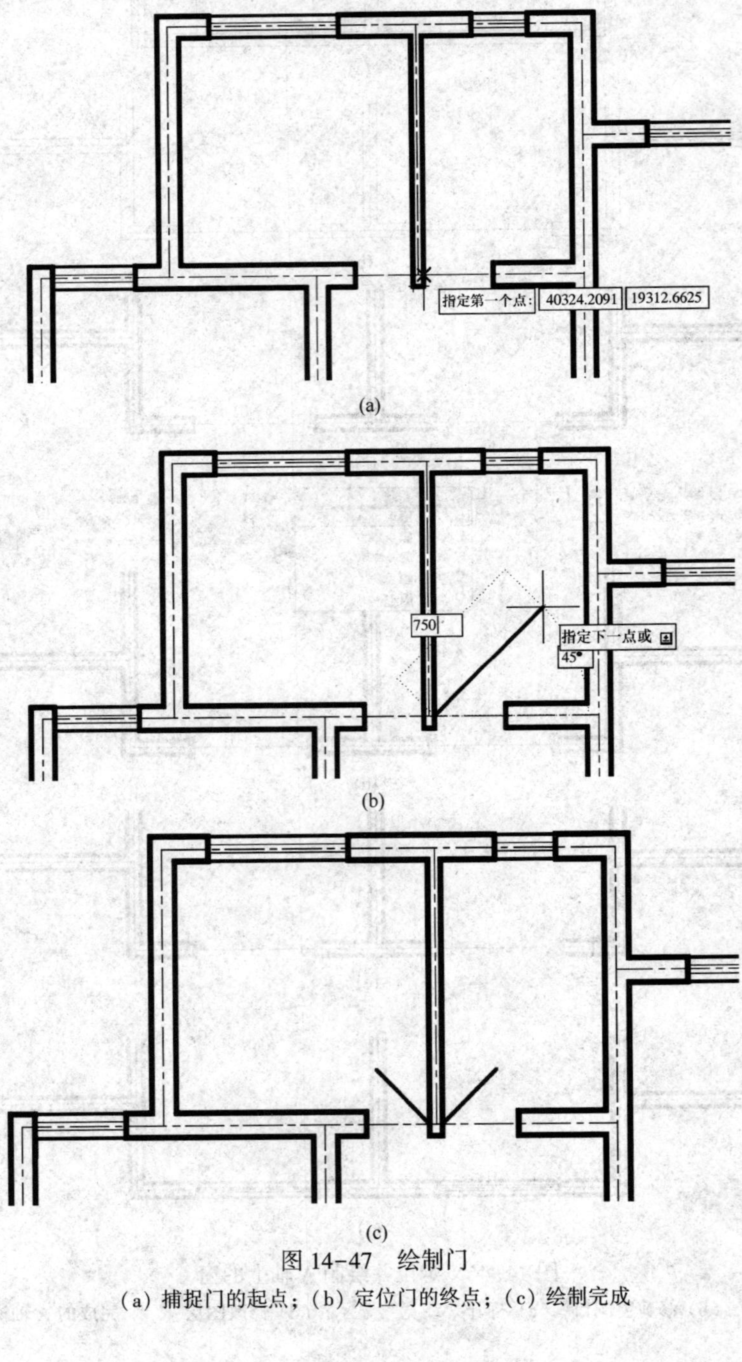

(c)

图 14-47　绘制门

（a）捕捉门的起点；（b）定位门的终点；（c）绘制完成

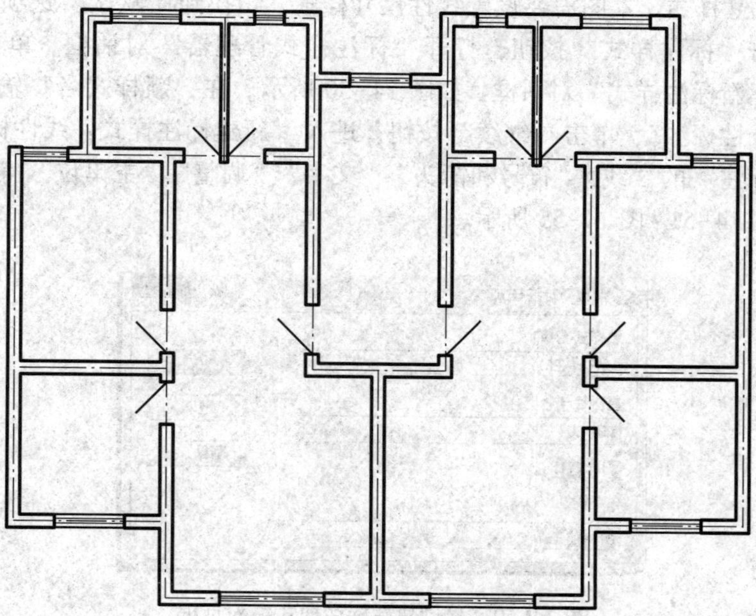

图 14-48 完成门窗绘制

7. 绘制楼梯等其他构配件，并标注尺寸、注写文字

（1）绘制楼梯。楼梯踏步宽度 300，可以使用“阵列”命令完成（1 列、9 行）。楼梯交通指向线可以使用“多段线”命令完成，箭头起点宽度设置为 200（因为 1∶100 出图，打印输出到图纸上即为 2mm），箭头终点宽度设置为 0，箭头长度为 800（打印输出到图纸上显示为 8mm）。

（2）设置文字样式。切换到“默认”选项卡，展开“注释”面板，单击“文字样式”按钮，打开“文字样式”对话框。单击“新建”按钮，输入样式名“仿宋”，设置情况如图 14-49 所示。

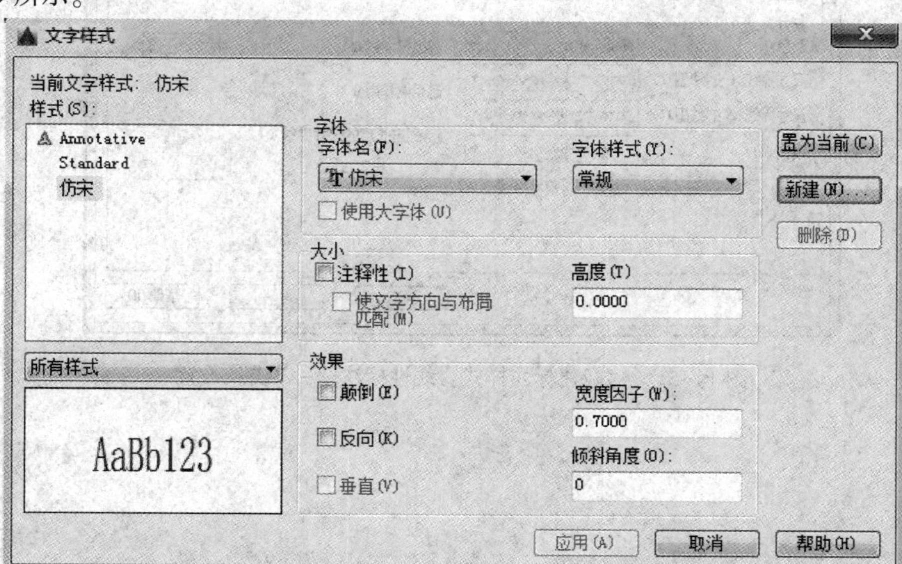

图 14-49 “文字样式”对话框

(3) 设置尺寸样式。本图需要设置线性尺寸样式，切换到“默认”选项卡，展开“注释”面板，单击“标注样式”按钮，打开“标注样式管理器”对话框。单击“新建”按钮，打开“创建新标注样式”对话框，如图 14-50 所示。在“新样式名”输入框中，输入样式名称为“线性标注”，单击“继续”按钮，进入“新建标注样式：线性标注”对话框，依次对“线性标注”的“线”“符号和箭头”“文字”“调整”“主单位”等进行设置，设置情况分别如图 14-51～图 14-55 所示。

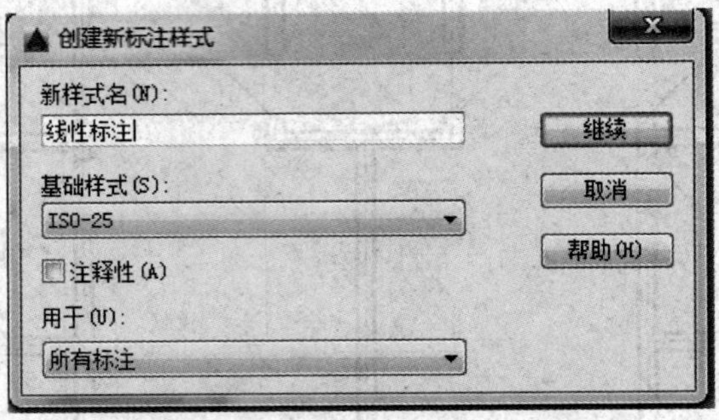

图 14-50　“创建新标注样式”对话框

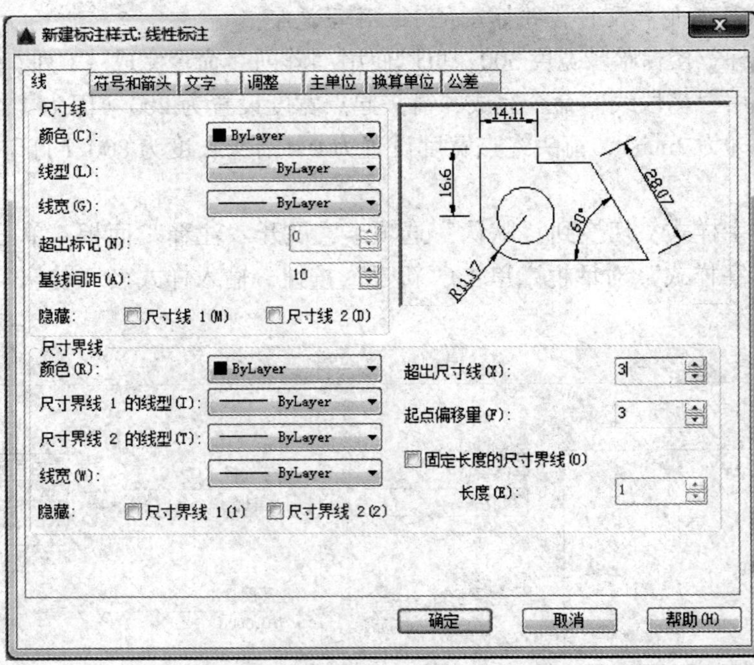

图 14-51　“新建标注样式：线性标注” - “线”设置

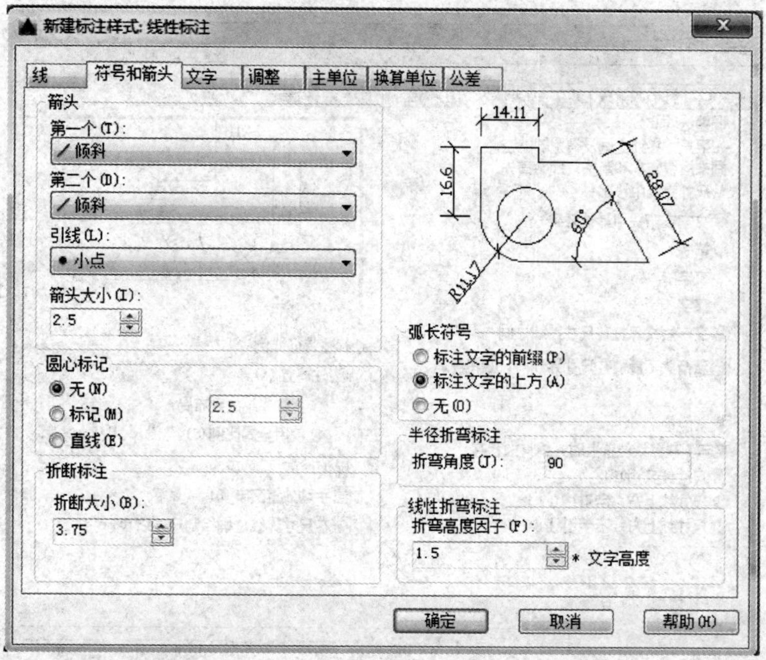

图 14-52　“新建标注样式：线性标注”-“符号和箭头”设置

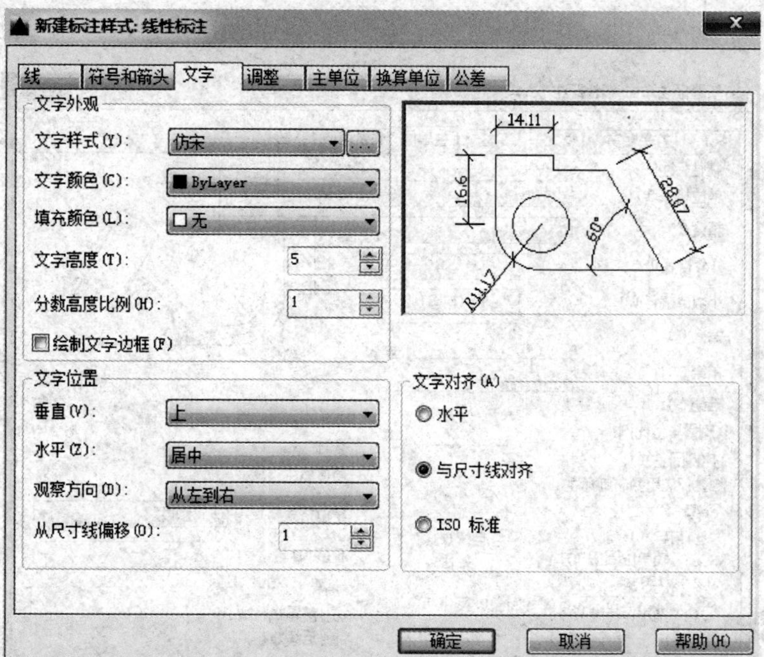

图 14-53　“新建标注样式：线性标注”-“文字”设置

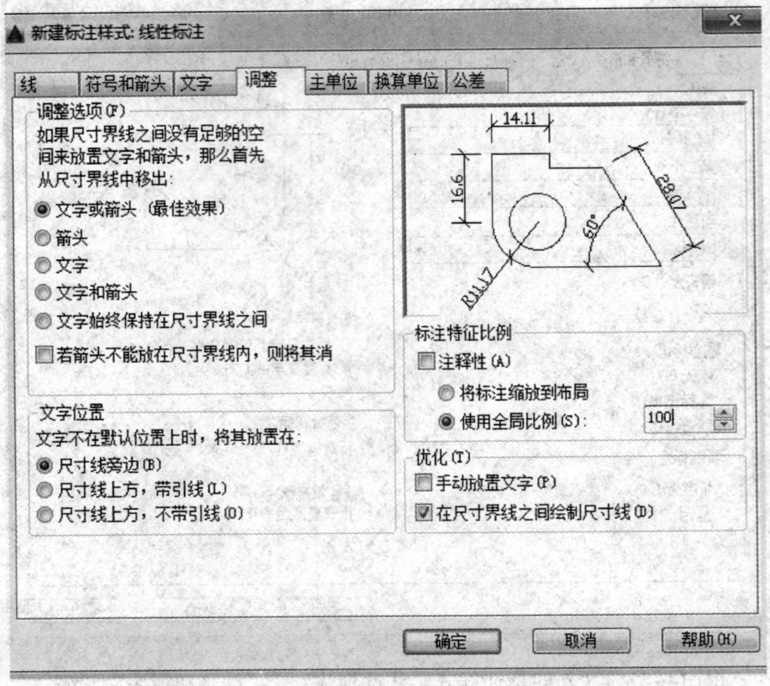

图 14-54 “新建标注样式：线性标注” - “调整” 设置

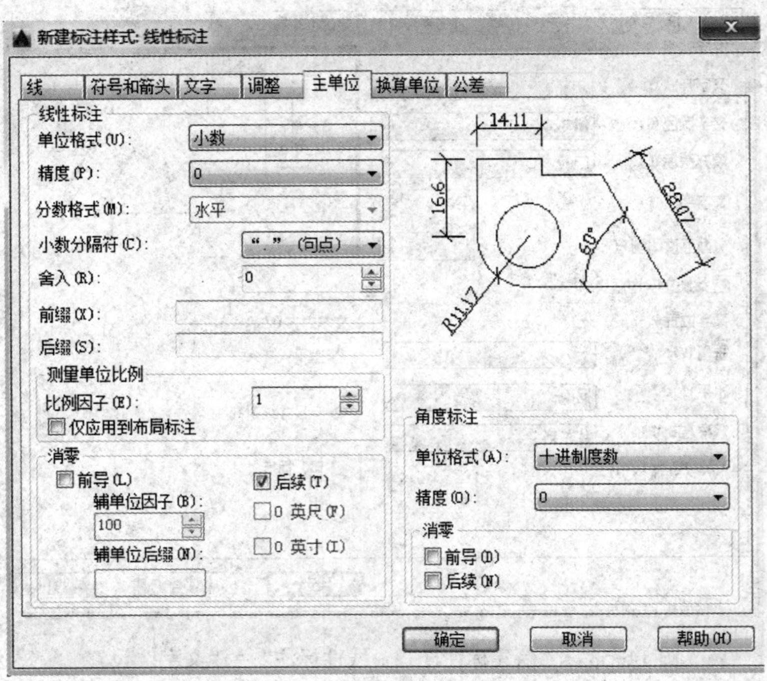

图 14-55 “新建标注样式：线性标注” - “主单位” 设置

(4) 标注尺寸。切换到“默认”选项卡，展开“注释”面板，在“标注样式”下拉列表中选择“线性标注”，即成为当前标注样式。单击“线性”标注命令按钮，分别捕捉被标注对象一端和另一端，指定尺寸线位置。当指定尺寸线位置时，靠近被标注对象的一道尺寸线距离被标注对象至少 10mm（纸上尺寸），可以通过给定方向，输入距离 1000（图上尺寸）来确定尺寸线位置，以标注东侧 B 轴和 C 轴之间的距离为例，如图 14-56 所示。再利用“连续标注”或其他标注命令完成所有尺寸标注。建筑平面图的外部尺寸线有三道，每道尺寸线之间的距离 8~10mm（纸上尺寸）。

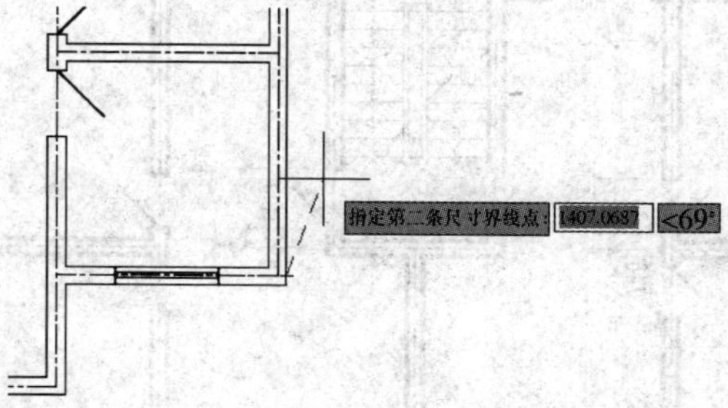

(a)

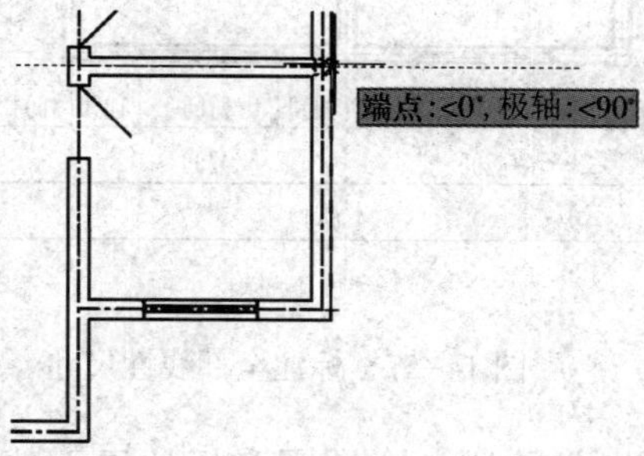

(b)

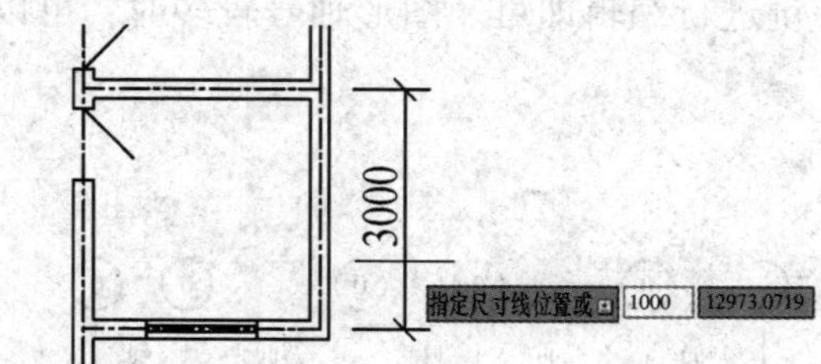

(c)

图 14-56 标注线性尺寸

(a) 指定第一个尺寸界限原点；(b) 指定第二个尺寸界限原点；(c) 指定尺寸线位置

结果如图 14-57 所示。

(5) 标注文字、绘制标高和轴号。本图文字注写简单，可以利用单行文字注写房间名称、图名等内容。

绘制标高符号，标高符号是高为 3mm（纸上距离）的等腰直角三角形，利用单行文字注写标高数值，将标高符号及文字复制到需要标注的地方，并修改文字内容，即得到其他位置的标高标注。

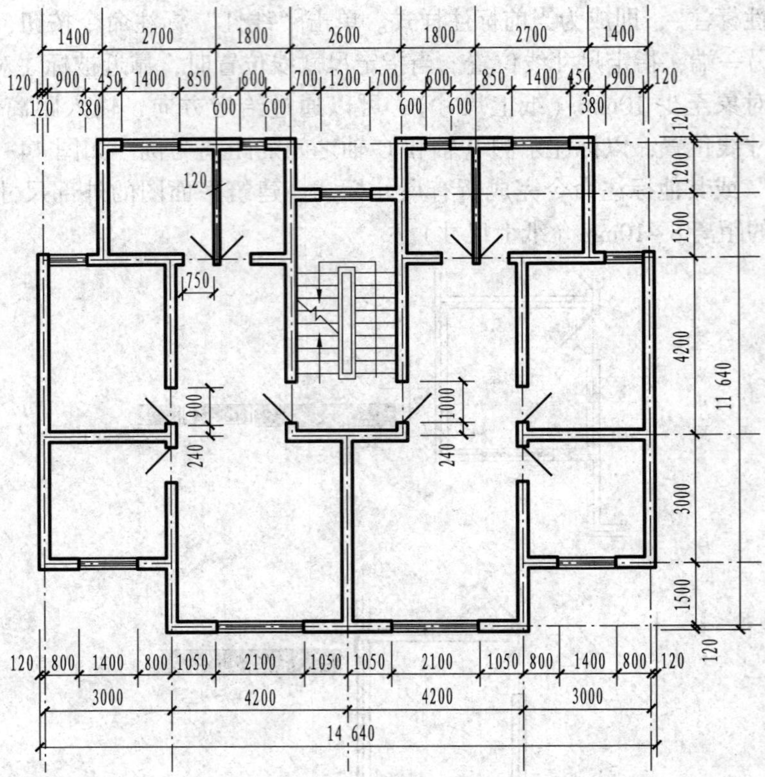

图 14-57 标注全部线性尺寸

当图形轴号较少时，可以先绘制一个圆圈和标注里面的编号，然后复制到不同的位置上，在编号上双击鼠标左键进行编辑即可。图形轴号较多时，可以利用“图块”命令进行标注。

结果如图 14-58 所示。

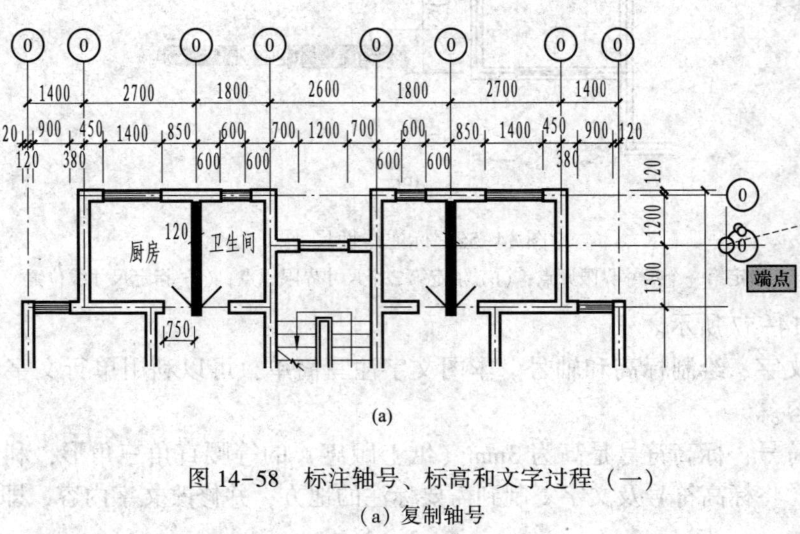

(a)

图 14-58 标注轴号、标高和文字过程（一）

(a) 复制轴号

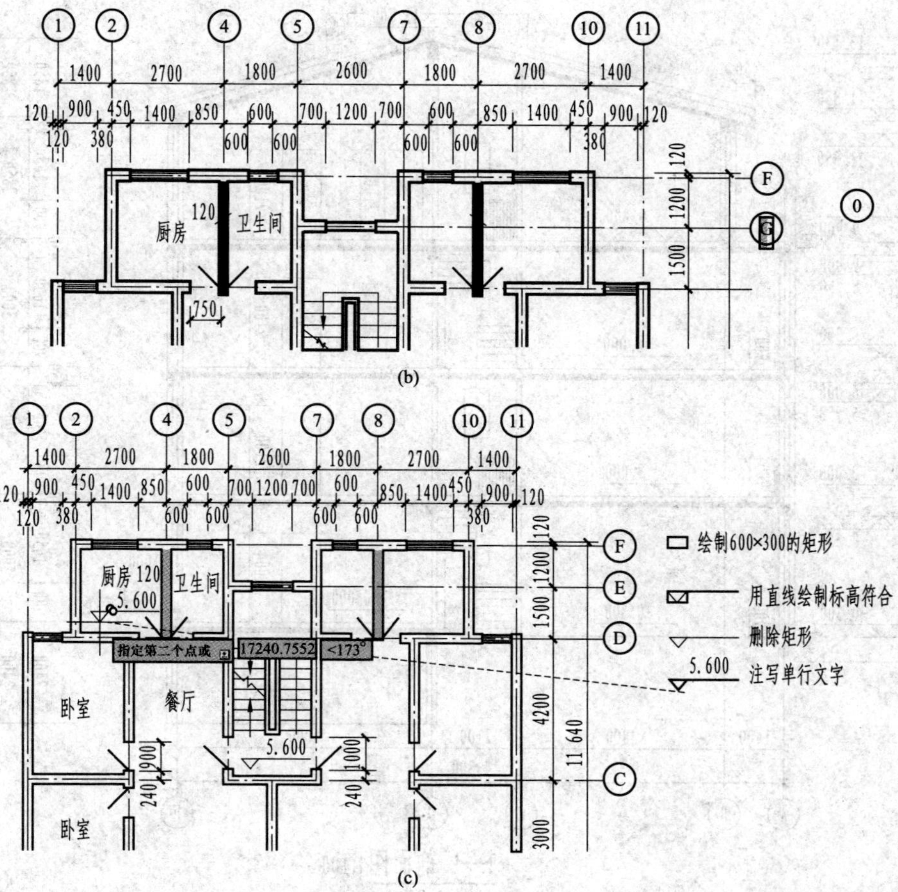

图 14-58 标注轴号、标高和文字过程（二）

（b）修改轴号；（c）绘制并复制、编辑标高

【例 14-7】 绘制如图 14-59 所示的建筑剖面图。

绘图思路参考：第一步，定位轴线，绘制竖向构件。可以用从平面图引出对齐线的方法绘制轴线和竖向构件。也可以直接绘制轴线和竖向构件。由于本例目的是为了练习综合应用 AutoCAD 绘图的能力，所以可以直接读图 14-59 的信息，采用直接绘制轴线和竖向构件的方法绘制。第二步，绘制水平构件，包括梁、楼板、楼梯的休息平台板等。第三步，绘制楼梯和门窗等构配件。最后进行尺寸标注、注写文字信息。

操作过程如下。

1. 绘制轴线和墙线

方法一：（1）打开建筑平面图，确定剖面图剖切位置和剖视方向，把平面图旋转 90°（如剖视方向为右，则逆时针旋转 90°，如剖视方向为左，则顺时针旋转 90°）。

（2）把轴线层设为当前层，从平面图轴线引出对齐线画出剖面图轴线。

（3）把墙线层设为当前层，从平面图墙线引出对齐线画出剖面图墙线，如图 14-60 所示。

方法二：读图 14-59，绘制定位轴线和竖向墙线。

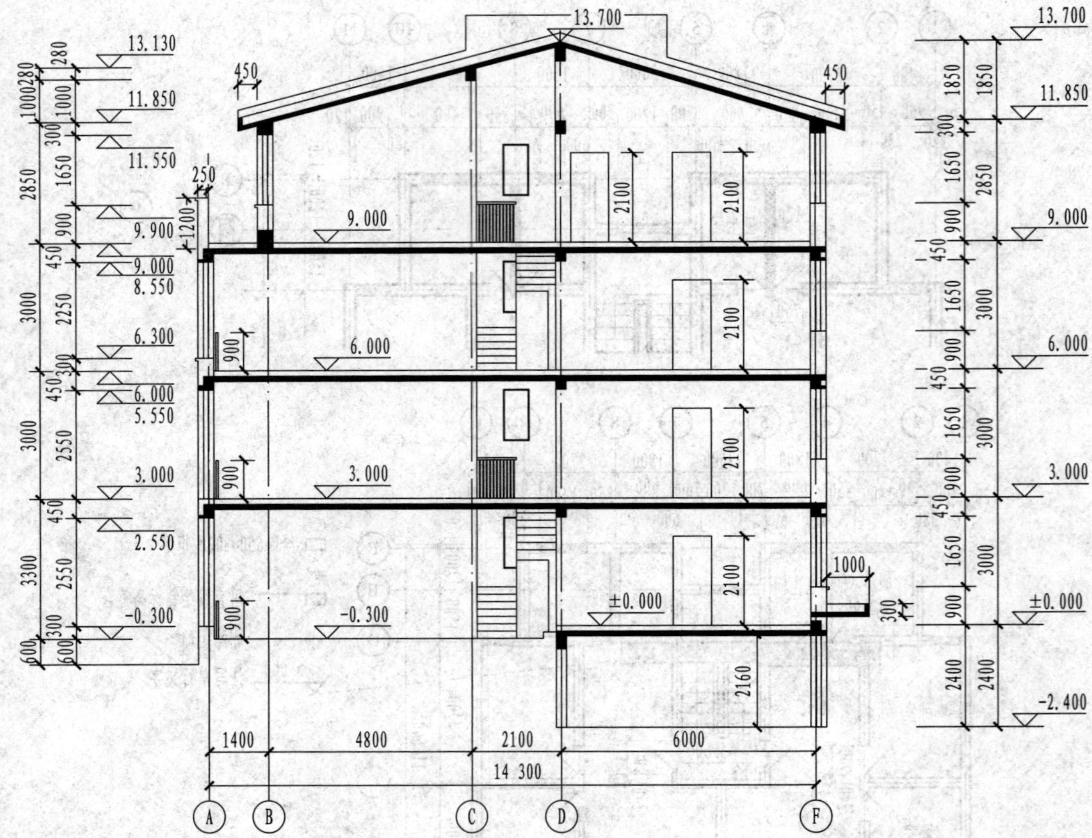

1—1 剖面图1:100

图 14-59 剖面图

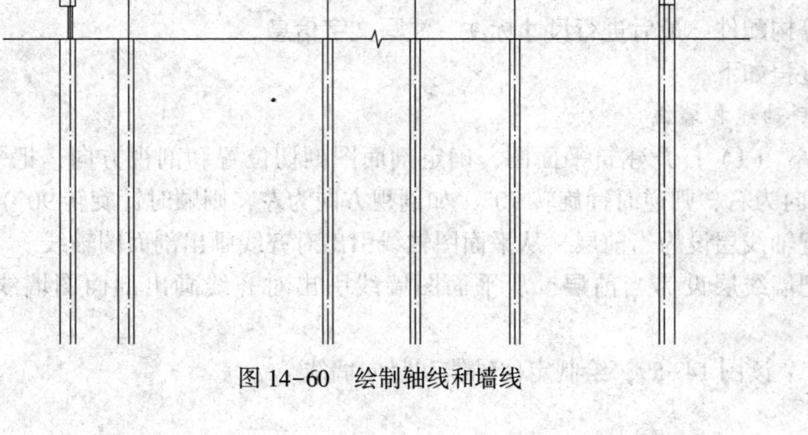

图 14-60 绘制轴线和墙线

2. 绘制剖面楼板

（1）使用直线命令，绘制地坪线。

（2）使用偏移命令，偏移出楼层线，偏移距离为层高。

（3）使用偏移命令，偏移出楼板线和楼面做法线，偏移距离分别为楼板厚度和楼面做法厚度，如图 14-61 所示。

（4）根据屋面坡度，用直线、偏移等命令绘制出坡屋面。

（5）绘制圈梁，填充楼板，如图 14-62 所示。

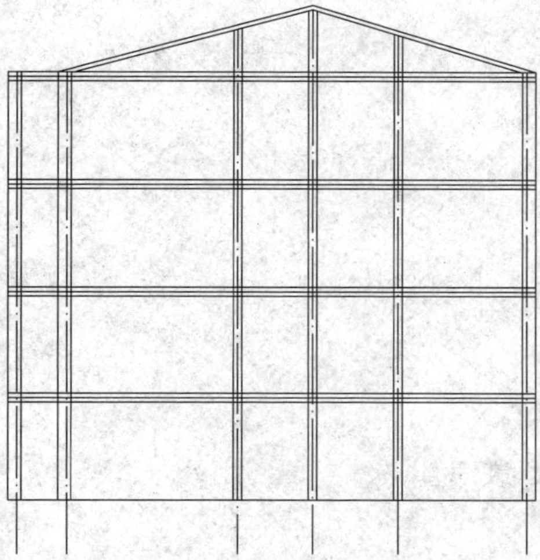

图 14-61　绘制剖面楼板线

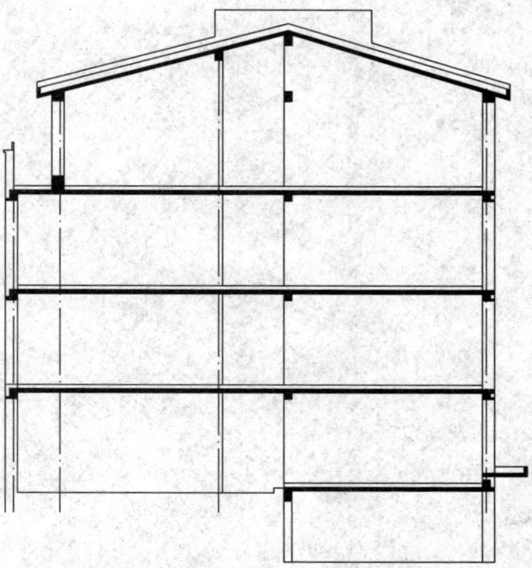

图 14-62　填充剖面楼板

3. 绘制剖面门窗及楼梯

（1）当前层换成“门窗”层，根据门窗平面位置及高度，绘制门窗，如图 14-63 所示。

（2）当前层换成“楼梯”层，根据楼梯梯段宽度及踏步高度，绘制楼梯。

（3）栏杆用直线命令和复制等命令绘制，如图 14-64 所示。

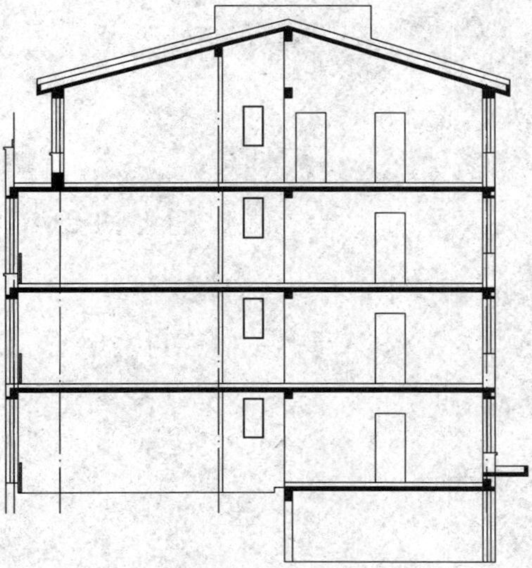

图 14-63　绘制剖面门窗

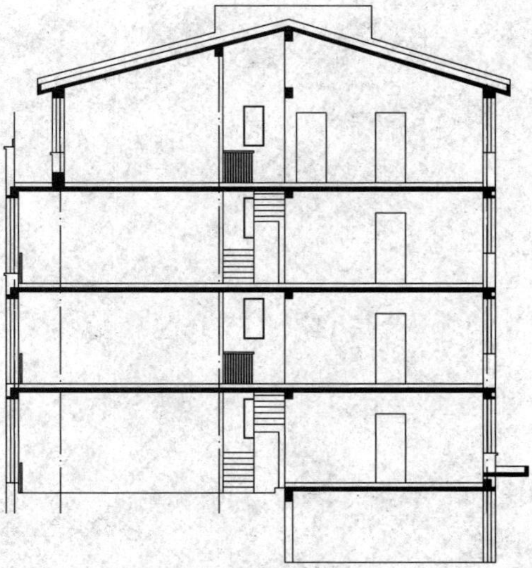

图 14-64　绘制剖面栏杆

（4）尺寸标高标注。当前层改为“尺寸标注”层，标注样式选择平面图中设置好的标注样式进行标注，此部分同平面图或立面图，不再重复介绍。

（5）文字图名标注。使用单行文字或多行文字标注文字。剖面图最终效果如图 14-59 所示。

附表 A　　AutoCAD 主要功能键

快捷键	主要功能	快捷键	主要功能
Ctrl+A	选择全部图形	F1	取消命令
Ctrl+B	捕捉模式同 F9	F2	帮助
Ctrl+C	复制	F3	对象捕捉
Ctrl+D	动态显示同 F6	F4	三维捕捉
Ctrl+E	等轴测平面切换	F5	等轴测平面
Ctrl+F	对象捕捉同 F3	F6	动态坐标
Ctrl+G	栅格显示同 F7	F7	栅格显示
Ctrl+K	超链接	F8	正交模式
Ctrl+L	正交模式同 F8	F9	捕捉模式
Ctrl+M	同 Enter	F10	极轴追踪
Ctrl+N	新建	Ctrl+0	全屏显示
Ctrl+O	打开旧文件	Ctrl+1	对象特性
Ctrl+P	打印输出	Ctrl+2	设计中心
Ctrl+Q	退出 AutoCAD	Ctrl+3	工具选项板
Ctrl+S	快速保存	Ctrl+4	图纸管理器
Ctrl+T	数字化仪模式	Ctrl+5	信息选项板
Ctrl+U	极轴追踪同 F10	Ctrl+6	数据库链接
Ctrl+V	粘贴	Ctrl+7	标记集管理器
Ctrl+W	选择循环开关	Ctrl+8	快速计算机
Ctrl+X	剪切	Ctrl+9	命令行
Ctrl+Z	取消上一次的命令		
Ctrl+Shift+C	带基点复制		
Ctrl+Shift+S	图形另存为		
Ctrl+Shift+V	粘贴为块		

附表 B **AutoCAD 常用快捷键**

快捷键	主要功能	快捷键	主要功能
A	圆弧	F	倒圆角
AA	测量面积	FI	过滤器
AR	阵列	GR	夹点控制设定
AL	对齐对象	H	图案填充
ATT	创建块属性	HE	编辑图案填充
ATE	编辑块属性	I	插入图块
B	创建块	IAD	图像调整
BH	图案填充	ICL	截取图像
BR	打断	IM	图像管理器
C	圆	IMP	输入文件
CO 或 CP	复制	IN	将相交实体或面域部分创建
CHA	倒角	INF	由共同部分创建三维实体
D	尺寸样式设定	IO	插入对象
DAL	对齐式线性标注	J	合并
DAN	角度标注	L	画线
DBA	基线式标注	LA	图层特性管理器
DCE	圆心标记	LE	快速引线
DCO	连续式标注	LI/LS	查询对象数据
DDA	标注不关联	LO	布局设置
DDI	直径标注	LT	线型管理器
DED	尺寸修改	LTS	线型比例因子
DI	测量两点间距离	LW	线宽设定
DIV	等分布点	M	搬移对象
DLI	线性标注	MI	镜像对象
DOR	坐标式标注	ML	绘制多线
DOV	更新标注变量	MO	对象特性修改
DR	显示顺序	MT	多行文字写入
DRA	半径标注	O	复制
DRE	标注关联	OP	选项
DS	捕捉设定	OS	对象捕捉设定
DST	尺寸样式设定	P	实时平移
DT	写入文字	PA	选择性粘贴
DAN	角度标注	PE	编辑多段线
DBA	基线式标注	PL	绘制多段线
DCE	圆心标记	PO	绘制点
E	删除对象	POL	绘制正多边形

续表

快捷键	主要功能	快捷键	主要功能
ED	单行文字修改	PR	选项
EL	椭圆	PU	清理无用空间
EX	延伸	SEC	通过使平面与实体相交创建面域
EXIT	退出	SET	设定变量值
EXP	输出文件	SHA	着色
R	重绘	SL	用平面剖切实体
RA	所有视口重绘	SN	捕捉控制
RE	重生成	SO	填实的三边形或四边形
REA	所有视口重新生成	SP	拼字
REC	绘制矩形	SPL	样条曲线
REG	面域	SPE	编辑样条曲线
REN	重命名	ST	字型设定
RO	旋转	SU	差集运算
RPR	设置渲染参考	T	对话框式多行文字写入
RR	渲染	TH	厚度
S	拉伸	TO	工具栏设定
SC	比例缩放	TR	修剪
SE	草图设置	UC	用户坐标系
X	分解	UCP	设置正交窗口
XA	附着外部参考	UN	对话框式单位设定
XB	绑定外部参考	UNI	并集运算
XC	裁剪外部参照	VVIEW	对话框式视图控制
XL	构造线	VP	视点
XR	对话框式外部参考控制	W	对话框式图块写出
Z	缩放视口	WE	三维楔体